工业和信息化部"十二五"规划教材

21世纪高等教育计算机规划教材

江苏省高等学校重点教材

微课版

U0742475

数据结构与算法分析

C++ 语言版 | 第 2 版

Data Structures and Algorithm Analysis

张琨 张宏 朱保平 ◉ 编著

人民邮电出版社

北京

图书在版编目（CIP）数据

数据结构与算法分析：C++语言版：微课版 / 张琨，张宏，朱保平编著. -- 2版. -- 北京：人民邮电出版社，2021.8（2024.1重印）

21世纪高等教育计算机规划教材

ISBN 978-7-115-55406-2

Ⅰ. ①数… Ⅱ. ①张… ②张… ③朱… Ⅲ. ①C++语言－数据结构－算法分析－高等学校－教材 Ⅳ. ①TP312.8②TP311.12

中国版本图书馆CIP数据核字(2020)第230340号

内 容 提 要

本书借鉴了国内外高等院校"数据结构"相关教材的优点，吸收了当代计算机领域最新的成果。内容鸟瞰全貌，删减陈旧，反映新知，并在相关章节增加了典型习题。

本书共 10 章，介绍了数据结构的基本理论及方法，主要有绪论、线性表、栈和队列、串、数组和广义表、树和二叉树、图、查找、内部排序，以及算法设计与分析等内容。本书配备了微课视频，扫码即可观看，同时，还提供课堂教学指导、习题课教学指导、实验教学指导、自学辅导、综合训练等资源。

本书可作为高等学校计算机科学与技术、软件工程等专业的本科生或研究生的教材，也可作为相关领域工程技术人员的参考书。

◆ 编　著　张　琨　张　宏　朱保平

　　责任编辑　许金霞

　　责任印制　王　郁　马振武

◆ 人民邮电出版社出版发行　　北京市丰台区成寿寺路 11 号

　　邮编 100164　电子邮件 315@ptpress.com.cn

　　网址 https://www.ptpress.com.cn

　　固安县铭成印刷有限公司印刷

◆ 开本：787×1092　1/16

　　印张：19　　　　　　　　　　2021 年 8 月第 2 版

　　字数：487 千字　　　　　　　2024 年 1 月河北第 4 次印刷

定价：69.80 元

读者服务热线：(010)81055256　印装质量热线：(010)81055316
反盗版热线：(010)81055315
广告经营许可证：京东市监广登字 20170147 号

数据结构是计算机科学各专业以及其他相近专业的核心课程之一，也是计算机程序设计的重要理论基础。计算机的数据处理能力是计算机解决各种实际问题的关键。只有现实世界中的实际问题被抽象成数学模型，然后得出反映问题本质的数据表示，这些实际问题才有可能被计算机处理。那么如何得到计算机所能接受的数据表示？又如何将这些数据以及它们之间的关系存储在计算机中？如何用有效的方法来处理这些数据？这些都是数据结构所要解决的问题。

本书是在深入研究国内外同类教材的基础上，结合作者多年"数据结构"课程一线的教学经验编写而成。本书为大多数抽象数据类型提供了完整的 C++ 类源代码和关键算法实现代码，并给出了大量的编程练习题以加深读者对数据结构的理解。

全书共分为 10 章。

第 1 章：绪论，主要是对数据结构的初步认识，包括数据结构的发展历史、相关概念及术语，数据类型和抽象数据类型，算法和算法分析，以及并发数据结构的相关概念等内容。

第 2 章：线性表，主要介绍了线性表的概念、抽象数据类型、顺序存储结构和链式存储结构，线性表在一元多项式的表示和运算中的应用等内容。

第 3 章：栈和队列，主要介绍了栈和队列的基本概念，栈和队列的抽象数据类型、顺序存储结构和链式存储结构及其相关应用。

第 4 章：串，主要介绍了串的基本概念、存储表示与实现、BF 和 KMP 两种模式匹配方法。

第 5 章：数组和广义表，主要介绍了数组和广义表的概念、抽象数据类型及存储结构，特殊矩阵和稀疏矩阵的压缩存储等内容。

第 6 章：树和二叉树，首先介绍了树、森林和二叉树的概念、抽象数据类型、性质、存储结构、遍历算法，以及三者之间的相互转换；然后介绍了线索二叉树、堆、哈夫曼树和哈夫曼编码等内容。

第 7 章：图，主要介绍了图的概念和基本术语、抽象数据类型、存储结构、深度和广度优先搜索的算法，构造最小生成树的 Prim 算法和 Kruskal 算法，AOV 网和 AOE 网及其应用，以及最短路径等内容。

第 8 章：查找，主要介绍了查找的基本概念，静态查找表中的顺序查找、有序表的查找、分块查找，动态查找表中的二叉排序树、平衡二叉树、B-树和并发查找树等，以及哈希函数的构造和处理冲突的方法。

第 9 章：内部排序，主要介绍了直接插入、折半插入、表插入、希尔排序等插入排序，冒泡排序和快速排序两种交换排序，简单选择排序、树形选择排序和堆排序等选择排序，以及归并排序、基数排序等内容。

第 10 章：算法设计与分析，主要介绍了分治法、回溯法、贪心算法、动态规划法和分支限界法的概念、实现及相关应用等。

本书具有以下特点。

（1）深入浅出，通俗易懂。对数据结构的基本概念、基本理论的阐述，注重科学严谨。同时从应用出发，对新概念的引入从实例入手，对各种基本算法的描述尽量详细，叙述清楚。

（2）为了巩固所学的理论知识，每章都围绕知识点和难点附有练习题，供学生书面练习和上机作业选用。习题题型多样，难度适中，既适合课堂教学，又便于学生自学时对基础知识的理解和掌握。

（3）用 C++ 语言描述算法。本书的侧重点仍在"数据结构"上，使用 C++ 语言作为算法描述的工具。而 C++ 的类对象设计正好与数据结构的抽象数据类型 ADT 的实现相吻合。本书所有算法的实例程序均在 VC++ 6.0 环境下编译通过且正常运行。

（4）针对学生中普遍存在"只懂概念，不会编程"的问题，本书每章中都设置了若干个算法实现的 C++ 源程序示例，供学生参考模拟，以提高学生程序设计的能力。

（5）在教材的基础上，作者重新设计了教学过程、制作了大量的教学动画，以直观的方式揭示数据结构的理论思想。同时，本书配套高清微课视频，对重点难点进行深入解析，有助于加深学生对数据结构基本概念、原理和方法的理解。

与以往教材相比，本书充分考虑到教师教学与学生学习的需要，在处理好数据结构的知识结构和强化算法的实践与应用的同时，使学生通过实现算法复杂的编程训练，编写出结构清晰、正确易读、符合软件工程规范的程序；教师更方便组织教学内容，教学过程完整，知识讲解清晰。

本书第 1~7 章、第 10 章由张琨编写，第 8 章由张宏编写，第 9 章由朱保平编写。感谢练智超、陈强、蒋彤彤、朱浩华等在本书的编写过程中提供的帮助。

由于时间仓促，作者水平有限，书中不足在所难免，欢迎广大读者和专家批评指正，以便作者进行修订和补充。

作　者

2021 年 1 月

目　录 CONTENT

第1章　绪论 1

1.1　数据结构的概念 1
1.1.1　数据结构的发展历史 1
1.1.2　什么是数据结构 2
1.1.3　数据结构的重要作用 4
1.1.4　数据结构相关概念及术语 5

1.2　数据类型和抽象数据类型 8
1.2.1　数据类型 8
1.2.2　抽象数据类型 9

1.3　算法和算法分析 11
1.3.1　算法特性 11
1.3.2　算法设计的要求 12
1.3.3　算法的性能分析与度量 13

1.4　并发数据结构 17
1.4.1　并发的概念及途径 17
1.4.2　并发数据结构概念 17
1.4.3　并发数据结构的基本原理 18
1.4.4　并发数据结构设计的难点 18
1.4.5　并发数据结构的设计原则 19

习题一 19

第2章　线性表 23

2.1　线性表的基本概念 23
2.1.1　线性表的概念 23
2.1.2　线性表的抽象数据类型 24

2.2　线性表的顺序存储结构 27
2.2.1　线性表的顺序存储表示 28
2.2.2　顺序表的类定义和基本操作 28
2.2.3　顺序表的应用 34
2.2.4　顺序表的特点 36

2.3　线性表的链式存储结构 36
2.3.1　单链表 37

2.3.2　静态链表 43
2.3.3　循环链表 48
2.3.4　双向链表 49
2.3.5　并发链表 50

2.4　线性表的应用：一元多项式的表示及运算 52
2.4.1　一元多项式的表示 52
2.4.2　一元多项式的实现 53

习题二 57

第3章　栈和队列 60

3.1　栈的基本概念 60
3.1.1　栈的概念 60
3.1.2　栈的抽象数据类型 61

3.2　栈的顺序存储结构及实现 62
3.2.1　顺序栈的概念 62
3.2.2　顺序栈的类定义和基本操作 62
3.2.3　顺序栈的应用 63

3.3　栈的链式存储结构及实现 69
3.3.1　链栈的概念 69
3.3.2　链栈的类定义和基本操作 69
3.3.3　并发栈 70

3.4　队列的基本概念 72
3.4.1　队列的概念 73
3.4.2　队列的抽象数据类型 73

3.5　队列的顺序存储 74
3.5.1　循环队列 75
3.5.2　循环队列的类定义和基本操作 76

3.6　队列的链式存储 77
3.6.1　链队列的概念 77
3.6.2　链队列的类定义和基本操作 78
3.6.3　链队列的应用 79
3.6.4　并发优先队列 84

习题三 84

第4章　串 87

4.1　串的基本概念 87
4.1.1　串的概念 87
4.1.2　串的抽象数据类型 88
4.2　串的存储结构与实现 89
4.2.1　定长顺序存储表示 90
4.2.2　堆分配存储表示 92
4.2.3　链式存储表示 93
4.3　串的模式匹配 94
4.3.1　BF模式匹配方法 94
4.3.2　KMP模式匹配方法 95
习题四 97

第5章　数组和广义表 101

5.1　数组的基本概念 101
5.1.1　数组的概念 101
5.1.2　数组的抽象数据类型 102
5.2　数组的存储结构 103
5.3　矩阵的压缩存储 105
5.3.1　特殊矩阵的压缩存储 105
5.3.2　稀疏矩阵的压缩存储 107
5.4　广义表的基本概念 114
5.4.1　广义表的概念 115
5.4.2　广义表的抽象数据类型 ... 115
5.4.3　广义表的存储结构和类定义 ... 117
5.4.4　广义表的递归算法 118
习题五 119

第6章　树和二叉树 122

6.1　树 122
6.1.1　树的概念 122
6.1.2　基本术语 123
6.1.3　树的抽象数据类型 125
6.1.4　树的性质 126
6.1.5　树的存储结构 127
6.1.6　树的遍历 130

6.1.7　树的应用 130
6.2　森林 133
6.2.1　森林的存储结构 133
6.2.2　森林的遍历 134
6.3　二叉树 135
6.3.1　二叉树的概念 135
6.3.2　二叉树的性质 136
6.3.3　二叉树的抽象数据类型 ... 139
6.3.4　二叉树的存储结构 141
6.3.5　遍历二叉树 144
6.3.6　线索二叉树 154
6.4　树、森林与二叉树的转换 160
6.4.1　树与二叉树的转换 161
6.4.2　森林与二叉树的转换 162
6.5　堆 163
6.6　哈夫曼树和哈夫曼编码 164
6.6.1　哈夫曼树的概念 164
6.6.2　哈夫曼树的构造 165
6.6.3　哈夫曼编码 167
习题六 169

第7章　图 172

7.1　图的基本概念 172
7.1.1　图的概念 172
7.1.2　图的基本术语 173
7.1.3　图的抽象数据类型 175
7.2　图的存储结构 177
7.2.1　图的顺序存储结构——邻接矩阵 177
7.2.2　图的链式存储结构 180
7.3　图的遍历 184
7.3.1　深度优先搜索 184
7.3.2　广度优先搜索 185
7.3.3　连通分量和重连通分量 ... 186
7.4　最小生成树 188
7.4.1　最小生成树的定义 188
7.4.2　最小生成树的构造算法 ... 189
7.5　有向无环图及其应用 192

7.5.1　AOV 网与拓扑排序...................193
7.5.2　AOE 网与关键路径............196
7.6　最短路径.....................................201
7.6.1　单源最短路径.............202
7.6.2　每对顶点间的最短路径............203
习题七...205

第 8 章　查找.....................208

8.1　查找的基本概念.........................208
8.2　静态查找表.................................210
8.2.1　顺序查找.............211
8.2.2　有序表的查找.............212
8.2.3　分块查找.............213
8.3　动态查找表.................................214
8.3.1　二叉排序树.............215
8.3.2　平衡二叉树.............221
8.3.3　B-树.............226
8.3.4　并发查找树.............233
8.4　哈希表.......................................234
8.4.1　哈希表的概念.............234
8.4.2　哈希函数的构造.............235
8.4.3　处理冲突的方法.............237
8.4.4　哈希查找算法及分析.............239
8.4.5　并发哈希表.............241
习题八...241

第 9 章　内部排序...............244

9.1　排序的基本概念.........................244

9.2　插入排序.....................................246
9.2.1　直接插入排序.............246
9.2.2　折半插入排序.............248
9.2.3　表插入排序.............250
9.2.4　希尔排序.............253
9.3　交换排序.....................................254
9.3.1　冒泡排序.............254
9.3.2　快速排序.............256
9.4　选择排序.....................................259
9.4.1　简单选择排序.............259
9.4.2　树形选择排序.............261
9.4.3　堆排序.............263
9.5　归并排序.....................................265
9.6　基数排序.....................................268
9.6.1　多关键字的排序.............268
9.6.2　链式基数排序.............268
9.7　各种内部排序方法的比较讨论......271
习题九...272

第 10 章　算法设计与分析.....275

10.1　分治法.......................................275
10.2　回溯法.......................................277
10.3　贪心算法...................................282
10.4　动态规划法...............................283
10.5　分支限界法...............................286
习题十...292

附录　词汇索引....................294

01

第1章　绪论

计算机早期主要用于数值计算，后来其应用逐渐扩大到非数值计算领域，并且能处理多种复杂的具有一定结构关系的数据。随着计算机的普及，信息量的增加，信息范围的拓宽，许多系统程序和应用程序的规模增大，结构变得更加复杂。因此，为了编写出一个"好"的程序，必须分析待处理数据的特征、数据间的相互关系以及数据在计算机内的存储形式，并利用这些特性和关系设计出相应的算法与程序，这就是数据结构所要研究的问题。

1.1　数据结构的概念

以下小节分别从数据结构的发展历史、什么是数据结构、数据结构的研究对象、与数据结构相关概念及术语等方面对数据结构的相关内容做简要介绍。

1.1.1　数据结构的发展历史

数据结构作为一门独立的体系形成于 20 世纪中期，但在此之前有关内容已散见于编译原理和操作系统的文献之中。1968年，美国的第九位"图灵奖"获得者 Donald Ervin Knuth（唐纳克·克努特）教授开创了数据结构的最初体系，他的著作《计算机程序设计艺术》第一卷《基本算法》是第一本比较系统地阐述数据的逻辑结构和存储结构及其操作的著作。20 世纪 60 年代末到 70 年代，计算机的应用领域已不再局限于科学计算（而更多地应用于控制、管理等非数值处理领域），软件也相对独立，结构程序设计成为程序设计的主要内容。因此，人们越来越重视数据结构。20 世纪 70 年代初，数据结构作为一门独立的课程开始进入大学课堂。20 世纪 70 年代中期到 80 年代初，各种版本的数据结构著作相继出现。

从我国计算机教学现状来看，"数据结构"不仅是计算机专业教学内容中的核心课程之一，而且已逐步成为非计算机专业的主要选修课程之一。数据结构与数学、计算机硬件和计算机软件有着十分密切的关系，如图 1.1 所示。

所以"数据结构"又是一门介于数学、计算机硬件和计算机软件之间的计算机科学领域的核心课程。在计算机科学中，数据结构不仅是一般非数值计算程序设计的基础，而且是高级程序设计语言、编译原理、操作系统、人工智能等课程的基础。同时，数据结构技术也广泛应用于信息科学、系统工程、应用数学以及各种工程技术领域。

微课视频

目前，数据结构的发展并未终结，一方面，面向各专门领域中特殊问题的数据结构得到研究和发展，例如多维图形数据结构等；另一方面，从抽象数据类型和面向对象的观点来讨论数据结构已成为一种新的趋势，越来越为人们所重视。

1.1.2 什么是数据结构

一般来说，计算机解决一个具体问题时，大致需要经过下列步骤：建立数学模型、构造求解方法、选择存储结构、编写程序、测试，如图 1.2 所示。在建立数学模型阶段，重点关注描述问题的共性（寻求数学模型的实质是分析问题，从中提取操作对象,并找出这些操作对象之间含有的关系）；

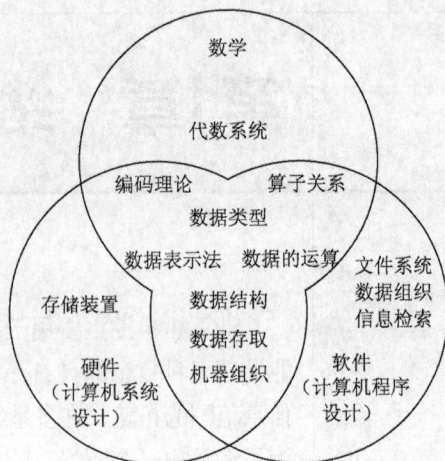

图 1.1 "数据结构"所处的地位

在构造求解方法阶段，重点关注描述问题的求解方法；在选择存储结构阶段，重点关注如何将问题涉及的数据存储到计算机中；在编写程序阶段，重点关注如何提高编程的技术；最后进行数据测试，重点关注求解结果的正确性。在上述五个阶段中，数据结构在第一阶段有助于更好地进行问题分析，在第二阶段有助于进行更为复杂的算法设计，在第三阶段有助于选择合理的存储结构，最终依据基于数据结构的设计，实现程序编写，提高编程技术。

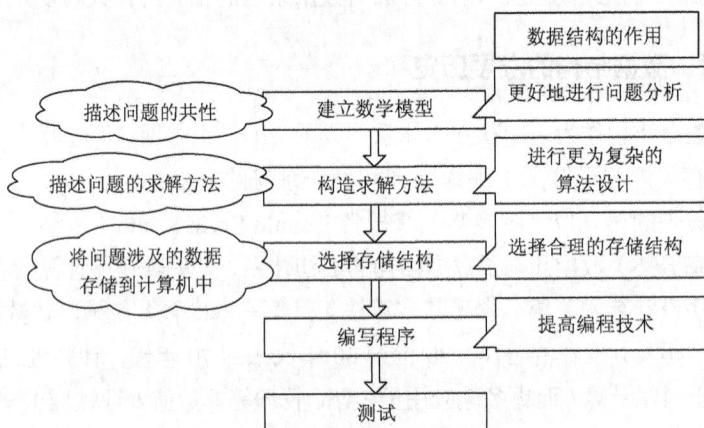

图 1.2 计算机解决问题的过程

著名的瑞士计算机科学家尼古拉斯·沃斯（Niklaus Wirth）教授指出：算法+数据结构=程序。算法是解决特定问题的步骤和方法，数据结构是问题的数学模型，程序则是根据算法与数据结构编制的一组指令集。计算机算法与数据的结构密切相关，算法无不依附于具体的数据结构，数据结构直接关系算法的选择和效率。也就是说，数据结构还需要给出每种结构类型所定义的各种运算的算法。所以，数据结构是研究程序设计中计算机操作的对象以及它们之间的关系和运算的一门学科。

以下是几种类型的数据结构实例。

表 1.1 所示是一个学生选课系统中的课程信息表。其中，各个课程之间的关系可以用线性的数据结构来描述。

表 1.1   学生选课系统中的课程信息表

课程编号	课程名称	主讲教师	课程简介	课程总学时	课程学分	……
010115A05	自然辩证法概论	张鑫	点击进入	16	1	……
B101C001	微米/纳米技术基础	李军	点击进入	32	2	……
B101C003	火箭武器系统分析	王琳	点击进入	32	2	……
B101C004	现代测控技术导论		点击进入	32	2	……
……	……	……	……	……	……	……
B101C007	新型传感器技术	许文龙	点击进入	32	2	……
B101C008	推进系统结构强度理论	王长运	点击进入	32	2	……
B10Z002	导航定位及目标探测辨识	王磊	点击进入	32	2	……
B10Z007	新型传感器及校准技术	李娟	点击进入	32	2	……
B102Z001	污染控制原理	赵启明	点击进入	32	2	……
……	……	……	……	……	……	……

图 1.3 所示是 UNIX 文件系统目录结构，它表示的则是一种树形的数据结构。

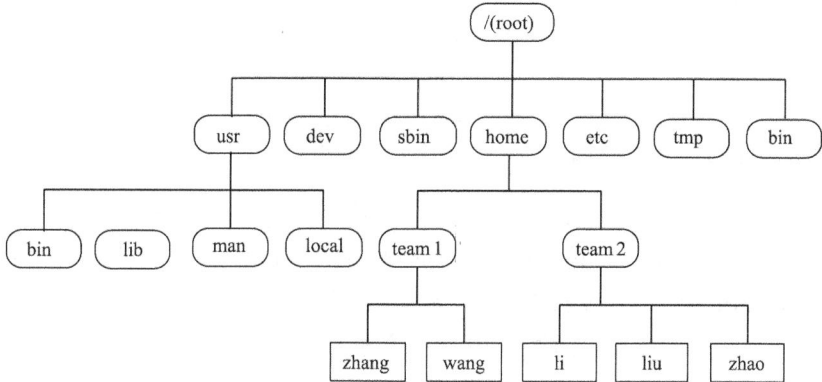

图 1.3 UNIX 文件系统目录结构

图 1.4 所示是一个由大量数据结点组成的连通网络拓扑图，它表示的是一种图状的数据结构。

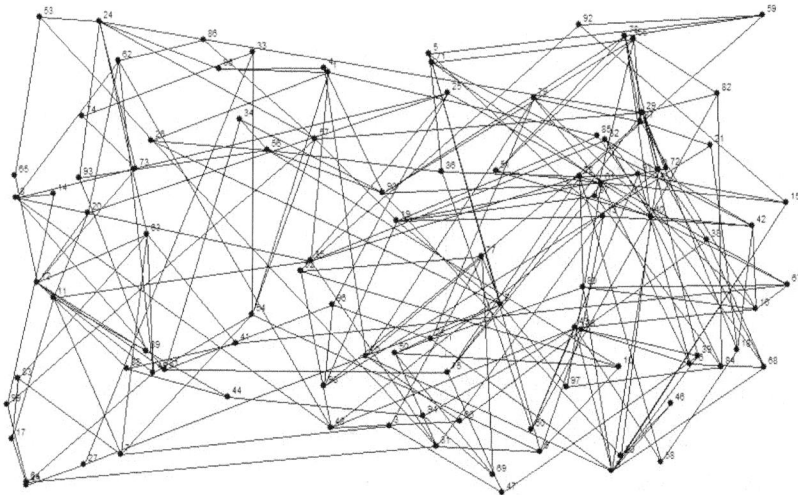

图 1.4 大量数据结点组成的连通网络拓扑结构

1.1.3 数据结构的重要作用

计算机程序对数据进行加工处理。一般情况下，这些数据之间都存在着一定的关系。当计算机程序所处理的运算对象是简单的整型、实数型或布尔类型的数值型数据时，程序设计者的主要精力用于解决程序设计的技巧问题；当计算机处理非数值计算问题时，所涉及数据之间的关系可能非常复杂，甚至很多问题无法用数学方程式加以描述，因此数据结构在非数值计算中显得尤为重要。

以下是几个典型的实例。

1. 数值计算程序设计问题

例 1.1 一元二次方程求解问题。

对于一元二次方程 $ax^2+bx+c=0(a\neq0)$，给定参数 a，b，c 的值，则可以使用数学公式法求解，它的根可以表示为：

$$x_{1,2}=\frac{-b\pm\sqrt{b^2-4ac}}{2a}$$

有些时候也写成：

$$x_{1,2}=\frac{2c}{-b\pm\sqrt{b^2-4ac}}$$

计算机可以根据输入参数利用公式求出问题的解，并输出结果。

例 1.2 应用牛顿第二定律求解力学方程问题。

质量为 m 的物体放在倾角为 θ 的斜面上，物体和斜面间的滑动摩擦因数为 μ。如沿水平方向加一个力，使物体沿斜面向上以加速度 a 做匀加速运动，求外力 F 的大小。可选质量为 m 的物体作为研究对象，受重力 mg，外力 F，支持力 N 和摩擦力 f。建立坐标时，以加速度方向即沿斜面向上方向为 x 轴的正方向，根据牛顿第二定律可列出以下方程组：

$$\begin{cases} F\cos\theta-mg\sin\theta-f=ma \\ N-F\sin\theta-mg\cos\theta=0 \\ f=\mu N \end{cases}$$

上述方程组求解可得外力 F 的表达式为：

$$F=\frac{\mu mg\cos\theta+mg\sin\theta+ma}{\cos\theta-\mu\sin\theta}$$

以上两个例子均为数值计算问题，计算机程序可以直接利用数学公式或方程进行解答。

2. 非数值计算程序设计问题

例 1.3 电话号码查询系统。

设有一个电话号码簿，记录了 n 个人的名字和其对应的电话号码，假定按以下形式安排：

$$(a_1,b_1),(a_2,b_2),\cdots,(a_n,b_n)$$

其中 $(a_i,b_i)(i=1,2,\cdots,n)$ 分别表示某人的名字和其对应的电话号码。要求设计一个程序，当给定任何一个人的名字时，该程序能够打印出此人的电话号码；如果该电话号码簿中无此人，则该程序也能够报告相应的查找失败提示信息。

上述电话号码簿中的数据是一种简单的线性关系，可用数据结构中的线性结构表示。

例1.4 人机对弈问题。

计算机之所以能和人对弈，是因为对弈的策略已存入计算机。在对弈问题中，计算机的操作对象是对弈过程可能出现的棋盘状态——格局，而格局之间的关系是由对弈规则决定的。因为一个格局可以派生出多个格局，所以，这种关系通常不是线性的。图1.5（a）所示为井字棋的一个格局，从该格局出发可派生出五个新格局，从新的格局出发，还可以再派生出新的格局，如图1.5（b）所示。格局之间的关系可以用树形的数据结构来描述。

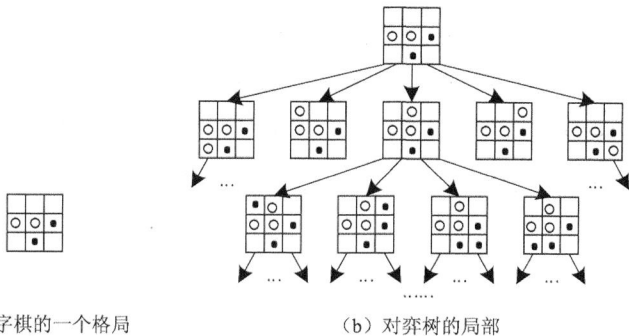

（a）井字棋的一个格局 （b）对弈树的局部

图1.5 人机对弈中格局之间的关系

例1.5 铺设城市的煤气管道。

图1.6所示为城市的各小区之间煤气管道的铺设示意图，对 n 个小区只需铺设 $n-1$ 条管线，地理环境等不同因素使各条管线所需投资不同（如图中线上所标识），如何使投资成本最低？这是一个关于图的最小生成树问题。

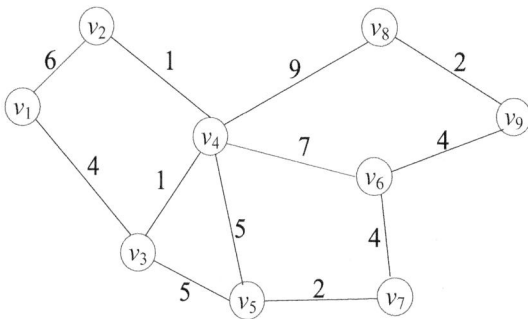

图1.6 煤气管道的铺设示意图

从以上三个非数值计算的例子可以看出，描述这类问题的数学模型不再是数学方程，而是诸如表、树和图之类的数据结构。因此，概括地说，数据结构研究的是非数值计算的程序设计问题中，计算机的操作对象以及它们之间的关系和操作。

1.1.4 数据结构相关概念及术语

在系统地学习数据结构知识之前，应先对一些基本概念和术语赋予确切的含义。

1. 数据

数据（Data）是信息的载体，在计算机科学中是指能输入到计算机中并能被

微课视频

5

计算机程序识别和处理的符号集合，它是计算机操作对象的总称，是计算机处理的信息的某种特定的符号表示形式。数据可以分为两大类：一类是整数、实数等数值型数据；另一类是图形、图像、声音、文字等非数值型数据。数据是计算机程序加工的"原料"。例如，一个利用数值分析方法解决代数方程的程序，其处理的对象是整数和实数；一个编译程序或文字处理程序的操作对象是字符串。因此，从计算机科学的角度讲，数据的含义极为广泛，图像、声音等信息都可以通过编码而归结到数据的范畴中。

2. 数据元素

数据元素（Data Element）是数据的基本单位，在计算机程序中，通常作为一个整体进行考虑和处理，是数据结构中讨论的基本单位。数据元素具有广泛的含义，一般来说，能独立、完整地描述问题的一切实体都是数据元素。如例1.4中"树"的一个棋盘格局，例1.5中"图"的每一个圆圈都被称为一个数据元素。又例如整数"5"，字符"N"等是数据元素，同时也是不可分割的最小单位。

3. 数据项

数据项（Data Item）是构成数据元素的不可分割的最小单位，一个数据元素可以由若干数据项组成。如在表1.1的学生选课系统中，一个课程的信息作为一个数据元素，而课程信息中的每一项（如课程号、课程名称、主讲教师等）都可以作为一个数据项。

4. 数据对象

数据对象（Data Object）是具有相同性质的数据元素的集合，是数据的一个子集。在实际应用中处理的数据元素通常具有相同性质，例如，学生选课系统中每个数据元素具有相同数目和类型的数据项，所有数据元素（课程）的集合就构成了一个数据对象。

5. 数据结构

数据结构（Data Structure）是指相互之间存在一种或多种特定关系的数据元素的集合。从1.1.3节中的几个例子可以看出，数据元素不是孤立存在的，而是在它们之间存在着某种关系，这种数据元素之间的关系称为**结构**（Structure）。根据数据元素之间关系的不同特性，数据结构通常分为以下四类基本结构：

（1）**集合**：数据元素之间就是"属于同一个集合"，除此之外没有任何关系。

（2）**线性结构**：数据元素之间存在着一对一的线性关系。

（3）**树形结构**：数据元素之间存在着一对多的层次关系。

（4）**图状结构**或**网状结构**：数据元素之间存在着多对多的任意关系。

图1.7所示为上述四类基本结构的关系图。集合是一种数据元素关系松散的结构，因此在实际解决问题中，往往用其他结构来表示它。

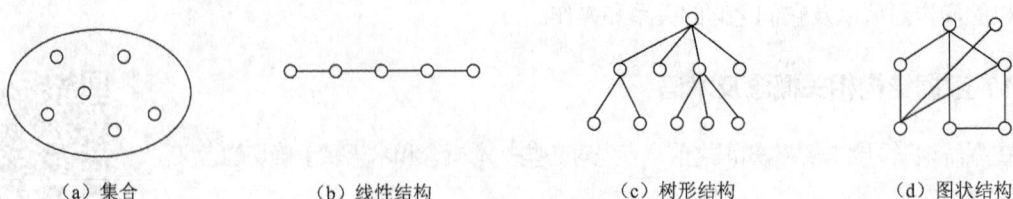

（a）集合　　　　　　（b）线性结构　　　　　　（c）树形结构　　　　　　（d）图状结构

图1.7　四类基本结构的关系图

从上述数据结构的概念可知，一个数据结构有两个要素：数据元素的集合和数据元素之间关系的集合。在形式上，数据结构通常可以采用一个二元组来表示，记为：

$$Data\_Structure = (D, R)$$

其中，D 是数据元素的有限集，R 是 D 上关系的有限集。

数据结构包括逻辑结构和物理结构两个层次。

逻辑结构（Logical Structure）是指数据元素之间逻辑关系的整体。所谓的逻辑关系是指数据元素之间的关联方式或邻接关系。数据的逻辑结构可以看作是对操作对象的一种数学描述，换句话说，是从具体问题中抽象出来的数学模型，它与数据自身的存储无关。研究数据结构是为了在计算机中实现对它的操作，为此还需要研究如何在计算机中存储表示数据的逻辑结构。

物理结构（Physical Structure）是指数据结构在计算机中的表示（即映像），又称**存储结构**（Storage Structure）。它研究的是数据结构在计算机中的表示方法，包括数据结构中数据元素的表示以及数据元素之间关系的表示。

位（Bit）是指在计算机中表示信息的最小单位，是二进制数的一位。在计算机中，可以用由若干位组合起来形成的位串来表示任何一个数据元素。如，数值 345 可以用位串 101011001 来表示，字母 B 可以用位串 001000010 来表示等，通常称这个位串为**元素**（Element）或结点（Node）。当数据元素由若干数据项组成时，位串中对应于各个数据项的子位串称为**数据域**（Data Field）。因此，元素或结点可看成数据元素在计算机中的映像。

以下通过一个实例说明数据的逻辑结构。

例 1.6 用三个 4 位的十进制数 $a_1(3214), a_2(6587), a_3(9345)$ 表示一个 12 位的十进制数 3214,6587,9345，则在数据元素 a_1、a_2 和 a_3 之间存在着"次序"关系 $<a_1, a_2>$、$<a_2, a_3>$，任何两个数据元素之间的次序是无法颠倒的。若 $<a_1, a_2>$ 的次序关系互换为 $<a_2, a_1>$，则其表示的十进制数则变为 6587,3214,9345（$\neq$3214,6587,9345），即 $<a_1, a_2, a_3> \neq <a_3, a_2, a_1>$。数据元素之间的这种次序关系就是一种逻辑结构。

例 1.7 在 2 行 3 列的二维数组中 6 个数据元素 $\{a_1, a_2, a_3, a_4, a_5, a_6\}$ 之间存在两种次序关系：

a_1	a_2	a_3
a_4	a_5	a_6

行的次序关系 $row = \{<a_1, a_2>, <a_2, a_3>, <a_4, a_5>, <a_5, a_6>\}$

列的次序关系 $col = \{<a_1, a_4>, <a_2, a_5>, <a_3, a_6>\}$

若在 6 个数据元素 $\{a_1, a_2, a_3, a_4, a_5, a_6\}$ 之间存在以下次序关系：

$$\{<a_i, a_{i+1}> \mid i = 1,2,3,4,5\}$$

则该逻辑关系表示的是一个 1 行 6 列的一维数组。

可见，相同数据元素之间的关系不同，即逻辑结构不同，则构成的数据结构不同。

数据的存储结构除了存储数据元素之外，必须隐式或显式地存储数据元素之间的逻辑关系。通常数据元素在计算机中有两种不同的表示方法：**顺序映像**（Sequential Mapping）和**非顺序映像**（Non-Sequential Mapping），并由此得到两种不同的存储结构：**顺序存储结构**和**链式存储结构**。

顺序映像的特点是借助数据元素在存储器中的相对位置来表示数据元素之间的逻辑关系。所以顺序存储就是把逻辑上相邻的数据元素存储在物理位置相邻的存储单元中，由此得到的存储表示称为顺序存储结构。顺序存储结构是一种最基本的存储表示方法，通常借助于程序设计语言中的数组来实现。

非顺序映像的特点是借助指示数据元素存储地址的**指针**（Pointer）来表示数据元素之间的逻辑关系。所以链式存储就是用一组任意的存储单元存储数据元素，不要求其物理位置相邻，数据元素之间的逻辑关系通过附设的指针字段来表示，由此得到的存储结构称为链式存储结构。链式存储结构通常借助于C++语言中的指针类型来实现。

在不同的编程环境中，存储结构可有不同的描述方法。虽然存储结构涉及数据元素及其关系在存储器中的物理位置，但由于本书是在高级程序语言的层次上讨论数据结构的操作，因此不能直接以存储地址来描述数据结构，但可以借助程序语言中提供的数据类型来描述它。如用一维数组类型来描述顺序存储结构，以C++语言提供的指针来描述链式存储结构。例如，用三个带有次序关系的整数表示一个长整数时，可利用整数数组类型，定义长整数为：int long_int[3]。

综上可以看出，数据的逻辑结构和存储结构是密切相关的两个方面。一般来说，一种数据的逻辑结构可以用多种存储结构来存储，而采用不同的存储结构，其处理数据的效率往往是不同的。一个算法的设计取决于选定数据的逻辑结构，而算法的实现则依赖于所采用的存储结构。

1.2 数据类型和抽象数据类型

数据类型和抽象数据类型都是和数据结构密切相关的概念，数据类型是一组值的集合以及定义在这个集合上的一组操作的总称，而抽象数据类型的定义则涉及数据结构。

1.2.1 数据类型

类型（Type）是指一组值的集合。例如，**布尔**（Boolean）类型由true和false这两个值组成。整数也构成类型，若采用2个字节，则整数表示范围在-32768~32767；若采用4个字节，则整数表示范围在-2147483648~2147483647。

数据类型（Data Type）则是一组值的集合以及定义在这个值集上的一组操作的总称。数据类型和数据结构密切相关，它最早出现在高级程序语言中，用以刻画程序中操作对象的特性。在用高级程序语言编写的程序中，每个变量、常量或表达式都有一个它所属的确定的数据类型。类型显式或隐式地规定了在程序执行期间变量或表达式所有可能取值的范围，以及在这些之上允许进行的操作。例如，C++语言中的整型变量，其值集为某个区间上的整数，区间大小依赖于不同的机器，定义在其上的操作为加、减、乘、除和取模等算术运算。

按"值"的不同特征，高级程序语言中的数据类型可分为两类：非结构的原子类型和结构类型。原子类型的值是不可分解的。例如，C语言中的整型、字符型、浮点型、双精度型等基本数据类型，分别用保留字int、char、float、double标识；除此之外，还包括枚举型、指针类型和空类型等。结构类型的值则是由若干成分按某种结构组成的，因此是可以分解的，并且它的组成部分可以是非结构的原子类型，也可以是结构类型。例如，数组的值是由若干分量组成，每个分量可以是整数，也可以是数组等其他数据类型。在某种意义上，数据结构可以看成"一组具有相同结构的值"，则结构类型可以看成由一种数据结构和定义在其上的一组操作组成。非结构原子类型和结构类型这两类编程语言中已定义并实现的数据类型统称为**固有数据类型**。

实际上，在计算机中数据类型的概念并非局限于高级语言中，每个处理器都提供了一组原子类型或结构类型，包括计算机的硬件系统、操作系统、高级语言、数据库等。例如，一个计算机硬件系统通常含有"位""字节""字"等原子类型，它们的操作通过计算机设计的一套指令系统直接由电路系统完成。而高级程序语言提供的数据类型，其操作需通过编译器或解释器转化成低层语言，即汇编语言或机器语言的数据类型来实现。从硬件的角度看，引入"数据类型"的概念是作为解释计算机内存中信息含义的一种手段；而对使用数据类型的用户来说，它实现了信息的隐蔽，即将一切用户不必了解的细节都封装在类型中。例如，用户在使用"浮点数"类型时，既不需要了解"浮点数"在计算机内部是如何表示的，也不需要知道其操作是如何实现的。当"两浮点数求和"时，程序设计者重视的仅仅是其在"数学上求和"的抽象特性，而不关心其硬件中的"位"操作是如何实现的。

1.2.2 抽象数据类型

抽象数据类型（Abstract Data Type，ADT）则是指一个数学模型（数据结构）以及定义在该模型上的一组操作。所谓**抽象**（Abstract）就是抽出问题的本质特征而忽略非本质的细节，是对具体事务的一个概括。抽象数据类型的定义仅仅取决于它的一组逻辑特性，而与计算机内部如何表示和实现无关，即不论其内部结构如何变化，只要它的数学特性不变，都不影响其外部的使用。

抽象数据类型和数据类型实质上是一样的。例如，各种高级程序设计语言中都拥有"整数"类型，这是一个抽象数据类型，尽管它们在不同处理器上实现的方法不同，但对程序员而言是"相同的"，因为它们的数学特性相同。因此，从"数学抽象"的角度看，可称它为一个"抽象数据类型"。

抽象数据类型的范畴更广，它不再局限于前述各种处理器中已定义并实现的数据类型，即固有数据类型（如整型、字符型、浮点型等数据类型），还包括用户在设计软件系统时自己定义的数据类型。为了提高软件的复用率，在近代程序设计方法学中指出，一个软件系统的框架应建立在数据之上，而不是建立在操作之上。即在构成软件系统的每个相对独立的模块上，定义一组数据和施加在这些数据上的一组操作，并在模块内部给出这些数据的表示及其操作的细节，而在模块外部使用的只是抽象的数据和抽象的操作。显然，定义的数据类型抽象层次越高，含有该抽象数据类型的软件模块的复用程度也就越高。

综上所述，抽象数据类型有两个重要特征：数据抽象和数据封装。

数据抽象（Data Abstraction）是指用 ADT 描述程序处理的实体时，强调其本质的特征、所能完成的功能以及它和外部用户的接口（即外界使用它的方法）。

数据封装（Data Encapsulation）是将实体的外部特性和其内部实现细节分离，并且对外部用户隐藏其内部实现细节。所以，设计抽象数据类型时，把类型的定义与实现分离开来。

数据结构包括数据元素以及元素之间的关系，因此抽象数据类型一般由数据元素、关系及操作三种要素来定义。和数据结构的形式定义相对应，抽象数据类型可用以下三元组表示：

$$ADT = (D, S, P)$$

其中，D 是数据对象，S 是 D 上关系集，P 是对 $D = \{e_1, e_2 \mid e_1, e_2 \in RealSet\}$ 的基本操作集。本书采用以下格式定义抽象数据的类型。

ADT 抽象数据类型名{

数据对象：<数据对象的定义>

数据关系：<数据关系的定义>

基本操作：<基本操作的定义>

} ADT 抽象数据类型名

其中，数据对象和数据关系定义用伪码描述，基本操作的定义格式如下。

基本操作名（参数表）

初始条件：<初始条件描述>

操作结果：<操作结果描述>

基本操作有两种参数：赋值参数和引用参数。赋值参数只为操作提供输入值；引用参数则以&打头，除了提供输入值外，还返回操作结果。"初始条件"描述了操作执行之前数据结构和参数应满足的条件，若不满足，则操作失败，并返回相应的出错信息。"操作结果"说明了操作正常完成之后，数据结构的变化情况和应返回的结果。若初始条件为空，则省略之。

例 1.8 定义抽象数据类型"复数"。

ADT Complex {

  数据对象：$D = \{e_1, e_2 \mid e_1, e_2 \in RealSet\}$

  数据关系：$S = \{<e_1, e_2> \mid e_1$ 是复数的实数部分, $\mid e_2$ 是复数的虚数部分$\}$

  基本操作：

    AssignComplex(&Z, v1, v2)

      操作结果：构造复数 Z, 其实部和虚部，分别被赋予参数 v1 和 v2 的值。

    DestroyComplex(&Z)

      操作结果：复数 Z 被销毁。

    GetReal(Z, &realPart)

      初始条件：复数已存在。

      操作结果：用 realPart 返回复数 Z 的实部值。

    GetImag(Z, &ImagPart)

      初始条件：复数已存在。

      操作结果：用 ImagPart 返回复数 Z 的虚部值。

    Add(z1,z2, &sum)

      初始条件：z1, z2 是复数。

      操作结果：用 sum 返回两个复数 z1, z2 的和值。

} ADT Complex

例 1.9 定义抽象数据类型"三元组"。

ADT Triplet {

  数据对象：$D = \{e_1, e_2, e_3 \mid e_1, e_2, e_3 \in ElemSet\}$

  数据关系：$R1 = \{<e_1, e_2>, <e_2, e_3>\}$

  基本操作：

    InitTriplet(&T,v1,v2,v3)

      操作结果：构造了三元组 T, 数据元素 e_1, e_2 和 e_3 分别被赋予参数 v1, v2 和 v3 的值。

DestroyTriplet(&T)

　　操作结果：三元组 T 被摧毁。

Get(T,i,&e)

　　初始条件：三元组 T 已存在，$1 \leqslant i \leqslant 3$。

　　操作结果：用 e 返回 T 的第 i 元的值。

Put(&T,i,e)

　　初始条件：三元组 T 已存在，$1 \leqslant i \leqslant 3$。

　　操作结果：改变 T 的第 i 元的值为 e。

IsAscending(T)

　　初始条件：三元组 T 已存在。

　　操作结果：如果 T 的三个数据元素按升序排列，则返回 1，否则返回 0。

IsDescending(T)

　　初始条件：三元组 T 已存在。

　　操作结果：如果 T 的三个数据元素按降序排列，则返回 1，否则返回 0。

Max(T,&e)

　　初始条件：三元组 T 已存在。

　　操作结果：用 e 返回 T 的三个数据元素中的最大值。

Min(T,&e)

　　初始条件：三元组 T 已存在。

　　操作结果：用 e 返回 T 的三个数据元素中的最小值。

}ADT Triplet

抽象数据类型可通过固有数据类型来表示和实现，即利用处理器中已存在的数据类型来说明新的结构类型，用已实现的操作来组合新的操作。由于本书在高级程序设计语言的虚拟层次上讨论抽象数据类型的表示和实现，并且讨论的数据结构及算法主要是面向读者，故采用 C++ 作为描述工具，有时也采用伪码描述一些只含抽象操作的抽象算法。这样使得数据结构和算法的描述更加简明清晰，也便于验证算法及程序的正确性。

1.3　算法和算法分析

算法和数据结构之间有密切的联系。在算法设计时先要确定相应的数据结构，而在讨论某一种数据结构时，也必然会设计相应的算法。下面就从算法特性、算法设计的要求、算法的性能分析与度量三个方面对算法进行介绍。

微课视频

1.3.1　算法特性

算法（Algorithm）是对特定问题求解步骤的一种描述，是指令的有限序列，其中每一条指令表示一个或多个操作。一个算法应具有以下 5 个重要特性。

1. **有穷性**

有穷性：在输入值合法的情况下，一个算法必须总是在执行有穷步骤后结束，且每一步都可以

　　算法是由控制结构和原操作构成的，其执行时间取决于两者的综合效果。其中，控制结构包括顺序结构、分支结构和循环结构三种；原操作则是指对固有数据类型的操作。

　　为了便于比较同一问题的不同算法，通常的做法是：从算法中选取一种对于所研究的问题来说是基本操作的原操作，以该原操作重复执行的次数作为算法的时间度量。一般情况下，算法中基本操作重复执行的次数是问题规模 n 的某个函数 $f(n)$，算法的时间度量记作：

$$T(n)=O(f(n))$$

它表示随问题规模 n 的增大，算法执行时间的增长率和 $f(n)$ 的增长率相同，称作算法的**渐近时间复杂度**（Asymptotic Time Complexity），简称时间复杂度。

　　例 1.10　两个 $n×n$ 矩阵相乘的算法如下，分析该算法的时间复杂度。

```
for(i=1;i<=n;i++)
    for(j=1;j<=n;j++)
    {
        c[i][j]=0;
        for(k=1;k<=n;k++)
            c[i][j]+=a[i][k]*b[k][j];
    }
```

该算法的时间复杂度为 $O(n^3)$。

　　容易看出，该算法中的控制结构是三重循环，且每一重的循环次数是 n。原操作有赋值、加法和乘法三种，显然三重循环之内的"乘法"才是"矩阵相乘问题"的基本操作，它的执行总次数为：$n×n×n=n^3$，故算法的时间复杂度 $T(n)=O(n^3)$。

　　从上述例子中可以看出，被称作问题的基本操作的原操作应是其重复执行次数和算法的执行时间成正比的原操作，多数情况下，它是最深层循环内的语句中的原操作，它的执行次数和包含它的语句的频度相同，语句的**频度**（Frequency Count）指的是该语句重复执行的次数。例如，在下列 5 个程序中：

　　（1）{++x;s=0;}

　　（2）for(i=1;i<=n;i++)
```
    {
        ++x;
        s+=x;
    }
```

　　（3）for(i=1;i<=n;i++)
```
        for(j=1;j<=n;j++)
        {
            ++x;
            s+=x;
        }
```

　　（4）for(i=0;i<n-1;i++)
```
        {
            j=i;
            for(k=i+1;k<n;k++)
                if(a[k]<a[j])
                    j=k;
            if(j!=i)
            {
                t=a[j];
                a[j]=a[i];
```

```
        a[i]=t;
      }
}//select_sort
```
（5）for(i=1;i<=n;i=2*i)
　　　　cout<<"i="<<i<<'\n';

前 3 个程序段中的基本操作都是++x，包含此操作的语句频度分别为 1、n 和 n^2，则这 3 个程序段的时间复杂度分别为 $O(1)$、$O(n)$和 $O(n^2)$，分别称为常量阶、线性阶和平方阶。

第 4 个程序段是个两重循环，所以基本操作是内层循环中的比较和赋值语句，其中比较语句的频度为：

$$\sum_{i=0}^{n-2}(n-i-1)=\frac{n(n-1)}{2}=\frac{n^2}{2}-\frac{n}{2}$$

对于时间复杂度而言，只需要取最高阶的项，并忽略常数系数，所以该程序段的时间复杂度仍为 $O(n^2)$。

最后一个程序段，其基本操作是输出语句，设其频度为 $T(n)$，则有 $2^{T(n)}\leqslant n$，所以算法的时间复杂度 $T(n)$为 $O(\log_2 n)$，称为对数阶。除了常量阶、线性阶、平方阶、对数阶，算法还可能呈现的时间复杂度有指数阶等，不同数量级时间复杂度的性状如图 1.8 所示。

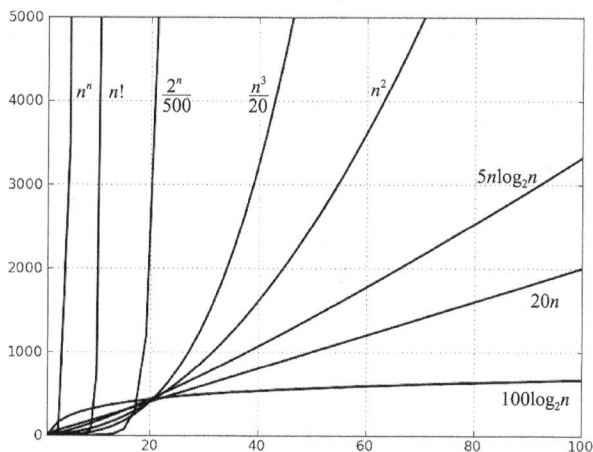

图 1.8　常见函数的增长率

从以上 5 个例子可以看出，算法的时间复杂度取决于最内层循环包含的基本操作语句的频度，通常以最坏情况下的时间复杂度作为该算法的时间复杂度。时间复杂度是衡量一个算法优劣的重要标准，从图 1.8 中我们可以看出，一般具有多项式时间复杂度的算法是可接受的、可使用的算法，而具有指数时间复杂度的算法，只有当问题规模 n 足够小时，才是可使用的算法。所以，我们尽可能选用多项式阶 $O(n^k)$的算法，而不希望用指数阶算法。常见的时间复杂度如表 1.2 所示，表中的时间复杂度沿从左至右的方向按照数量级递增顺序排列如下：

表 1.2　　　　　　　　　　　　　　　　常见时间复杂度排序

常数阶	对数阶	线性阶	线性对数阶	平方阶	立方阶	指数阶	阶乘阶	n 次幂阶
$O(1)$	$O(\log_2 n)$	$O(n)$	$O(n \log_2 n)$	$O(n^2)$	$O(n^3)$	$O(2^n)$	$O(n!)$	$O(n^n)$

从图 1.8 可以看出，在规模 n 一定大的情况下，各时间复杂度数量级有如下大小关系：

$$O(1)<O(\log_2 n)<O(n)<O(n\log_2 n)<O(n^2)<O(n^3)<O(2^n)<O(n!)<O(n^n)$$

一般情况下，对于一个问题或者一类算法，只需选择一种基本操作来讨论算法的时间复杂度，有时也需要同时考虑几种基本操作，甚至可以对不同的操作赋予不同权值，以反映执行不同操作所需的相对时间。这种做法便于综合比较解决同一问题的两种完全不同的算法。

由于算法的时间复杂度考虑的只是对于问题规模 n 的增长率，则在难以精确计算基本操作语句频度的情况下，只需求出它关于 n 的增长率，如上述程序段（4）所示，只取最高阶项，并忽略常数系数。

有的情况下，算法中基本操作的语句频度还随问题的输入数据集不同而不同。例如在下列的排序算法中：

```cpp
void bubble_sort(int a[], int n){
    //将 a 中整数序列重新排列成自小到大的有序整数序列
    for(i=n-1;i>0 ;i--){
        for(j=0;j<i;j++)
            if(a[j]>a[j+1])
                a[j] ←→a[j+1];//{t=a[j];a[j]=a[j-1];a[j-1]=t; }
    }
```

"交换序列中相邻的两个整数"为基本操作。当数组 a 中初始序列为自小到大有序时，基本操作的执行次数为 0；当初始序列为自大到小有序时，基本操作的执行次数为 $n(n-1)/2$。对这类算法的分析，一种解决的办法是计算它的平均值，即考虑它对所有可能的输入数据集的期望值，此时相应的时间复杂度为算法的平均时间复杂度。如假设数组 a 中初始输入数据可能出现 $n!$ 种的排列情况的概率相等，则该排序的平均时间复杂度 $T_{arg}(n)=O(n^2)$，然而在很多情况下，各种输入数据集出现的概率难以确定，算法的平均时间复杂度也就难以确定。因此，另一种更可行也更常用的办法就是讨论算法在最坏情况下的时间复杂度，即分析最坏情况以估算算法执行时间的一个上界。如上述排序的最坏情况为数组 a 中初始序列为自大到小有序排列，则该排序算法在最坏情况下的时间复杂度的计算如图 1.9 所示，基本操作的语句频度为 $n^2/2-n/2$，则最坏情况下时间复杂度为 $T(n)=O(n^2)$。在本书以后的各章节中讨论的时间复杂度，除特别说明外，均指最坏情况下的时间复杂度。

$i=n-1$: j从0到$n-2$交换$n-1$次
$i=n-2$: j从0到$n-3$交换$n-2$次
$i=n-3$: j从0到$n-4$交换$n-3$次
......
$i=1$: j从0到0交换1次
$(n-1)+(n-2)+(n-3)+\cdots+1=n(n-1)/2=n^2/2-n/2$

图 1.9　最坏情况下的时间复杂度的计算

2. 空间复杂度

一个程序的**空间复杂度**（Space Complexity）是指程序运行从开始到结束所需的存储空间的度量，记作：

$$S(n)=O(f(n))$$

其中，n 为问题的规模，$f(n)$ 为所需存储空间关于问题规模 n 的函数表达式。

程序的一次运行是针对所求解的问题的某一特定实例而言的。例如，求解排序问题的排序算法的每次执行是针对一组特定个数的数据元素进行排序。对该组数据元素的排序是排序问题的一个实例，数据元素个数可视为该实例的特征。

一个上机执行的程序运行所需的存储空间包括以下两部分。

（1）固定部分。这部分存储空间用来存储程序代码、常量、简单变量、定长成分的结构变量。也就是说这部分存储空间所处理的数据的大小与个数无关，或者说与问题实例的特征无关。若输入数据所占空间只取决于问题本身，与算法无关，则只需要分析除输入和程序之外的额外空间。

（2）可变部分。这部分空间大小与算法在某次执行中处理的特定数据的大小与规模有关。例如 10 个数据元素的排序算法与 1000 个数据元素的排序算法所需的存储空间显然是不同的。若额外空间相对于输入数据量来说是常数，则称此算法为**原地工作**。算法的空间复杂度主要考虑算法在运行过程中临时占用的存储空间的大小，一个算法的临时存储空间是指函数体内新开辟的空间，不包括形参占用的空间。例如：

```
int sum(int a[],int n){
    int i,s=0;
    for(i=0;i<n;i++)
        s+=a[i];
    return s;
}
```

上述程序段中，函数体内只开辟了 i、s 变量的空间，与算法规模 n 无关，所以该算法的空间复杂度为 $O(1)$，不计形参 a 所占用的空间，称为原地工作。

如果所占用空间依赖于特定的输入，则除特别指明外，均按最坏情况来分析。

1.4 并发数据结构

1.4.1 并发的概念及途径

最简单和最基本的并发，是指两个或更多独立的活动同时发生。并发在生活中随处可见，我们可以一边走路一边说话，也可以两只手同时做不同的动作。计算机领域的并发指的是在单个系统里同时执行多个独立的任务，而非顺序地进行一些活动。

并发的途径一般包括多进程并发和多线程并发。

1. 多进程并发

多进程并发是指将应用程序分为多个独立的进程，它们在同一时刻运行，就像同时进行网页浏览和文字处理一样。独立的进程可以通过进程间常规的通信渠道传递信息。然而这种进程之间的通信通常不是设置复杂，就是速度慢，这是因为操作系统会在进程间提供一定的保护措施，以避免一个进程去修改另一个进程的数据。使用独立的进程实现并发有一个额外的优势，它可以使用远程连接的方式，在不同的机器上运行独立的进程。虽然增加了通信成本，但在设计精良的系统上，这是一个提高并行可用性和性能的低成本方式。

2. 多线程并发

多线程并发是指在单个进程中运行多个线程。线程像轻量级的进程，每个线程相互独立运行，且线程可以在不同的指令序列中运行。但是，进程中的所有线程都共享地址空间，并且所有线程访问到大部分数据——全局变量仍然是全局的，指针、对象的引用或数据可以在线程之间传递。

1.4.2 并发数据结构概念

并发数据结构（Concurrent Data Structure）是一种存储和组织数据以供计算机上的多个计算线程（或进程）访问的特定方式。

在计算机发展的早期，这样的数据结构在具有支持多线程（或多进程）的操作系统的单处理器计算机上使用。"并发"捕获了操作系统对数据的线程操作的复用（Multiplexing）/交错（Interleaving），即使处理器从未发布过两个同时访问数据的操作。近些年来，由于多核处理器的普及，提供并行性的多处理器计算机体系结构成为主要的计算平台。并发数据结构是指可以由多个线程访问的数据结构，这些线程运行在相互通信的不同处理器上，实际上可以同时访问数据。

设计并发数据结构，意味着多个线程可以并发地访问该数据结构，线程可以对数据结构做相同或不同的操作，并且每一个线程都能在自己的自治域中看到该数据结构。在多线程环境下，无数据丢失和损毁，所有的数据需要维持原样。这样的数据结构，称为"线程安全"的数据结构。通常情况下，多个线程对数据结构进行同一并发操作是安全的，但不同操作则需要单线程独立访问数据结构。相反地，当线程执行不同的操作时，对同一数据结构的并发操作是安全的，而多线程执行同样的操作，则会出现问题。

1.4.3　并发数据结构的基本原理

并行数据结构用于并行或分布式计算环境，与用于单处理器机器的"顺序（Sequential）"数据结构在许多方面都有所不同。例如，在顺序环境中，通过提供安全属性（Safety Properties）来指定数据结构的属性并检查它们是否正确实现；而在并发环境中，必须实现活性属性（Liveness Properties）且需要专门的规范进行描述。其中，安全属性通常表示不好的事情永远不会发生，而活性属性则表示好的事情一直在发生。例如，可以使用线性时序逻辑来表征这些属性。

活性属性的类型倾向于定义数据结构，往往通过阻塞式（Blocking）或非阻塞式（Non-blocking）的方法调用。数据结构不限于一种或另一种类型，并且可以允许一些方法调用被阻塞而另一些方法调用非阻塞的组合。鉴于不同线程调用的方法可能存在许多交织，并发数据结构的安全特性必须捕获它们的行为。指定抽象数据结构在没有交织的顺序设置中的行为是非常直观的。因此，许多讨论并发数据结构的安全特性的主流方法（如序列化性、线性化、顺序一致性和静态一致性等）按顺序指定结构属性，并将其并发执行映射到顺序执行的集合中。

为了保证安全性和活性属性，并发数据结构通常必须允许线程就其同时数据访问和修改请求的结果达成共识。为了支持这种协议，并发数据结构是使用现代多处理器机器上可用的特殊原语同步操作来实现的，这些机器允许多个线程达成共识。这种共识可以通过使用锁（Lock）机制来实现，也可以在非阻塞方式下不使用锁机制来实现。

1.4.4　并发数据结构设计的难点

多处理器系统要求并发的执行多个线程。这些线程在共享的内存中通过数据结构通信和同步，而这些数据结构的效率对于性能非常关键。因此，如何为多处理器机器设计高效数据结构，也就是设计并发数据结构成为难点。对大多数人来说，设计并发的数据结构比设计单线程的数据结构难很多，因为并发执行的线程可能会以多种方式交错运行它们的指令，每一种方式会带来不同的，甚至不符合预期的输出。

多处理器的一些特性使得并发数据结构的设计和校验比相对应的单线程结构难度显著增加。难点的根源在于并发：因为线程是在不同的处理器上并发的执行，而且受操作系统的调度决策、缺页、中断等等影响，我们必须按照全部异步的想法来思考，以保证不同的线程能够随意交错地运行，因此显著提升了正确设计并发数据结构的复杂度。

下面通过一个例子阐述影响数据结构设计的多处理器特征。假设我们想要实现一个共享的计数器数据结构，用于支持 fetch-and-inc 操作，即计数器加一然后返回增加前的值。一个普通的顺序 fetch-and-inc 实现的代码就如图 1.10 中左边部分所展示的那样。

如果我们允许多个线程并发地调用 fetch-and-inc 操作，上述实现运行起来并不正确。主要原因是，大多数编译器会把这份源代码转换成机器指令：首先把 X 的值装进一个寄存器，然后把寄存器中的值加一，接着把这个寄存器的值存回 X。假如计数器初始化为 0，两个不同的处理器并发的执行两个 fetch-and-inc 操作。就有可能两个操作都从 X 中读出 0，然后都把 1 存回 X 并且返回 0。这显然是不正确的：两个操作中有一个应该返回 1。可以看出，两个 fetch-and-inc 操作不正确的交错结果导致了不正确的行为。我们可以用一种常见的方法来阻止这样的交错，那就是用互斥锁（Mutual Exclusion Lock），也称为互斥器（Mutex）或者锁（Lock）。锁指的是在任意时间点都不被其他线程获取，而只被一个线程获取。如果一个线程 t_1 希望获取已经被另一个线程 t_2 获取的锁，那么 t_1 必须等到 t_2 释放这个锁。如图 1.10 右半部分所示，我们能通过锁机制得到一个正确的顺序实现。我们通过阻止所有的交错来预防坏的交错。这样很容易得到一个正确的共享计数器，然而这种简单的方式也是有代价的，即使用锁机制会引发许多关于性能和软件工程上的其他问题。

```
                              acquire(Lock);
oldval = X;                   oldval = X;
X = oldval + 1;               X = oldval + 1;
return oldval;                release(Lock);
                              return oldval;
```

图 1.10　顺序 fetch-and-inc 和基于锁机制的 fetch-and-inc 操作代码片段

1.4.5　并发数据结构的设计原则

设计并发数据结构时，有两方面需要考量：一是确保访问是安全的，二是能真正地并发访问，具体描述如下。

（1）确保无线程能够看到，数据结构的"不变量"破坏时的状态。

（2）注意容易引起条件竞争的接口，提供完整操作的函数，而非操作步骤。

（3）注意数据结构的行为是否会产生异常，从而确保"不变量"的状态稳定。

（4）将死锁的概率降到最低。使用数据结构时，需要限制锁的范围，且避免嵌套锁的存在。

除了以上原则，设计者还需要考虑以下几个问题以确保设计的数据结构能够实现真正的并发访问。

（1）锁的范围中的操作，是否允许在锁外执行。

（2）数据结构中不同的区域是否能被不同的互斥量保护。

（3）是否所有操作都需要同级互斥量保护。

（4）能否对数据结构进行简单的修改，以增加并发访问的概率，且不影响操作语义。

习题一

一、选择题

1. _____是数据的最小单位，_____是数据的基本单位。

A. 数据项　　　　　　　B. 数据元素　　　　　　C. 信息项　　　　　　D. 表元素

2. _____不是算法的基本特性。

A. 可行性　　　　　　　B. 长度有限　　　　　　C. 在规定的时间内完成　D. 确定性

3. 计算机所处理的数据一般具备某种内在联系，这是指_____。

A. 数据和数据之间存在某种关系　　　　B. 元素和元素之间存在某种关系

C. 元素内部存在某种结构　　　　　　　D. 数据项和数据项之间存在某种关系

4. 一个算法具有_____等设计目标。

A. 可行性　　　　　　　B. 至少有一个输入　　　C. 确定性　　　　　　D. 健壮性

5. 数据的逻辑结构是指_____关系的整体。

A. 数据元素之间逻辑　　B. 数据项之间逻辑　　　C. 数据类型之间　　　D. 存储结构之间

6. 算法的时间复杂度与_____有关。

A. 问题规模　　　　　　B. 计算机硬件性能　　　C. 编译程序质量　　　D. 程序设计语言

7. 某算法的时间复杂度为 $O(n^2)$，表明该算法的_____。

A. 问题规模是 n^2　　　　　　　　　　B. 执行时间等于 n^2

C. 执行时间与 n^2 成正比　　　　　　　D. 问题规模与 n^2 成正比

8. 在数据的存储结构中，一个结点通常存储一个_____。

A. 数据项　　　　　　　B. 数据元素　　　　　　C. 数据结构　　　　　D. 数据类型

9. 以下函数中时间复杂度最小的是_____。

A. $T_1(n)=n\log_2 n+500n$　　　　　　B. $T_2(n)=n^2-8000n$

C. $T_3(n)=n^{\log 2n}-600n$　　　　　　D. $T_4(n)=20000\log_2 n$

10. 数据采用链式存储结构时，要求_____。

A. 每个结点占用一片连续的存储区域　　B. 所有结点占用一片连续的存储区域

C. 结点的最后一个数据域是指针类型　　D. 每个结点有多少个后继就设多少个指针域

二、填空题

1. 数据的逻辑结构是指数据元素之间_____的整体。

2. 数据结构通常分为四类基本结构：集合、线性结构、_____和_____。

3. 数据的存储结构除了存储数据元素之外，必须显式或隐式地存储数据元素之间的逻辑关系。通常数据元素在计算机中有两种不同的表示方法：顺序映像和非顺序映像，并由此得到两种不同的存储结构：顺序存储结构和_____。

4. 数据结构是相互之间存在_____的数据元素的集合。

三、判断题

1. 数据对象就是一组任意数据元素的集合。

2. 数据对象是由有限个类型相同的数据元素构成的。

3. 数据的逻辑结构与各数据元素在计算机中如何存储有关。

4. 如果数据元素值发生改变，则数据的逻辑结构也随之改变。

5. 逻辑结构不相同的数据，必须采用不同类型的存储方式。

6. 数据的逻辑结构是指数据的各数据项之间的逻辑关系。

7. 算法的优劣与算法描述语言无关，但与所用的计算机有关。

8. 程序一定是算法。

9. 算法最终必须由计算机实现。

10. 健壮的算法不会因为非法输入数据而出现莫名其妙的状态。

四、简答题

1. 简述逻辑结构与存储结构的关系，数据结构和数据类型有什么区别。

2. 数据运算是数据结构的一个重要方面。举例子说明两个数据结构的逻辑结构和存储方式相似，只是对于运算的定义不同，因而两个数据结构具有明显不同的特性，是两种不同的数据结构。

3. 当为解决某一问题而选择数据结构时，应从哪些方面考虑？

4. 按增长率由小到大的顺序排列下列各函数：

$$2^{100},(2/3)^n,(3/2)^n,n^n,n!,2^n,\log_2 n,n^{\log_2 n},n^{3/2},\sqrt{n}$$

5. 计算机解决一个问题大致需要哪几个步骤？

五、计算题

1. 分析以下算法的时间复杂度。

```
void func(int n)
{
    int i,k=110;
    while (i<=n)
    {
        k++;
        i+=2;
    }
}
```

2. 分析以下算法的时间复杂度。

```
void fun(int n)
{
    int i=1;
    while(i<=n)
        i=i*3;
}
```

3. 分析以下算法的时间复杂度。

```
void fun(int n)
{
    int i=1;
    while(i<=n)
        i=i*4;
}
```

4. 分析以下算法的时间复杂度。

```
void fun(int n)
{
    int i,j,k;
    for(i=1;i<=n;i++)
    for(j=1;j<=n;j++)
    {
        k=1;
        while(k<=n)
            k=5*k;
    }
}
```

5. 分析以下算法的时间复杂度。

```
void func(int n)
{
    int i,j,k=0;
    for(i=1;i<n;i++)
        for(j=i+1;j<=n;j++)
            k++;
}
```

6. 分析以下算法的时间复杂度。

```
void fun(int n)
```

```
{
    int s=0,i,j,k;
        for(i=0;i<=n;i++)
            for(j=0;j<=i;j++)
                for(k=0;k<j;k++)
                    s++;
}
```

7. 分析以下算法的时间复杂度。

```
void func(int n)
{
    int i=0,s=0;
    while(s<=n)
    {
        i++;
        s=s+1;
    }
}
```

8. 设 n 是偶数，试计算运行下列程序段后 m 的值，并给出该程序段的时间复杂度。

```
int m=0,i,j;
for(i=1;i<=n;i++)
    for(j=2*i;j<=n;j++)
        m++;
```

9. 以下算法中问题规模为 n，分析其时间复杂度。

```
int fact(int a[],int n,int x)
{
    int i=0;
    while(i<n)
    {
        if(a[i]==x)
            return i;
        i++;
    }
    return -1;
}
```

10. 设计一个算法求解 Hanoi 问题：有三根柱子 a、b、c，有 n 个半径不同的中间有孔的圆盘，这 n 个圆盘在柱子 a 上，从上往下半径依次增大。要求把所有圆盘移至目标盘 c 上，可将柱子 b 作为辅助柱，移动圆盘时必须服从以下规则：

（1）每次只可搬动一个圆盘；

（2）任何柱子上都不允许大圆盘在小圆盘上面。

分析该算法的时间复杂度。

第2章 线性表

线性结构是简单且常用的一种数据结构，而线性表是一种典型的线性结构，在现实中应用广泛。一般情况下，如果需要在程序中存储数据，最简单有效的方法就是把它们存放在一个线性表中。只有当需要组织和搜索大量更为复杂的数据时，才考虑使用更为复杂的数据结构。本章讨论线性表的两种存储结构：线性存储结构和链式存储结构，以及在这两种存储结构下线性表基本运算的实现算法，最后介绍线性表的简单应用。

2.1 线性表的基本概念

线性表是一种最基本、最简单的数据结构，具有广泛的应用。下面以线性表的概念及抽象数据类型定义两方面介绍线性表的相关基本概念。

微课视频

2.1.1 线性表的概念

线性表（Linear List）是由 $n(n \geq 0)$ 个具有相同类型的数据元素 $a_1, a_2, \cdots, a_n$ 组成的有限序列。其中数据元素的个数 n 定义为表的长度。当 $n=0$ 时，称为空表，常将非空的线性表（$n>0$）记作：

$$L = (a_1, a_2, \cdots, a_{i-1}, a_i, a_{i+1}, \cdots, a_{n-1}, a_n)$$

其中，$a_i(1 \leq i \leq n)$ 为线性表的第 i 个数据元素，称 i 为数据元素 a_i 在线性表中的位序。表中所有数据元素具有相同特性，属于同一数据对象，即 $a_i(1 \leq i \leq n)$ 具有相同的数据类型。

数据元素 $a_i(1 \leq i \leq n)$ 只是一个抽象的符号，其具体含义在不同的情况下各不相同。它可以是一个数、一个符号、一页书甚至其他更复杂的信息。

例如，26 个英文字母组成的字母表：

$$(A, B, C, D, \cdots, Z)$$

是一个长度为 26 的线性表，表中的数据元素是单个英文字母。

在稍微复杂的线性表中，一个数据元素可以由若干**数据项**（Item）组成，在这种情况下，通常把数据元素称为**记录**（Record），含有大量记录的线性表又称**文件**（File）。表 2.1 所示为某高校学生的基本信息表，表中每个学生的基本信息为一个记录，该记录由学号、姓名、性别、民族、籍贯、出生日期、年级、院系、学生类别 9 个数据项组成。

表 2.1　　　　　　　　　　　　　　　　某高校学生的基本信息表

学号	姓名	性别	民族	籍贯	出生日期	年级	院系	学生类别
112060826	赵雪清	女	汉	江苏	1988-08-08	2012	计算机	学硕
110060943	田春峰	男	汉	河南	1989-01-20	2010	计算机	专硕
212060032	陈 亮	男	汉	湖南	1986-11-30	2012	自动化	博士
113106000686	刘 明	男	汉	河北	1990-11-12	2013	理学院	专硕
513106001607	卞 雯	女	汉	福建	1992-01-08	2013	理学院	学硕
512061654	秦 羽	男	汉	山西	1989-10-13	2012	电光院	专硕

从以上例子可看出非空的线性表的逻辑特征如下。

（1）有且仅有一个开始结点 a_1，该结点没有前驱，仅有一个后继 a_2。

（2）有且仅有一个终端结点 a_n，该结点没有后继，仅有一个前驱 a_{n-1}。

（3）其余的内部结点 $a_i(2 \leqslant i \leqslant n-1)$ 都有且仅有一个前驱 a_{i-1} 和一个后继 a_{i+1}。

线性表中的数据元素不限定形式，但同一线性表中的数据元素必须具有相同特性，相邻数据元素之间存在着序偶关系。数据的运算是定义在逻辑结构上的，而运算的具体实现则是在存储结构上进行的。

2.1.2　线性表的抽象数据类型

线性表的抽象数据类型定义如下。

ADT List{

　　数据对象：$D = \{a_i \mid a_i \in ElemSet, i = 1, 2, \cdots, n, n \geqslant 0\}$

　　数据关系：$R = \{< a_{i-1}, a_i > \mid a_{i-1}, a_i \in D, i = 2, 3, \cdots, n\}$

　　基本操作：

　　　　InitList(&L)　　　　　　　　　　　　　　　　　//1

　　　　　　初始条件：无。

　　　　　　操作结果：构造一个空的线性表 L，也称为初始化线性表。

　　　　DestroyList(&L)　　　　　　　　　　　　　　　//2

　　　　　　初始条件：线性表 L 已存在。

　　　　　　操作结果：销毁线性表 L，即释放 L 所占用的存储空间。

　　　　ClearList(&L)　　　　　　　　　　　　　　　　//3

　　　　　　初始条件：线性表 L 已存在。

　　　　　　操作结果：将 L 重置为空表。

　　　　ListEmpty(L)　　　　　　　　　　　　　　　　//4

　　　　　　初始条件：线性表 L 已存在。

　　　　　　操作结果：若 L 为空表，则返回 TRUE，否则返回 FALSE。

　　　　ListLength(L)　　　　　　　　　　　　　　　　//5

　　　　　　初始条件：线性表 L 已存在。

　　　　　　操作结果：返回 L 中数据元素的个数，即表的长度。

　　　　GetElem(L,i,&e)　　　　　　　　　　　　　　　//6

初始条件：线性表 *L* 已存在，且 1≤*i*≤*ListLength*(*L*)。

操作结果：用 *e* 返回 *L* 中第 *i* 个数据元素的值。

LocateElem(L,e,compare())　　　　　　　//7

初始条件：线性表 *L* 已存在，*e* 为给定值，compare() 是数据元素判定函数。

操作结果：返回 *L* 中第 1 个与 *e* 满足关系 compare() 的数据元素的位序。若这样的数据元素不存在，则返回值为 0。

PriorElem(L,cur_e,&pre_e)　　　　　　　//8

初始条件：线性表 *L* 已存在。

操作结果：若 *cur_e* 是 *L* 的数据元素，且有前驱，则用 *pre_e* 返回它的前驱，如果没有前驱，则操作失败，*pre_e* 无定义。

NextElem(L,cur_e,&next_e)　　　　　　　//9

初始条件：线性表 *L* 已存在。

操作结果：若 *cur_e* 是 *L* 的数据元素，且有后继，则用 *next_e* 返回它的后继，如果没有后继，则操作失败，*next_e* 无定义。

ListInsert(&L,i,e)　　　　　　　　　//10

初始条件：线性表 *L* 已存在，1≤*i*≤*ListLength*(*L*)+1。

操作结果：在 *L* 的第 *i* 个位置插入新的数据元素 *e*，*L* 的长度加 1。

ListDelete(&L,i,&e)　　　　　　　　//11

初始条件：线性表 *L* 已存在，1≤*i*≤*ListLength*(*L*)。

操作结果：删除 *L* 的第 *i* 个数据元素，并用 *e* 返回其值，*L* 的长度减 1。

ListTraverse(L,visit())　　　　　　　　//12

初始条件：线性表 *L* 已存在，visit() 为对数据元素的访问函数。

操作结果：依次对 *L* 中的每个数据元素调用函数 visit()。一旦 visit() 失败，则操作失败。

}ADT List

在上述抽象定义中，ElemSet 可理解为表中数据元素组成的数据集合。ADT List 不仅定义了线性表的逻辑结构（数据对象和数据关系），还给出了线性表的 12 个基本操作。

对于 ADT List 中的基本操作有以下两点说明。

（1）类型的基本操作可以不同。在某些应用中，基本操作可能只是上述 12 个操作的一部分，但有些可能还需补充其他操作。

（2）在具体应用中，即使某个基本操作的功能相同，但具体实现也可以不同。如 ADT List 中的第 6 个操作，其功能是取得线性表 *L* 中第 *i* 个数据元素的值，本文中采用 GetElem(L,i,&e) 函数形式实现其功能，即用变量 *e* 返回第 *i* 个数据元素的值。但该功能还可采用 ElemType GetElem(L,i) 函数形式，其中 ElemType 表示数据元素的类型，在该实现中，采用函数返回值来取回第 *i* 个数据元素的值。

对于实际问题中涉及的更复杂的操作，可以用这些基本操作的组合来实现。对于不同的应用，这些操作的函数参数可能不同，下面通过两个实例来说明。

例 2.1　有两个集合 *A* 和 *B*，分别用两个线性表 *La* 和 *Lb* 表示，即线性表中的数据元素为集合中的成员。现求一个新的集合 $A = A \cup B$。

上述问题可演绎为对线性表做以下操作：扩大线性表 La，将存在于线性表 Lb 中而不存在于线性表 La 中的数据元素插入到线性表 La 中。

具体操作步骤如下。

（1）从线性表 Lb 中依次查看每个数据元素，即依次将每个位置上的数据元素存入变量 e 中，需调用 GetElem(Lb,i,e)。

（2）依据变量 e 的值，在线性表 La 中进行查访，即调用 LocateElem(La, e, equal())，判断 La 中是否已有该值。

（3）若不存在，则插入之，即调用 ListInsert(La, n+1, e)，其中 n 表示线性表 La 当前的长度。

上述线性表合并操作的算法描述如下：

```
void union(List &La, List Lb)
{  //将所有在线性表 Lb 中但不在 La 中的数据元素插入 La 中
    La_len = ListLength(La);            // 求线性表的长度
    Lb_len = ListLength(Lb);
    for (i = 1;i <= Lb_len;i++) {
        GetElem(Lb, i, e);              // 取 Lb 中第 i 个数据元素赋给 e
        if (!LocateElem(La, e, equal( )) )
            ListInsert(La, ++La_len, e); //La 中不存在和 e 相同的数据元素，则插入之
    }//for
}//union
```

这个算法的时间复杂度取决于抽象数据类型 List 定义中基本操作的执行次数。假如 GetElem 和 ListInsert 这两个操作的执行次数和表长无关，LocateElem 的执行次数和表长成正比，则该算法的时间复杂度为 $O(ListLength(La) \times ListLength(Lb))$。

例 2.2 已知线性表 La 和 Lb 中数据元素按值非递减有序排列，现要求将线性表 La 和 Lb 归并为一个新的线性表 Lc，且 Lc 中的数据元素不重复并仍按值非递减有序排列。例如，设有：

$$La=(2,5,8,11)$$
$$Lb=(2,3,9,11,15,20)$$

则

$$Lc=(2,3,5,8,9,11,15,20)$$

从上述问题要求可知，Lc 中的数据元素或是 La 中的数据元素，或是 Lb 中的数据元素。则只要先设 Lc 为空表，然后将 La 或 Lb 中的数据元素逐个插入到 Lc 中即可。为使 Lc 中数据元素按值非递减有序排列，可设两个指针 i 和 j 分别指向 La 和 Lb 中某个数据元素，若设 i 当前所指数据元素为 a，j 当前所指数据元素为 b，则当前应插入到 Lc 中的数据元素 c 为

$$c = \begin{cases} a & \text{当 } a \leqslant b \text{ 时} \\ b & \text{当 } a > b \text{ 时} \end{cases}$$

显然，指针 i 和 j 初值均为 1，在所指数据元素插入 Lc 之后，在 La 或 Lb 中顺序后移。下面是将线性表 La 和 Lb 合并为一个线性表 Lc 的程序代码：

```
void main()
{
    List La,Lb;
    int La_Len,Lb_Len;
    cout<<"请输入非递减 A 集合中元素个数:";
```

```
cin>>La_Len;//指定数据元素的个数
cout<<endl;
La.CreateList(La_Len);
cout<<"请输入非递减 B 集合中元素个数:";
cin>>Lb_Len;
cout<<endl;
Lb.CreateList(Lb_Len);
cout<<endl;
cout<<"La:"<<"\t";
La.ListDisplay();
cout<<"Lb:"<<"\t";
Lb.ListDisplay();
List Lc;//构建线性表 Lc

int i=1,j=1,k=0;
while((i<=La_Len)&&(j<=Lb_Len))//Merge
{
    int ei=La.GetElem(i);
    int ej=Lb.GetElem(j);
    if(ei<=ej)
    {
        if (Lc.LocateElem(ei) == 0) {
            Lc.ListInsert(++k,ei);
        }
        i++;
    }
    else
    {
        if (Lc.LocateElem(ej) == 0) {
            Lc.ListInsert(++k,ej);
        }
        j++;
    }
}//end while
while(i<=La_Len)
{
    int ei=La.GetElem(i++);
    Lc.ListInsert(++k,ei);
}
while(j<=Lb_Len)
{
    int ej=Lb.GetElem(j++);
    Lc.ListInsert(++k,ej);
}
cout<<"Merge:"<<"\t";
Lc.ListDisplay();
cout<<endl;
}//end main
```

该算法的时间复杂度仍取决于 List 基本操作的执行时间。程序中虽含有 3 个 while 循环语句，但只有当 i 和 j 均指向表中实际存在的数据元素时，才能取得数据元素的值并进行相互比较；并且当其中一个线性表的数据元素均已插入到 Lc 中后，只要将另一个线性表中的剩余数据元素依次插入即可。因此，对于每一组具体的输入（La 和 Lb），后两个 while 循环语句只执行一个循环体，所以该算法的时间复杂度为 $O(ListLength(La) \times ListLength(Lb))$。

2.2　线性表的顺序存储结构

前面章节中重点介绍的是线性表的逻辑结构。但如果要在实际应用中对线性

微课视频

表进行操作，必须考虑如何实现线性表的存储结构。线性表有两种常用的存储表示方法：顺序存储表示和链式存储表示。下面将具体介绍两种存储表示方法。

2.2.1 线性表的顺序存储表示

线性表的**顺序存储结构**指的是把线性表的数据元素按逻辑顺序依次存放在一组地址连续的存储单元里，用这种方法存储的线性表简称为**顺序表**（Sequential List）。

顺序表的特点是，表中逻辑上相邻的数据元素，存储时在物理位置上也一定相邻。换句话说，顺序表以数据元素在计算机内"物理位置相邻"来表示线性表中数据元素之间在"逻辑关系上相邻"。

假设顺序表的每个数据元素占用 m 个存储单元，且数据元素的存储位置定义为其所占的存储空间中第一个单元的存储地址。则由顺序表的特性可知，表中相邻的数据元素 a_i 和 a_{i+1} 的存储位置 $LOC(a_i)$ 和 $LOC(a_{i+1})$ 也是相邻的，且满足下列关系：

$$LOC(a_{i+1}) \approx LOC(a_i) + m$$

相邻存储位置的数据元素 a_i 和 a_{i+1} 在线性表中的存储结构如图2.1 所示。

若顺序表的起始位置或基地址是 $LOC(a_1)$（即表中第一个数据元素 a_1 的存储位置），那么顺序表的第 i 个数据元素 a_i 的存储位置为：

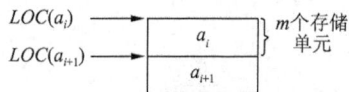

图 2.1 相邻存储位置的数据元素的存储示意图

$$LOC(a_i)=LOC(a_1)+(i-1)\times m$$

因此，只要知道顺序表的基地址，那么通过上述公式就可得到表中任一数据元素的地址并访问它。由于计算任一数据元素存储地址的时间都是相等的，因此顺序表是一种**随机存取**（Random Access）**存储结构**。

假设线性表基于该特性，则顺序表中数据元素的存储位置可以通过公式的计算得到。其中，线性表的长度已在 2.1.1 节中定义，此处用 length 表示。图 2.2 所示即为线性表的顺序存储结构示意图。

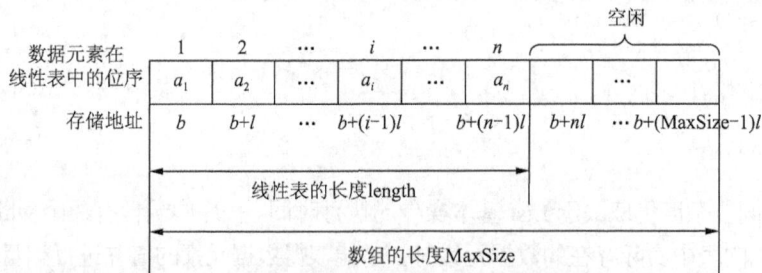

图 2.2 线性表的顺序存储结构示意图

其中，$b=LOC(a_1)$，即线性表中第一个数据元素的存储地址，length 为线性表的长度，MaxSize 则表示数组的容量，即数组中最多可存储的数据元素的个数。

2.2.2 顺序表的类定义和基本操作

1. 顺序表的类定义

在高级语言中，一维数组也具有和顺序表相同的以下 3 个特性。

（1）一维数组的存储对象也是一组相同类型的数据。

（2）一维数组也是用一组地址连续的存储单元存放数据。

（3）一维数组中的数据元素也可以通过数组下标随机存取。

因此，可以用数组类型来描述顺序表。

此外，C++语言中，一维数组的定义有以下两种方式。

方式一：<数据类型><数组名>　[<常量表达式>];

例如：

```
int a[5];
float x[100];
```

采用方式一定义的数组，数组的容量是确定的（不能扩充），如上述示例中，数组 a 最多可存放 5 个数据元素，其数据元素的下标从 0 开始，数据元素分别为 a[0]，a[1]，a[2]，a[3]，a[4]。

方式二：<数据类型>　*<指针变量> = new <数据类型>[<常量表达式>];

例如：

```
int *p=new int[3];
```

其中，int *p = new int[3]; 也可以分两步实现：int *p; p = new int[3];

采用方式二定义的数组，由于其采用指针来表示数组，因此存储空间可以动态分配，即指针所表示的数组空间容量可以变化，这样更符合线性表长度可变的实际情况。

下面针对数组定义的两种方式，分别给出相应的顺序表的类定义。

顺序表的类定义 1（采用方式一定义的一维数组）：

```
const int MaxSize=100;
typedef int ElemType;                 //ElemType 代表数据元素的类型
class SqList_s{                       //顺序表类 SqList_s
    private:
        ElemType elem_array[MaxSize];   //一维数组的容量,MaxSize 为可存放的数据元素的最大个数
        int length;                   //线性表的长度,表中数据元素的实际个数,应小于或等于 MaxSize
    public:
        …                             //12 个基本操作对应的成员函数
};
```

MaxSize：数组的容量（也可称为数组的大小），指当前分配的存放线性表的数组空间中可存放数据元素的最大个数。本书设置为 100 只是示例性数据，应根据实际问题设置其值大小，并考虑留有一定的空间余地。

ElemType：数据元素的类型。具体程序实现时，在类定义前，数据元素再指定具体的类型。本书后面大部分数据元素均直接定义为 int 类型。

elem_array：一维数组名。每个数组可用来存放一个线性表的数据元素。

length：线性表的长度，指线性表中数据元素的实际个数。线性表的长度 length 应小于或等于数组的容量 MaxSize。

顺序表的类定义 2（采用方式二定义的一维数组）：

```
const int LISTINCREMENT=10;
typedef int ElemType;              //ElemType 代表数据元素的类型
class SqList_d{                    //顺序表类 SqList_d
    private:
        ElemType *elem;            //指针 elem 指向一维数组的第一个元素
```

```
        int length;              //线性表的长度，表中数据元素的实际个数
        int MaxSize;     //一维数组的容量，即动态分配存储空间时申请的空间所能存储的数据元素的最大个数
    public:
        …                        //12个基本操作对应的成员函数
};
```

LISTINCREMENT：顺序表存储空间的分配增量。MaxSize 指示一维数组容量，即动态分配数组存储空间时申请的空间大小，一旦因插入数据元素造成空间不足，可进行再分配，LISTINCREMENT 即为顺序表可增加的存储空间的大小。

ElemType：数据元素的类型。具体程序实现时，在类定义前，数据元素再指定具体的类型。本书后面大部分数据元素均直接定义为 int 类型。

elem：数组指针，指示顺序表的基地址。

length：线性表的长度，指线性表中数据元素的实际个数。线性表的长度 length 应小于或等于数组的容量 MaxSize。

MaxSize：数组的容量（也可称为数组的大小），指当前分配的存放线性表的数组空间的长度。

方式二定义的一维数组，数组的大小是在程序执行过程中通过动态存储分配的语句分配的，一旦数据空间占满，可以另外再分配一块更大的存储空间，从而达到扩充存储数据空间的目的。此类顺序表的特点是：存储空间可扩充。SqList_d 类与 3 个数据成员的关系如图 2.3 所示。

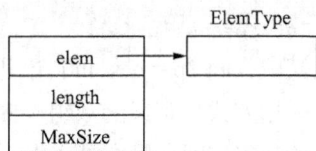

图 2.3　SqList_d 类与 3 个数据成员的关系

2. 顺序表的基本操作

由于线性表的长度可变，本章后续采用方式二定义一维数组，并基于该定义给出相应的算法实现代码。

（1）初始化顺序表。

顺序表的初始化是从无到有创建一个空顺序表，可以在构造函数中实现。具体操作步骤如下。

Step 1：动态分配一组连续的内存空间，作为线性表的存储空间。

Step 2：若内存分配成功，进行表的初始化，其长度为 0，容量为已分配的存储空间容量。

图 2.4 所示为构造函数生成线性表的图示。

下面是 C++描述下顺序表初始化的程序代码：

```
SqList_d::SqList_d(int n)              //构造函数
{
    //创建一个长度为0，容量为n的空表
    elem=(int*)malloc(n*sizeof(int));   // 申请表空间
    length=0;                           // 空表长为0
    MaxSize=n;                          //初始容量为n
}
```

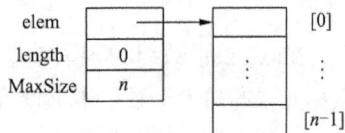

图 2.4　构造函数生成线性表

算法的时间复杂度和空间复杂度均为 $O(1)$。

（2）销毁顺序表。

销毁顺序表是释放顺序表占用的内存空间，即顺序表从有到无的过程，可以在析构函数中实现。动态分配存储空间可以更有效地利用系统资源，当不需要该顺序表时，可直接使用 delete 等销毁操作及时释放顺序表所占用的存储空间。

下面是 C++描述下顺序表销毁的程序代码：

```
SqList_d::~SqList_d()    //析构函数
{ //释放表空间
    delete [] elem;
    length=0;
    MaxSize=0;
}
```

算法的时间复杂度和空间复杂度均为 $O(1)$。

（3）顺序表插入数据元素。

顺序表的插入操作是指在顺序表的第 $i-1$ 个数据元素和第 i 个数据元素之间插入一个新的数据元素，即把原长度为 n 的顺序表 $(a_1,\cdots,a_{i-1},a_i,\cdots,a_n)$ 变为长度为 $n+1$ 的顺序表。$(a_1,\cdots,a_{i-1},e,a_i,\cdots,a_n)$。数据元素 a_{i-1} 和 a_i 之间的逻辑关系由 $<a_{i-1},a_i>$ 变为 $<a_{i-1},e><e,a_i>$，为此需要把 a_i 至 a_n 的数据元素从后向前依次后移，以空出插入位置，表长增加 1，如图 2.5 所示。

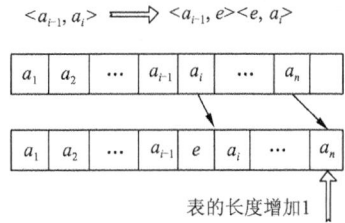

图 2.5　顺序表插入数据元素示意图

插入数据元素的操作步骤如下。

Step 1：如果表满，重新申请空间。

Step 2：如果插入位置 i 不合理，抛出"位置"异常。

Step 3：将最后一个数据元素 a_n 至第 i 个数据元素 a_i，共 $n-i+1$ 个数据元素，依次后移一个数据元素位置。

Step 4：将数据元素值 e 插入 i 位置处。

Step 5：表长增加 1。

下面是 C++描述下顺序表插入数据元素的程序代码：

```
void SqListInsert(int i,int e)
{
// 在第 i 个位置插入数据元素
    if(length>=MaxSize)
    {
        elem=(int*)realloc(elem,(MaxSize+LISTINCREMENT)*sizeof(int));
        MaxSize+=LISTINCREMENT;
    }
    if(i<1||i>length+1)
    {
        cout<<"插入位置异常";
        return;
    }
    for(int j=length;j>=i;j--)
        elem[j]=elem[j-1];
    elem[i-1]=e;
    length++;
}
```

例如函数 SqListInsert (5, 66)指的是将数据元素 66 插入到顺序表 L 的第 5 个位置上，插入算法的具体的执行过程如图 2.6 所示，其中 L.length-1=6。

若当前的存储空间已满，需重新申请一块新空间，以便完成插入操作，图 2.7 所示的插入函数 SqListInsert

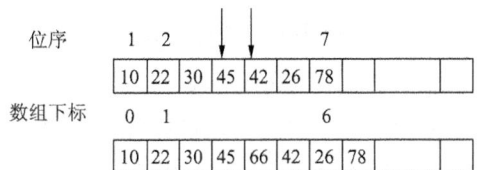

图 2.6　SqListInsert (5, 66)执行过程示意图

$(2, e)$的执行即为此类插入情况。原顺序表中有4个存储空间，4个数据元素，当执行插入数据元素e的操作时，存储空间已满，则重新申请4个新的存储空间，为了将数据元素e插入第2个位置，将第2个位置及其后面的数据元素依次后移一位，将数据元素e插入到第2个位置即可。

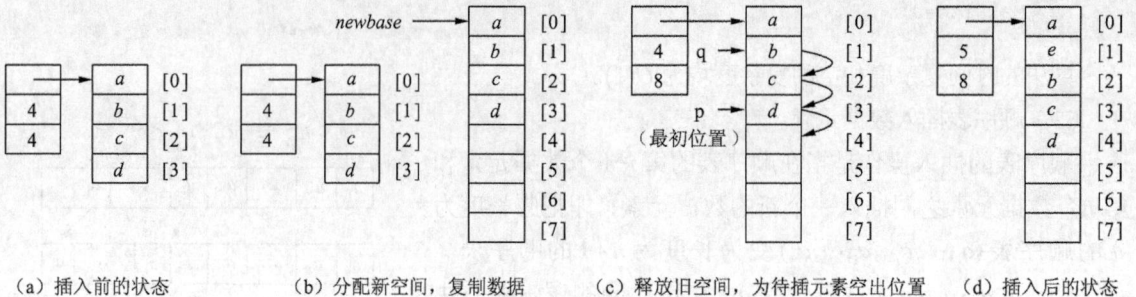

（a）插入前的状态　　　　（b）分配新空间，复制数据　　　（c）释放旧空间，为待插元素空出位置　　　（d）插入后的状态

图2.7　SqListInsert $(2, e)$的执行情况示意图

算法性能分析：

在顺序表中某个位置插入一个新的数据元素时，表的长度会发生改变。设表的长度为n，则该算法的时间主要耗费在循环的数据元素后移语句上，而该语句的执行次数（即移动数据元素的个数）是$n-i+1$，如图2.8所示。

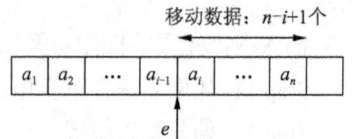

图2.8　数据元素移动次数示意图

由此可知，所需移动数据元素的次数依赖于：

① 表的长度n；

② 插入位置i。

当$i=n+1$时，这是最好的情况，即直接在表尾插入数据元素，不需要移动其他数据元素。

当$i=1$时，这是最差的情况，需要将表中所有的数据元素后移。

由于插入可能在表中任何位置上进行，因此在长度为n的线性表中第i个位置上插入一个数据元素，令$E_{is}(n)$表示移动数据元素次数的期望值，即平均数据移动次数（Average Moving Number，AMN），则在第i个位置上插入一个数据元素的移动次数为$n-i+1$。p_i代表在第i个位置插入的概率，则

$$E_{is}(n) = p_1 \times n + p_2 \times (n-1) + \cdots + p_n \times 1 + p_{n+1} \times 0$$

若表中任何位置$i(1 \leqslant i \leqslant n+1)$上插入元素的概率是均等的，因为顺序表中共有$n+1$个可插入数据元素的位置，则$p_i=1/(n+1)$。因此，在等概率插入的情况下：

$$E_{is}(n) = \frac{1}{n+1} \sum_{i=0}^{n} (n-i) = \frac{1}{n+1}[n + (n-1) + \cdots + 1 + 0] = \frac{n}{2}$$

由此可得出结论：在顺序表上做插入运算时，平均移动次数是表中数据元素长度的一半。当表长n较大时，算法的效率相当低。虽然$E_{is}(n)$中n的系数较小，但就数量级而言，它仍然是线性阶的。因此插入算法的平均时间复杂度为$O(n)$。

（4）顺序表删除数据元素。

顺序表的删除操作是指将顺序表中第i个位置的数据元素删除，即把原长度为n的顺序表$(a_1, \cdots, a_{i-1}, a_i, \cdots, a_n)$变为长度为$n-1$的顺序表$(a_1, \cdots, a_{i-1}, a_{i+1}, \cdots, a_n)$。数据元素$a_{i-1}, a_i, a_{i+1}$之间的逻辑关系由$<a_{i-1}, a_i><a_i, a_{i+1}>$改为$<a_{i-1}, a_{i+1}>$，为此需要把$a_{i+1}$至$a_n$的数据元素从前向后依次前移，以填满空余位置，表长减去1，如图2.9所示。

顺序表删除数据元素的操作步骤如下。

Step 1：如果表空，抛出"下溢"异常。

Step 2：如果删除位置 i 不合理，抛出"位置"异常。

Step 3：取出被删除数据元素。

Step 4：将第 $i+1$ 个数据元素 a_{i+1} 至最后一个数据元素 a_n，共 $n-i$ 个数据元素，依次前移一个数据元素位置。

Step 5：表长减去 1。

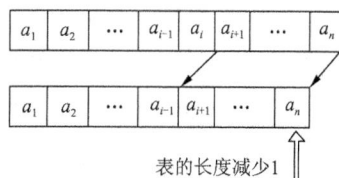

图 2.9　顺序表删除数据元素示意图

下面是 C++描述下顺序表删除数据元素的程序代码：

```cpp
int SqListDelete(int i)
{
    // 删除表中第 i 个位置数据元素
    int e;
    if(length==0)
    {
        cout<<"下溢";
        return -1;
    }
    if(i<1||i>length)
    {
        cout<<"删除位置异常";
        return -1;
    }
    e=elem[i-1];
    for(int j=i;j<length;j++)
        elem[j-1]=elem[j];
    length--;
    return e;
}
```

例如函数 SqListDelete(3)指的是将顺序表中第 3 个位置的数据元素删除，删除算法的具体执行过程如图 2.10 所示。原顺序表中有 8 个存储空间，5 个数据元素，当执行删除第 3 个位置的数据元素时，将第 4 个位置及其后面的数据元素依次前移一位即可。

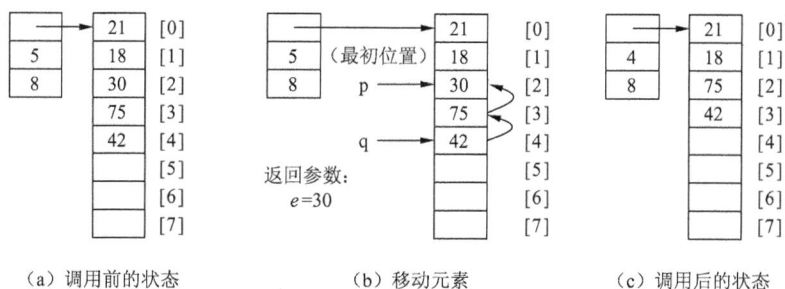

图 2.10　SqListDelete (3)的执行情况示意图

算法性能分析：

删除算法的性能分析与插入算法相似，数据元素的移动次数也是由表长 n 和位置 i 决定。

当 $i=n$ 时，这是最好的情况，直接在表尾删除数据元素，不需要移动其他数据元素；

当 $i=1$ 时，这是最差的情况，需要将表中剩余的 $n-1$ 个数据元素均前移一位。

由于删除操作也可能在表中任何位置上进行，因此将长度为 n 的线性表中第 i 个位置上的数据元素删除，令 E_{dl} 表示所需移动数据元素的平均次数，删除表中第 i 个数据元素的移动次数为 $n-i$，p_i

是删除第 i 个数据元素的概率，则

$$E_{dl}(n) = p_1 \times (n-1) + p_2 \times (n-2) + \cdots + p_{n-1} \times 1 + p_n \times 0$$

将表中任何位置 $i(1 \leq i \leq n)$ 上的数据元素删除的概率是均等的，因为顺序表中共有 n 个可删除数据元素，则 $p_i=1/n$。因此，在等概率插入的情况下：

$$E_{dl}(n) = \frac{1}{n} \sum_{i=0}^{n}(n-i) = \frac{1}{n}[(n-1)+(n-2)+\cdots+1+0] = \frac{n-1}{2}$$

由此可得出结论：在顺序表上做删除运算时，平均移动次数约是表中数据元素长度的一半，因此删除算法的平均时间复杂度也是 $O(n)$。

（5）顺序表返回数据元素的位置 i（按值查找）。

在顺序表中查找是否存在值为 e 的数据元素，最简单的方法是把线性表中的各个数据元素的值依次与 e 进行比较。按照 ADT List 中 LocateElem 的定义，按值查找算法的 C++描述如下：

```
int LocateElem(int e)
{
    // 数据元素定位，若找到，返回该数据元素在表中的位序；未找到，返回 0
    for(int i=0;i<length;i++)
        if(elem[i]==e)
            return i+1;
    return 0;
}
```

算法性能分析：

线性表按值查找算法的基本操作是进行数据元素值的比较。若比较顺序是按数据元素位序的升序进行，即从第 1 个数据元素开始，则找到第 i 个数据元素需比较的次数为 $i(1 \leq i \leq length)$。依照数据元素插入或删除的算法性能分析可知，在等概率的情况下，按值查找成功平均需比较$(n-1)/2$ 个数据元素。所以按值查找算法的平均时间复杂度为 $O(n)$。

（6）顺序表返回第 i 个数据元素的值（按位查找）。

顺序表的按位查找即在顺序表中查找第 i 个位置的数据元素的值并返回，参照 ADT List 中 int GetElem 的定义，按位查找算法的 C++描述如下：

```
int GetElem(int i)
{
//获取第 i 个数据元素的值
    int e;
    if(i<1||i>length)
    {
        cout<<"位置不合法";
        return -1;
    }
    e=elem[i-1];
    return e;
}
```

算法性能分析：由顺序表的定义可知，第 i 个位置的数据元素存储在数组中下标为 $i-1$ 的位置。由于顺序表可随机存取的特性，可以直接访问数组下标为 $i-1$ 位置的数据元素并返回其值。因此按位查找算法的平均时间复杂度为 $O(1)$。

2.2.3　顺序表的应用

根据上述对顺序表的算法说明和性能分析，采用方式二实现一维数组，本章 2.1.2 节的实例中，例 2.1（求一个新的集合 $A = A \cup B$）的算法代码如下。

函数 1：
```
void CreateSqList(int n)
{//初始化后，创建表长度为 n 的顺序表
    if(n>listsize) {cout<<"参数非法";return;}
    cout<<"请依次输入"<<n<<"个元素值: "<<endl;
    for(int i=1;i<=n;i++)
       cin>>elem[i-1];
    length=n;
}
```

函数 2：
```
void SqListInsert(int i,int e)
{// 在第 i 个位置插入元素
    if(length>=listsize)
    {
        elem=(int *)realloc(elem,(listsize+4)*sizeof(int));
        listsize+=4;
    }
    if(i<1||i>length+1) {cout<<"插入位置异常";return;}
    for(int j=length;j>=i;j--)
        elem[j]=elem[j-1];
    elem[i-1]=e;
    length++;
}
```

函数 3：
```
int GetElem(int i)
{//获取第 i 个元素的值
    int e;
    if(i<1||i>length) {cout<<"位置不合法";return -1;}
    e=elem[i-1];
    return e;
}
```

函数 4：
```
int LocateElem(int e)
{// 元素定位，若找到，返回该元素在表中的位序；未找到，返回 0
    for(int i=0;i<length;i++)
        if(elem[i]==e) return i+1;
        return 0;
}
```

主函数：
```
void main()
{
    SqList La(100),Lb(100);
    int La_Len,Lb_Len;
    cout<<"请输入 A 集合中数据元素个数:";
    cin>>La_Len;                        //指定数据元素的个数
    cout<<endl;
    La.CreateSqList(La_Len);
    cout<<"请输入 B 集合中数据元素个数:";
    cin>>Lb_Len;
    cout<<endl;
    Lb.CreateSqList(Lb_Len);
    cout<<endl;
    for(int i=1;i<=Lb_Len;i++)          //A union B;
    {
        int e=Lb.GetElem(i);
        if(!La.LocateElem(e))
            La.SqListInsert(++La_Len,e);
    }                                   //end for
```

```
    La.SqListDisplay();                          //遍历输出 La 中元素
}//end main
```

2.2.4 顺序表的特点

顺序表的特点是：逻辑关系上相邻的两个数据元素在物理位置上也相邻。

因此，顺序表的优点如下。

（1）节省存储空间。由于结点之间的相邻逻辑关系可以用物理位置上的相邻关系表示，因此不需增加额外的存储空间来表示此关系（如链表则需利用指针来表示逻辑相邻关系）。

（2）随机存取。由于表中任意数据元素的存储位置可通过公式计算得到，因此可直接访问表中任一位置的数据元素进行存取。

顺序表的缺点如下。

（1）插入和删除操作需移动大量数据元素。插入或删除时，平均需要移动表中一半的数据元素。

（2）表容量。由于逻辑关系上相邻的两个数据元素在物理位置上也相邻，因此顺序表要求占用连续的空间。采用第一种方式定义数组时，如果表长度变化幅度较大，往往会按可能达到的最大容量预先分配表的空间，因此造成部分空间的闲置和浪费；采用第二种方式定义数组时，程序运行过程中可根据需要重新申请一个更大的数组来代替原来的数组，虽然解决了空间不足问题，但是时间开销较大。

2.3 线性表的链式存储结构

线性表的顺序存储结构的特点是逻辑关系上相邻的两个数据元素在物理位置上也相邻，因此可以随机存取表中任意一个数据元素。但是，该特点也造成这种存储结构的弱点——做插入或删除操作时，需要移动大量数据元素。本节将讨论线性表的另一种存储结构——链式存储结构。由于链式存储结构不要求逻辑上相邻的数据元素在物理位置上也相邻，因此它没有顺序存储结构所具有的缺点，但同时也失去了顺序表可随机存取的优点。

线性表的**链式存储结构**是指用一组地址任意的存储单元来依次存放线性表中的数据元素，这组存储单元既可以是连续的，也可以是不连续的，甚至可以零散分布在内存中的任意位置上。因此，链式存储结构中的数据元素的逻辑次序和物理次序不一定相同。

由于数据元素的逻辑次序和物理次序不一定相同，因此，在线性表的链式存储结构中，为了表示数据元素之间的逻辑关系，对于每个数据元素 a_i 来说，除了存储其结点本身的信息外，还需存储指示其前驱或后继结点的信息。因此，链式存储结构中的每个数据结点都需要保存以下两部分信息。

（1）存储数据元素自身信息的部分，称为数据域。

（2）存储与前驱或后继结点的逻辑关系，称为指针域。

这样，链式存储结构中数据元素间的逻辑顺序便可以通过链表中的指针链接次序实现了。表中的结点可以在运行时动态生成，也允许插入和删除表中任意位置上的结点。

根据结点中指针域存储的指针个数和类型的不同，线性表的链式存储还可细分为单链表（只有一个指针）、静态链表、循环链表以及双向链表（两个指针）。在后面的小节中将分别介绍。

2.3.1 单链表

1. 单链表的概念

在链式存储结构中，如果结点只包含一个指针域，则称该线性表为**单链表**（Singly Linked List）。单链表的结点结构如图 2.11 所示。

其中，**data** 为数据域，用来存储数据元素自身的信息；next 为指针域（也称链域），用来存放结点的后继结点的地址。

data	next

图 2.11 单链表的结点结构

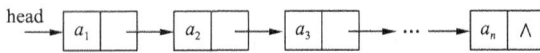

单链表正是通过每个结点的链域 next 将线性表的 n 个结点按其逻辑次序链接在一起的。显然，单链表中每个结点的存储地址是存放在其前驱结点的 next 域中的，而表中的第一个结点 a_1 无前驱，故应设置一个**头指针**（Head Pointer）head 指向 a_1。此外，由于最后一个结点 a_n 无后继，故 a_n 的指针域为空，即 NULL（在图示中常用符号"∧"表示）。单链表的结构如图 2.12 所示。

图 2.12 单链表的结构示意图

在链式存储结构中，逻辑上相邻的两个数据元素其存储的物理位置不一定相邻，因此，这种存储结构称为**非顺序映像**或**链式映像**。

例如，线性表的数据元素集合为{bat,cat,eat,fat,hat,jat, lat,mat}，则其对应的单链表在内存中的存储状态如图 2.13 所示，其中头结点存储在地址为 165 的存储单元。由于单链表可以由表头数据元素唯一确定，因此单链表可以用头指针的名字来命名。图 2.13 中头指针名是 head，则可把单链表称为表 head。对单链表中任一结点的访问必须首先根据头指针 head 找到第一个结点，再按照有关各结点链域中存放的指针顺序向后查找，直到找到所需的结点。因此，单链表是**非随机存取**的存储结构。

用图 2.13 所示的方法表示一个单链表非常不方便，而且在使用单链表时，关注的只是它所表示的线性表中的数据元素以及数据元素之间的逻辑关系，而不是每个数据元素在内存中的实际存储位置，因此通常将图 2.13 所示的单链表画成图 2.14 所示的形式。

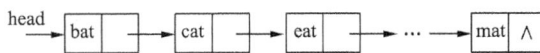

存储地址	data	next
	...	...
110	hat	200
	...	
130	cat	135
135	eat	170
	...	
160	mat	null
165	bat	130
170	fat	110
	...	
200	jat	205
205	lat	160
	...	...

head : 165

图 2.13 线性表在内存中的单链表存储示意图

图 2.14 线性表的单链表存储示意图

2. 单链表的类定义和基本操作

单链表的结点采用结构体类型定义。

```
typedef int ElemType;                    //ElemType 代表数据元素的类型
struct Node
{
  ElemType data;
```

```
        Node *next;
    };
```
用 C++语言描述线性表的单链表存储结构代码如下：
```
class LinkList
{
    private:
        Node *Head;
    public:
        LinkList() ;                    //构造一个空的线性表 L
        ~LinkList();                    //销毁线性表 L
        void CreateList1(int n);        //头插法创建具有 n 个数据元素的线性链表
        void CreateList2(int n);        //尾插法创建具有 n 个数据元素的线性链表
        void ListInsert(int i,int e);   //在表中第 i 个位置插入数据元素
        int ListDelete(int i);          //删除表中第 i 个位置上的数据元素
        int GetElem(int i);             //获取第 i 个数据元素的值
        int LocateElem(int e);          //在链表中查找是否存在数据元素 e
        int ListLength();               //计算表长
    };
```

相较于顺序表，单链表的插入和删除更简单，只需修改链表中结点指针的值，无须移动表中的数据元素，就能高效地实现插入和删除等操作。而从图 2.14 所示的存储示意图中可以看出，除了开始结点之外，其他每个结点的存储地址都存放在其前驱结点的 next 域中，而开始结点是由头指针指示的。这个特例需要在单链表实现时做特殊处理，增加了程序的复杂性。因此，为了操作方便，通常在单链表的开始结点之前附设一个类型相同的结点，称为**头结点**（Head Node）。头结点的数据域可以不存储任何信息，也可以存储表长等信息。具有头结点的单链表如图 2.15 所示。

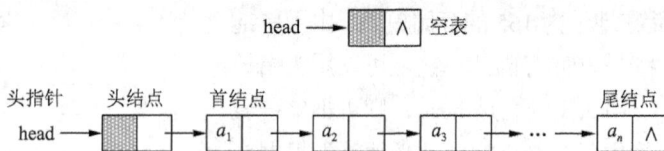

图 2.15　具有头结点的单链表

加上头结点之后的单链表具有以下特点。

（1）在进行插入删除等操作时，表中第一个结点（即开始结点，又称首结点或首元结点）和在表的其他位置上的结点操作一致，无须进行特殊处理；

（2）无论单链表是否为空，头指针始终指向头结点。因此，空表和非空表的处理统一，无须进行区别处理。

单链表的特点是长度可方便地进行扩充。当链表要增加一个新的结点时，只要系统的可用存储空间允许，就可以为链表分配一个结点空间，供链表使用。当对链表进行插入或删除操作时，只需要修改相应结点的指针域。相应地，由于单链表的每个结点都带有指针域，所以在存储空间上比顺序存储要付出更大的代价。

下面讨论单链表基本操作的实现。

（1）创建一个单链表。

链表的创建是指在初始化后创建具有 n 个数据元素的单链表。由于链表是一个动态的结构，它不需要预分配空间，因此创建链表的过程是一个结点"逐个插入"的过程。创建链表的常用方法有两种：头插入法和尾插入法。

① 头插入法。

该方法从一个空表开始，重复读入数据，生成新结点，将读入数据存放到新结点的数据域中，然后将新结点插入当前链表的表头上，直到读入结束标志（比如$）为止。

头插入法建立单链表的示意如图 2.16 所示，其具体执行步骤如下。

Step 1：建立一个空表，即链表初始化。

Step 2：读入一个数据，生成新结点，将读入的数据存放到新结点的数据域中，然后将新结点插入当前链表的表头上。

Step 3：如果建表数据没有读入完，则继续重复执行步骤 b，直到所有数据读入完毕，建表结束。

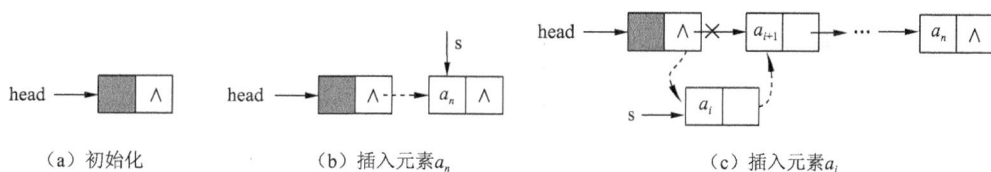

（a）初始化　　　　　（b）插入元素 a_n　　　　　（c）插入元素 a_i

图 2.16　头插入法建立单链表示意图

由图 2.16 可知，头插入法建立链表虽然算法简单，但为了保证链表中结点仍然保持 $a_1, a_2, \cdots, a_n$ 的位序，结点的输入顺序须与结点的逻辑顺序相反，即首先被插入的结点是线性表的最后一个数据元素 a_n，最后被插入的结点是线性表的第一个数据元素 a_1。因此该方法也称为单链表的"**逆位序**"创建法。

头插入法建立单链表算法的 C++语言描述如下：

```cpp
void CreateList1(int n)
{
    //头插入法创建线性表
    Node *p,*s;
    p=Head;
    cout<<"请依次输入"<<n<<"个数据元素值: "<<endl;
    for(int i=1;i<=n;i++)
    {
        s=new Node;                    //新建结点
        cin>>s->data;
        s->next=p->next;               //新结点插入表头
        p->next=s;
    }
}
```

② 尾插入法。

为了实现创建链表过程中结点的输入顺序与结点实际的逻辑次序相同，可采用尾插入法。尾插入法每次将新生成的结点插入当前链表的表尾上。为此须增加一个尾指针 r，始终指向当前链表的尾结点。尾插入法建立单链表的示意如图 2.17 所示。

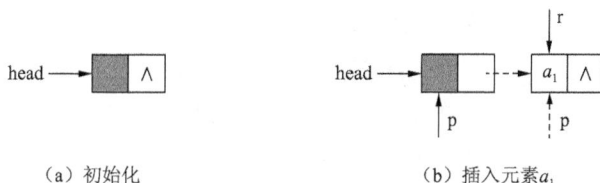

（a）初始化　　　　　　　　　（b）插入元素 a_1

图2.17　尾插入法建立单链表示意图

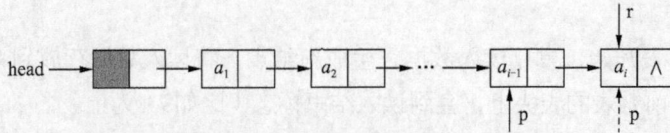

（c）插入元素 a_i

图 2.17 尾插入法建立单链表示意图（续）

尾插入法按线性表中数据元素的位序依次创建，因此该方法也称为"**正位序**"创建法。因为新生成的结点是插在表尾，所以减小了算法的时间复杂度。这种方法需要设置始终指向表尾的指针 r，该指针随着结点的插入而移动。

尾插入法建立单链表算法的 C++语言描述如下：

```cpp
void CreateList2(int n)
{
    //尾插入法创建线性表
    Node *p,*r;
    p=Head;
    while (p->next) {
        p=p->next;
    }
    cout<<"请依次输入"<<n<<"个数据元素值: "<<endl;
    for(int i=1;i<=n;i++)
    {
        r=new Node;                 //新建结点
        cin>>r->data;
        p->next=r;                  //新结点插入表尾
        p=r;
    }
}
```

（2）查找操作。

① 按位序查找。

链式存储的线性表，位序上相邻数据元素在存储位置上不一定相邻，因此，即使知道被访问结点的序号 i，也不能像顺序表那样按照位序直接访问。在单链表中，只能从链表的头指针出发，沿 next 域逐个结点往下搜索，直到搜索到第 i 个结点为止。因此，链表不是随机存取结构。单链表按位序查找过程示意如图 2.18 所示。

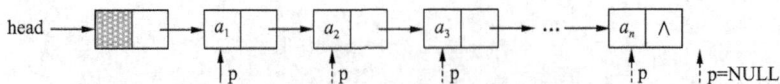

图 2.18 单链表按位序查找过程示意图

单链表中没有表长属性，当移到最后一个结点之后仍未找到所查元素，则查找过程结束。

按位序查找操作步骤如下。

Step 1: 设置指针 p 和一个计数器 j，并赋初值。

Step 2: 执行下列操作，直至 p 为空或 p 指向第 i 个结点($j=i$)。p 后移，j 增加 1。

Step 3: 如果找到，则返回结点 p 的数据元素；否则，抛出位置错误。

按位序查找算法的 C++语言描述如下：

```cpp
int GetElem(int i)
{
```

```
//获取第 i 个数据元素的值
Node *p;
p=Head->next;
int j=1;
while(p&&j<i)
{
    p=p->next;
    j++;
}
if(!p||j>i)                         //定位位置不合理：空表或 i 小于 0 或 i 大于表长
{
    cout<<"位置异常";
    return -1;
}
else
    return p->data;
}
```

单链表按位序查找算法的基本语句是指针 p 后移，该语句执行的次数与被查结点在表中的位置有关。若查找位置为 i，则查找成功时，需要执行 i-1 次（从第一个数据结点开始）或 i 次（从头结点开始）移动，等概率情况下，平均时间复杂度为 $O(n)$。

② 按值查找。

按值查找是在链表中查找是否有结点值等于给定值 key 的结点，若有，则返回首次找到的值为 key 的结点的存储位置；否则返回 NULL。查找过程从开始结点出发，顺着链表逐个将结点的值和给定值 key 作比较。

按值查找算法的 C++语言描述如下：
```
int LocateElem(int e)
{
    int j=1;
    Node *p;
    p=Head->next;
    while(p&&p->data!=e)
    {
        p=p->next;
        j++;
    }
    if(p==NULL)
        return 0;                    //0-不存在，非 0-存在返回位置；
    else
        return j;
}
```

按值查找的基本语句是将结点 p 的数据域与待查值进行比较，具体的比较次数与待查值结点在单链表中的位置有关。在等概率的情况下，其平均时间复杂度为 $O(n)$。

（3）插入操作。

单链表中插入操作是将值为 e 的新结点 s 插入到单链表的第 i 个结点的位置上，即插入 a_{i-1} 和 a_i 之间。因此插入操作的示意如图 2.19 所示，其执行步骤如下。

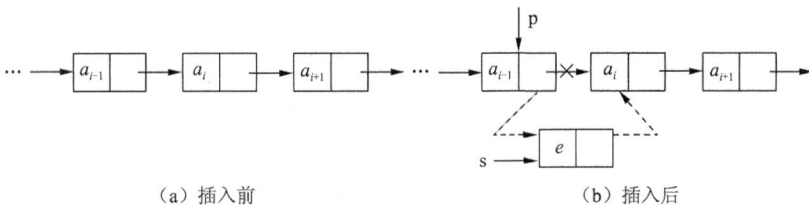

（a）插入前　　　　　　　　　　　　　　（b）插入后

图 2.19　单链表结点插入操作示意图

Step 1：工作指针 p 初始化；累加器 j 清零。

Step 2：查找第 i-1 个结点并使工作指针 p 指向该结点。

Step 3：若查找不成功，说明插入位置不合理，抛出插入位置异常。否则生成一个值为 e 的新结点 s，将 s 插到指针 p 所指结点之后。

Step2 中对应的执行代码为：while(p && j<i-1) { p=p->next; j++; }

Step3 中对应的执行代码为：s=new Node; s->data=e; s->next=p->next; p->next=s;

插入操作的 C++语言描述如下：

```
void ListInsert(int i,int e)
{
    int j=0;
    Node *p;
    p=Head;
    while(p&&j<i-1)                  //定位到插入点之前
    {
        p=p->next;
        j++;
    }
    if(!p||j>i-1)
    {
        cout<<"位置异常,结点插入失败! ";
        return;
    }                                //插入位置不合理, i<0 或 i>表长
    else
    {
        Node *s;
        s=new Node;
        s->data=e;
        s->next=p->next;
        p->next=s;
    }
}
```

在单链表中插入数据元素无须像顺序表那样移动其后续数据元素，算法的时间主要耗费在查找正确的插入位置，故时间复杂度为 $O(n)$。

（4）删除操作。

单链表的删除操作是将单链表的第 i 个结点删去，即改变 a_{i-1}、a_i 与 a_{i+1} 之间的链接关系。因为在单链表中结点 a_i 的存储地址是在其前驱结点 a_{i-1} 的指针域 next 中，所以必须首先找到 a_{i-1} 的存储位置 p。然后令 p->next 指向 a_i 的后继结点，即将 a_i 从链表上摘下。最后释放结点 a_i 的空间。删除操作如图 2.20 所示。为此，需要在断开 a_{i-1} 与 a_i 之间的链之前暂存删除结点位置 q，并将工作指针 p 定位到 q 的前驱，进行下列操作。

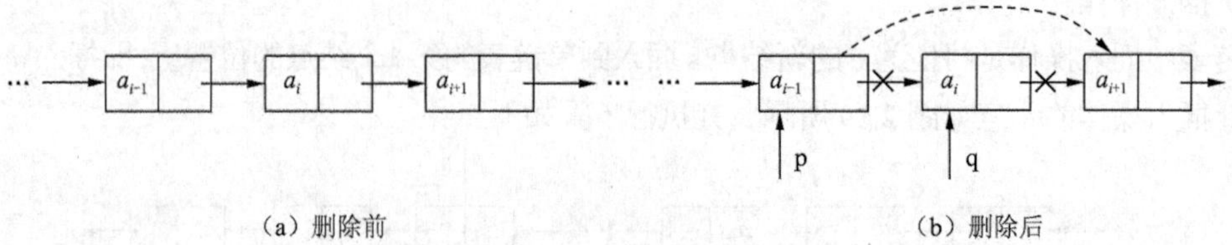

（a）删除前 （b）删除后

图 2.20 单链表结点删除操作示意图

```
p->next=q->next;
delete q;
```

删除结点的操作步骤如下。

Step 1：工作指针 p 初始化；累加器 *j* 清零。

Step 2：查找第 *i*−1 个结点并使工作指针 p 指向该结点。

Step 3：若 p 不存在或 p 的后继结点不存在，抛出位置异常。

否则：

① 暂存被删结点；

② 摘链，将结点 p 的后继结点从链表上摘下；

③ 释放被删结点的存储空间。

Step2 中对应的执行代码为：while(p->next && j<i-1) { p=p->next; j++; }

Step3 中的①对应的执行代码为：q=p->next;

Step3 中的②对应的执行代码为：p->next=q->next;

Step3 中的③对应的执行代码为：delete q;

删除操作的 C++语言描述如下：

```
int ListDelete(int i)
{//删除指定位置元素
    int e;
    Node *p,*q;                    //设置伴随指针
    p=Head;
    int j=0;                       //计数器初始化
    while(p->next&&j<i-1)          //p 定位到删除点的前驱
    {
        p=p->next;
        j++;
    }
    if(!p->next||j>i-1)            //删除位置不合理
    {
        cout<<"位置异常";
        return -1;
    }
    else
    {
        q=p->next;                 //暂存删除结点位置
        p->next=q->next;           //从链表中摘除删除结点
        e=q->data;
        delete q;
        return e;
    }
}
```

与在单链表中插入数据元素的算法类似，删除算法的时间主要耗费在查找正确的删除位置上，故时间复杂度为 $O(n)$。

2.3.2　静态链表

1. 静态链表的概念

静态链表（Static Linked List）是指用一维数组表示的单链表。在静态链表中，用数据元素在数组中的下标作为单链表的指针。

静态链表的特点如下。

（1）静态的含义是指静态链表采用一维数组表示，表的容量是一定的，因此称为静态。

微课视频

（2）静态链表中结点的链域 next 存放的是其后继结点在数组中的位置（即数组下标）。

2. 静态链表的类定义和基本操作

静态链表的类定义如下：

```
#define MAXSIZE 1000
typedef struct
{
    int data;
    int next;
}Node;
class StaticList
{
public:
    StaticList();
    bool Create(int len);
    bool Insert(const int &e, int index=1);      //默认插入表头
    bool Delete( int &e, int index=1);           //默认删除表尾
    void Show() const;
private:
    Node StList[MAXSIZE];
    int Length;
    int NewSpace();                              //返回 list 中一个可以用的空间下标
    void DeleteSpace(int index);                 //删除 list 中的 index 元素
    bool Empty() const;
    bool Full() const;
};
```

静态链表的每个数组的数据元素由两个域构成。

data：数据域，用来存储数据元素自身的信息。

next：游标域，用来存储数据元素的后继结点在数组中的位置。

在上述描述的静态链表中，数组的一个分量表示一个结点，同时用游标（指示器）next 代替指针指示结点在数组中的相对位置，数组的第零分量可看成头结点，其指针域指示链表的第一个结点。图 2.21 所示为静态链表与单链表表示的比较示意图。

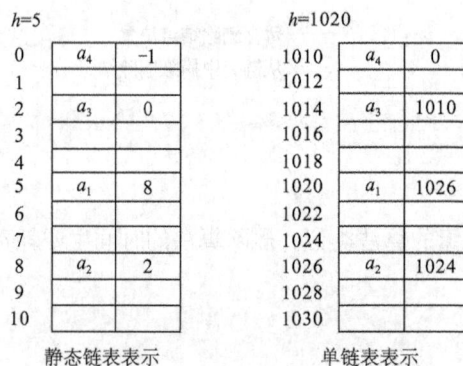

图 2.21 静态链表与单链表表示的比较示意图

这种存储结构仍需要预先分配一个较大的存储空间，但在进行线性表的插入和删除操作时不需要移动数据元素，仅需修改指针，故仍具有链式存储结构的主要优点。

虽然静态链表采用一维数组实现，但它的插入和删除操作与前述单链表的操作方法相同。假设静态链表的插入和删除操作只在表头进行，则插入操作的执行步骤如下。

Step 1：在现有静态链表 VList 中找到一个空闲单元，假设为 i。

Step 2：将单元 i 的数据域赋值为要插入数据元素的值 x，即 VList[i].data = x。

Step 3：在表头位置 h 将单元 i 插入，即 VList[i].next = h。

Step 4：将静态链表的表头 h 移到单元 i 处，即 $h=i$。

例如，图 2.22（a）所示为 h=7(5,7,2,3)时的静态链表初始存储状态示意图，然后将数据元素 x 插入到表中，执行上述操作步骤（假设在 Step1 中找到的位置 i=0），则执行结束后的静态链表的存储状态如图 2.22（b）所示。

上述插入操作步骤的 Step1 中，为了确定静态链表中的空闲单元，需对链表进行遍历操作，在最坏情况下，甚至要遍历整个静态链表，影响了算法性能。因此，为了在插入时快速找到可用空闲单元，通常把链表中的所有空闲单元也组成一个链，称为空闲链，并设一指针 avail 指向其头位置。通常称 h 是静态链表的头指针，avail 是空闲链的头指针。例如上述图 2.22（a）中所示的静态链表，将其空闲单元组成一个空闲链，头指针用 avail 指示，则此静态链表的带有空闲位置标识的存储示意如图 2.23 所示。

h=7(5,7,2,3)

0		
1	7	9
2		
3	3	-1
4		
5		
6		
7	5	1
8		
9	2	3
10		

（a）初始静态链表

h=0

0	x	7
1	7	9
2		
3	3	-1
4		
5		
6		
7	5	1
8		
9	2	3
10		

（b）插入数据元素x

图 2.22　静态链表插入数据元素示意图

h=7，$avail$=0

0		2
1	7	9
2		10
3	3	-1
4		5
5		8
6		4
7	5	1
8		-1
9	2	3
10		6

图 2.23　带有空闲位置标识的静态链表存储示意图

设在静态链表 h 的表头插入值为 x 的结点，其操作过程的伪代码如下：

```
if(avail==-1)                 //数组下标从 0 开始，因此指针为-1，表示指向空表
    cout<<"表已满，没有空余单元";
else
{
    i=avail;                  //取得空闲链第一个结点的位置
    avail=VList[i].next;      //将空闲链的第一个结点摘下，空闲链指针后移
    VList[i].data=x           //将值 x 赋值给刚找到的空闲单元
    VList[i].next=h;          //将空闲单元插入静态链表中
    h=i;                      //链表头指针前移，指向新的插入结点
}
```

设删除静态链表 h 中的第一个数据元素时，其操作过程的伪代码如下：

```
if(h==-1)                     //数组下标从 0 开始，因此指针为-1，表示指向空表
    cout<<"表已空，没有可删除的数据元素";
else{
    x=VList[h].data;          //保留要删除的数据元素的值，存入 x 中
    i=h;
    h=VList[i].next;          //链表头指针后移，将删除结点从链表中摘除
    VList[i].next=avail;      //将删除结点添加到空闲链中
    avail=i;                  //空闲链头指针前移，指向要被删除的结点，此时被删除结
                              //点变为新的空闲单元
}
```

图 2.24 所示即用静态链表实现单链表的示意图。图 2.24（a）所示是空链表。图 2.24（b）是某一时刻的静态链表，其中含有 5 个数据元素 $\{a_1, a_2, a_3, a_4, a_5\}$。若在表头插入数据元素 x，则链表首数据元素位置由 1 变为 3，空闲链头指针指向下一个可用的空闲单元，插入后的静态链表如图 2.24（c）所示。若在图 2.24（b）所示的链表中删除数据元素 a_1，则链表首数据元素位置由 1 变为 4，空闲链头指针由 3 变为 1，空闲链新增一单元，删除 a_1 后的静态链表如图 2.24（d）所示。

静态链表虽然用数组来存储线性表，但因增加了空闲链，使得数据元素无须顺序存放，在插入和删除操作时，只需修改下标，不需要移动表中的数据元素，从而改进了顺序表中插入和删除操作需要大量移动数据元素的缺点，但它没有解决连续存储分配带来的表长度难以确定的问题。

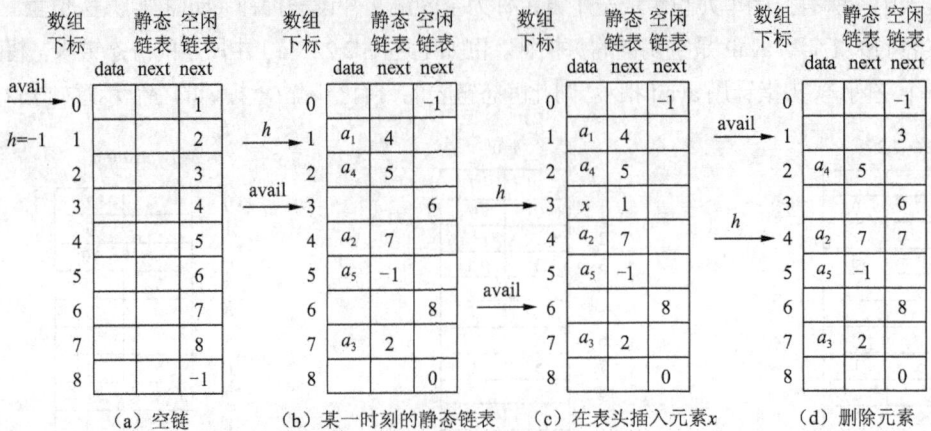

（a）空链（avail→0，h=−1）

数组下标	data	静态链表 next	空闲链 next
0			1
1			2
2			3
3			4
4			5
5			6
6			7
7			8
8			−1

（b）某一时刻的静态链表（h→1，avail→3）

数组下标	data	静态链表 next	空闲链 next
0			−1
1	a_1	4	
2	a_4	5	
3			6
4	a_2	7	
5	a_5	−1	
6			8
7	a_3	2	
8			0

（c）在表头插入元素 x（h→3）

数组下标	data	静态链表 next	空闲链 next
0			−1
1	a_1	4	
2	a_4	5	
3	x	1	
4	a_2	7	
5	a_5	−1	
6			8
7	a_3	2	
8			0

（d）删除元素（avail→1，h→4）

数组下标	data	静态链表 next	空闲链 next
0			−1
1			3
2	a_4	5	
3			6
4	a_2	7	
5	a_5	−1	
6			8
7	a_3	2	
8			0

图 2.24　用静态链表实现单链表的示意图

静态链表的初始化、创建、插入、删除等基本操作的 C++ 语言实现如下：

（1）初始化静态链表。

```cpp
StaticList() :Length(0)
{
    for (int i=0;i<MAXSIZE-1;++i)
    {
        StList[i].next=i+1;
    }
    StList[MAXSIZE-1].next=0;                //循环
}
```

（2）创建静态链表。

```cpp
bool Create(int len)
{
    int e;
    cout<<"请输入静态链表的数据元素: "<<endl;
    for(int i=0;i<len;i++)
    {
        cin>>e;
        Insert(e);
    }
    Length=len;
    return true;
}
```

（3）插入数据元素。

子函数：

```cpp
int NewSpace()
{
```

```
    int i=StList[0].next;                    //第一个可用的空闲结点
    if (StList[0].next)                      //如果该空闲结点可用
    {
        StList[0].next=StList[i].next;       //设置下一次第一个可用的空闲结点
//为返回结点的下一个结点
    }
    return i;                                //返回可用结点的下标
}
```

主函数：

```
bool Insert(const int &e, int index)
{
    if (Full())                              //如果为满，即 Length>MAXSIZE-2，则不插入数据
    {
        cout<<"Can't insert element to a full List!\n";
        return false;
    }
    if (index<1||index>Length+1)             //如果插入点的下标不合法，返回 false
    {
        cout<<"The invalid index!\n";
        return false;
    }
    int k=NewSpace();                        //返回一个可以插入的结点的下标
    int j=MAXSIZE-1;
    if (k)                                   //如果返回下标不为 0
    {
        StList[k].data=e;                    //将返回位置的数据设置成 e
        for (int i=1;i<=index-1;++i)         //找到插入结点的前一个结点的下标
        {
            j=StList[j].next;
        }
        StList[k].next=StList[j].next;       //将插入结点的 next 设置成插入位置
                                             //前一个结点的 next
        StList[j].next=k;            //将插入位置的前一个结点的 next 设置成 k，实现把第 k 个结点插入
                                     index-1 个结点后，实现把第 k 个结点插入第 index 个位置
        ++Length;                            //链表长度加一
        return true;
    }
    return false;
}
```

（4）删除数据元素。

子函数：

```
void DeleteSpace(int index)
{
    StList[index].next=StList[0].next;       //将要删除的结点加入空闲结点最前
    StList[0].next=index;                    //把该结点设置成第一个可用的空闲结点
}
```

主函数：

```
bool Delete(int &e, int index)
{
    if(Empty())                              //如果链表为空，不执行删除操作
    {
        cout << "Can't delete element in a empty list!\n";
        return false;
    }
    if(index<1 || index>Length )             //如果删除的位置不合法，返回 false
    {
```

```
            cout << "The invalid index!\n";
            return false;
        }
        int k=MAXSIZE-1;
        int i=1;
        for(;i<=index-1;++i)                    //找到第 index-1 个结点 k
        {
            k=StList[k].next;
        }
        i=StList[k].next;                       //i 为第 index 个结点的下标
        StList[k].next =StList[i].next;         //将第 index-1 个结点的 next 设置成第 index 个结点
                                                的 next，实现了把第 index 个结点排除在链表之外
        e=StList[i].data;                       //返回第 index 个结点的 data 给 e
        DeleteSpace(i);                         //回收第 index 个结点的空间
        --Length;                               //链表长度减一
        return true;
}
```

2.3.3 循环链表

在某些应用中，为了使链表的操作更加简洁和高效，往往会将链表的终端结点与表头结点连接起来，形成循环链表。根据链表中包含的环的个数，循环链表可以分为两类：单循环链表和多重链的循环链表（简称多重循环链表）。下面依次介绍定义并举例说明。

循环链表（Circular Linked List）是一种头尾相接的链表。其特点是无须增加存储量，仅对表的链接方式稍作改变，即可使得表处理更加方便灵活。

单循环链表（Single Circular Linked List）是指在单链表中，将终端结点的指针域 NULL 改为指向表头结点或开始结点，得到的单链形式的循环链表（只有一个循环），并简称为单循环链表。从单循环链表中任意结点出发均可找到表中其他结点。

多重循环链表（Multiple Circular Linked List）：在某些应用中，链表 L 里的结点可能隶属于多个链表（也就是链表中的结点有多个指针），如果这多个链表每个都是一个单循环链表，那么 L 就称为多重循环链表（链表中有多个循环）。最常见的多重循环链表是双向循环链表，十字链表就是双向循环链表。

为了使空表和非空表的处理一致，循环链表中也可设置一个头结点。这样，空单循环链表仅有一个自成循环的头结点表示，如图 2.25（a）所示，非空单循环链表则如图 2.25（b）所示。

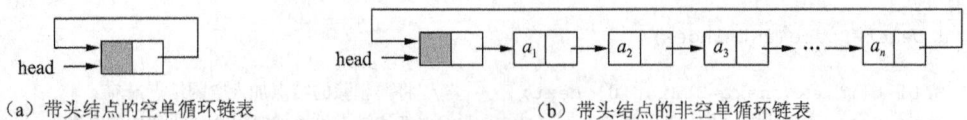

（a）带头结点的空单循环链表　　　　　　（b）带头结点的非空单循环链表

图 2.25　单循环链表存储示意

在用头指针表示的单循环链表中，找到开始结点 a_1 的时间复杂度是 $O(1)$，然而，要找到尾结点 a_n，则需从头指针开始遍历整个链表，其时间复杂度是 $O(n)$。

在很多实际问题中，表的操作常常是在表的尾位置上进行，此时头指针表示的单循环链表就显得不太方便。为提高此类应用的效率，可改用尾指针 rear 来表示单循环链表，则查找开始结点 a_1 和尾结点 a_n 都将很方便。用尾指针表示的单循环链表如图 2.26 所示。此时，头结点的地址是 rear→next，尾结点的地址是 rear，显然，查找头结点和尾结点的时间复杂度都是 $O(1)$。

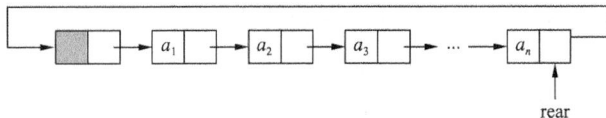

图 2.26 带尾指针的循环链表

循环链表给结点查找带来方便，但由于链表中没有 NULL 指针，即链表中没有明显的尾端，可能会使循环链表的操作进入死循环，因此需格外注意。在涉及遍历操作时，单循环链表的终止条件不再像非循环链表那样判断某个指针是否为空，而是判断该指针是否等于某一指定指针（如头指针或尾指针）。

循环链表的类定义与单链表的一样，只是使用时将尾结点的指针域由空改为指向头结点。循环链表基本操作的实现与单链表类似，不同之处是循环条件不一样。

2.3.4 双向链表

1. 双向链表的概念

在单循环链表中，虽然从任意结点山发可以扫描到其他结点，但平均时间复杂度是 $O(n)$，而要找到其前驱结点，则需要遍历整个单链环链表，如果希望快速确定表中任一结点的前驱结点，可以在单链表的每个结点中再设置一个指向其前驱结点的指针域，这样形成的链表中有两个方向不同的链，故称为**双向链表**（Double Linked List），简称**双链表**，其结点结构如图 2.27 所示。

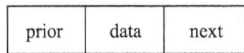

图 2.27 双向链表的结点结构

其中：

data：数据域，用来存储数据元素自身的信息；

prior：前驱指针域，存放该结点的前驱结点的地址；

next：后继指针域，存放该结点的后继结点的地址。

可以用 C++中的结构类型描述双链表的结点：

```cpp
typedef int ElemType;          //ElemType 代表数据元素的类型
struct Node
{
    ElemType data;
    Node *next;
    Node *prior;
};
```

2. 双向链表的类定义和基本操作

和单链表类似，双链表一般也是由头指针唯一确定，增加头结点也能使双链表的某些操作变得方便，将头结点和尾结点链接起来也能构成双循环链表，这样，无论是插入还是删除操作，对链表中的开始结点、尾结点和中间任意结点的操作过程都相同。实际应用中常采用带头结点的双循环链表，如图 2.28 所示。

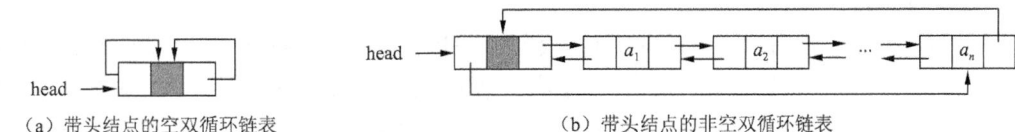

（a）带头结点的空双循环链表　　　　　　　　（b）带头结点的非空双循环链表

图 2.28 双循环链表示意图

设指针 p 指向双循环链表中的某一结点，则双循环链表具有以下对称性：

$$p \rightarrow prior \rightarrow next = p = p \rightarrow next \rightarrow prior$$

即结点 p 的存储地址既存放在其前驱结点的后继指针域中，也存放在其后继结点的前驱指针域中。

在双循环链表中求表长、按序号查找等操作的实现与单链表基本相同，不同的只是插入和删除操作的实现。由于双循环链表是一种对称结构，因此对其进行插入和删除操作都很容易实现。

（1）插入操作。

在结点 p 前插入一个新结点 s，需要修改 4 个指针：

① s → prior = p → prior；

② p → prior → next = s；

③ s → next = p；

④ p → prior = s；

> **注意**
>
> 针修改的相对顺序。在修改第①和第②步的指针时，要用到 p → prior 以找到 p 的后继结点，所以第④步指针的修改要在第①和第②步的指针修改完成后才能进行，如图 2.29 所示。

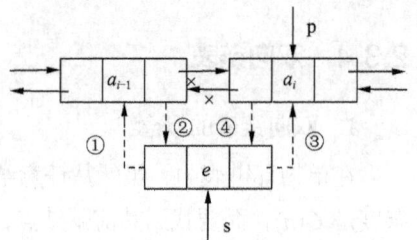

图 2.29 双链表插入操作示意图

（2）删除操作。

设指针 p 指向待删除结点，删除操作可通过下述三条语句完成：

① p → prior → next = p → next；

② p → next → prior = p → prior；

③ delete p；

语句①和语句②的顺序可以颠倒。另外，虽然执行上述语句后结点 p 的两个指针域仍指向其前驱结点和后继结点，但在双链表中已经找不到结点 p。而且，执行完删除操作后，还要将结点 p 所占的存储空间释放，如图 2.30 所示。

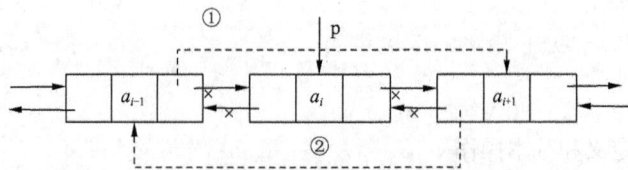

图 2.30 双链表结点删除时的指针变化

2.3.5 并发链表

实现并发链表可以通过基于锁的并发数据结构设计，也可以通过无锁并发数据结构进行设计。

（1）基于锁的并发链表。

最常用的实现基于锁的并发链表的方式是交替锁（Hand-over-hand-locking）机制，也称为锁耦合（Lock Coupling）。其基本原理是，每个结点都有一个关联锁，遍历链表的时候，首先抢占下一个结点的锁，然后释放当前结点的锁。在这种方式下，一个正在遍历并发链表的线程只有在获取到下一个结点的锁时才会释放上一个结点的锁，这样就避免了 overtaking 现象，即线程未察觉结点被其他线程删除。具体来讲：当插入新的链表结点时，需要将待插入位置两边的结点加锁。首先锁住链表的前两个结点。如果这两结点之间不是待插入位置，那么就解锁第一个结点，并锁住第三个结点。如果被锁住的两结点之间仍不是待插入位置，就解锁第二个结点，并锁住第四个结点。依此类推，直到找到待插入位置并插入新的结点，最后解锁两边的结点。

交替锁本质上是使用两把锁，交替释放，从而保证链表中未加锁的部分能够被其他线程自由访问，大大提高了性能。特别是当链表很长的时候，一个插入操作的时间大概假设是 N，此时如果有 10 个线程执行插入操作，原先锁整个链表需要花费 $10N$，而使用交替锁，最好的情况是接近于 N！

交替锁的这种方式减小了锁的粒度，但是由于插入和删除操作在链表的不同位置可能相互阻碍，而限制了并发性。

（2）无锁的并发链表。

我们也可以通过无锁方式来设计并发链表。作为无锁结构，就意味着线程可以并发地访问这个数据结构。线程不能做相同的操作，而且当其中一个访问线程被调度器中途挂起时，其他线程必须能够继续完成自己的工作，而无须等待挂起线程。

使用无锁并发数据结构的主要原因有两个方面：一是将并发最大化。使用基于锁的容器，会让线程阻塞或等待；互斥锁削弱了结构的并发性。在无锁数据结构中，某些线程可以逐步执行。二是提高鲁棒性。当一个线程在获取一个锁时被中止，那么数据结构将被永久性的破坏。不过，当线程在无锁数据结构上执行操作，在执行到一半时中止，数据结构上的数据没有丢失（除了线程本身的数据），其他线程依旧可以正常执行。

设计这种无锁的并发链表的最大困难在于要确保插入或者删除操作期间，相邻的结点仍然是有效的，即它们仍然存在于列表当中并且是相邻的。第一个基于 CAS（Compare-and-Swap）的无锁并发链表是 John D. Valois 提出来的。Valois 不使用互斥方式，采用单字 CAS 同步原语，提出了直接实现非阻塞单链表的算法和数据结构，允许任意数量的进程同时对链表进行遍历、插入和删除。他通过使用游标遍历列表、在列表中的任何位置插入和删除结点以及内存管理等方式，在每个普通结点之前使用了一个特殊的辅助结点来防止非预期问题的发生，这种方法避免了在进程处于关键部分时由于不可预知的延迟而导致的性能问题，降低了通用方法的开销。

Timothy L. Harris 提出采用非阻塞方式实现并发链表，支持对链表的线性插入和删除操作。Harris 提出的是一种使用了特殊的、并带有被原子访问的"删除"标记位的无锁链表，用来标记该结点是否已经被删除。新算法支持在传统共享内存多处理器系统上执行读取、写入以及原子 CAS 操作。每个处理器执行一系列这样的操作，定义调用/响应的历史记录，并在它们之间产生实时顺序。例如，如果对 A 的响应在调用 B 之前发生，则操作 A 在 B 之前，并且如果它们没有实时排序，则这些操作是并发的。

Maged M. Michael 等人也采用单字 CAS 同步原语，提出了一种新的单链表的无锁实现方法。具体实现上，在删除结点时设置了反向链接（Backlinks），以便访问已删除结点的并发操作可以恢复。为了避免由于遍历较长的反向链接指针链而引起的性能问题，Mikhail 引入了标志位，代表正在删除下一个结点。Mikhail 还证明了对于任何可能的操作序列和任何可能的调度，在链表的长度加上竞争的平均操作成本是线性的。

2.4　线性表的应用：一元多项式的表示及运算

线性表在现实生活中应用广泛，其中最具有代表性的应用就是一元多项式的表示及运算，下面具体介绍应用线性表表示一元多项式及运算的方法。

2.4.1　一元多项式的表示

多项式的操作是线性表的典型用例。在数学上，一个一元多项式可按升幂表示为：

$$A(x)=a_0+a_1x+a_2x^2+\cdots+a_nx^n$$

它由 $n+1$ 个系数唯一确定。在计算机中，可以用一个线性表$(a_0, a_1, a_2,\cdots,a_n)$来表示，每一项的指数 i 隐含在其系数 a_i 的序号里。

若有两个一元多项式分别为 $A(x)$ 和 $B(x)$：

$$A(x)=a_0+a_1x+a_2x^2+\cdots+a_nx^n$$
$$B(x)=b_0+b_1x+b_2x^2+\cdots+b_nx^n$$

则一元多项式的求和 $A(x)=A(x)+B(x)$，实质上就是合并同类项的过程。

在实际应用中，多项式的指数可能很高且变化很大，在表示多项式的线性表中就会存在很多零数据元素。一个较好的存储方法是只存非零数据元素，但是需要在存储非零数据元素系数的同时存储其相应的指数。这样，一个一元多项式的每一个非零项即可由系数和指数唯一表示。例如，$S(x)=5+10x^{30}+90x^{100}$ 就可以用线性表 $((5,0),(10,30),(90,100))$ 来表示。

接下来要考虑的是表示一元多项式的线性表的存储结构问题。如果采用顺序表存储，对于指数相差很多的两个一元多项式，相加会改变多项式的系数和指数。若相加的某两项的指数不相等，则需将两项分别加在结果中，将会进行顺序表的插入操作；若某两项的指数相等，则系数相加，若相加结果为零，将会进行顺序表的删除操作。因此采用顺序表虽然可以实现两个一元多项式相加，但并不可取。

如果采用单链表存储，则每一个非零项对应单链表中的一个结点，且为便于指数的比较和判断，单链表须按指数递增有序排列。采用单链表表示的一元多项式链表的结点结构如图 2.31 所示。

coef	exp	next

图 2.31　一元多项式链表的结点结构

coef：系数域，存放非零项的系数。

exp：指数域，存放非零项的指数。

next：指针域，存放指向下一个结点的指针。

一元多项式的抽象数据类型定义如下。

```
ADT Polynomial{
    数据对象：D = {a_i | a_i ∈ ElemSet, i = 1, 2,···, n, n ≥ 0}
    数据关系：R = {⟨a_{i-1}, a_i⟩ | a_{i-1}, a_i ∈ D, i = 2, 3,···, n}
    基本操作：
        CreatPolyn ( &P, m )                    //1
            操作结果：输入 m 项的系数和指数，建立一元多项式 P。
        DestroyPolyn ( &P )                     //2
```

初始条件：一元多项式 P 已存在。

操作结果：销毁一元多项式 P。

PrintPolyn (&P)　　　　　　　　　//3

初始条件：一元多项式 P 已存在。

操作结果：打印输出一元多项式 P。

PolynLength(P)　　　　　　　　　//4

初始条件：一元多项式 P 已存在。

操作结果：返回一元多项式 P 中的项数。

AddPolyn (&Pa, &Pb)　　　　　　//5

初始条件：一元多项式 Pa 和 Pb 已存在。

操作结果：完成多项式相加运算 Pa = Pa + Pb，并销毁一元多项式 Pb。

SubtractPolyn (&Pa, &Pb)　　　　//6

初始条件：一元多项式 Pa 和 Pb 已存在。

操作结果：完成多项式相减运算 Pa = Pa - Pb，并销毁一元多项式 Pb。

MultiplyPolyn (&Pa, &Pb)　　　　//7

初始条件：一元多项式 Pa 和 Pb 已存在。

操作结果：完成多项式相乘运算 Pa = Pa * Pb，并销毁一元多项式 Pb。

}ADT Polynomial

2.4.2　一元多项式的实现

一元多项式结点的类型定义为：

```
#define Max 20
typedef struct poly
{
    float coef;
    int exp;
}PolyArray[Max];

struct PolyNode
{
    float coef;
    int exp;
    PolyNode *next;
};
```

一元多项式类的定义为：

```
class Poly
{
private:
    PolyNode *Head;
public:
    Poly();                          //构造函数，建立空多项式
    ~Poly();                         //析构函数，释放多项式
    void CreatePoly(PolyArray a,int n);   //创建多项式链表
    void PolyDisplay();              //多项式显示
    void PolySort();                 //有序表排序
    void PolyAdd(Poly LB);           //多项式加
};
```

一元多项式链表的创建、销毁与单链表类似，以下重点介绍多项式的求和运算。为运算方便，后续操作和运算默认一元多项式链表带有头结点。

一元多项式的加法运算规则是：指数相同的项系数相加。更明确地说，是指对于两个一元多项式中所有指数相同的项，对应系数相加，若相加和不为零，则构成"和多项式中的一项"；对于两个一元多项式中所有指数不相同的项，则分别拷贝到"和多项式"中。

例如，图 2.32 中的两个单链表分别表示一元多项式 $A(x)=7+3x+9x^8+5x^{16}$ 和一元多项式 $B(x)=8x+22x^7-9x^8$。从图 2.32 中可见，每个结点表示多项式中的一项。

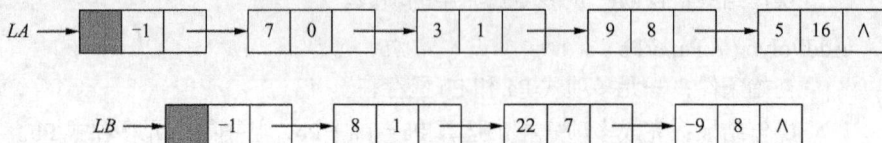

图 2.32　一元多项式的单链表存储

如何实现用这种线性链表表示的多项式的加法运算？

根据一元多项式加法的运算规则：对于两个一元多项式中所有指数相同的项，对应系数相加，若其和不为零，则构成"和多项式"中的一项；对于两个一元多项式中所有系数不相同的项，则分别复制到"和多项式"中去。例如，由图 2.32 中的两个链表表示的多项式相加得到的"和多项式"LC 链表如图 2.33 所示，图中的空长方形框表示已经被释放的结点。

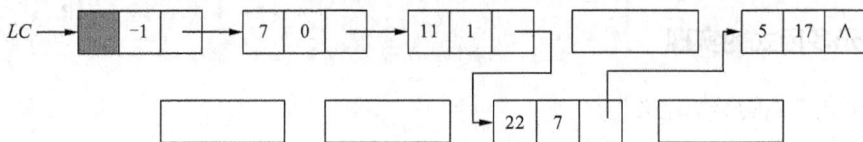

图 2.33　相加所得的和多项式的链表

根据上述加法规则，一元多项式加法的主要步骤如下。

Step 1：工作指针 pa、pb 初始化，分别指向两个多项式的头结点。

工作指针 qa、qb 初始化，分别指向两个多项式的首结点，如图 2.34（a）所示。

Step 2：只要 qa、qb 均不为空，则重复执行下列操作。

比较两指针所指结点数据元素的系数域。

（1）如果 qa->exp<qb->exp，则结点 qa 应为结果中的一个结点，指针 pa、qa 后移，如图 2.34（b）所示。

（2）如果 qa->exp>qb->exp，则结点 qb 应为结果中的一个结点，将结点 qb 插入单链表 LA 的 qa 结点之前，指针 pa、qb 后移，如图 2.34（d）所示。

（3）如果 qa->exp=qb->exp，计算系数和 sum=qa->ceof+qb->ceof：如果 sum≠0，修改 qa 结点的系数域，值为 sum，指针 qa、pa 后移，删除 qb 结点，qb 后移，如图 2.34（c）所示。如果 sum=0，删除 qa、qb 结点，qa、qb 后移，如图 2.34（e）所示。

Step 3：如果 qa 不空，qb 为空，删除单链表 LB 的头结点，如图 2.34（f）所示。如果 qa 为空，qb 不空，将以 qb 结点为首的单链表 LB 的剩余结点链到单链表 LA 的 pa 结点之后，删除单链表 LB

的头结点。

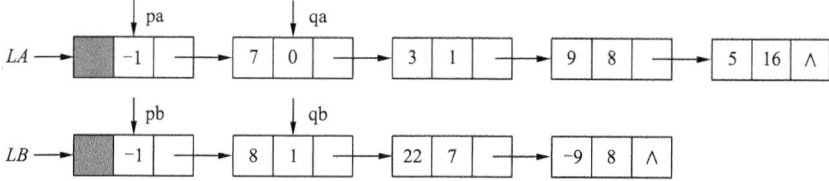

（a）工作指针初始化

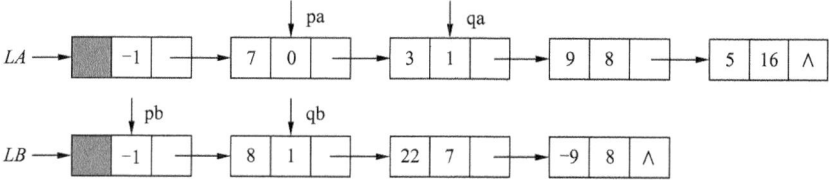

（b）qa->exp<qb->exp

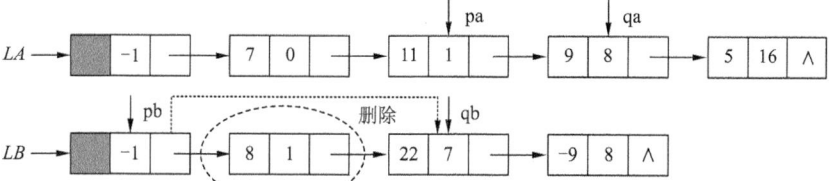

（c）qa->exp==qb->exp&&sum=3+8=11≠0

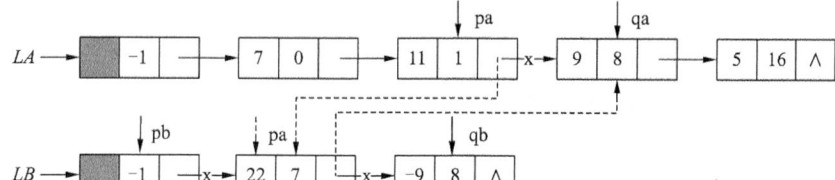

（d）qa->exp>qb->exp

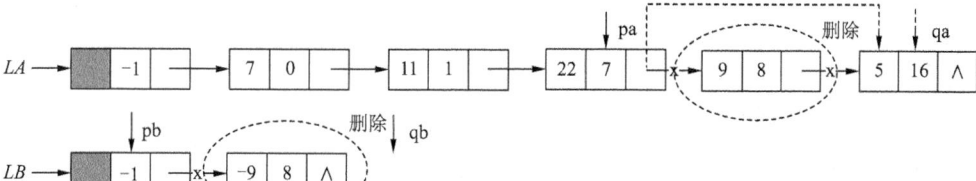

（e）qa->exp=qb->exp&&sum=9-9=0

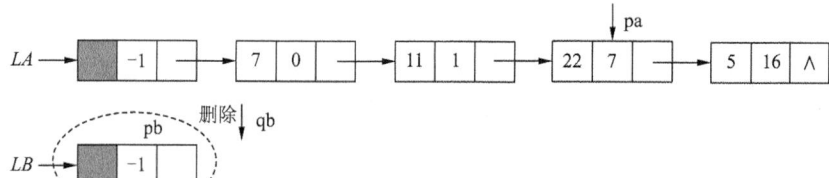

（f）$A(x)=A(x)+B(x)$

图 2.34 多项式求和运算

一元多项式求和算法的 C++语言实现如下。

函数 1：

```cpp
void CreatePoly (PolyArray a,int n)
{//由多项式数组创建多项式链表
    PolyNode *s,*r;
    int i;
    r=Head;
    for(i=0;i<n;i++)
    {
        s=new PolyNode;
        s->coef=a[i].coef;
        s->exp=a[i].exp;
        s->next=NULL;
        r->next=s;
        r=s;
    }
}
```

函数 2：

```cpp
void PolySort()
{//有序表排序
    PolyNode *p,*q,*r;
    p=Head->next;
    if(p!=NULL)
    {
        r=p->next;
        p->next=NULL;
        p=r;
        while(p!=NULL)
        {
            r=p->next;
            q=Head;
            while(q->next!=NULL && q->next ->exp < p->exp)
                q=q->next;//在有序表中插入*p 的前驱结点*q
            p->next=q->next;//*p 插入*q 之后
            q->next=p;
            p=r;
        }
    }
}
```

函数 3：

```cpp
void PolyAdd(Poly LB)
{
    float sum;
    PolyNode *pa,*pb,*qa,*qb;
    pa=Head;
    qa=pa->next;
    pb=LB.Head ;
    qb=pb->next;
    while(qa!=NULL&&qb!=NULL)
    {
        if(qa->exp<qb->exp)
        {
            pa=qa;qa=qa->next;
        }
        else if(qa->exp>qb->exp)
        {
            pb->next=qb->next;
            qb->next=qa;
            pa->next=qb;
            pa=qb;
            qb=pb->next;
```

```
        }
        else
        {
            sum=qa->coef+qb->coef;
            if(sum==0)
            {
                pa->next=qa->next;
                delete qa;
                qa=pa->next;
                pb->next=qb->next;
                delete qb;
                qb=pb->next;
            }
            else
            {
                qa->coef=sum;
                pa=qa; qa=qa->next;
                pb->next=qb->next;
                delete qb;
                qb=pb->next;
            }
        }
    }//while
    if(qb!=NULL)
    {
        pa->next=qb;
    }
}//Add
```

以下面的例子对上述三个子函数进行调用：

```
void main()
{
    Poly LA,LB;
    PolyArray a={{7.0,0},{3.0,1},{9.0,8},{5.0,17}};
    PolyArray b={{8.0,1},{22,7},{-9.0,8}};
    LA.CreatePoly(a,4);
    LB.CreatePoly(b,3);
    LA.PolySort();
    LB.PolySort();
    LA.PolyAdd(LB);
}//end main
```

习题二

一、选择题

1. 线性表是具有 n 个_____的有限序列。

   A. 表元素　　　　　　　　B. 字符　　　　　　　　C. 数据元素　　　　　　　　D. 数据项

2. 线性表采用链表存储时，其地址_____。

   A. 必须是连续的　　　　　　　　　　　　B. 一定是不连续的

   C. 部分地址必须是连续的　　　　　　　　D. 连续与否均可以

3. 线性表的静态链表存储结构与顺序存储结构相比优点是_____。

   A. 所有的操作算法实现简单　　　　　　　B. 便于随机存取

   C. 便于插入和删除　　　　　　　　　　　D. 便于利用零散的存储器空间

4. 设线性表有 n 个数据元素，以下操作中，_____在顺序表上实现比在链表上实现效率更高。

   A. 输出第 $i(1 \leqslant i \leqslant n)$ 个数据元素值

   B. 交换第 1 个数据元素与第 2 个数据元素的值

C. 顺序输出这 n 个数据元素的值

D. 输出与给定值 x 相等的数据元素在线性表中的符号

5. 设线性表中有 $2n$ 个数据元素，以下操作中，_____在单链表中实现要比在顺序表中实现效率更高。

A. 删除指定的数据元素

B. 在最后一个数据元素的后面插入一个新的数据元素

C. 顺序输出前 K 个数据元素

D. 交换第 i 个数据元素和第 $2n-i+1$ 个数据元素的值($i=0,1,\cdots,n-1$)

6. 如果最常用的操作是取第 i 个结点及其前驱，则采用_____存储方式最节省时间。

    A. 单链表   B. 双链表   C. 单循环链表   D. 顺序表

7. 与单链表相比，双链表的优点之一是_____。

    A. 插入、删除操作更简单   B. 可以进行随机访问

    C. 可以省略表头指针或表尾指针   D. 访问前后相邻结点更灵活

8. 在一个单链表中，若删除 p 所指结点的后继结点，则执行_____。

A. p → next = p → next → next;

B. p → next = p → next;

C. p = p → next → next;

D. p = C→ next;   p → next =p → next → next;

9. 在双向链表存储结构中，若要删除指针 p 所指的结点的前驱结点（若存在），则指针的操作步骤正确的是_____。

A. s = p -> prior; p -> prior -> next = p -> next; p -> next -> prior = p -> prior; delete s;

B. s = p -> prior; p -> prior = p -> prior -> next; p -> prior -> prior -> next = p; delete s;

C. s = p -> prior; p -> prior -> prior -> next = p; p -> prior = p -> prior -> prior; delete s;

D. s = p -> prior; p -> next -> next -> prior = p; p -> next = p -> next -> next; delete s;

10. 线性表中最常用的操作是在最后一个数据元素之后插入一个数据元素和删除第一个数据元素，则采用_____存储方式最节省运算时间。

    A. 单链表   B. 仅有头指针的单循环链表

    C. 双链表   D. 仅有尾指针的单循环链表

二、填空题

1. 在线性表的顺序存储中，数据元素之间的逻辑关系是通过_____决定的；在线性表的链式存储中，数据元素之间的逻辑关系是通过_____决定的。

2. 线性表的两种存储方式是_____和_____。

3. 在一个长度为 n 的顺序表中删除第 i 个数据元素($1 \leq i \leq n$)时，需向前移动_____个数据元素。

4. 在图 2.35 所示的链表中，若在指针 p 所指的结点之后相继插入数据域值为 a 和 b 的两个结点，则可用两个语句_____和_____实现该操作。

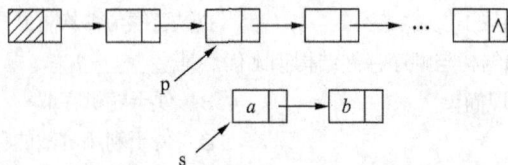

图 2.35 填空题

5. 单链表中，增加一个头结点的目的是为了_____。

三、判断题

1. 线性表中每个数据元素都有一个前驱和一个后继。

2. 线性表中所有数据元素的排列顺序必须由小到大或由大到小。

3. 静态链表的存储空间在运算时可以改变大小。

4. 静态链表既有顺序存储结构的优点，又有动态链表的优点。所以，它存取表中第 i 个数据元素的时间与 i 无关。

5. 静态链表中能容纳数据元素个数的最大数在定义时就确定了，以后不能增加。

6. 静态链表与动态链表的插入、删除操作类似，无须做数据元素的移动。

7. 线性表的顺序存储结构优于链式存储结构。

8. 在循环单链表中，从表中任一结点出发都可以通过前后的移动操作扫描整个循环链表。

9. 在单链表中，可以从头结点开始查找任何一个结点。

10. 在双链表中，可以从任一结点开始沿同一方向查找到任何其他结点。

四、简答题

1. 若线性表的数据元素总数基本稳定，很少进行插入和删除，但要求以最快的速度存取表中的数据元素，这时应采用哪种存储表示？为什么？

2. 为什么在单循环链表中设置尾指针比设置头指针更好？

五、算法设计

1. 已知一个带头结点的单链表按值递增排列，构造一个算法删除链表中结点的值为 x 的结点。若结点不存在，则函数返回 0，若删除成功，则返回 1。

函数原型为：int DeleteX(lnode *&h,int x);

结点定义：typedef struct lnode{

        int data;

        lnode *next;

     }lnode;

2. 已知一个图 2.36 所示的带头结点的单链表 head（注：若头指针名是 head，则把单链表称为表 head），其存储结构为：

```
typedef struct LNode{
    ElemType data;
    struct LNode *next;
}LNode,*LinkList;
```

图 2.36　算法设计

请编写一个线性表的转置算法。线性表转置是指将 $(a_1,a_2,\cdots,a_n)$ 变为 $(a_n,a_{n-1},\cdots,a_1)$。

03 第3章 栈和队列

栈和队列是两种常用的数据结构，广泛应用在操作系统、编译程序等各种软件系统中。从数据结构的角度看，栈和队列属于特殊的线性表，它们在逻辑结构上和线性表相同。栈和队列在操作上相比一般的线性表多一些限制，其中栈只能在表的一端进行插入和删除操作；而队列则是只能在一端进行插入，在另一端进行删除。栈和队列也被称为操作受限的线性表，因此有了一般线性表所没有的特性，能够更好地应用于许多问题的求解。

3.1 栈的基本概念

栈是一个抽象的逻辑结构。栈可以看作将元素逐个叠放在一起，而且在插入元素时，只能将元素放在最上层元素之上；当删除元素时，才能从最上层开始删除，而不能从中间或者底部执行。因为元素只能从顶部插入和删除，所以先被插入的元素，只能在其后放入的元素全部取出后才能进行删除。故栈具有"先入后出（First In Last Out，FILO）"或"后入先出（Last In First Out，LIFO）"的特点。

微课视频

图 3.1 子弹匣

如图 3.1 所示，枪的子弹匣即可视为一个栈。弹匣的一端是封闭的，只能从另一端加入或者取出子弹。在弹夹中，最后被压入的子弹总是最先被弹出，而最先被压入的子弹最后才能被弹出，这完全符合栈的 FILO 或 LIFO 的特点。

3.1.1 栈的概念

栈（Stack）是限定仅在表尾进行插入或删除的线性表。允许插入和删除的一端叫作**栈顶**（Top），另一端叫作**栈底**（Base）。当栈中没有任何元素时则称为空栈。将一个元素从栈顶插入栈的操作称为**进栈**或**入栈**（Push），而从栈顶删除一个元素的操作称为**出栈**或**弹出**（Pop）。图 3.2 所示为栈的示意图，其中 $a_1, a_2, \cdots, a_n$ 为数据元素。

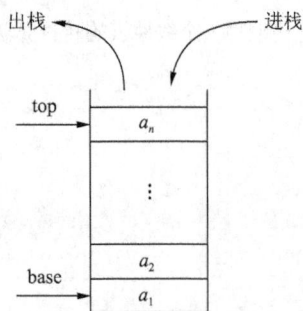

图 3.2 栈的示意图

3.1.2 栈的抽象数据类型

栈的基本操作除了在栈顶进行插入或删除外，还有栈的初始化、判空、销毁及取栈顶元素等。栈的抽象数据类型定义如下。

ADT Stack{

  数据对象：$D = \{a_i \mid a_i \in ElemSet, i = 1, 2, \cdots, n, n \geqslant 0\}$

  数据关系：$R = \{< a_{i-1}, a_i > \mid a_{i-1}, a_i \in D, i = 2, \cdots, n\}$

  约定 a_n 端为栈顶，a_1 端为栈底。

  基本操作：

    InitStack(&S)

      初始条件：无。

      操作结果：构造一个空栈 S。

    DestroyStack(&S)

      初始条件：栈 S 已存在。

      操作结果：栈 S 被销毁。

    CleanStack(&S)

      初始条件：栈 S 已存在。

      操作结果：栈 S 清为空栈。

    StackEmpty(S)

      初始条件：栈 S 已存在。

      操作结果：若栈 S 为空栈，则返回 TRUE，否则返回 FALSE。

    StackLength(S)

      初始条件：栈 S 已存在。

      操作结果：返回 S 的元素个数，即栈的长度。

    GetTop(S，&e)

      初始条件：栈 S 已存在且非空。

      操作结果：用 e 返回 S 的栈顶元素。

    Push(&S，e)

      初始条件：栈 S 已存在。

      操作结果：插入元素 e 为新的栈顶元素。

    Pop(&S，&e)

      初始条件：栈 S 已存在且非空。

      操作结果：删除 S 的栈顶元素，并用 e 返回其值。

    StackTraverse(S，visit())

      初始条件：栈 S 已存在且非空。

      操作结果：从栈顶到栈底依次对 S 的每个数据元素调用函数 visit()。一旦 visit() 失败，则操作失效。

  }ADT Stack

3.2 栈的顺序存储结构及实现

栈是线性表的特例，因此线性表的存储结构对栈也适用，即栈也有两种存储方法。

采用顺序存储结构的栈称为**顺序栈**（Sequential Stack），即利用一组地址连续的存储单元依次存放自栈底到栈顶的数据元素，因为栈底位置是固定不变的，所以可以将栈底位置设置在数组的两端的任意一个端点；栈顶位置是随着进栈和退栈操作而变化的，故需用一个栈顶指针 top 来指示栈顶，栈底指针 base 来指示栈底。

3.2.1 顺序栈的概念

顺序栈本质上是顺序表的简化，即利用一组地址连续的存储单元依次存放自栈底到栈顶的数据元素，同时附设 top 指针指示栈顶元素在顺序栈中的位置。需要确定的是用数组的哪一端表示栈底，如果用 top=0 表示空栈，但数组的下标一般约定从 0 开始，如此设定会带来不便。所以按照以下方法对栈进行初始化，其中 StackSize 表示栈当前用于存储数据元素的数组长度。

栈的初始化操作为：首先按照初始设定值进行存储分配，在顺序栈中，栈底指针 base 始终指向栈底的位置，所以若 base=NULL，则表明栈结构不存在。图 3.3 所示是顺序栈的基本结构及操作示意图。

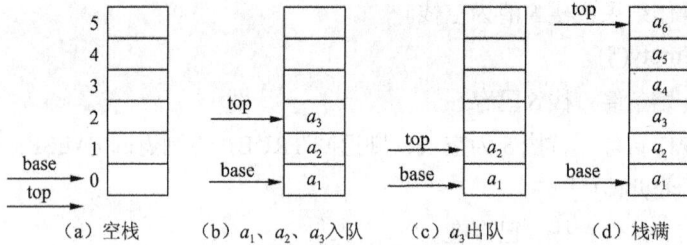

图 3.3　顺序栈的基本结构及操作示意图

（1）栈空时，栈顶指针 top=-1，如图 3.3（a）所示。

（2）入栈时，栈顶指针 top=top+1，如图 3.3（b）所示。

（3）出栈时，栈顶指针 top=top-1，如图 3.3（c）所示。

（4）栈满时，栈顶指针 top=StackSize-1，如图 3.3（d）所示。

3.2.2 顺序栈的类定义和基本操作

栈的抽象数据类型的类定义在顺序栈存储结构下用 C++的实现如下：

```
class SqStack
{
    private:
        int *base;                 //栈底指针
        int top;                   //栈顶
        int stacksize;             //栈容量
    public:
        SqStack(int m);            //构建一个长度为 m 的栈
        ~SqStack(){delete [] base;top=-1;stacksize=0;}        //栈销毁
```

```
    void Push(int e);              //入栈
    int Pop();                     //出栈
    int GetTop();                  //获取栈顶元素
    int StackEmpty();              //测栈空
    void StackTranverse();         //显示栈中元素
};
```

根据顺序栈的操作定义，很容易写出实现顺序栈基本操作的算法。

1. 顺序栈入栈算法

顺序栈入栈算法的操作步骤如下。

Step 1：如果栈满，则追加存储空间；否则直接执行 Step2。

Step 2：将新元素插入栈顶位置。

Step 3：栈顶指针增加 1。

下面通过 C++代码给出具体的入栈算法：

```cpp
void Push(int e)
{
    if(top==stacksize-1)
    {
        cout<<"栈满，无法入栈";
        return;
    }
    top++;
    base[top]=e;
}
```

2. 顺序栈出栈算法

顺序栈出栈算法的操作步骤如下。

Step 1：如果栈空，则返回错误信息，操作结束；否则执行 Step2。

Step 2：取出栈顶元素赋值给 e。

Step 3：栈顶指针减 1，并返回 e。

下面通过 C++代码给出具体的出栈算法：

```cpp
int Pop()
{
    int e;
    if(top==-1)
    {
        cout<<"栈空，不能出栈";
        return -1;
    }
    e=base[top--];
    return e;
}
```

实现顺序基本操作的算法都非常简单，并且其时间复杂度均为 $O(1)$。

3.2.3 顺序栈的应用

栈由于先进后出的特性，在程序设计中有着非常重要的作用。本节将讨论几个典型的栈应用。

1. 数制转换

在进行数值计算时，常会遇到十进制整数转换成其他进制数（如二进制、八进制、十六进制等）的情况，其解决方法有很多种，其中一种简单的方法是"**除以基数，逆序取余**"。该方法的实现基于下列原理：

$$N = (N/d) \times d + N\%d$$

其中，/代表整除运算，*代表乘法运算，%代表求余数运算，d 为所要转换的进制的基数（如十进制为 10、二进制为 2），N 为所要转换的数值。以 N 取值为 1587 为例，其数制转换计算过程如图 3.4 所示。

	N	$N/8$	$N\%8$	
计算顺序	1587	198	3	输出顺序
	198	24	6	
	24	3	0	
	3	0	3	

图 3.4　数制转换计算过程示例

从该运算的过程，可以看出对于一个输入的非负十进制整数，其计算得到的是从低位到高位顺序产生的八进制的各个位数，而最终所要得到的是从高位到低位的数。因此这里需要用到"先进后出"来进行逆序输出，可以用栈来实现这个功能。

以下是借助栈实现的十进制整数 N 转换为八进制整数的操作步骤。

Step 1：构造一个空栈。

Step 2：若 N=0，则直接执行 Step3；否则令 $N\%8$ 入栈，将 $N/8$ 赋值给 N，重复 Step2。

Step 3：如果栈不为空，将栈顶元素出栈输出，重复 Step3，否则输出结束。

下面是数制转换算法的 C++程序代码：

```
void convert(int n)
{
//将十进制数 n 转换为八进制数
    int e;
    int d=8;
    char c;
    SqStack s(10);                //构造长度为 10 的空栈
    while(n)
    {
        s.Push(n%d);             //入栈
        n=n/d;
    }
    cout<<"转换为八进制数为：";
    while(!s.StackEmpty())
    {
        e=s.Pop();               //出栈    cout<<e<<'\t';
    }
    cout<<endl;
}
```

该问题虽然也可以通过其他方法得以解决，比如可以利用数组实现数制转换。然而引入栈能够简化程序的结构，让设计者更清晰地看到问题的根本所在。

2. 括号匹配的检验

在一个表达式中，如果存在两种括号：圆括号()和方括号 [ ]，它们可以嵌套组合，即（ ([ ])、[( )]、[([ ] [ ])] 均是正确的嵌套格式，但 [( ])、( ))、([( ) 这样是不正确的格式。本问题所要做的就是检验一组括号的嵌套是否正确。其解决方法可用"期待的急迫程度"这个概念来描述。当出现以下三种情况时，就表示括号的嵌套出现错误。

（1）等到的右括号不是所"期待"的；

（2）到来的是"不速之客"，比如还没获得一个左括号时便到来了一个右括号；

（3）直到匹配结束，也没有到来所"期待"的括号。

因为在进行匹配的时候，后到的括号会先于先到的括号进行匹配，这符合"后进先出"的思想，所以该问题也可以借助栈来解决。以下是借助栈实现括号匹配的操作步骤。

Step 1：构造一个空栈。

Step 2：若没有出现括号，则表达式检验结束，直接执行 Step3；若出现左括号，则进栈；若出现右括号，执行步骤①。

①检查栈是否空，若栈空，则表明该右括号多余，即该括号嵌套格式错误，结束操作；否则执行步骤②。

②将该右括号与栈顶元素进行比较，若匹配，则"左括号出栈"，再次执行 Step2；否则表明不匹配，该括号嵌套格式错误，结束操作。

Step 3：若栈空，则表明表达式中匹配正确；否则表明左括号有多余，该括号嵌套格式错误。

下面通过代码给出具体的算法：

```
int matching(char exp[],int length)
{
    int state=1,i=0;
    SqStack s(length);
    while(i<length&&state)
    {
        switch(exp[i])
        {
        case '(':{s.Push(exp[i]); i++; break;}
        case ')':{
            if(!s.StackEmpty()&&s.GetTop()=='(')
            {
                char e=s.Pop();
                i++;
            }
            else
            {
                state=0;
            }
            break;
            }
        case '[':{s.Push(exp[i]); i++; break;}
        case ']':{
            if(!s.StackEmpty()&&s.GetTop()=='[')
            {
                char e=s.Pop();
                i++;
            }
            else
            {
                state=0;
            }
            break;
            }
        default:{i++; break;}
        }
    }
    if(s.StackEmpty()&&state)
        return 1;
    else return 0;
}
```

3. 行编辑程序问题

在许多计算机程序中，用到了简单的行编辑程序，其功能是接收用户从终端输入的程序或数据，并存入用户的数据区。由于用户在输入时，难免会出现输入错误的情况，此时要对部分已输入的数据进行删除。因此，如果每接收一个用户输入的字符便将其存入存储器中，显然是不合适的。一般的做法是设立一个输入缓冲区，用来接收用户输入的一行字符，然后以行为单位存入存储器。这样

其中，当前位置可通，指的是未曾走到过的通道方块，即要求该方块的位置不仅是通道方块，而且既不在当前路径上（否则所求路径就不是简单路径），也不是曾纳入路径中的通道方块（否则只能在陷入死循环中）。

下面是利用顺序栈解决迷宫求解问题的程序代码：

```cpp
int MazePath(PosType start, PosType end)
{
    PosType curpos;
    MazeType e;
    int curstep;
    SqStack s;
    curpos = start;                                  //设定当前位置为入口位置
    curstep = 1;                                     //探索第一步
    cout <<"起点: "<<"("<<start.y <<","<< start.x <<")"<< endl;
    do
    {
        if(Pass(curpos))                             //当前位置可以通过，即未曾走到的通道块
        {
            FootPrint(curpos);                       //路径标记
            e.ord = curstep;
            e.seat = curpos;
            e.di = 1;
            s.Push(e);                               //加入路径
            if(curpos.x == end.x && curpos.y == end.y)
            {
                cout << endl<<"终点 ("<< e.seat.y <<","<< e.seat.x <<")";
                return 1;                            //到达终点（出口）
            }
            curpos = NextPos(curpos, e.di);          //下一位置是当前位置的东邻
            curstep++;                               //探索下一步
        }
        else                                         //当前位置不能通过
        {
            if(!s.StackEmpty())
            {
                e=s.Pop();
                while(e.di == 4 && !s.StackEmpty())
                {
                    MakePrint(e.seat);               //留下不能通过的标记
                    e=s.Pop();
                    cout <<"倒退到("<< e.seat.y <<","<< e.seat.x <<")";
                }
                if(e.di < 4)
                {
                    e.di++;                          //换下一个方向探索
                    s.Push(e);
                    curpos = NextPos(e.seat, e.di);  //设定当前位置是该新方向上的相邻块
                }
            }
        }
    }while(!s.StackEmpty());
    return 0;
}
```

3.3　栈的链式存储结构及实现

作为一种重要的线性结构，栈也可以采用链式存储。采用链式存储结构的栈称为**链栈**（Linked Stack）。通常链栈采用单链表表示，链栈的插入和删除操作只能在表头进行。

3.3.1　链栈的概念

链栈的结点结构与单链表的结点结构相同。链表只能在栈顶执行插入和删除操作，因此以单链表的头部做栈顶是最方便的，而且没有必要为单链表附加头结点，链表的头指针即为栈顶指针。图 3.6（a）所示便是链栈结构及示意图。

（1）入栈时，将新创建的结点 s 加入到链表表头，并将栈顶指针 top 指向 s，如图 3.6（b）所示。

（2）出栈时，栈顶指针 top 指向链表第一个结点的下一个结点，如图 3.6（c）所示。

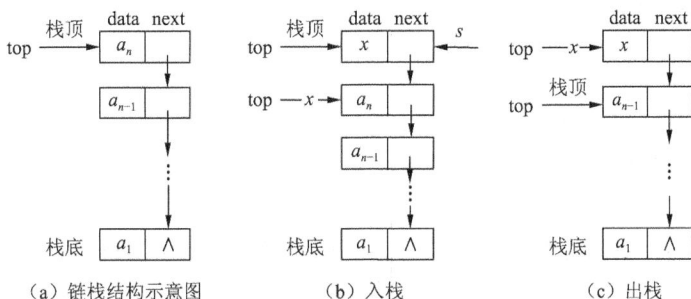

图 3.6　链栈结构及操作示意图

3.3.2　链栈的类定义和基本操作

链栈的结点结构与单链表的结点结构相同，因此链栈类定义的 C++描述如下：

```
Struct Node{
    int data;
    Node *next;
};
class LinkStack{
    private:
        Node *top;                              //栈顶指针即链栈的头指针
    public:
        LinkStack(){top=NULL;}                  //构造函数，置空链栈
        ~LinkStack();                           //析构函数，释放链栈中各结点的存储空间
        void Push(int e);                       //将元素 e 入栈
        int Pop();                              //将栈顶元素出栈
        int GetTop() {if(top!=NULL) return top->data;}       //取栈顶元素（并不删除）
        bool Empty(){top==NULL? return 1: return 0;}         //判断链栈是否为空栈
};
```

链栈基本操作的实现本质上是单链表基本操作的简化。销毁链栈的主要工作是释放链栈所占的存储空间，插入和删除操作只需处理栈顶位置的情况。

1. 链栈销毁算法

销毁链栈可从栈顶开始依次释放链栈中的数据元素结点，销毁工作在析构函数中实现。

下面是链栈销毁的 C++程序代码：

```
LinkStack::~LinkStack()
{
    while(top)
    {
        p=top->next;
        delete top;
        top=p;
    }
}
```

链栈销毁算法的时间复杂度为 $O(n)$。

2. 链栈入栈算法

链栈入栈即在链表表头插入新结点，且栈顶指针指向该结点，具体操作步骤如下。

Step 1：创建一个新结点 s，将 s 的值设为入栈元素值。

Step 2：将新结点 s 插入表头。

Step 3：栈顶指针指向 s。

下面是链栈入栈的 C++程序代码：

```
void LinkStack::Push(int e)
{
    s=new Node;
    if(!s)
    {
        cout<<"内存分配失败";
        return;
    }
    s->data=e;                          //申请一个数据域为 e 的结点 s
    s->next=top; top=s;                 //将结点 s 插在栈顶
}
```

链栈入栈算法的时间复杂度为 $O(1)$。

3. 链栈出栈算法

链栈出栈即删除链表的首元素结点，具体操作步骤如下。

Step 1：如果栈空，则返回错误信息，操作结束；否则继续执行 Step2。

Step 2：取出栈顶元素赋值给 e。

Step 3：栈顶指针后移一位，并删除原栈顶结点，返回 e。

下面是链栈出栈的 C++程序代码：

```
int LinkStack::Pop()
{
    if(top==NULL)
    {
        cout<<"溢出";
        return -1;
    }
    x=top->data;                        //暂存栈顶元素
    p=top; top=top->next;               //将栈顶指针指向后移
    delete p;
    return x;
}
```

链栈出栈算法的时间复杂度为 $O(1)$。

3.3.3 并发栈

并发栈是一种可线性化为顺序栈的数据结构，它提供后进先出（LIFO）的入栈和出栈操作。这些数据结构在满状态或空状态下的行为，存在各种替代方法，包括返回一个指示条件的特殊值、引发异常或阻塞。

M. Michael 和 M. Scott 提出了几种可线性化的基于锁的并发栈实现算法，它们基于具有顶部指针的顺序链表和控制对栈访问的全局锁。但是这种算法的可扩展性较差，因为即使减少了锁上的争用，栈的顶部也是一个序列瓶颈。

N. Shavit 和 A. Zemach 提出了组合漏斗（Combining Funnels）的概念，用来实现一个线性化栈，在高负载下提供并行性。与所有的组合结构一样，它是阻塞的，并且具有很高的开销，因此不适合于低负载的情况。

R. Treiber 第一个提出了无锁并发栈。他将栈表示为带有 top 指针的单链链表，并使用 CAS 修改 top 指针的值。M. Michael 和 M. Scott 将 R. Treiber 堆栈的性能与基于 M. Herlihy 方法论的优化非阻塞算法以及几个基于锁的栈在低负载情况下的性能进行了比较。结论是 R. Treiber 的算法整体性能最优，而且这种性能差距随着多程序设计程度的增加而增加。然而，由于 top 指针是一个顺序瓶颈，即使添加了退避机制来减少争用，R. Treiber 栈在并发性增加时几乎没有提供可扩展性。

D. Hendler 等人观察到使用 N. Shavit 和 D. Touitou 的消除（Elimination）技术可以使任何栈的实现更具扩展性。消除允许具有反向语义的操作对（如入栈和出栈）在没有任何中心协调的情况下完成，因此可以大大提高扩展性。其思想是，如果一个出栈操作可以找到一个并发的入栈操作来"合作（Partner）"，那么出栈操作可以获取入栈操作的值，并且两个操作都可以立即返回。每对的净效应（Net Effect）与入栈操作之后紧接着出栈操作是一样的，换句话说，它们消除了彼此对栈状态的影响。消除可以通过添加一个冲突数组来实现，每个操作从中随机选择一个位置，然后尝试与同时选择同一位置的另一个操作进行协调。清除的数量随着并发性的增加而增加，从而产生了高度的并行性。这种方法，尤其是当冲突数组被用作共享堆栈上的自适应退避机制时，它引入了高度并行性，且很少发生争用，并提供了一个可扩展的无锁线性化栈。

在上面的实现中使用的 R. Treiber 栈中有一个特别的地方，这是许多基于 CAS 的算法的典型特征。假设多个并发线程都试图执行一个出栈操作，该操作通过使用 CAS 将头指针重定向到前面的第二个结点"B"，从而从列表中删除位于某个结点"A"中的第一个元素。问题是，在特定的出栈操作中尝试 CAS 时，列表中的第一个结点"A"和以前一样，但列表的其余部分（包括"B"）的顺序完全不同。头指针从"A"到"B"的 CAS 当前可能成功，但是"B"可能在列表中的任何位置，栈的行为将不正确。这是"ABA"问题的一个例子，它困扰着许多基于 CAS 的算法。为了避免这个问题，R. Treiber 用一个版本号来增加头指针，这个版本号在头指针每次更改时都会递增。因此，在上述场景中，对栈的更改将导致 CAS 失败，从而消除 ABA 问题。

基于锁的并发栈，需要确保访问线程持有锁的时间最短，对于只有一个互斥量的数据结构来说，这十分困难。不仅需要保证数据不被锁之外的操作访问，还要保证不会在结构上产生条件竞争。使用多个互斥量来保护数据结构中不同的区域时，问题会暴露得更加明显，当操作需要获取多个互斥锁时，就有可能产生死锁。所以在设计时，使用多个互斥量时需要格外小心。下面是一个线性安全栈的例子。

```cpp
struct empty_stack:std::exception
{
    const char* what() const throw();
};
template<typename T>
class threadsafe_stack
{
```

```
private:
    std::stack<T> data;
    mutable std::mutex m;
public:
  threadsafe_stack(){}
  threadsafe_stack(const threadsafe_stack& other)
  {
      std::lock_guard<std::mutex> lock(other.m);
      data=other.data;
  }
  threadsafe_stack& operator=(const threadsafe_stack&) = delete;
  void push(T new_value)
  {
      std::lock_guard<std::mutex> lock(m);
      data.push(std::move(new_value)); // 1
  }
  std::shared_ptr<T> pop()
  {
      std::lock_guard<std::mutex> lock(m);
      if(data.empty()) throw empty_stack(); // 2
      std::shared_ptr<T> const res(
          std::make_shared<T>(std::move(data.top()))); // 3
      data.pop(); // 4
      return res;
  }
  void pop(T& value)
  {
      std::lock_guard<std::mutex> lock(m);
      if(data.empty()) throw empty_stack();
      value=std::move(data.top()); // 5
      data.pop(); // 6
  }
  bool empty() const
  {
      std::lock_guard<std::mutex> lock(m);
      return data.empty();
  }
};
```

序列化线程会隐性地限制程序性能，这是并发栈争议声最大的地方：一个线程在等待锁时，就会无所事事。对于栈来说，等待添加元素也是没有意义的，所以当线程需要等待时，会定期检查 empty() 或 pop()，以及对 empty_stack 异常进行关注。这样的现实会限制栈的实现方式，线程等待时会浪费宝贵的资源去检查数据，或要求用户编写外部等待和提示的代码，这就使内部锁失去存在的意义——也就造成资源的浪费。

3.4 队列的基本概念

队列（Queue）也是线性表的特例。它将元素排列成队，有入口（队尾）和出口（队头），数据元素只能从队尾入队，从队头离队。所以，队列具有**先进先出**（First In First Out，FIFO）或**后进后出**（Last In Last Out，LILO）的特点。

在现实生活中，有许多问题可以用队列描述。例如银行、车站等顾客服务部门的工作就是按队列方式进行的，图 3.7 所示即为一个排队示意图。在程序设计中，也经常使用队列记录一些需要按照先进先

微课视频

图 3.7 排队示意图

出方式处理的数据，例如键盘缓冲区、操作系统中的作业调度等。

3.4.1　队列的概念

队列（Queue）是另一种限定存取位置的线性表。它只允许在表的一端插入，在另一端删除，其中允许插入的一端称为**队尾**（Rear），允许删除的一端称为**队头**（Front）。从队尾插入元素的操作称为入队；从队头删除元素的操作称为出队。图 3.8 所示便是队列的示意图，其中$(a_1, a_2, \cdots, a_n)$是一个队列，队头元素为 a_1，队尾元素为 a_n。在队列中，元素只能按照 $a_1, a_2, \cdots, a_n$ 的次序进入和退出，这意味着 $a_i(2 \leqslant i \leqslant n)$只能在 $a_1, a_2, \cdots, a_{i-1}$ 均离开队列之后才能离开队列。

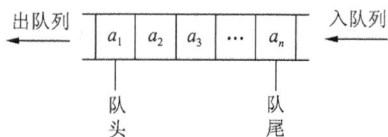

图 3.8　队列示意图

3.4.2　队列的抽象数据类型

队列的操作与栈类似，不同的是队列的删除操作是在表的头部（队头）进行的。下面给出队列的抽象数据类型定义。

ADT Queue{

　　数据对象：　$D = \{a_i \mid a_i \in ElemSet, i = 1, 2, \cdots, n, n \geqslant 0\}$

　　数据关系：　$R = \{< a_{i-1}, a_i > \mid a_{i-1}, a_i \in D, i = 2, \cdots, n\}$

　　约定 a_1 端为队头，a_n 端为队尾。

　　基本操作：

　　　　InitQueue(&Q)

　　　　　　初始条件：无。

　　　　　　操作结果：构造一个空队列 Q。

　　　　DestroyQueue(&Q)

　　　　　　初始条件：队列 Q 已存在。

　　　　　　操作结果：队列 Q 被销毁，不再存在。

　　　　CleanQueue(&Q)

　　　　　　初始条件：队列 Q 已存在。

　　　　　　操作结果：队列 Q 清为空队列。

　　　　QueueEmpty(Q)

　　　　　　初始条件：队列 Q 已存在。

　　　　　　操作结果：若队列 Q 为空队列，则返回 TRUE，否则返回 FALSE。

　　　　QueueLength(Q)

　　　　　　初始条件：队列 Q 已存在。

　　　　　　操作结果：返回 Q 的元素个数，即队列的长度。

　　　　GetHead(Q,&e)

　　　　　　初始条件：队列 Q 已存在且非空。

　　　　　　操作结果：用 e 返回 Q 的队头元素。

EnQueue(&Q,e)

初始条件：队列 Q 已存在。

操作结果：插入元素 e 为新的队尾元素。

DeQueue(&Q,&e)

初始条件：队列 Q 已存在且非空。

操作结果：删除 Q 的队头元素，并用 e 返回其值。

QueueTraverse(Q,visit())

初始条件：队列 Q 已存在且非空。

操作结果：从队头到队尾，依次对 Q 的每个数据元素调用函数 visit()。一旦 visit()
失败，则操作失效。

}ADT Queue

3.5　队列的顺序存储

队列的顺序存储结构称为**顺序队列**（Sequential Queue）。在顺序队列中，需
要用一组地址连续的存储单元依次存放从队头到队尾的元素，由于队列的队头和
队尾的位置是变化的，因而还需要两个指针 front 和 rear 作为队头指针和队尾指
针来分别指示队头和队尾元素在队列中的位置。

（1）初始化队列时，rear=front=0。

（2）元素入队时，如果队列未满，则将入队元素放入 rear 所指向的存储单元，并令 rear=rear+1。

（3）元素出队时，删除所指元素，如果队列不为空，则返回 front 所指向的存储单元的元素，并
令 front=front+1。

（4）队列为空时，头尾指针相等，即 rear==front。

在非空队列里，头指针始终指向队头，而尾指针始终指向队尾元素的下一个位置。顺序队列结
构及其操作如图 3.9 所示，其中 $a_1, a_2, \cdots, a_6$ 为数据元素。

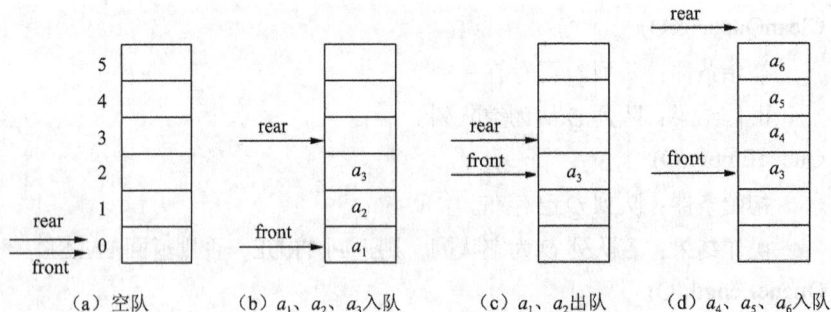

图 3.9　顺序队列结构以及操作示意图

然而如果仅仅简单地将顺序队列如此定义，则会出现"假溢"现象，如图 3.9（d）所示，当 rear
大于等于容量时，新元素将无法入队，但事实上队列的队头仍有空闲的存储单元，这种现象称为"假
溢"。因此为充分利用存储空间，对队列的存储方式进行了一定的改进，解决"假溢"现象，由此产
生了循环队列。

3.5.1　循环队列

解决"假溢"现象的方法是将存储队列的数组看成头尾相接的圆环,并成为循环存储空间,即允许队列直接从数组中下标最大的位置延续到下标最小的位置,这个操作可以通过取模运算实现。队列的这种头尾相接的顺序存储结构称为**循环队列**(Circular Queue)。

显然,因为循环队列元素的空间可以全部被利用,除非向量空间真的被队列元素全部占用,否则不会上溢。因此,除一些简单的应用外,真正使用的顺序队列都是循环队列。在循环队列中,数据元素入队时尾指针向前追赶头指针,出队时头指针向前追赶尾指针,故队空和队满时头尾指针均相等。因此,我们无法通过 front==rear 来判断队列"空"还是"满"。

已知解决此问题的方法有以下三种。

(1)设一个布尔变量以区分队列的空和满,如布尔变量值为 0 则队空,值为 1 则队满。

(2)少用一个元素的空间:约定入队前,测试尾指针在循环意义下加 1 后是否等于头指针,若相等则认为队满。(但此时实际还有一个空位置)

(3)使用一个计数器记录队列中元素的总数,即队列长度。

下面采用方法(2)进行讨论,进而找出判断队列"空"和"满"的条件。

在循环队列中进行入队、出队操作时,头尾指针仍要加 1,朝前移动。只不过当头尾指针指向存储空间上界(QueueSize-1)时,其加 1 操作的结果是指向存储空间的下界 0。这种循环意义下的加 1 操作利用模运算可简化为 $i=(i+1)\%QueueSize$。其中,QueueSize 表示存储循环队列的数组的长度,则循环队列的长度为 $(rear-front+QueueSize)\%QueueSize$。图 3.10 所示便是一个循环队列结构示意图。

其中,阴影区域表示队列中已经存入数据元素的存储空间,空白区域则表示空闲存储空间。

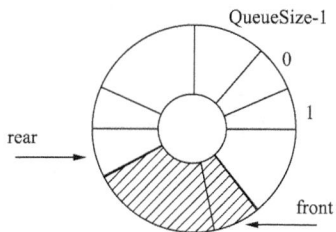

图 3.10　循环队列结构示意图

进行循环队列的操作时指针的调整如下。

(1)当 front==rear 时为空队列,如图 3.11(a)所示。

(2)元素入队时,令 rear=(rear+1)%QueueSize,如图 3.11(b)所示。

(3)元素出队时,令 front=(front+1)%QueueSize,如图 3.11(c)所示。

(4)当 front==rear+1 时表示队列已满,这样做将牺牲一个存储单元,如图 3.11(d)所示。

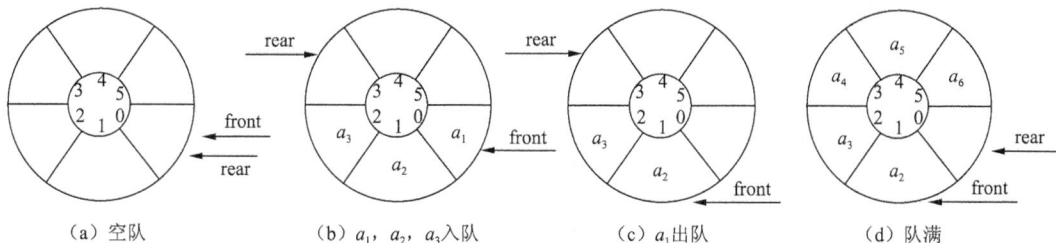

(a)空队　　　(b) a_1, a_2, a_3入队　　　(c) a_1出队　　　(d)队满

图 3.11　循环队列示意图

3.5.2 循环队列的类定义和基本操作

循环队列的类定义的 C++描述如下：

```
class CQueue
{
    private:
        int *base;                  //存储空间基址
        int front;                  //队头指针
        int rear;                   //队尾指针
        int queuesize;              //队容量
    public:
        CQueue(int m);              //构造空队列
        ~CQueue();                  //析构函数，释放链队各结点的存储空间
        void EnQueue(int e);        //元素 e 入队
        int DeQueue();              //队顶元素出队
        int GetHead();              //取队头元素
        int GetLast();              //取队尾元素
        void QueueDisplay();        //遍历队，输出队列元素
};
```

根据循环队列的操作定义，容易得到以下实现循环队列的基本操作的算法。

1. 循环队列入队算法

循环队列入队的操作步骤如下。

Step 1：若队列满，无法入队，则返回错误信息，操作结束；否则执行 Step2。

Step 2：将新结点插入队尾。

Step 3：队尾指针后移一位。

下面给出具体的循环队列入队算法的 C++程序代码：

```
void EnQueue(int e)
{
    if((rear+1)%(queuesize)==front)
    {
        cout<<"上溢, 无法入队";
        return;
    }
    base[rear]=e;
    rear=(rear+1)%queuesize;
}
```

循环队列入队算法的时间复杂度为 $O(1)$。

2. 循环队列出队算法

循环队列出队的操作步骤如下。

Step 1：若队列空，则无法出队，返回错误信息，操作结束；否则执行 Step2。

Step 2：取出队头元素的值保存在 e 中。

Step 3：将队头指针后移一位，并返回 e。

下面给出具体的循环队列出队算法的 C++程序代码：

```
int DeQueue()
{
    int e;
    if(front==rear)
    {
        cout<<"下溢, 不能出队";
        return -1;
```

```
    }
    e=base[front];
    front=(front+1)%queuesize;
    return e;
}
```

循环队列出队算法的时间复杂度为 $O(1)$。

3. 循环队列读取元素算法

读取队头元素与出队操作类似，唯一的区别是不改变队头指针，算法实现代码如下：

```
int GetHead()
{
    int e;
    if(front==rear)
    {
        cout<<"队空，队顶无元素";
        return -1;
    }
    e=base[front];
    return e;
}
```

循环队列读取队头元素算法的时间复杂度为 $O(1)$。

3.6 队列的链式存储

与栈类似，队列除了可以用顺序表存储外，也可以用链表进行存储和操作。并且用链表存储的队列不会出现顺序队列那样的"假溢"现象。

3.6.1 链队列的概念

队列的链式存储结构称为**链队列**（Linked Queue）。根据队列先进先出的特性，链队列是仅在表头删除元素和表尾插入元素的单链表。为了操作方便，链队列用有头结点的链表表示，并设置队头指针指向链队列的头结点，队尾指针指向终端结点，如图 3.12（a）所示。链队列加上头结点，能够使空队列和非空队列的操作一致，链队列的具体判定和操作如下。

（1）当链队列为空时，头指针和尾指针均指向头结点，如图 3.12（b）所示。

（2）一个结点 s 入队时，将 s 插入到链表表尾，并将 rear 指针指向 s，如图 3.12（c）所示。

（3）一个结点出队时，如果该链队列只有一个结点，则将头结点的 next 指针置为 NULL，并将 rear 指针指向头结点，此时链队列为一个空队列；否则将头结点的 next 指向第一个结点的后一个结点 b，如图 3.12（d）所示。

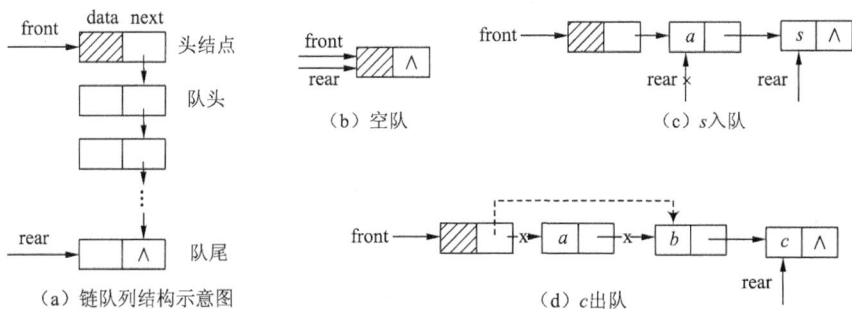

图 3.12 链队列结构及其操作示意图

3.6.2 链队列的类定义和基本操作

链队列的类定义的 C++描述如下：

```cpp
struct Node
{
    int data;
    Node *next;
};
class LinkQueue{
    private:
        Node *front;                //队头指针，链表头为队头
        Node *rear;                 //队尾指针，链表尾为队尾
    public:
        LinkQueue();                //构造空队列
        ~LinkQueue();               //析构函数，释放链队各结点的存储空间
        void EnQueue(int e);        //元素 x 入队
        int DeQueue();              //队顶元素出队
        int GetHead();              //取队头元素
        int GetLast();              //取队尾元素
        void QueueDisplay();
};
```

链队列的基本操作的实现本质上也是单链表操作的简化，插入操作只考虑在链队列的队尾进行，删除操作只考虑在链队列的队头进行。

下面给出具体的初始化链队列（即构造函数）和销毁链队列（即析构函数）的算法：

```cpp
LinkQueue::LinkQueue()
{
    front=new Node;
    front->next=NULL;
    rear=front;
}
LinkQueue::~LinkQueue()
{
    Node *p;
    while(front!=NULL)
    {
        p=front;
        front=front->next;
        delete p;
    }
}
```

1. 链队列入队算法

链队列入队即在队尾插入一个元素，修改队尾指针，其操作步骤如下。

Step 1：创建一个入队结点 s，将 s 的值设为入队元素的值。

Step 2：将结点 s 加入链表表尾。

Step 3：将队尾指针指向 s。

下面给出具体的链队列入队算法的 C++代码：

```cpp
void LinkQueue::EnQueue(int e)
{
    Node *s;
    s=new Node; s->data=e;
    s->next=rear->next;
    rear->next=s;
    rear=s;
    if(front->next==NULL)
```

```
        front->next=s;
    }
```

2. 链队列出队算法

链队列出队即从链队列队头删除一个元素并调整队头指针，需要注意在队列长度为 1 时的特殊处理。出队的操作步骤如下。

Step 1：若队列空，则无法出队，返回错误信息，操作结束；若队列长度为 1，则将队尾指针指向头结点，操作结束；否则执行 Step2。

Step 2：取出队头元素的值保存在 e 中。

Step 3：将队头元素所在的结点从链队列中移除。

下面给出具体的链队列出队算法的 C++代码：

```cpp
int LinkQueue::DeQueue()//出队
{
    int e;
    Node *p;
    if(rear==front)
    {
        cout<<"下溢";return -1;
    }//队空，则下溢
    p=front->next;
    e=p->data;
    front->next=p->next;
    if(p->next==NULL)
        rear=front;
    delete p;
    return e;
}
```

3.6.3 链队列的应用

在现实生活中，我们经常需要排队，这一类活动的模拟程序通常要用到队列和线性表之类的数据结构，下面是一个利用链队列模拟银行排队问题的例子。

假设某银行有 3 个窗口对外接待客户，从早晨银行开门起就不断有客户进入银行。由于每个窗口在每个时刻只能接待一个客户，因此在客户人数众多时需要在每个窗口前依次排队。对于刚进入银行的客户，如果某个窗口的业务员正处于空闲状态，则可直接上前办理业务；若 3 个窗口均为客户所占，该客户便会在人数最少的队伍后面进行排队。现需要编一个程序来模拟银行这种业务活动，并计算一天之中每个客户在银行逗留的平均时间。

要计算这个平均时间，则需了解每个客户到达银行和离开银行的这两个时刻，后者减去前者之差即为客户在银行的逗留时间。所有客户逗留时间的总和除以一天内进入银行的客户总数，得到的便是所求的平均时间。客户到达银行和离开银行这两个时刻发生的事情称为"**事件**"，则整个模拟程序将按照事件发生的先后顺序进行处理，这种模拟程序称为**事件驱动模拟**。下面是上述银行客户的事件驱动模拟程序的 C++程序代码：

```cpp
void Bank_Simulation(int CloseTime)
{
    OpenForDay();
    while(!ListEmpty(ev)){
        ListDelete_L(ev, 1, &en);
        if(en.NType==0){
        CustomerArrived();
        }
```

```
    else
        CustomerDepature();
    }
    cout<<"客户的平均停留时间是: "<<(float) TotalTime/CustomerNum <<"minutes"<<endl;
    cout<<"客户的平均业务办理时间时间是: "<<(float) TotalTime/CustomerNum - WaitTime/
    CustomerNum<<"minutes"<<endl;
    cout<<"客户的平均等待为其办理业务的时间是: "<<(float) WaitTime/CustomerNum <<"minutes"
    <<endl;
}
```

下面讨论模拟程序的实现，首先讨论模拟程序中涉及的数据结构及其操作。

该模拟程序中处理的主要对象是"事件"，事件的主要信息是事件类型和事件发生的时刻。上述程序处理的事件有两类：一类是客户到达事件；另一类是客户离开事件。前一类事件发生的时刻随着客户的到来自然形成；后一类事件发生的时刻则由客户办理业务所需时间和等待所耗时间共同决定。由于程序驱动是按照事件发生时刻的先后顺序进行的，则事件应是有序表，主要操作是插入和删除事件。

模拟程序中涉及的另一种数据结构是队列，用来模拟客户排队。假设中提到银行有 3 个排队窗口，则程序中需要 3 个队列，队列中有关客户的主要信息是客户到达的时刻和客户办理业务所需的时间。每个队列中的队头即为当前正在窗口办理业务的客户，他办完业务离开队列的时刻就是即将发生客户离开事件的时刻。也就是说，每个队头都存在一个将要驱动的客户离开事件。因此，在任何时刻即将发生的事件只有以下 4 种可能。

（1）新的客户到达。

（2）1 号窗口客户离开。

（3）2 号窗口客户离开。

（4）3 号窗口客户离开。

从以上分析中可见，在这个模拟程序中只有两种数据类型：有序链表和队列，它们的结构和相关数据元素类型分别定义如下：

```
typedef struct{
    int OccurTime;
    int NType;
}Event,ElemType;
typedef struct  LinkList{
    ElemType data;
    struct LinkList *next;
}LinkList;

typedef struct{
    int ArriveTime;              //客户的到达事件
    int Duration;                //一个客户办理事务所需的时间
}QElemType;
typedef struct{
    QElemType data;
    struct QNode *next;
}QNode;
typedef struct{
    QNode *front;
    QNode *rear;
}LinkQueue;
```

下面详述模拟程序中的两个主要操作步骤是如何实现的。

（1）处理新客户到达事件。

在实际的银行中，客户到达的时刻及其办理业务所需的时间都是随机的，在模拟程序中可用随机数来代替。假设第一个顾客进门的时刻为 0，即模拟程序处理的第一个事件，之后每个客户到达的时刻在前一个客户到达时设定。因此在客户到达事件发生时需先产生两个随机数：其一为此刻到达的客户办理业务所需时间 duration；其二为下一个客户将到达的时间间隔 intertime。假设当前时间发生的时刻为 OccurTime，则下一个客户到达事件发生的时刻为 OccurTime+intertime。由此产生一系列操作包括：一个新的客户到达事件插入事件表；刚到达的客户插入当前所含元素最少的队列中；若该队列在插入元素之前为空，则还应将一个客户离开事件插入事件表。

（2）处理客户离开事件。

客户离开事件的处理相对简单，首先计算该客户在银行的逗留时间，然后从队列中删除该客户，查看当前队列是否为空，若不空则设定一个新的队头客户离开事件。

在上述数据结构下，银行事件驱动程序的具体实现代码如下：

```
//程序中用到的主要变量定义
Event          en;                    //事件
QElemType      customer;              //客户记录
int  TotalTime;                       //累计客户逗留时间
int  WaitTime;                        //累计客户等待时间
int  CustomerNum ;                    //累计客户数
int CloseTime;
int StartTime;
LinkList  *ev;                        //事件表
LinkQueue      *q[4];                 //3 个客户队列，q[i]指向第 i 号窗口的队列
int leave_num = 0;                    //第 leave_num 个离开银行的客户
//程序中用到的主要函数定义
void Random(int *duration, int *intertime);        //产生随机数
void OrderInsert(LinkList *eventlist, Event cur_en);//将产生的事件按事件发生时间顺序排列
void OpenForDay();                    //初始化操作
void CustomerArrived();               //对客户到达事件进行处理
void CustomerDepature();              //对客户离开事件进行处理
void Bank_Simulation(int CloseTime);                //排队系统模拟函数
int Minium(int num1, int num2, int num3, int num4);
//比较 4 个数中的最小值，若第 i 个参数最小，则返回 i，参数相等的情况下返回序号较小的参数的序号
//程序中用到的主要函数实现
void Random(int *duration, int *intertime)
{   //生成随机数
    srand((unsigned)time(NULL));
    *duration = rand()%30 + 1;
    *intertime = rand()%5+1;
    Sleep(1000);
}

void OrderInsert(LinkList *eventlist, Event cur_en)
{
    if( ListEmpty(eventlist))
    {
        ListInsert_L(eventlist, 1, cur_en);
    }
    else
    {
```

```
            ListInsert_L(eventlist, 1, cur_en);
            Increse(eventlist);
    }
}

void OpenForDay()
{   //初始化操作
    int i;
    TotalTime=0;                            //初始化累计时间为 0
    CustomerNum=0;                          //初始化客户总数为 0
    WaitTime=0;
    ev = InitList_L();
    en.OccurTime=0;
    en.NType=0;
    OrderInsert(ev,en);
    for(i=1;i<=3;i++)
        q[i]=InitQueue();
}

void CustomerArrived()
{   //处理客户到达事件
    int duration;                           //当前到达的客户办理事务所需的时间
    int intertime;                          //下一个客户与当前客户到达时间的时间间隔
    Event next;                             //下一个客户项
    Event first_leave;                      //当前客户的离开事件
    int i;
    CustomerNum++;
    Random(&duration, &intertime);
    next.OccurTime=en.OccurTime+intertime;
    next.NType=0;
    if(next.OccurTime<CloseTime)
        OrderInsert(ev,next);               //按顺序将下一个客户的到达时间插入事件队列中
    customer.ArriveTime=en.OccurTime;       //计算当前客户的队列项并为其分配队列
    customer.Duration=duration;

    i=Minium(QueueLength(q[1]), QueueLength(q[2]), QueueLength(q[3]), QueueLength(q[4]));
                                            //获得最短队列的队列号
    InsertQueue(q[i],customer);             //将当前客户对应的队列项插入最短队列中
    if(QueueLength(q[i])==1)
    //若当前队列的长度为 1，则为当前客户生成一个离开事件并将其插入到事件表中
    {
        first_leave.OccurTime=customer.ArriveTime+customer.Duration;
    //当前客户的离开事件的发生时间为前一个客户的离开事件的发生时间加上当前客户办理业务的事件
        first_leave.NType=i;                //将离开事件的类型设置为对应的队列号
        OrderInsert(ev,first_leave);        //将离开事件并插入事件表中
    }
}

void CustomerDepature()
{   //处理客户离开事件
    int arr_h = 0;                          //到达时间的小时位
    int arr_m = 0;                          //到达时间的分钟位
    int dur_m = 0;                          //办理业务时间成都的分钟数
    int lea_h = 0;                          //离开时间的小时位
    int lea_m = 0;                          //离开时间的分钟位
    int stop_h = 0;                         //停留时间的小时位
    int stop_m=0;                           //停留时间的分钟位
```

```
    int wait_h=0;                          //等待时间的小时位
    int wait_m=0;                          //等待时间的小时位
    Event depature;                        //当前要离开的客户的队列中下一个客户的离开事件项
    DeleteQueue(q[en.NType],&customer);
    //删除第 i 个队列的排头客户，即为当前离开客户对应的队列项，并将该队列项赋值给 customer
    if(!QueueEmpty(q[en.NType]))
    {
        depature.OccurTime=en.OccurTime+q[en.NType]->front->next->data.Duration;
        depature.NType=en.NType;           //设定第 i 队列的第一个队列项对应的离开事件并插入到事件表中
        OrderInsert(ev, depature);         //按顺序将离开事件插入事件队列中
    }
    leave_num++;
    arr_h=(customer.ArriveTime )/60+StartTime;
    arr_m=(customer.ArriveTime )%60;
    dur_m=customer.Duration;
    lea_h=(en.OccurTime )/60+StartTime;
    lea_m=(en.OccurTime )%60;
    stop_h=(en.OccurTime-customer.ArriveTime)/60;
    stop_m=(en.OccurTime-customer.ArriveTime)%60;
    wait_h=(en.OccurTime-customer.ArriveTime-customer.Duration)/60;
    wait_m=(en.OccurTime-customer.ArriveTime-customer.Duration)%60;
    printf( "\t%d\t%d\t%d:%2d\t\t%d\t%d:%2d\t%dh%2dm\t %dh%2dm\n",leave_num,
en.NType,arr_h,arr_m,dur_m,lea_h,lea_m,stop_h,stop_m,wait_h,wait_m );
    TotalTime+=en.OccurTime-customer.ArriveTime;
    //客户的停留时间为离开事件的发生事件减去到达事件的发生时间
    WaitTime+=en.OccurTime-customer.ArriveTime-customer.Duration;
    //客户等待为其办理业务的时间，即停留时间减去办理业务的时间
}

int Minium(int num1,int num2,int num3)
{
    int min;
    if(num1<=num2&&num1<=num3 )
    //此处比较大小的条件中都没有等号，是为了保证在几个数相等的情况下，最小值为函数参数中位置在最靠前的值
        min=num1;
    else if(num2<num1 && num2<= num3)
        min=num2;
    else if(num3<num1&&num3<num2 )
        min=num3;
    if(min==num1 )
        return 1;       //若最小值为与第一个参数相等，返回1，与队列号相对应
    else if(min==num2 )
        return 2;
    else
        return3;
}

void main() //主函数
{
    cout<<"输入银行的 24 小时制营业时间:(如营业时间为 9:00--17:00，则应输入:9 17"<<endl;
    cin>>StartTime>>CloseTime;
    CloseTime=(CloseTime-StartTime)*60;
    cout<<"离开客户序列业务窗口到达时间办理业务时长离开时间停留时长等待时长"<<endl;
    Bank_Simulation(CloseTime);
}
```

3.6.4 并发优先队列

并发优先队列是一种可线性化的数据结构，能够通过常用的优先队列提供插入和删除操作。基于堆的并发优先队列，其基本思想是在个别堆结点上使用细粒度锁，使线程在并行下也能够尽可能地访问数据结构的不同部分。设计这种并发堆的关键问题在于传统自底向上的插入和自顶向下的删除操作有可能造成死锁。

Biswas Jit 和 James C. Brown 提出一种基于锁的堆算法 CHEAP。该算法实现插入和删除操作的并行处理，通过辅助任务队列记录当前正在进行的插入和删除操作，使用一组服务进程可以并行处理插入和删除操作从而避免死锁。

V. Nageshwara Rao 和 Vipin Kumar 提出一种具有较低开销的基于堆的并发队列访问算法，该算法通过自顶向下的插入来避免死锁，同时采取将删除操作与最近未完成的插入操作有机结合的方案。该算法还保留了串行访问堆算法的严格优先级顺序，即删除操作返回所有关键字中的最佳关键字，这些关键字是在开始删除时就已经插入或正在插入的。

Galen C. Hunt 等人提出一种新的并发优先队列堆算法，解决了上述方案的许多局限性，尤其是针对在堆遍历中需要获取多个锁的问题。算法运行在相反的方向上同时进行插入和删除操作，且没有死锁的风险，也不需要特殊的服务进程。此算法是在一个标记堆大小的变量上加锁，并在堆的第一个或最后一个元素上加锁。为了提升并行性，该算法在插入操作时自底向上遍历堆，而在删除操作时自顶向下遍历堆，不会产生死锁。插入操作时也采用了自左向右技术，允许访问堆两侧，从而最小化冲突。此外，算法还使用"位反转（Bit-reversal）"来增加连续插入之间的并发性。

其他还有一些方法也实现了并发队列，例如 Jones 提出一种基于类似斜堆的方案；Huang 和 Weihl 提出了一种基于斐波那契堆并行版本的并发优先队列；Herlihy 等人提出了非阻塞可线性化的基于堆的优先队列算法；Sundell 和 Tsigas 提出了一个基于无锁版 Pugh 并发跳表的无锁优先队列。

习题三

一、选择题

1. 元素 A、B、C、D 依次进顺序栈后，栈顶元素是_____，栈底元素是_____。
   A. A　　　　　　　B. B　　　　　　　C. C　　　　　　　D. D

2. 经过以下栈运算后，x 的值是_____。

   `InitStack(s);Puse(s,a);Push(s,b);Pop(s,x);GetTop(s,x);`
   A. a　　　　　　　B. b　　　　　　　C. 1　　　　　　　D. 0

3. 经过以下栈运算后，StackEmpty(s)的值是_____。

   `InitStack(s);Puse(s,a);Push(s,b);Pop(s,x);Pop(s,y);`
   A. a　　　　　　　B. b　　　　　　　C. 1　　　　　　　D. 0

4. 设一个栈的输入序列为 A、B、C、D，则借助一个栈所得到的输出序列不可能是_____。
   A. A、B、C、D　　B. D、C、B、A　　C. A、C、D、B　　D. D、A、B、C

5. 一个栈的进栈序列是 a, b, c, d, e，则栈的不可能得到的输出序列是_____。

A. *edcba*　　　　　B. *decba*　　　　　C. *dceab*　　　　　D. *abcde*

6. 已知一个栈的进栈序列是 *ABC*，出栈序列为 *CBA*，经过的栈操作是_____。

A. push,pop,push,pop,push,pop　　　　B. push,push,push,pop,pop,pop

C. push,push,pop,pop,push,pop　　　　D. push,pop,push,push,pop,pop

7. 已知一个栈的进栈序列是 1，2，3，…，n，其输出序列是 p_1，p_2，…，p_n，若 $p_1=n$，则 p_i 的值_____。

A. *i*　　　　　B. *n–i*　　　　　C. *n–i+1*　　　　　D. 不确定

8. 循环队列存储在数组 A[0…*m*]中，则入队时的操作为_____。

A. rear=rear+1　　　　　　　　B. rear=(rear+1) mod (*m*-1)

C. rear=(rear+1)=rear　　　　　　D. rear=(rear+1) mod (*m*+1)

9. 设 *n* 个元素进栈序列是 p_1，p_2，p_3，…，p_n，其输出序列是 1，2，3，…，n，若 $p_3=1$，则 p_1 的值为_____。

A. 可能是 2　　　B. 一定是 2　　　C. 不可能是 2　　　D. 不可能是 3

10. 设栈 *S* 和队列 *Q* 的初始状态为空，元素 e_1，e_2，e_3，e_4，e_5 和 e_6 依次通过栈 *S*，一个元素出栈后即进队列 *Q*，若 6 个元素出队的序列是 e_2，e_4，e_3，e_6，e_5，e_1，则栈 *S* 的容量至少应该是_____。

A. 6　　　　　B. 4　　　　　C. 3　　　　　D. 2

二、填空题

1. 栈是一种具有后进先出特性的线性表，表中允许插入、删除的一端称为_____。

2. 栈有两种主要存储结构，即顺序栈和_____。

3. 在实现顺序栈的操作时，在进栈之前应先判断是否满，在出栈之前应该判断是否_____。

4. 一个栈的输入序列是 12345，则栈的输出序列 43512 是否可能？_____

5. 设栈采用顺序存储结构，若已知 *i*-1 个元素进栈，则将第 *i* 个元素进栈时,进栈算法的时间复杂度_____。

6. 元素 *A*、*B*、*C*、*D* 顺序连续进入队列后，则队头元素是_____，队尾元素是_____。

7. 区分循环队列的满与空，只有两种方法，它们是_____和_____。

8. 设循环队列容量为 *Q*，当 rear<front 时，队列长度为_____。

9. 若用带表头结点的单链表来表示链队，则队列空的标志是_____。

10. 设有一个具有 *m* 个单元的循环队列，假定队头指针和队尾指针分别为 *f* 和 *r*,则求此队列中数据元素个数的公式是_____。

三、判断题

1. 栈底元素是不能删除的元素。

2. 顺序栈中的元素值的大小是有序的。

3. 在 *n* 个元素进栈后，它们的出栈顺序和进栈顺序一定正好相反。

4. 栈顶元素和栈底元素有可能是同一个元素。

5. 若用 s[1]~s[*m*] 表示顺序栈的存储空间，则对栈的进栈、出栈操作最多只能进行 *m* 次。

6. 栈是一种对进栈、出栈操作总次数作了限制的线性表。

7. 对顺序栈进行进栈、出栈操作，不涉及元素的前、后移动问题。

8. 栈是一种对进栈、出栈操作的次序作了限制的线性表。

9. 设尾指针的循环链表表示队列，入队和出队算法的时间复杂度均为 *O*(1)。

10. 若用“队头指针的值和队尾指针的值相等”作为环形顺序队列为空的标志，则在设置一个空队列时，只需给队头指针和队尾指针赋同一个值，不管什么值都可以。

四、简答题

1. 有 5 个元素，其进栈次序为 *A*、*B*、*C*、*D*、*E*,在各种可能的出栈次序中，以元素 *C*、*D* 最先出栈（即 *C* 第一个且 *D* 第二个出栈）的次序有哪几个？

2. 设输入元素为 1、2、3、P 和 A，入栈次序为 123PA，元素经过栈后到达输出序列，当所有元素均到达输出序列后，有哪些序列可以作为高级语言的变量名？

3. 简述顺序存储队列的假溢出的避免方法及队列满和空的条件。

4. 假设以 S 和 X 分别表示进栈和出栈操作，则初态和终态为栈空的进栈和出栈的操作序列，可以表示为仅由 S 和 X 组成的序列。可以实现的栈操作序列称为合法序列（例如 SSXX 为合法序列，SXXS 为非法序列）。试给出区分给定序列为合法序列或非法序列的一般准则，并证明：对同一输入序列的两个不同的合法序列不可能得到相同的输出元素序列。

五、算法设计

1. 假设表达式中允许包含 3 种括号：圆括号、方括号和大括号。设计一个算法采用顺序栈判断表达式中的括号是否正确配对。

2. 设以带头结点的循环链表表示队列，只设有队尾指针。请写出入队、出队的算法及处理逻辑流程图。

3. 用一个一维数组 S（设大小为 MaxSize）作为两个栈的共享空间。请说明共享方法、栈满、栈空的判断条件，并用 C/C++ 语言设计公用的初始化栈运算 InitStack1(st)、判栈空运算 StackEmpty(st,i)、入栈运算 Push(st,i,x) 和出栈运算 Pop1(st,i,x)，其中 i 为 1 或 2，用于表示栈号，x 为入栈或出栈元素。

4. 设计一个算法，利用栈的 InitStack()、Push()、Pop() 和 StackEmpty() 等基本运算返回指定栈中栈底元素。

5. 采用链队设计一个算法，反映病人到医院看病、排队看医生的情况。在病人排队过程中，主要重复两件事。

（1）病人到达诊室，将病历本交给护士，排到等待队列中候诊。

（2）护士从等待队列中取出下一位病人的病历，该病人进入诊室就诊。

要求模拟病人等待就诊这一过程。程序采用菜单方式，下面将对其选项及功能进行说明。

① 排队输入排队病人的病历号，加入到病人排队队列中。

② 就诊病人排队队列中最前面的病人就诊，并将其从队列中删除。

③ 查看排队从队头到队尾列出所有的排队病人的病历号。

④ 不再排队，余下依次就诊，从队头到队尾列出所有的排队病人的病历号，并退出运行。

⑤ 下班退出运行。

第4章 串

串是字符串的简称，它是一种重要的线性结构。从数据结构角度来说，串也是线性表，其特殊性在于串是由字符构成的序列。串广泛应用于汇编和高级语言的编译程序中，源程序和目标程序均为字符串数据。信息检索系统、文字编辑程序、问答系统、自然语言处理系统等，均是以字符串数据作为处理对象的。本章除了讨论串的定义、表示方法和实现外，还将给出一些应用实例。

4.1 串的基本概念

串是一种特殊的线性表，其数据元素是字符。串是计算机非数值处理的主要对象之一。串具有自身的特性，下面先介绍串的概念以及串的抽象数据类型。

4.1.1 串的概念

串（String）是由零个或多个字符组成的有限序列。非空串一般记作：

$$s = "a_1a_2a_3\cdots a_n"(n \geq 1)$$

其中 s 是串名，双引号引起来的字符序列是串值。$a_i(1 \leq i \leq n)$可以是字母、数字或其他字符；串中所包含的字符个数称为串的长度。长度为 0 的串称为**空串**（Null String），即双引号中无任何字符。通常将仅由一个或多个空格组成的串称为空格串。

> **注意** 空串和空格串不同，例如" "和""分别表示长度为 1 的空格串（双引号中有一个空格符）和长度为 0 的空串。

串中任意连续字符组成的子序列称为该串的子串，包含子串的串称为主串。子串的首字符在主串中的序号称为子串在主串中的位置。例如，设 s_1 和 s_2 为以下两个串：

```
s₁="Nanjing University of Science and Technology"
s₂="University"
```

则 s_2 是 s_1 的子串，s_1 为主串。s_2 在 s_1 中的位置是 9。

特别地，空串是任意串的子串，串总是其自身的子串。通常在程序中使用的串可分为两种：串常量和串变量。

串常量在程序中只能被引用但不能改变其值，即只能读不能写。例如语句 cout<<"overflow"中的"overflow"，该字符串只能读，不能改。但有的语言允许对串常量命名，以使程序易读、易写。如 C++中，可定义：

```
const char path[]="dir/bin/appl"
```

这里 path 是一个串常量，对它只能读不能写。

而串变量和其他类型的变量一样，其取值是可以改变的。

4.1.2 串的抽象数据类型

串的抽象数据类型定义如下。

ADT String{

数据对象：$D = \{a_i \mid a_i \in 字符的集合, i = 1, 2, \cdots n\}$

数据关系：$R = \{(a_i, a_{i+1}) \mid a_i, a_{i+1} \in D, i = 1, 2, \cdots, n-1\}$

基本操作：

strassign(&s,st)

初始条件：st 为字符串常量。

操作结果：产生一个值等于 st 的串 s。

strempty(s)

初始条件：s 为一个串。

操作结果：若 s 为空串，则返回 1，否则返回 0。

strcopy(&t,s)

初始条件：s 为一个串。

操作结果：把串 s 复制给 t。

strncpy(&sub,s,pos,len)

初始条件：s 为一个串，pos 为起始位置，

$$1 \leqslant pos \leqslant strlength(s) - 1, len > 0 。$$

操作结果：用 sub 返回串 s 的第 pos 个字符开始长度为 len 的子串。

strcmp(s,t)

初始条件：s 和 t 为两个串。

操作结果：若 $s > t$，则返回值 1；若 $s = t$，则返回值 0；否则返回值 -1。

strlength(s)

初始条件：s 是一个串。

操作结果：返回 s 的元素的个数。

strconcat(&t,s1,s2)

初始条件：$s1$，$s2$ 是两个串。

操作结果：用 t 返回 $s1$ 和 $s2$ 连接成的新串。

substring(&sub,s,pos,len)

初始条件：s 是一个串，pos 是串的起始位置，len 是子串的长度。

操作结果：用 sub 返回串 s 的第 pos 个字符开始长度为 len 的子串。

strindex(s,t,pos)

初始条件：s，t 是两个串；$1 \leqslant pos \leqslant strlength(s)$

操作结果：在 s 中取从第 pos 个字符起、长度和串 t 相等的子串和 t 比较，若相等，则

返回 pos，否则值增 1 直至 s 中不存在和串 t 相等的子串为止，此时返回 0。

strinsert(&s,pos,t)

　　初始条件：s，t 是两个串，$1 \leqslant pos \leqslant strlength(s)+1$。

　　操作结果：在 s 的第 pos 个字符插入串 t。

strdelete(&s,pos,len)

　　初始条件：s 是一个串，$1 \leqslant pos \leqslant strlength(s)-len+1$。

　　操作结果：从串 s 中删除第 pos 个字符起长度为 len 的子串。

Replace(&s,t,w)

　　初始条件：s，t，w 是三个串，t 为非空串。

　　操作结果：用 w 替换串 s 中出现的所有与 t 相等的不重复的子串。

}ADT String

对串的基本操作可以有不同的定义方法，本章仅给出了部分基本操作。

例 4.1 求子串的函数 substring(&sub,s,pos,len)。

求子串的过程即为复制字符序列的过程，将串 s 中的第 pos 个字符开始的连续的 len 个字符复制到串 sub 中。

```
void substring(string &sub,string s,int pos,int len)
{
    if(pos<0||pos>strlength(s)-1||len<0)
        return ;
    strncpy(sub,s,pos,len);
}
```

例 4.2 串的定位函数 strindex(s,t,pos)。

在主串中取从第 pos 个字符起、长度与串 t 相等的子串和 t 比较，若相等，则返回 pos，否则值增 1 直至 s 中不存在和串 t 相等的子串为止，此时返回 0。

```
int strindex(string s, string t, int pos)
{
    string sub;
    if(pos>0)
    {
        int n=strlength(s);
        int m=strlength(t);
        int i=pos;
        while(i<n-m+1)
        {
            substring(sub,s,i,m);
            if(strcmp(sub,t)!=0)
                ++i;
            else
                return i;
        }//while
    }//if
    return  0;
}//strindex
```

4.2 串的存储结构与实现

因为串是特殊的线性表，故其存储结构与线性表的存储结构类似。其特殊性在于组成串的结点是单个字符。串的存储结构有三种表示方法：定长顺序存储、堆分配存储和链式存储。

4.2.1　定长顺序存储表示

定长顺序存储表示，也称为静态存储分配的顺序表。它用一组连续的存储单元来存放串中的字符序列。所谓定长顺序存储结构，是指直接使用定长的字符数组来实现。用 C++语言可描述为：

```
#define MAXSTRLEN 256
typedef char sstring[MAXSTRLEN+1];          //0 号单元存放串的长度
sstring s;                                  //s 是一个可容纳 255 个字符的顺序串
```

一般可使用一个不会出现在串中的特殊字符在串值的尾部来表示串的结束。例如，C/C++语言中以字符'\0'表示串值的终结，这就是在上述定义中，串空间最大值 MAXSTRLEN 为 256，但最多只能存放 255 个字符的原因，因为必须留一个字节来存放'\0'字符。若不设置终结符，则可用一个整数来表示串的长度，那么该长度减 1 的位置就是串值的最后一个字符的位置。在这种表示方法下，串操作的实现主要是进行"字符序列"的复制。下面给出三个实现实例。

1．串拷贝

串拷贝 strcopy(&t,s)。串拷贝的过程是把串 s 中每个字符依次复制给 t 的过程。

```
void strcopy(sstring &t,sstring s)
{
    t[0]=s[0];
    for(int i=1;i<=s[0];i++)
        t[i]=s[i];
}
```

2．串比较

串比较 strcmp(s,t)。串比较的过程是从 s 的第 $i(i{\geqslant}1)$ 个字符开始依次与 t 的 $i(i{\geqslant}1)$ 字符进行比较，若 $s[i]>t[i]$，则返回值 1；若 $s[i]<t[i]$，则返回-1；若 $s[i]=t[i]$，则继续比较下一个字符，直到某一字符串的结束标记（如"终止符"）为止，若均相等，则返回 0。

```
int strcmp(sstring s,sstring t)
{
    for(int i=1;i<=s[0]||i<=t[0];i++)
    if(s[i]>t[i])
        return 1;
    else if(s[i]<t[i])
        return -1;
    return 0;
}
```

3．串连接

串连接 strconcat(&t,s1,s2)。串连接的过程是用 t 返回 s1 和 s2 连接成的新串。基于串 s1 和 s2 长度的不同情况，串 t 的值可以分为三种情况。

（1）若 s1[0]+s2[0]<=MAXSTRLEN，则 t 为 s1 和 s2 连接的正常结果。

（2）若 s1[0]<MAXSTRLEN，但 s1[0]+s2[0]>MAXSTRLEN，则将串 s2 截断，t 只包含串 s2 的前面部分。

（3）若 s1[0]=MAXSTRLEN，则串 t 仅为串 s1。

具体操作示意如图 4.1 所示。

```
int strconcat(sstring &t,sstring s1,sstring s2)
{ //用 t 返回由 s1 和 s2 连接而成的新串。若未截断，返回 1，否则返回 0
```

```
int flag=0;
int i=0,j=1;
if(s1[0]+s2[0]<=MAXSTRLEN)
{ //未截断
    for(i=1;i<=s1[0];i++)
        t[i]=s1[i];
    for(i=s1[0]+1;i<=s1[0]+s2[0];i++)
        t[i]=s2[j++];
    t[0]=s1[0]+s2[0];
    flag=1;
}
else if(s1[0]<MAXSTRLEN)
{
    for(i=1;i<=s1[0];i++)
        t[i]=s1[i];
    for(i=s1[0]+1;i<=MAXSTRLEN;i++)
        t[i]=s2[j++];
    t[0]=(char)MAXSTRLEN;
    flag=0;
}
else
{
    for(i=0;i<s1[0];i++)
        t[i]=s1[i];
    t[0]=s1[0];
    flag=0;
}
return flag;
}
```

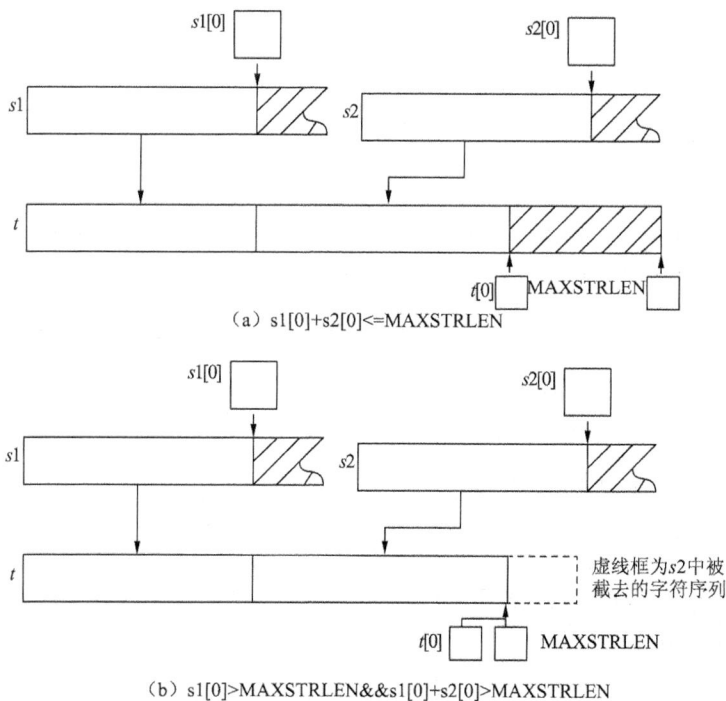

（a）s1[0]+s2[0]<=MAXSTRLEN

（b）s1[0]>MAXSTRLEN&&s1[0]+s2[0]>MAXSTRLEN

图4.1　串的连接操作示意图

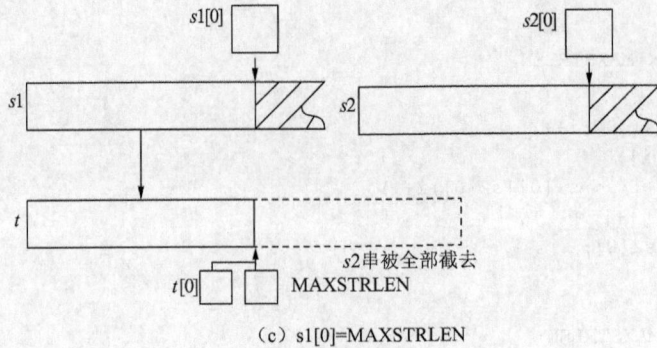

（c）s1[0]=MAXSTRLEN

图 4.1　串的连接操作示意图（续）

4.2.2　堆分配存储表示

采用定长顺序存储表示，串变量存储在固定大小空间的数组中。但在实际应用中，串变量的长度变化较大，往往会造成存储空间"溢出"。因此，为解决此类问题，可采用堆分配存储表示方法。

堆分配存储表示的特点是，仍以一组地址连续的存储单元存放串字符序列，但它们的存储空间是在程序执行过程中动态分配的。系统提供一个连续的称为"堆"的自由存储区，作为串的存储空间。当建立一个新串时，就在这个存储空间中为新串分配一个连续的存储空间。在 C++中，动态分配用 new 和 delete 来管理。利用 new 为每个新产生的串分配一块实际串长所需的空间。若分配成功，则返回空间的起始地址。当串被删除时，用 delete 来释放串所占用的空间。

堆分配存储表示的定义如下：

```
typedef struct
{
    char *ch;
    int length;
}Hstring;
```

具体实现程序代码如下：

1. 串插入

串插入 strinsert(&s,pos,t)。串插入的过程是在 s 的第 pos 个字符起插入串 t。

```
int strinsert(Hstring &s,int pos,Hstring t)
{
    if(pos<1||pos>s.length+1)
        return 0;                              //位置 pos 不合适
    if(t.length)
    {
        char *ch=new char[s.length+t.length];
        int i;
        for(i=0;i<=s.length;i++)
            ch[i]=s.ch[i];
        for(i=s.length-1;i>=pos-1;i--)         //pos 起的字符串往后移动
            ch[i+t.length]=ch[i];
        for(i=pos-1;i<=pos+t.length-2;i++)
            ch[i]=t.ch[i-pos+1];
        s.length+=t.length;
        s.ch=ch;
    }
    return 1;                                  //插入成功
}
```

2. 求子串

求子串 substring(&sub,s,pos,len)。求子串的过程是用 sub 返回串 s 的第 pos 个字符开始，长度为 len 的子串。

```
int substring(Hstring &sub,Hstring s,int pos,int len)
{
    if(pos<1||pos>s.length||len<0||len>s.length-pos+1)
        return 0;
    if(!len)
    {
        sub.ch=NULL;sub.length=0;
    }
    else
    {
        sub.ch=new char[len];
        for(int i=0;i<len;i++)
            sub.ch[i]=s.ch[i+pos-1];
        sub.length=len;
    }
return 1;
}
```

3. 串连接

串连接 strconcat(&t,s1,s2)。串连接的过程是用 t 返回 s1 和 s2 连接成的新串，连接是指把串 s2 依次放在 s1 之后的结果。

```
void strconcat(Hstring &t,Hstring s1,Hstring s2)
{
    t.ch=new char[s1.length+s2.length];
    t.length=s1.length+s2.length;
    int i;
    for(i=0;i<s1.length;i++)
        t.ch[i]=s1.ch[i];
    for(i=s1.length;i<t.length;i++)
        t.ch[i]=s2.ch[i-s1.length];
}
```

4. 串删除

串删除 strdelete(&s,pos,len)。串删除的过程是从串 s 中删除第 pos 个字符起长度为 len 的子串。

```
void strdelete(Hstring &s,int pos,int len)
{
if(pos<1||pos>s.length-len+1||len<0||len>s.length)
    {
        cout<<"删除位置不合法"<<endl;
        return;
    }
    for(int i=pos+len;i<=s.length;i++)
        s.ch[i-len-1]=s.ch[i-1];
    s.length=s.length-len;
}
```

4.2.3 链式存储表示

串也可用链式存储，串的这种链式存储结构简称为**链串**（Linked String）。这种结构便于进行插入和删除运算，但存储空间利用率较低。

链串中的结点可以存放一个字符，也可存放多个字符。例如图4.2（a）所示的结点大小是1（即结点存放一个字符）的链表，图4.2（b）所示是结点大小是4的链表。如果串长不是结点大小的整数倍，则最后几个空结点用"#"补满。

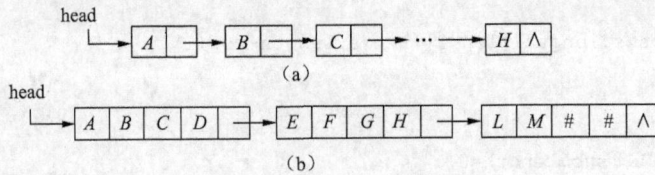

图 4.2 串的链式存储结构

为便于进行串的操作，当以链表存储串值时，除头指针外还附设一个尾指针指示链串的最后一个结点，并给出当前串中的结点个数，即串的长度。

串的链式存储结构表示如下：

```
#define chunksize 100
typedef struct chunk
{
    char ch[chunksize];
    chunk *next;
}chunk;
typedef struct
{
    chunk *head,*tail;
    int curlen;                    //串的当前长度
}Lstring;
```

4.3 串的模式匹配

设 S 和 T 是两个给定的串，在串 S 中找等于 T 的子串的过程称为**模式匹配**（Pattern Matching）。S 一般称为主串或目标串，T 称为模式串。如果找到，称为**匹配成功**，否则称为**匹配失败**。模式匹配的应用非常广泛。例如，在文本编辑程序中，经常要查找某一特定单词在文本中出现的位置。显然，解此问题的有效算法能极大地提高文本编辑程序的响应性能。下面介绍两种模式匹配方法：BF（Brute-Force）模式匹配方法和KMP（Knuth-Morris-Pratt）模式匹配方法。

4.3.1 BF 模式匹配方法

BF方法的全称是Brute-Force，也称为**简单匹配方法**。设 S 为主串，T 为模式串，且形式为：

$$S="s_0s_1\cdots s_{n-1}"$$

和

$$T="t_0t_1\cdots t_{m-1}"$$

BF方法的基本思路是：对于合法的位置 $0 \leq i \leq n-m$ 依次将主串中的子串 $S[i..i+m-1]$ 和模式串 $T[0..m-1]$ 进行比较，若 $S[i..i+m-1]=T[0..m-1]$，则称从位置 i 开始的匹配成功，亦称模式串 T 在主串 S 中出现；若 $S[i..i+m-1] \neq T[0..m-1]$，则称从位置 i 开始的匹配失败。

具体操作中：从主串 S 的第一个字符开始，与模式串 T 中的第一个字符比较，若相等，则继续逐个比较后续字符；否则从主串 S 的第二个字符开始重新与模式串 T 的第一个字符进行比较。依次类推，若主串 S 的第 i 个字符开始，每个字符依次和模式串 T 中的对应字符相等，则匹配成功，返回 i；否则，匹配失败，返回-1。

BF 算法的 C++代码如下：

```cpp
int index(sstring s,sstring t,int pos)
{//返回模式串T在主串S中第pos个字符之后的位置，若不存在，
//则函数返回-1
//T非空，1≤pos≤strlength(s)
    int i=pos,j=1;
    while(i<=s[0]&&j<=t[0])
    {
        if(s[i]==t[j])
        {
            i++;
            j++;
        }
        else
        {
            i=i-j+2;
            j=1;
        }
    }//while
    if(j>t[0])
        return i-t[0];
    else
        return -1;
}//index
```

图 4.3 所示为模式串 T="abcac"和主串 S="ababcabcaccabbc"的匹配过程。

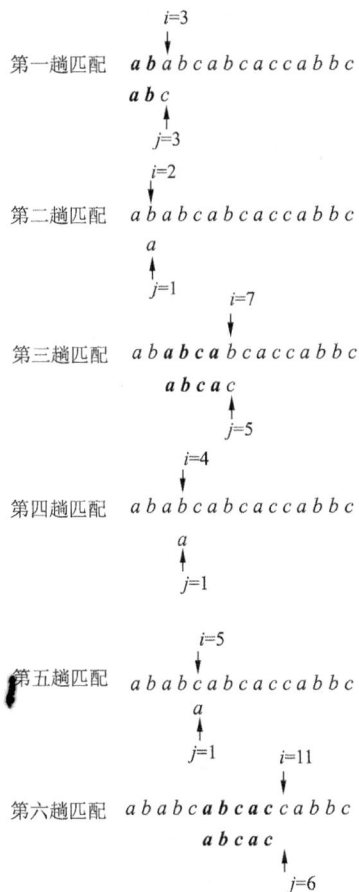

图 4.3　串 T="abcac"和主串 S="ababcabcaccabbc"的匹配过程

4.3.2　KMP 模式匹配方法

KMP 方法的全称是 Knuth-Morris-Pratt，它由 D.E. Knuth、J.H. Morris 和 V.R. Pratt 共同提出。KMP 方法较 BF 模式匹配有较大改进，其改进思想在于：每当一趟匹配过程中出现字符比较不相等时，不需要回溯 i 指针，而是利用已经得到的"部分匹配"的结果将模式向右移动尽可能多的距离后，再继续比较。

在图 4.3 的第 3 趟匹配出现字符不等时，又从 i=4，j=1 重新开始比较。但经仔细观察，i=4，j=1 和 i=5，j=1 以及 i=6，j=1 这三次比较都是不必进行的。因为从第三趟部分匹配结果可得出，主串的第 4、5 和 6 个字符必然是'b'、'c'、'a'。因为模式中第一个字符是'a'。因此无须再和这三个字符进行比较。而仅需将模式向右移动三个字符的位置继续进行比较。KMP 方法的匹配过程如图 4.4 所示。

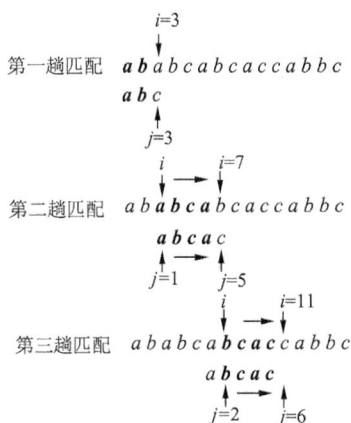

图 4.4　KMP 方法的匹配过程

一般情况下，设主串为 $"s_1s_2\cdots s_n"$，模式串为 $"t_1t_2\cdots t_m"$，当 $s_i \neq t_j$ 时，主串 S 的指针不必回溯。而模式串 T 的指针 j 回溯到第 k（$k<j$）个字符继续比较，则模式串 T 的前 $k-1$ 个字符必须满足：

$$"t_1t_2\cdots t_{k-1}"="s_{i-k+1}s_{i-k+2}\cdots s_{i-1}" \qquad ①$$

已经得到的部分匹配结果为：

$$"t_{j-k+1}t_{j-k+2}\cdots t_{j-1}"="s_{i-k+1}s_{i-k+2}\cdots s_{i-1}" \qquad ②$$

合并式①和式②得：

$$"t_1t_2\cdots t_{k-1}"="t_{j-k+1}t_{j-k+2}\cdots t_{j-1}"$$

若令 next(j)=k，则 next(j)表明当模式串第 j 个字符与主串中相应的字符"失配"时，在模式中需重新和主串中该字符进行比较的字符位置。next(j)定义如下：

$$next(j)=\begin{cases} 0, & \text{当 } j=1 \text{ 时} \\ Max\{k\,|\,1<k<j \text{ 且} "t_1t_2\cdots t_{k-1}"="t_{j-k+1}t_{j-k+2}\cdots t_{j-1}"\}, & \text{当该集合不为空时} \\ 1, & \text{其他} \end{cases}$$

KMP 的匹配过程如下。

设主串为 S，模式串为 T，并设 i 和 j 分别指向主串和模式串中正待比较的字符，i 和 j 的初值均为 1。若 $s_i = t_j$，则 i 和 j 分别加 1；否则 i 不变，j 退回到 next(j)位置。再比较 s_i 和 t_j，若相等，则 i 和 j 分别加 1；否则 i 不变，j 再退回到 next(j)位置。依此类推，直至下列两种可能：

（1）j 退回到某个 next(j)值时，字符比较相等，则指针各自加 1，继续进行匹配；

（2）退回到 j=0，将 i 和 j 分别加 1，即从主串的下一个字符 s_{i+1} 与模式串中的 t_1 重新开始匹配。

```cpp
int next[100];
void get_next(sstring t)
{//求模式串 t 的 next 函数值并存入数组 next 中
    int i=1,j=0;
    int m=strlen(t);
    next[1]=0;
    while(i<m)
    {
        if(j==0||t[i]==t[j])
        {
            i++;
            j++;
            next[i]=j;
        }
        else
            j=next[j];
    }                           //while
}                               //next

int KMP_index(sstring s,sstring t,int pos)
{                                   // t 非空,
    int i=pos,j=1;
    int n=strlen(s)-1;
    int m=strlen(t)-1;
    while(i<=n&&j<=m)
    {
        if(j==0||s[i]==t[j])
        {
            i++;
            j++;
```

```
        }                      //继续比较后续字符
    else
        j=next[j];             //模式串向右移动
  }                            //while
  if(j>m)
      return i-m;              //匹配成功
      else
          return -1;
}                              //KMP_index
```

习题四

一、选择题

1. 下面关于串的叙述中，哪一个是不正确的？ _____
   A. 串是字符的有限序列
   B. 空串是由空格构成的串
   C. 模式匹配是串的一种重要运算
   D. 串既可以采用顺序存储，也可以采用链式存储

2. 若串 S_1='ABCDEFG'，S_2='9898'，S_3='###'，S_4='012345',执行 concat(replace(S1,substr(S1,length(S2), length(S3)), S3),substr(S4,index(S2,'8'),length(S2)))，其结果为_____。
   A. *ABC###G*0123　　　　B. *ABCD###*2345　　　　C. *ABC###G*2345
   D. *ABC###*2345　　　　E. *ABC###G*1234　　　　F. *ABCD###*1234　　　G. *ABC###*01234

3. 设有两个串 p 和 q，其中 q 是 p 的子串，q 在 p 中首次出现的位置的算法称为_____。
   A. 求子串　　　　　　B. 联接　　　　　　C. 匹配　　　　　　D. 求串长

4. 已知串 S = 'aaab'，其 next 数组值为_____。
   A. 0123　　　　　B. 1123　　　　　C. 1231　　　　　D. 1211

5. 串'ababaaababaa'的 next 数组为_____。
   A. 012345678999　　B. 012121111212　　C. 011234223456　　D. 0123012322345

6. 对于一个链串 s，查找第一个元素值为 x 的算法的时间复杂度为_____。
   A. $O(1)$　　　　　B. $O(n)$　　　　　C. $O(n^2)$　　　　　D. 以上都不对

7. 模式串 t='abcaabbcabcaabdab'，该模式串的 next 数组的值为_____。
   A. 0 1 1 1 2 2 1 1 1 2 3 4 5 6 7 1 2　　　　B. 0 1 1 1 2 1 2 1 1 2 3 4 5 6 1 1 2
   C. 0 1 1 1 0 0 1 3 1 0 1 1 0 0 7 0 1　　　　D. 0 1 1 1 2 2 3 1 1 2 3 4 5 6 7 1 2
   E. 0 1 1 0 0 1 1 1 0 1 1 0 0 1 7 0 1　　　　F. 0 1 1 0 2 1 3 1 0 1 1 0 2 1 7 0 1

8. 若串 S='software',其子串的数目是_____。
   A. 8　　　　　　B. 37　　　　　　C. 36　　　　　　D. 9

9. 串的长度是指_____。
   A. 串中所含不同字母的个数　　　　　B. 串中所含所有字符的个数
   C. 串中所含不同字符的个数　　　　　D. 串中所含非空格字符的个数

二、判断题

1. KMP 算法的特点是在模式匹配时指示主串的指针不会变小。

2. 设模式串的长度为 m，目标串的长度为 n，当 $n \approx m$ 且处理只匹配一次的模式时，朴素的匹配（即子串定位函数）算法所花的时间代价可能会更为节省。

3. 串是一种数据对象和操作都特殊的线性表。

三、填空题

1. 空串的长度等于_____。

2. 通常在程序中使用的串分为两种：_____和_____。

3. 串也可用链表存储，串的这种链式存储结构简称为_____。

4. INDEX('DATASTRUCTURE','STR')=_____。

5. 设正文串长度为 n，模式串长度为 m，则模式匹配的 KMP 算法的时间复杂度为_____。

6. 模式串 P = 'abaabcac' 的 next 函数值序列为_____。

7. 对于带头结点的链串 s，串为空的条件是_____。

8. 设 T 和 P 是两个给定的串，在 T 中寻找等于 P 的子串的过程称为_____，又称 P 为_____。

9. 串的三种存储表示方法分别为_____、_____和_____。

10. 两个字符串相等的充分必要条件是_____。

四、简答题

1. 已知 U='xyxyxyxxyxy'，t='xxy'。

ASSIGN(S,U);
ASSIGN(V,SUBSTR(S,INDEX(S,t),LEN(t)+1));
ASSIGN(m,'ww');

求 REPLACE(S,V,m)= _____。

2. 实现字符串拷贝的函数 strcpy() 为：

```
void strcpy(char *s , char *t) /*copy t to s*/
{ while (_____); }
```

3. 下列程序判断字符串 s 是否对称，对称则返回 1，否则返回 0；如 f("abba") 返回 1，f("abab") 返回 0；

```
int f(_____)
{ int i=0,j=0;
    while(s[j])_____;
    for(j--;i<j&&s[i]==s[j];i++,j--);
        return(_____);
}
```

4. 完善算法：求 KMP 算法中 next 数组。

```
PROC get_next(t:string,VAR next:ARRAY[1..t.len] OF integer);
BEGIN
    j:=1; k:=(1)_____; next[1]:=0;
    WHILE j<t.len DO
    IF k=0 OR t.ch[j]=t.ch[k] THEN BEGIN j:=j+1; k:=k+1; next[j]:=k;END
                            ELSE k:=(2)_____;
END;
```

5. 下面函数 index 用于求 t 是否为 s 的子串，若是返回 t 第一次出现在 s 中的序号（从 1 开始计），否则返回 0。

例如：s='abcdefcdek'，t='cde'，则 indse(s,t)=3，index(s,'aaa')=0。已知 t，s 的串长分别是 mt，ms。

```
FUNC index(s,t,ms,mt);
    i:=1;j:=1;
    WHILE(i<ms)AND(j<mt) DO
        IF s[i]=t[j]  THEN [_____;_____]
                      ELSE [_____;_____]
    IF j>mt THEN return _____; ELSE return _____
ENDF;
```

6. 试利用下列栈和串的基本操作完成下列填空题。

```
initstack(s)              置 s 为空栈;
push(s,x)                 元素 x 入栈;
pop(s)                    出栈操作;
gettop(s)                 返回栈顶元素;
```

```
sempty(s)                        判栈空函数；
setnull(st)                      置串 st 为空串；
length(st)                       返回串 st 的长度；
equal(s1,s2)                     判串 s1 和 s2 是否相等的函数；
concat(s1,s2)                    返回联接 s1 和 s2 之后的串；
sub(s,i,1)                       返回 s 中第 i 个字符；
empty(st)                        判串空函数
FUNC invert(pre:string; VAR exp:string):boolean;
```

{若给定的表达式的前缀式 pre 正确，本过程求得和它相应的表达式 exp 并返回 "true"，否则 exp 为空串，并返回 "false"。已知原表达式中不包含括弧，opset 为运算符的集合。}

```
VAR s:stack; i,n:integer; succ:boolean; ch: char;
BEGIN
     i:=1; n:=length(pre);  succ:=true;
     _____; _____;
     WHILE(i<n) AND succ DO
        BEGIN ch:=sub(pre,i,1);
            IF_____THEN_____
            ELSE IF_____THEN_____
                ELSE BEGIN
                    exp:=concat(_____,_____);
                    exp:=concat(_____,_____);
                    _____;
                    END;
            i:=i+1
        END;
     IF_____THEN
        BEGIN exp:=concat(exp,sub(pre,n,1)); invert:=true END
     ELSE BEGIN setnull(exp); invert:=false END
END;
```

注意：每个空格只填一个语句。

7. 描述以下概念的区别：空格串与空串。

8. 两个字符串 $S1$ 和 $S2$ 的长度分别为 m 和 n。求这两个字符串最大共同子串算法的时间复杂度为 $T(m,n)$。估算最优的 $T(m,n)$，并简要说明理由。

9. 设主串 S='$xxyxxxyxxxxyxyx$'，模式串 T='$xxyxy$'。请问：如何用最少的比较次数找到 T 在 S 中出现的位置？相应的比较次数是多少？

10. 已知模式串 t='$abcaabbabcab$'写出用 KMP 法求得的每个字符对应的 next 函数值。

11. 给出字符串'$abacabaaad$'在 KMP 算法中的 next 数组。

12. 令 t='$abcabaa$'，求其 next 函数值。

13. 已知字符串'$cddcdececdea$'，计算每个字符的 next 函数的值。

14. 试利用 KMP 算法和改进算法分别求 $p1$='$abaabaa$'和 $p2$='$aabbaab$'的 next 函数值。

15. 模式匹配算法是在主串中快速寻找模式的一种有效的方法，如果设主串的长度为 m，模式的长度为 n，则在主串中寻找模式的 KMP 算法的时间复杂性是多少？如果，某一模式 P='$abcaacabaca$'，请给出它的 next 函数值。

16. 已知：s='$(xyz)+*$'，t ='$(x+z)*y$'。试利用联结、求子串和置换等基本运算，将 s 转化为 t。

五、编程题

1. 设 s、t 为两个字符串，分别放在两个一维数组中，m、n 分别为其长度，判断 t 是否为 s 的子串。如果是，输出子串所在位置（第一个字符），否则输出 0。（用 C++语言实现）

2. 函数 void insert(char*s,char*t,int pos)将字符串 t 插入字符串 s 中，插入位置为 pos。请用 C++语言实现该函数。假设分配给字符串 s 的空间足够让字符串 t 插入。（说明：不得使用任何库函数）

3. 设计一个算法，计算一个链串 s 中每个字符出现的次数。

4. 编写程序，统计在输入字符串中各个不同字符出现的频度并将结果存入文件（字符串中的合法字符为 A～Z 这 26 个字母和 0～9 这 10 个数字）。

5. $S = 'S_1, S_2, \cdots, S_n'$ 是一个长为 N 的字符串，存放在一个数组中，编程序将 S 改造之后输出：

（1）将 S 的所有第偶数个字符按照其原来的下标从大到小的次序放在 S 的后半部分。

（2）将 S 的所有第奇数个字符按照其原来的下标从小到大的次序放在 S 的前半部分。

例如：

S="ABCDEFGHIJKL"

则改造后的 S 为"ACEGIKLJHFDB"。

05

第5章　数组和广义表

前几章中讨论的线性表、栈和队列等线性结构中的数据元素都是非结构的原子类型，数据元素的值是不可以再分解的。但某些应用程序不能使用这些数据结构，需要对线性表进行扩展，实现一些功能更强大、具有更多操作的扩展型结构。

而本章讨论的两种数据结构——数组和广义表可以被看作线性表的扩展，即数组和广义表中的数据元素本身也是一种数据结构。数组中每个数据元素具有相同的结构，广义表中的数据元素则可以有不同的数据结构，两者都广泛应用于计算机的各个领域。

5.1　数组的基本概念

数组是程序设计中最常用的一种数据类型，本章重点介绍数组在计算机内部的实现。下面先介绍数组的概念以及数组的抽象数据类型。

微课视频

5.1.1　数组的概念

数组（Array）是由相同类型的一组数据元素组成的一个有限序列。其数据元素通常也称为数组元素。数组中的每个数据元素都有一个序号，称为**下标**（Index）。可以通过数组下标访问数据元素。

数据元素受 $n(n \geqslant 1)$ 个线性关系的约束，每个数据元素在 n 个线性关系中的序号 $i_1, i_2, \cdots, i_n$ 称为该数据元素的下标，并称该数组为 n 维数组。当 n 为 2 时，该数组称为二维数组。例如，图 5.1 所示是一个 m 行、n 列的二维数组 A，其中任何一个数据元素都有两个下标，一个为行号，另一个为列号。如 a_{ij} 表示第 i 行第 j 列的数据元素。

数组也是一种线性数据结构，它可以看成线性表的一种扩充。一维数组可以看作是一个线性表，二维数组可以看作数据元素是一维数组（或线性表）的线性表，其中一行或一列就是一个一维数组的数据元素。例如图 5.1 中的二维数组既可表示成一个行向量的线性表（ $A_1, A_2, \cdots, A_m$ 称为行向量）：

$$\begin{bmatrix} a_{11} & a_{12} & \cdots & a_{1n} \\ a_{21} & a_{22} & \cdots & a_{2n} \\ \vdots & \vdots & \ddots & \vdots \\ a_{m1} & a_{m2} & \cdots & a_{mn} \end{bmatrix}$$

图 5.1　矩阵形式表示的二维数组

$$\left.\begin{array}{l} A_1 = (a_{11}, a_{12}, \cdots, a_{1n}) \\ A_2 = (a_{21}, a_{22}, \cdots, a_{2n}) \\ \cdots\cdots \\ A_m = (a_{m1}, a_{m2}, \cdots, a_{mn}) \end{array}\right\} \Rightarrow A = (A_1, A_2, \cdots, A_m)$$

也可以表示成一个列向量的线性表（ $B_1, B_2, \cdots, B_n$ 称为列向量）：

$$\left.\begin{array}{l} B_1 = (a_{11}, a_{21}, \cdots, a_{m1}) \\ B_2 = (a_{12}, a_{22}, \cdots, a_{m2}) \\ \cdots\cdots \\ B_n = (a_{1n}, a_{2n}, \cdots, a_{mn}) \end{array}\right\} \Rightarrow A = (B_1, B_2, \cdots, B_n)$$

数组中的每个数据元素都和一组唯一的下标值对应。因此，数组是一种随机存取结构。一旦定义了一个数组，它的维数和每一维的长度就不能再改变。因此，数组的基本操作除了创建数组和销毁数组外，就只有对数据元素进行的存取和修改操作了。存取操作是指根据给定的下标，存入或读取相应的数据元素；修改操作是指根据给定的下标，修改相应的数据元素的值。它们的核心操作是——寻址，即根据给定的下标定位相应的数据元素。

5.1.2 数组的抽象数据类型

数组的抽象数据类型可定义为：

ADT Array{

数据对象：$j_i = 0, \cdots, b_i - 1, i = 1, 2, \cdots, n$ ，

$D = \{a_{j_1 j_2 \cdots j_n} \mid n(n > 0)$ 是数组的维数，b_i 是数组第 i 维的长度，j_i 是数组元素第 i 维的下标，$a_{j_1 j_2 \cdots j_n} \in ElemSet\}$

数据关系：$R = \{R_1, R_2, \cdots, R_n\}$

$R_i = \{< a_{j_1 \cdots j_i \cdots j_n}, a_{j_1 \cdots j_{i+1} \cdots j_n} > 0 \leqslant j_k \leqslant b_k - 1, 1 \leqslant k \leqslant n$ 且 $n \neq i$，

$0 \leqslant j_i \leqslant b_i - 2, a_{j_1 \cdots j_i \cdots j_n}, a_{j_1 \cdots j_i+1 \cdots j_n} \in D, i = 2, \cdots, n\}$

基本操作：

InitArray(&A,n,b_1,$\cdots$,b_n)

初始条件：无。

操作结果：若维数 n 和各维长度 b_1，$\cdots$，b_n 合法，则构造相应的数组 A，并返回 OK。

DestroyArray(&A)

初始条件：数组 A 已存在。

操作结果：销毁数组 A。

GetValue(A,&e,index1,$\cdots$,indexn)

初始条件：A 是 n 维数组，e 为数据元素变量，index1，$\cdots$，index$n$ 是 n 个下标值。

操作结果：若下标 index1，$\cdots$，index$n$ 都不超界，则读取与下标对应的数据元素的值，并赋值给 e。

Assign(&A,e,index1,$\cdots$,indexn)

初始条件：A 是 n 维数组，e 为数据元素变量，index1，$\cdots$，index$n$ 是 n 个下标值。

操作结果：若下标 index1，$\cdots$，index$n$ 都不超界，则将 e 赋值给下标对应的数据元素。

}ADT Array

5.2 数组的存储结构

由于计算机的内存结构是一维的，因此用一维内存来表示多维数组，就必须按某种次序将数据元素排成一个序列，然后将这个序列存放在存储空间中。又由于一般不对数组进行插入和删除操作，也就是说，数组一旦建立，数据元素个数和数据元素间的关系就不再发生变化。因此，一般都是采用顺序存储的方法来表示数组。

采用顺序存储方法，用一组地址连续的存储单元存放数据元素还存在一个次序约定的问题：是先存一行数据元素还是先存一列数据元素。根据存储方式的不同，顺序存储方法分为两类。

1. 行优先顺序存储

行优先顺序存储是以行序为主序的存储方式。将数据元素按行排列，第 $i+1$ 个行向量紧接在第 i 个行向量后面。以二维数组 A 为例，按行优先顺序存储的线性序列为：$a_{11}, a_{12}, \cdots, a_{1n}$, $a_{21}, a_{22}, \cdots, a_{2n}, \cdots, a_{m1}, a_{m2}, \cdots, a_{mn}$。在 PASCAL、C/C++语言中，数组是按行优先顺序存储的，如图 5.2（a）所示。

2. 列优先顺序存储

列优先顺序存储是以列序为主序的存储方式。将数据元素按列排列，第 $j+1$ 个列向量紧接在第 j 个列向量之后，以二维数组 A 为例，按列优先顺序存储的线性序列为：$a_{11}, a_{12}, \cdots, a_{m1}, a_{21}, a_{22}, \cdots, a_{m2}, \cdots, a_{1n}, a_{2n}, \cdots, a_{mn}$。在 FORTRAN 语言中，数组是按列优先顺序存储的，如图 5.2（b）所示。

以上规则可以推广到多维数组的情况：行优先顺序可规定为先排最右的下标，从右到左，最后排最左下标；列优先顺序与此相反，先排最左下标，从左向右，最后排最右下标。

（a）行优先顺序存储　（b）列优先顺序存储

图 5.2　数组的两种存储方式

按上述两种方式存储的数组，只要知道开始结点的存放地址（即基地址），维数和每维的上、下界，以及每个数据元素所占用的存储单元数，就可以将数据元素的存放地址表示为其下标的线性函数。因此，数组中的任一数据元素可以在相同的时间内存取。

下面以行优先顺序存储为例，说明如何确定数据元素的存储位置。

设二维数组的行下标的上界和下界为 h_1, l_1，列下标的上界和下界为 h_2, l_2。二维数组 $A(l_1:h_1, l_2:h_2)$ $(l_i \le h_i$，两个都是整数)，按"行优先顺序"存储在内存中，假设每个数据元素用 c 个存储单元，则二维数组 A 可按以下方式存储：

$$A = \begin{bmatrix} a_{l_1 l_2} & a_{l_1(l_2+1)} & \cdots & a_{l_1 h_2} \\ \cdots & a_{ij} & \cdots & \cdots \\ a_{h_1 l_2} & a_{h_1(l_2+1)} & \cdots & a_{h_1 h_2} \end{bmatrix}$$

由上述存储结构可以看出，任一数据元素 a_{ij} 的存储地址 $LOC(a_{ij})$ 应为数组的基地址加上排在 a_{ij} 前面的数据元素所占用的单元数，因此 a_{ij} 的存储地址计算公式为：

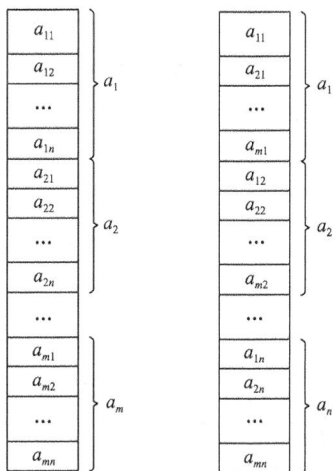

$$LOC(a_{ij}) = LOC(a_{l_1l_2}) + ((i-l_1) \times (h_2 - l_2 + 1) + (j-l_2)) \times c$$
$$= LOC(a_{l_1l_2}) + i \times (h_2 - l_2 + 1) \times c - l_1 \times (h_2 - l_2 + 1) \times c + j \times c - l_2 \times c$$

令 $M_1 = (h_2 - l_2 + 1) \times c, M_2 = c$，则有：

$$LOC(a_{ij}) = v_0 + i \times M_1 + j \times M_2$$

其中，$v_0 = LOC(a_{l_1l_2}) - l_1 \times M_1 - l_2 \times M_2$，$i \in [l_1, h_1]$，$j \in [l_2, h_2]$，且 i 与 j 均为整数；$LOC(a_{ij})$ 是数据元素 a_{ij} 的存储地址，$LOC(a_{l_1l_2})$ 是二维数组中第一个数据元素的存储地址，即基地址。二维数据元素的地址计算示意如图 5.3 所示。

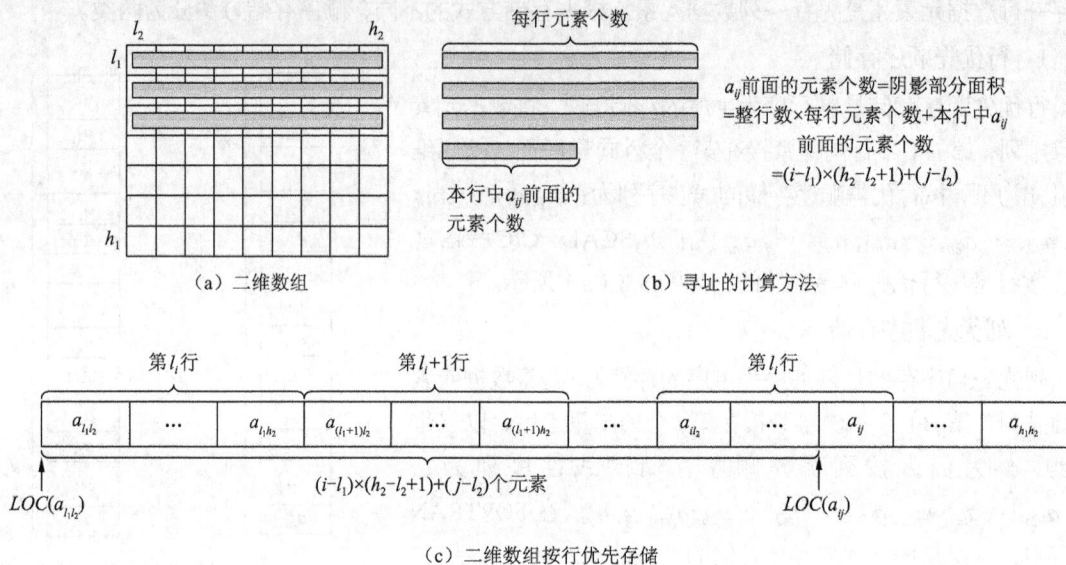

（a）二维数组　　　　　　　　（b）寻址的计算方法

（c）二维数组按行优先存储

图 5.3　二维数据元素的地址计算示意图

将上述计算数据元素地址的方法从二维数组推广到一般，设 n 维数组 $A(l_1:h_1, l_2:h_2, \cdots, l_n:h_n)$ 第 k 维$(1 \leq k \leq n)$的下标范围是$[l_k, h_k]$，记 $d_k = h_k - l_k + 1$，$j_k = i_k - l_k$。显然，d_k 为第 k 维的数据元素个数，设每个数据元素占 c 个存储单元，按"行优先顺序"为主存储，则下标为 $i_1, i_2, \cdots, i_n$ 的数据元素的存储地址可由下式计算：

$$LOC(a_{i_1i_2\cdots i_n}) = LOC(a_{l_1l_2\cdots l_n}) + (j_1d_2d_3\cdots d_n + j_2d_3\cdots d_n + \cdots + j_{n-1}d_n + j_n) \times c$$
$$= V_0 + i_1 \times M_1 + i_2 \times M_2 + \cdots + i_n \times M_n$$

其中，

$$\begin{cases} M_j = c \times \prod_{k=j+1}^{n}(h_k - l_k + 1) & : \text{最后一位前的数据元素的个数} \\ M_n = c & : \text{每个数据元素占用的存储单元} \end{cases}$$

$$V_0 = LOC(a_{l_1l_2\cdots l_n}) - \sum_{j=1}^{n} m_j \times l_j$$

令 $M_1 = (h_2 - l_2 + 1) \times c$，$M_2 = c$，则有：

$$LOC(a_{ij}) = v_0 + i \times M_1 + j \times M_2$$

其中，$v_0 = LOC(a_{l_1l_2}) - l_1 \times M_1 - l_2 \times M_2$，$i \in [l_1, h_1]$，$j \in [l_2, h_2]$，且 i 与 j 均为整数。

图 5.4 所示是一个 3×4×2 的三维数组的逻辑结构示意图，以及按行优先顺序存储的三维数组内存存储示意图。

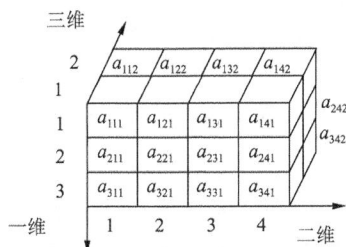

（a）一个3×4×2的三维数组的逻辑结构示意图

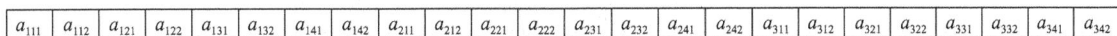

（b）按行优先顺序存储的三维数组内存存储示意图

图 5.4　三维数组逻辑结构及存储示意图

5.3　矩阵的压缩存储

在科学与工程计算问题中，**矩阵**（Matrix）是一种常用的数学对象。在采用高级语言编写程序时，简单而又自然的方法，就是将一个矩阵描述为一个二维数组。矩阵在这种存储表示之下，可以对其数据元素进行随机存取，各种矩阵运算也非常简单。

在矩阵中，若非零数据元素呈某种规律分布或矩阵中出现大量零数据元素，如果仍采用常规的矩阵存储方法，将会占用许多空间去存储重复的非零数据元素或零数据元素；对于高阶矩阵来说，这样会造成极大的浪费。因此，为了节省存储空间，可以对这类矩阵进行压缩存储。压缩存储的原则如下。

（1）为多个值相同的非零数据元素分配一个存储空间。

（2）不为零数据元素分配存储空间。

假如值相同的数据元素或者零数据元素在矩阵中的分布有一定规律，则称此类矩阵为**特殊矩阵**（Special Matrix）；假如矩阵中有许多零数据元素（一般根据稀疏因子的值判定零数据元素是否较多），则称此类矩阵为**稀疏矩阵**（Sparse Matrix）。下面将分别介绍特殊矩阵和稀疏矩阵的压缩存储方法。

5.3.1　特殊矩阵的压缩存储

特殊矩阵指非零数据元素或零数据元素的分布有一定规律的矩阵。常见的特殊矩阵有对称矩阵、对角矩阵等，它们都是方阵，即行数和列数相同。

1．对称矩阵的压缩存储

在一个 n 阶方阵 A 中，若数据元素满足下述性质：

$$a_{ij} = a_{ji} (1 \geq i, j \leq n)$$

则称 A 为 n 阶对称矩阵，如图 5.5 所示。

$$A = \begin{bmatrix} a_{00} & a_{01} & \cdots & a_{0,n-2} & a_{0,n-1} \\ a_{10} & a_{11} & \cdots & a_{1,n-2} & a_{1,n-1} \\ \cdots & \cdots & \ddots & \vdots & \vdots \\ a_{n-2,0} & a_{n-2,1} & \cdots & a_{n-2,n-2} & a_{n-2,n-1} \\ a_{n-1,0} & a_{n-1,1} & \cdots & a_{n-1,n-2} & a_{n-1,n-1} \end{bmatrix}$$

图 5.5　n 阶对称矩阵

对称矩阵中的数据元素关于主对角线对称，因此只需存储矩阵中上三角 $a_{ij}(i \leqslant j)$ 或下三角 $a_{ij}(i \geqslant j)$ 中的数据元素即可。这样，原来需要 $n \times n$ 个存储单元，现在只需要 $(1+2+\cdots+n)=n \times (n+1)/2$ 个存储单元，节约了近一半的存储空间，当 n 较大时，节约出的存储空间是可观的。

不失一般性，对称矩阵采用行优先顺序存储下三角中的数据元素，如图 5.6 所示。上述下三角中的数据元素可用一个容量是 $n \times (n+1)/2$ 的一维数组存储。对于下三角中的任意数据元素 $a_{ij}(i \geqslant j)$，a_{ij} 在一维数组中的下标 k 与 i、j 的关系为：$k = i \times (i+1)/2 + j$。

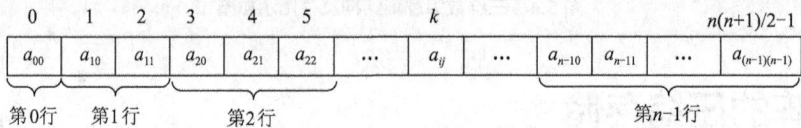

图 5.6　对称矩阵的压缩存储

因此，对称矩阵若采用上述压缩存储方式，则矩阵中任一数据元素 a_{ij} 与它在一维数组中的存储位置 k 之间存在以下对应关系：

$$k = \begin{cases} i \times (i+1)/2 + j, i \geqslant j \\ j \times (j+1)/2 + i, i < j \end{cases}$$

其中，$k=0,1,2,\cdots, n \times (n+1)/2 - 1$。

2. 对角矩阵的压缩存储

对角矩阵是所有的非零数据元素都集中在以主对角线为中心的带状区域中的矩阵，即除了主对角线上和主对角线相邻两侧的若干条对角线上的数据元素之外，其余所有数据元素皆为零数据元素。

对于一个 m 阶的对角矩阵 A，非零元排列在 w 条对角线上，则一种压缩存储方法是将其压缩到一个 $m \times w$ 的二维数组 B 中，如图 5.7 所示。A（三对角矩阵，$m=5$，$w=3$）中任一非零元 $a[i][j]$ 压缩存储后，对应 B 中的数据元素 $b[s][t]$（如 $a[0][0]$ 在 B 中对应的是 $b[0][1]$），则两个数据元素的地址对应关系为：

$$\begin{cases} s = i, i \leqslant m \\ t = j - i + 1, i > m, s = 1 \end{cases}$$

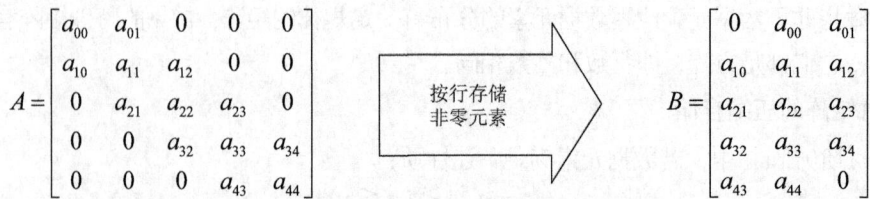

$$A = \begin{bmatrix} a_{00} & a_{01} & 0 & 0 & 0 \\ a_{10} & a_{11} & a_{12} & 0 & 0 \\ 0 & a_{21} & a_{22} & a_{23} & 0 \\ 0 & 0 & a_{32} & a_{33} & a_{34} \\ 0 & 0 & 0 & a_{43} & a_{44} \end{bmatrix} \quad \xrightarrow{\text{按行存储}\\ \text{非零元素}} \quad B = \begin{bmatrix} 0 & a_{00} & a_{01} \\ a_{10} & a_{11} & a_{12} \\ a_{21} & a_{22} & a_{23} \\ a_{32} & a_{33} & a_{34} \\ a_{43} & a_{44} & 0 \end{bmatrix}$$

（a）三对角矩阵　　　　　　　　　　　　　　　　　　　　　（b）压缩成5×3的矩阵

图 5.7　对角矩阵的存储方法一

另一种压缩存储方法是将其存储到一个一维数组 C 中，按行优先顺序存储非零数据元素，根据压缩规律，找到相应的映射函数。图 5.8 中所示为矩阵压缩存储的另一种方法。

$$A = \begin{bmatrix} a_{00} & a_{01} & 0 & 0 & 0 \\ a_{10} & a_{11} & a_{12} & 0 & 0 \\ 0 & a_{21} & a_{22} & a_{23} & 0 \\ 0 & 0 & a_{32} & a_{33} & a_{34} \\ 0 & 0 & 0 & a_{43} & a_{44} \end{bmatrix}$$

（a）三对角矩阵

元素 a_{ij} 在一维数组中的序号
$=2+3(i-1)+(j-i+2)=2i+j+1$

因为一维数组下标从 0 开始
所以元素 a_{ij} 在一维数组中的下标 $=2i+j$

（b）寻址的计算方法

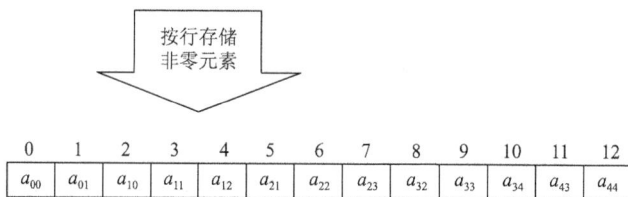

按行存储
非零元素

0	1	2	3	4	5	6	7	8	9	10	11	12
a_{00}	a_{01}	a_{10}	a_{11}	a_{12}	a_{21}	a_{22}	a_{23}	a_{32}	a_{33}	a_{34}	a_{43}	a_{44}

（c）压缩到一堆数组中

图 5.8　对角矩阵的存储方法二

5.3.2　稀疏矩阵的压缩存储

设矩阵 A 中有 s 个非零数据元素，若 s 远远小于矩阵数据元素的总数（即 $s \ll m \times n$），则称 A 为**稀疏矩阵**（Sparse Matrix）。至于远远小于如何界定，目前还没有一个确切的定义。假设在 $m \times n$ 阶矩阵中有 s 个非零数据元素，令 $t = s/(m \times n)$，称 t 为矩阵的稀疏因子。通常认为 $t \ll 0.05$ 时，称之为稀疏矩阵。

1. 稀疏矩阵的三元组顺序表

在工程应用中，经常会遇到阶数很高的大型稀疏矩阵。对于这些稀疏矩阵，如果按常规方法存储，必然会由于大量的零数据元素的存储而造成存储上的浪费。所以通常采用压缩的方法对其进行存储，按照压缩存储的原则，不存储零数据元素，只存储稀疏矩阵的非零数据元素。

由于非零数据元素的分布一般是没有规律的，因此除了要存储非零数据元素的数据值，还必须同时记下它所在的行和列的位置 (i, j)。所以，一个三元组 (i, j, a_{ij}) 唯一确定了矩阵 A 的一个非零数据元素。由此，稀疏矩阵可由表示非零元的三元组及其行列数唯一确定。若把稀疏矩阵的三元组线性表按顺序存储结构存储，则称为**稀疏矩阵的三元组顺序表**。本书中，在三元组顺序表中序号 i、j 的值均从 1 开始。

2. 稀疏矩阵的类定义和基本操作

稀疏矩阵的三元组顺序表的类定义如下：

```
const int MaxSize 1000;    //定义常量 MaxSize，表示矩阵中非零数据元素个数的最大值
typedef int ElemType;
struct Triple{
    int i;                 //非零数据元素的行号 i
    int j;                 //非零数据元素的列号 j
    ElemType e;            //非零数据元素的数据值 e
};
//三元组顺序表类 SMatrix 的定义
class SMatrix{
```

```
private:
    int mu;                    //矩阵的行数 mu
    int nu;                    //矩阵的列数 nu
    int tu;                    //矩阵中非零数据元素的个数 tu
    Triple data[MaxSize];  //矩阵的三元组表
public:
    SMatrix();                 //构造函数，初始化一个空三元组表
    void MCreate(int d[][3], int m, int n, int k);   // 根据值创建稀疏矩阵
    void MDisplay();          //遍历矩阵，并输出非零数据元素的值
    void MatrixTrans_1(SMatrix A,SMatrix &B);        //矩阵转置算法1
    void MatrixTrans(SMatrix A, SMatrix &B);         //快速转置算法
    void MultSMatrix(SMatrix ma,SMatrix mb);         //矩阵乘法
};
```

图 5.9 所示为稀疏矩阵 A 对应的三元组顺序表。

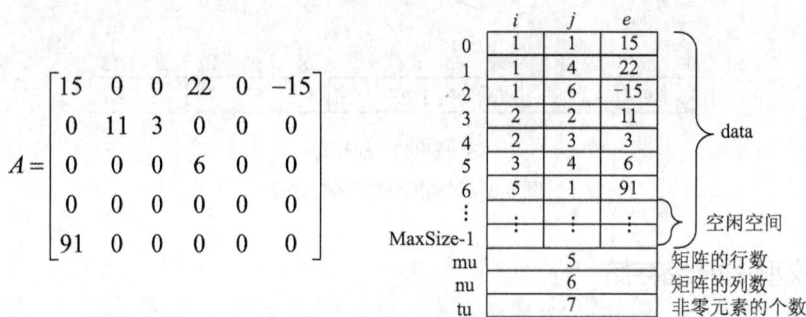

$$A = \begin{bmatrix} 15 & 0 & 0 & 22 & 0 & -15 \\ 0 & 11 & 3 & 0 & 0 & 0 \\ 0 & 0 & 0 & 6 & 0 & 0 \\ 0 & 0 & 0 & 0 & 0 & 0 \\ 91 & 0 & 0 & 0 & 0 & 0 \end{bmatrix}$$

	i	j	e	
0	1	1	15	
1	1	4	22	
2	1	6	-15	
3	2	2	11	data
4	2	3	3	
5	3	4	6	
6	5	1	91	
⋮	⋮	⋮	⋮	空闲空间
MaxSize-1				
mu		5		矩阵的行数
nu		6		矩阵的列数
tu		7		非零元素的个数

图 5.9　稀疏矩阵 A 的三元组顺序表

矩阵的运算一般有矩阵转置、矩阵相加、矩阵相减、矩阵相乘等。对于采用三元组顺序表表示的稀疏矩阵，下面分别给出 SMatrix 类中构造函数、依值创建稀疏矩阵、矩阵遍历、矩阵转置和矩阵相乘的实现方法。

（1）构造函数，初始化一个空三元组表。

```
SMatrix::SMatrix()       //构造函数
{
    mu=0;
    nu=0;
    tu=0;
    for(int p=0;p<tu;p++)
    {
        data[p].i=0;data[p].j=0;data[p].e=0;
    }
}
```

（2）根据值创建稀疏矩阵。

在该算法实现中，非零数据元素的值已经存储在二维数组 d 中。

```
void SMatrix::MCreate(int d[][3],int m,int n,int k) //非零数据元素数组生成三元组顺序表
{
    mu=m;nu=n;tu=k;
    if(k!=0)
        data=new Triple[k];
    for(int i=0;i<k;i++)
    {
        data[i].i=d[i][0];
        data[i].j=d[i][1];
        data[i].e=d[i][2];
    }
}
```

（3）矩阵遍历。

```cpp
void SMatrix::MDisplay()
{
    Triple p;
    int i,j,k=0,c=0;
    p=data[k];
    for(i=0;i<mu;i++)
    {
        for(j=0;j<nu;j++)
        {
            if(k<tu&&p.i==i&&p.j==j)
            {
                cout<<'\t'<<p.e;
                k++;
                if(k<tu)  p=data[k];
            }
            else
            {
                cout<<'\t'<<c;
            }
        }//for
        cout<<endl;
    }//for
}//MDisplay
```

（4）矩阵转置。

对于矩阵转置，一般有如下定义：一个 $m×n$ 的矩阵 A，它的转置矩阵 B 是一个 $n×m$ 的矩阵，且 $a[i][j]=b[j][i]$，$1≤i≤m$，$1≤j≤n$，即 A 的行是 B 的列，A 的列是 B 的行。图 5.10 所示为矩阵 A 的转置矩阵 B 以及 B 的三元组顺序表。

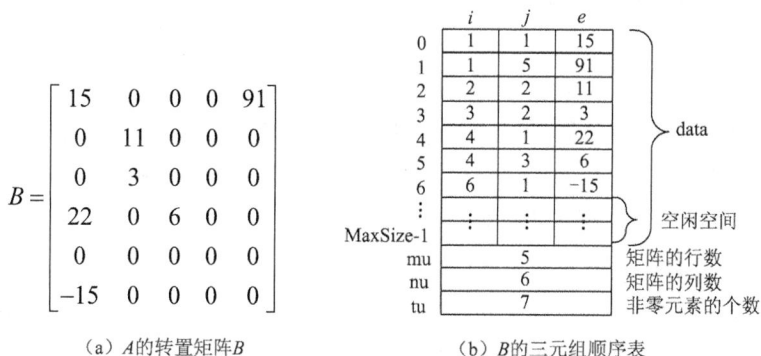

（a）A 的转置矩阵 B （b）B 的三元组顺序表

图 5.10 矩阵 A 的转置矩阵 B 以及 B 的三元组顺序表

稀疏矩阵的转置算法一般有以下两种。

① 基于三元组顺序表的转置算法。

算法的基本思想：对矩阵 A 的三元组从头到尾多次扫描：第一次扫描时，将 A 中列号为 1 的三元组行列交换并赋值到矩阵 B 的三元组中；第二次扫描时，将 A 中列号为 2 的三元组行列交换并赋值到矩阵 B 的三元组中；依此类推到 A 中所有的三元组都赋值到矩阵 B 的三元组中。

具体步骤如下。

Step 1：设置转置后矩阵 B 的行数、列数和非零数据元素的个数。

Step 2：在 B 中设置初始存储位置 d（对应下述代码中的 q）。

Step 3：for(col=最小列号；col≤最大列号；col++)。

- 在 A 中查找列号为 *col* 的三元组。
- 交换其行号和列号，存入 B 的 *d* 位置。
- *d*++。

C++语言的描述代码如下：

```
void SMatrix::MatrixTrans_1(SMatrix A, SMatrix &B)
{
    B.mu=A.nu;B.nu=A.mu;B.tu=A.tu;
    if (B.tu)
    {
        int q=0;                           // q 为当前三元组在 B.data[ ]中的存储位置
        for(int col=1;col<=A.nu;col++)
            for(int p=0;p<=A.tu-1;p++)     // p 为扫描 A.data[ ]的"指示器"
                if(A.data[p].j==col)
                {
                    B.data[q].i=A.data[p].j;
                    B.data[q].j=A.data[p].i;
                    B.data[q].e=A.data[p].e;
                    q++;
                }
    }
}
```

这个算法的主要工作是在嵌套的 for 循环中完成的，故算法的时间复杂度为 $O(nu \times tu)$，即算法的时间复杂度与矩阵的列数和非零数据元素的个数之积成正比。如果非零数据元素个数与矩阵数据元素个数同数量级，则算法的时间复杂度为 $O(nu^2 \times mu)$。

而一般传统的矩阵转置算法是：依次扫描矩阵 A 的各列，按行号从小到大的顺序将数据元素的行号、列号交换后放到转置矩阵 B 中。其主要操作如下。

```
for(col=0; col<nu;col++)
  for(row=0; row<mu;row++)
    B[col][row]=A[row][col];
```

显然，与一般传统矩阵转置算法的时间复杂度 $O(nu \times mu)$ 相比，基于三元组顺序表的矩阵转置算法可能更为复杂。因此，三元组顺序表虽然节省了存储空间，但可能会增大算法的时间复杂度，故基于三元组顺序表的转置算法仅适用于 $tu \ll m \times n$ 情况。

分析发现，基于三元组顺序表的转置算法的时间复杂度较高的原因是：从 A 的三元组表中寻找第 0 列、第 1 列、第 2 列，直至最后一列，需反复遍历三元组顺序表的非零数据元素，共进行了 nu 次。若能直接确定 A 中每一个非零数据元素在 B 中的位置，则对 A 的三元组扫描一次即可，可大大简化算法复杂度，提高效率。以下介绍的快速转置算法即基于这一思路。

② 快速转置算法。

快速转置算法的核心思想：对矩阵 A 扫描一次，按矩阵 A 提供的列号一次确定装入矩阵 B 的一个三元组 *d* 的位置。具体实施如下：一遍扫描先确定三元组的位置关系（具体是根据矩阵 A 中非零数据元素的分布确定每列第一个非零数据元素在矩阵 B 中的位置），二次扫描由位置关系装入三元组。

可见，位置关系是快速转置算法的关键。为了求得矩阵 A 各列第一个非零数据元素的三元组所在的位置，引入两个起辅助运算功能的一维数组 *num*[]、*cpot*[]。

num[*col*]：存放矩阵 A 中第 *col* 列的非零数据元素的个数。

cpot[*col*]：存放矩阵 A 中第 *col* 列第一个非零数据元素的三元组在 B 中的位置。

显然，矩阵 B 的三元组中第一个数据元素应是矩阵 A 中第一列的第一个非零数据元素，即 *cpot*[1]=1，并得到以下位置计算公式：

$$\begin{cases} cpot[1] = 1 \\ cpot[col] = cpot[col-1] + num[col-1], 2 \leqslant col \leqslant n \end{cases}$$

例如，对于图 5.9 中的稀疏矩阵 A，num 和 pos 数组的值如表 5.1 所示。

表 5.1 　　　　　　　　　　　　　**矩阵 A 的辅助一维数组 num 和 $cpot$ 的值**

col	1	2	3	4	5	6
num[col]	2	1	1	2	0	1
cpot[col]	1	3	4	5	7	7

快速转置算法的主要步骤如下。

Step 1：求矩阵 A 中各列非零数据元素的个数 $num[]$。

Step 2：求矩阵 A 中各列第一个非零数据元素在转置矩阵 B 中的下标 $cpot[col]$。

Step 3：对矩阵 A 进行一次扫描，遇到第 col 列的第一个非零元三元组时，按 $cpot[col]$ 的位置，将其放至矩阵 B 中，当再次遇到第 col 列的非零元三元组时，只需顺序放到第 col 列数据元素的后面。

快速转置算法的 C++ 语言描述如下：

```
void MatrixTrans(SMatrix A,SMatrix &B)
{
    int col,k,p,q;
    int *num,*cpot;
    num=new int[B.nu];
    cpot=new int[B.nu];
    if(B.tu)                              //非零元个数不为零，实施转置
    {
        for(col=0;col<A.nu;col++)         //A 中每一列非零元个数初始化为 0
            num[col]=0;
        for(k=0;k<A.tu;k++)               //求矩阵 A 中每一列非零元个数
            num[A.data[k].j]++;
        cpot[0]=0;                        //A 中第 0 列首个非零元在 B 中的下标
        for(col=1;col<=A.nu;col++)        //求 A 中每一列首个非零元在 B 中的下标
            cpot[col]=cpot[col-1]+num[col-1];
        for(p=0;p<A.tu;p++)               //扫描 A 的三元组表
        {
            col=A.data[p].j;              //当前三元组列号
            q=cpot[col];                  //当前三元组在 B 中的下标
            B.data[q].i=A.data[p].j;
            B.data[q].j=A.data[p].i;
            B.data[q].e=A.data[p].e;
            cpot[col]++;
        }//for
    }//if
}
```

该算法相对于基于三元组顺序表的转置算法而言，多占用了两个数组的存储空间，同时算法本身也比较复杂，但其时间复杂度较低，为 $O(nu+tu)$。

（5）矩阵相乘。

由于两个稀疏矩阵相乘结果不一定是稀疏矩阵，所以矩阵的乘积用二维数组表示。设矩阵 A 为 m 行 p 列，矩阵 B 为 p 行 n 列，则计算矩阵乘积 C（C 为 m 行 n 列）的一般传统方法，依据下述公式计算：

$$C[i][j] = \sum_{k=0}^{p-1} A[i][k] \times B[k][j], 0 \leqslant i \leqslant m \text{ 且 } 0 \leqslant j \leqslant n$$

例如，图 5.11 所示为矩阵 A 和 B，以及其乘积矩阵 $C=A \times B$ 的结果。

$$A = \begin{bmatrix} 3 & 0 & 0 & 7 \\ 0 & 0 & 0 & -1 \\ 0 & 2 & 0 & 0 \end{bmatrix}_{3\times4} \quad B = \begin{bmatrix} 0 & 1 \\ 2 & 0 \\ 3 & 4 \\ 0 & 0 \end{bmatrix}_{4\times2} \quad C = A \times B = \begin{bmatrix} 0 & 3 \\ 0 & 0 \\ 4 & 0 \end{bmatrix}_{3\times2}$$

图 5.11　矩阵 A，B 及乘积矩阵 $C=A \times B$

一般传统的矩阵相乘算法代码如下：

```
for(i=0;i<m;i++)
    for(j=0;j<n;j++)
    {
        c[i][j]=0;
        for(k=0;k<p;k++)
            c[i][j]+=a[i][k]*b[k][j];
    }
```

该算法的时间复杂度为 $O(m \times n \times p)$。

但稀疏矩阵若采用三元组顺序存储表示，则不能采用上述传统的矩阵相乘算法。因此，需重新设计基于三元组表示的稀疏矩阵的相乘算法。

在传统相乘算法中，即使是零数据元素，也要进行相乘运算，显然这将浪费大量计算时间。因此，在设计新的相乘算法时，应考虑免去零数据元素的乘积操作。此外，在传统相乘算法中：

- A 的第 1 行与 B 的第 1 列对应相乘累加得到 $C[0][0]$；
- A 的第 1 行与 B 的第 2 列对应相乘累加得到 $C[0][1]$；
- A 的第 2 行与 B 的第 1 列对应相乘累加得到 $C[1][0]$；
- 依此类推，可得到矩阵 C 中的各数据元素的值。

但在稀疏矩阵中，三元组顺序表以行优先顺序存储，同一列非零数据元素的三元组不一定相邻，因此每求得一个乘积中的数据元素 $C[i][j]$，就需要遍历整个 B 的三元组表以找到某一列的数据元素，这步操作非常浪费时间。

因此，为提高运算效率，对三元组表示的稀疏矩阵相乘过程分析如下。就乘积矩阵 C 的某一行的两个数据元素来看，若以第 1 行为例：

$$c[0][0] = a[0][0] \times b[0][0] + a[0][1] \times b[1][0] + a[0][2] \times b[2][0] + a[0][3] \times b[3][0]$$
$$c[0][1] = a[0][0] \times b[0][1] + a[0][1] \times b[1][1] + a[0][2] \times b[2][1] + a[0][3] \times b[3][1]$$

如果一起求上述两个数据元素的值，如先求得各个 $c[0][j]$ 中的部分积，最后分别累加，则只需对 B 的每一行扫描一次。以图 5.11 中的矩阵为例，采用这种思路，$c[0][0]$ 和 $c[0][1]$ 的部分求解过程如表 5.2 所示。

表 5.2　　　　　　　　　　　　　　　　$c[0][0]$ 和 $c[0][1]$ 的部分求解过程

$c[0][0]$	$c[0][1]$	说　　　明
$a[0][0] \times b[0][0]+$	$a[0][0] \times b[0][1]+$	$a[0][0]$ 只与 B 的第 0 行元素相乘
$a[0][1] \times b[1][0]+$	$a[0][1] \times b[1][1]+$	$a[0][1]$ 只与 B 的第 1 行元素相乘
$a[0][2] \times b[2][0]+$	$a[0][2] \times b[2][1]+$	$a[0][2]$ 只与 B 的第 2 行元素相乘
$a[0][3] \times b[3][0]$	$a[0][3] \times b[3][1]$	$a[0][3]$ 只与 B 的第 3 行元素相乘

若采用上述求解思路，则还需增加一些辅助数组。

（1）一个累加器 ctemp[] 存储当前行中 $c[i][j]$ 的部分积，待当前行中所有数据元素全部算完后，再将非零数据元素的结果存放到 C.data 中。

（2）为了便于在 *B* 的三元组表中找到各行的第一个非零数据元素，与快速矩阵转置算法类似，引入 *num*[*row*] 和 *cpot*[*row*] 两个一维数组。其中 *num*[*row*] 指示第 *row* 行的非零元个数，*cpot*[*row*] 指示第 *row* 行第一个非零数据元素的位置。*cpot*[*row*] 的计算式如下：

$$\begin{cases} cpot[0]=1 \\ cpot[row]=cpot[row-1]+num[row-1] \end{cases}$$

例如，矩阵 *B* 的 *num*[] 和 *cpot*[] 的值如表 5.3 所示。

表 5.3　　　　　　　　　　　　矩阵 *B* 的辅助一维数组 *num* 和 *cpot* 的值

row	1	2	3	4
num[row]	1	1	2	0
cpot[row]	1	2	3	5

采用三元组顺序表表示的稀疏矩阵的乘法运算步骤如下。

（1）如果矩阵 *A* 的列数与矩阵 *B* 的行数不同，则不满足乘法计算条件，算法退出。

（2）如果矩阵 *A* 的列数与矩阵 *B* 的行数相同，则申请矩阵 *C* 的存储空间，令矩阵 *C* 的行数等于矩阵 *A* 的行数，矩阵 *C* 的列数等于矩阵 *B* 的列数。

（3）如果矩阵 *A* 或矩阵 *B* 中的非零数据元素个数为 0，则矩阵 *C* 为全零矩阵，计算结束，算法退出。

（4）如果矩阵 *A* 和矩阵 *B* 中的非零数据元素个数均不为 0，求 *B* 的 *num*[*row*] 和 *cpot*[*row*]。

（5）按矩阵 *A* 的行号从小到大的顺序，执行以下操作。

① 对每行的非零数据元素执行以下操作：

● 累加器 *ctemp*[*nu*] 清零；

● 数据元素 *a*[*i*][*k*] 与 *b*[*k*][*j*] 相乘，累加到 *ctemp*[*j*] 中。

② 如果 *ctemp*[*j*] 非零，则得到一个 *c*[*i*][*j*]，即在 *C* 中新添一个三元组，*C* 的非零数据元素个数增 1。

采用三元组顺序表表示的稀疏矩阵乘法的 C++ 代码如下：

```cpp
void MultSMatrix(SMatrix ma,SMatrix mb)
{
    int m1,n1,k1,m2,n2,k2;
    int *num,*cpot,*ctemp;
    int i,j,k,r,t;
    int p,q;
    if(ma.nu!=mb.mu)
    {
        cout<<"A 的行数不等于 B 的列数，两个矩阵不能相乘!"<<endl;
        exit(1);
    }
    if(ma.tu==0||mb.tu==0)
    {
        cout<<"C 为零阵"<<endl;
        exit(1);
    }
    m1=ma.mu;n1=ma.nu;k1=ma.tu;
    m2=mb.mu;n2=mb.nu;k2=mb.tu;
    mu=m1;nu=n2;
    r=m1*n2;
    data=new MNode[r];
    num=new int[m2];
```

```
        for(i=0;i<m2;i++) num[i]=0;        //各行非零元个数计数器初始化
        cpot=new int[m2+1];
        cpot[0]=0;
        for(i=0;i<k2;i++)
        {
            k=mb.data[i].i;
            num[k]++;                      //计算B矩阵各行非零元个数
        }
        for(i=1;i<=m2;i++)                 //计算机B矩阵各行首个非零元在三元组表中的位置
            cpot[i]=cpot[i-1]+num[i-1];
            ctemp=new int[n2];
        r=0;p=0;
        for(i=0;i<m1;i++)
        {
            for(j=0;j<n2;j++) ctemp[j]=0;  //cij 累加器初始化
            while(ma.data[p].i==i)
            {
                k=ma.data[p].j;
                if(k<m2)  t=cpot[k+1];     //确定B中第k行的非零元在B的三元组表中的位置
                else t=mb.tu+1;
                for(q=cpot[k];q<t;q++)
                {
                    j=mb.data[q].j;
                    ctemp[j]+=ma.data[p].e*mb.data[q].e;
                }
                p++;
            }//while
            for(j=0;j<n2;j++)
            {
                if(ctemp[j]!=0)
                {
                    r++;
                    data[r-1].i=i;
                    data[r-1].j=j;
                    data[r-1].e=ctemp[j];
                }
            }//for
        }
        tu=r;
    }
```

算法分析：

该算法的主要操作包括以下 5 个部分。

（1）求 *num*，其时间复杂度为 $O(B.mu+B.tu)$。

（2）求 *cpot*，其时间复杂度为 $O(B.mu)$。

（3）求 *ctemp*，其时间复杂度为 $O(A.mu \times B.nu)$。

（4）求所有非零元，其时间复杂度为 $O(A.tu \times B.tu/B.mu)$。

（5）压缩存储，其时间复杂度为 $O(A.mu \times B.nu)$。

因此，采用快速转置算法总的时间复杂度为 $O(A.mu \times B.nu+A.tu \times B.tu/B.mu)$。

5.4 广义表的基本概念

广义表是一种特殊的结构，它兼有线性表、树、图等结构的特点。不同于线性表，广义表的数据元素不仅可以为基本数据类型，而且可以为广义表。从基本数据元素的角度来看，广义表的数据元素之间已经不再是单纯的线性关系，而且存在层次关系。在人工智能领域的表处理语言 LISP 中，广义表就是一种基本数据结构。

5.4.1 广义表的概念

广义表（Generalized Lists）是 $n(n \geq 0)$ 个数据元素的有限序列，一般记作：

$$LS = (a_1, a_2, \cdots, a_n)$$

其中，LS 是广义表的名称，$a_i(1 \leq i \leq n)$ 是 LS 的**直接数据元素**（也称成员），它可以是单个的数据元素，也可以是一个广义表，它们分别称为 LS 的单数据元素（或原子）和子表。

当广义表 LS 非空时，称第一个数据元素为 LS 的**表头**（Head）；称广义表 LS 中除去表头后其余数据元素组成的广义表为 LS 的**表尾**（Tail）。广义表 LS 中的直接数据元素的个数称为 LS 的**长度**；广义表 LS 中括号的最大嵌套层数称为 LS 的**深度**。

广义表的例子如下。

（1）$A=()$：表 A 是一个空表，其长度为零。

（2）$B=(e)$：表 B 只有一个原子 e，B 的长度为 1。

（3）$C=(a,(b,c,d))$：表 C 的长度为 2，包含的两个直接数据元素分别为原子 a 和子表 (b,c,d)。

（4）$D=(A,B,C)$：表 D 的长度为 3，包含的三个直接数据元素都是广义表。显然，将子表的值代入后，则有 $D=((),(e),(a,(b,c,d)))$。

（5）$E=(a,E)$：表 E 是一个递归的表，它的长度为 2，E 相当于一个无限的广义表 $E=(a,(a,(a,(a,\cdots))))$。

需要强调的是：广义表 () 和广义表 (()) 是不同的，前者为空表，长度为 0；后者长度为 1，可分解得到表头和表尾均为空的子表 ()。

从广义表的定义可以看出广义表有以下性质：

（1）广义线性：对任意广义表，若不考虑其数据元素的内部结构，则它是一个线性表，它的直接数据元素之间是线性关系。

（2）数据元素复合性：广义表中的数据元素分两种：单数据元素和子表。因此广义表中数据元素的类型不统一。一个子表，在某一层次上被当作数据元素，但就它本身的结构而言，也是广义表。

（3）数据元素递归性：广义表是递归的。广义表的定义并没有限制数据元素的递归，即广义表可以是其自身的子表。这种递归性使得广义表具有较强的表达能力。

（4）数据元素共享性：广义表以及广义表的数据元素可以被其他广义表共享。例如上述广义表示例中，表 A、表 B、表 C 是表 D 的子表。

广义表有两个重要的基本操作，取表头和取表尾。通过取表头和取表尾操作，可以按递归方法处理广义表，也可以实现一般的访问。著名的人工智能语言 LISP 和 PROLOG，就是以广义表为数据结构，通过求表头和表尾实现对象的操作。此外，在广义表上可以定义与线性表类似的一些操作，如插入、删除、遍历等。广义表结构相当灵活，可以兼容线性表、数组、树和有向图等各种数据结构。广义表的特性使得它在实际应用中有着非常大的作用。

5.4.2 广义表的抽象数据类型

广义表的抽象数据类型定义为：

ADT GList{

　　数据对象：$D = \{e_i \mid i = 1,2,\cdots,n; n \geqslant 0; e_i \in AtomSet \text{ 或 } e_i \in GList, AtomSet \text{ 为某个数据对象}\}$

　　数据对象：$R = \{<e_{i-1}, e_i> \mid e_{i-1}, e_i \in D, 2 \leqslant i \leqslant n\}$

　　基本操作：

　　　　InitGList(&L)

　　　　　　初始条件：无。

　　　　　　操作结果：创建空的广义表 L。

　　　　CreateGList(&L,S)

　　　　　　初始条件：S 是广义表的书写形式串。

　　　　　　操作结果：由 S 创建广义表 L。

　　　　CopyGList(&T,L)

　　　　　　初始条件：广义表 L 存在。

　　　　　　操作结果：由广义表 L 复制得到广义表 T。

　　　　GListLength(L)

　　　　　　初始条件：广义表 L 存在。

　　　　　　操作结果：求广义表 L 的长度，即数据元素个数。

　　　　GListDepth(L)

　　　　　　初始条件：广义表 L 存在。

　　　　　　操作结果：求广义表 L 的深度。

　　　　GListEmpty(L)

　　　　　　初始条件：广义表 L 存在。

　　　　　　操作结果：判定广义表 L 是否为空。

　　　　GetHead(L)

　　　　　　初始条件：广义表 L 存在。

　　　　　　操作结果：取广义表 L 的头。

　　　　GetTail(L)

　　　　　　初始条件：广义表 L 存在。

　　　　　　操作结果：取广义表 L 的尾。

　　　　InsertFirst_GL(&L,e)

　　　　　　初始条件：广义表 L 存在。

　　　　　　操作结果：插入数据元素 e 作为广义表 L 的第一数据元素。

　　　　DeleteFirst_GL(&L,&e)

　　　　　　初始条件：广义表 L 存在。

　　　　　　操作结果：删除广义表 L 的第一数据元素，并用 e 返回其值。

　　　　Traverse_GL(L,visit())

　　　　　　初始条件：广义表 L 存在。

　　　　　　操作结果：遍历广义表 L，用函数 visit() 处理每个数据元素。

　　}ADT GList

5.4.3 广义表的存储结构和类定义

由于广义表中的数据元素的类型不统一，因此难以采用顺序存储结构。而链式存储结构较为灵活，易于解决广义表的共享与递归问题，所以通常采用链式存储结构来存储广义表。若广义表不空，则可分解为表头和表尾；反之，一对确定的表头和表尾可唯一地确定一个广义表。根据这一性质可采用**头尾表示法**（Head Tail Express）来存储广义表。

由于广义表中的数据元素既可以是广义表也可以是单数据元素，相应的在头尾表示法中链表的结点结构有两种：一种是表结点，用以存储广义表；另一种是数据元素结点，用以存储单数据元素。为了区分这两类结点，在结点中还要设置一个标志域，如果标志为 1，则表示该结点为表结点；如果标志为 0，则表示该结点为数据元素结点。图 5.12 所示便是广义表头尾表示法的结点结构。

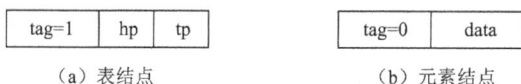

tag=1	hp	tp

tag=0	data

（a）表结点　　　　　（b）元素结点

图 5.12　头尾表示法的结点结构

tag：区分表结点和数据元素结点的标志。

hp：指向表头结点的指针。

tp：指向表尾结点的指针。

data：存储数据元素自身的信息。

用 C++中的结构类型来定义上述结点结构：

```cpp
struct GLNode
{
    int tag;                    //标志域
    char data;                  //数据元素默认为字符型
    struct atom
    {
        GLNode *hp,*tp;         //hp 和 tp 分别指向表头和表尾
    } ptr;
};
```

采用 C++中的类实现广义表的抽象数据类型，C++代码如下：

```cpp
class GList{
    private:
        GLNode *ls;                 //ls 是指向广义表的头指针
        char result[50];
        int count;                  //计数
        GLNode *CreateGList(string st);  //由广义表的书面格式 s 创建广义表
        GLNode *CopyGList(GLNode *ts,GLNode *ls);
        int Depth(GLNode *ls);      //求深度
        void Print(GLNode *ls);     //将 ls 所指的广义表显示出来
    public:
        GList(){ls=NULL;count=0;}   //无参构造函数，初始化为空的广义表
        GList(string s);            //有参构造函数，按广义表的书面格式建立广义表的存储结构
        ~GList(){delete []ls;};     //析构函数，释放广义表中各结点的存储空间
        int DepthGList();           //求广义表的深度
        void GListCopy();           //广义表 L 复制得到表 T 并输出
        void Sever(string &str,string &hstr);
        //从 st 中取出第一成员存入 hstr，其余的成员留在 str 中
        void GListDisplay();        //输出
};
```

5.4.4　广义表的递归算法

递归函数虽然结构清晰，且程序易读、易证明正确性，但是有时候递归函数的执行效率较低。因此，在使用递归函数的时候应扬长避短，在设计程序时不应一味追求使用递归。对于广义表而言，递归在一些算法的实现上有着较好的效果，如求广义表深度、复制广义表以及建立广义表的存储结构等。

1.　求广义表的深度

非空广义表的深度定义为广义表中括号嵌套的最大层数，空表的深度为 1。设非空广义表 $LS=(a_1,a_2,\cdots,a_n)$，其中 $a_i(1\leqslant i\leqslant n)$ 或是单数据元素，或是子表。这样，求 LS 的深度可以分解为 n 个子问题，每个子问题为求数据元素 a_i 的深度。若 a_i 是单数据元素，其深度为 0；若 a_i 是子表，则对 a_i 继续分解。最后 LS 的深度为 a_i 中深度的最大值加 1。

求广义表深度的递归算法的 C++代码如下：

```
int GList::Depth(GLNode *ls)
{
    if(ls==NULL)  return 1;              //空表深度为1
    if(ls->tag==0) return 0;            //单数据元素深度为0
    int max=0,dep;
    GLNode *p=ls;
    while(p)
    {
        dep=Depth(p->ptr.hp);          //求以 ptr.hp 为头指针的子表即表头的深度
        if(dep>max)
            max=dep;
        p=p->ptr.tp;
    }
    return max+1;
}
int GList::DepthGList()
{
    return Depth(ls);
}
```

2.　复制广义表

如上所述，任何一个非空广义表均可分解成表头和表尾。反之，一对确定的表头和表尾可唯一确定一个广义表。因此复制一个广义表只要分别复制其表头和表尾，然后重新合成即可。根据上述思想编写的复制广义表的递归算法的 C++代码如下：

```
GLNode *GList::CopyGList(GLNode *ts,GLNode *ls)
{
    if(ls==NULL)                        //复制空表
    {
        ts=NULL;
    }
    else
    {
        ts=new GLNode;
        ts->tag=ls->tag;
        if(ls->tag==0)
            ts->data=ls->data;
        else
        {
            CopyGList(ts->ptr.hp,ls->ptr.hp);
            CopyGList(ts->ptr.tp,ls->ptr.tp);
        }
    }
}
```

```
}//复制完成
    return ts;
}
```

3. 建立广义表的存储结构

从上述两种广义表操作的递归算法中可以看出，对广义表进行的操作，可以有两种分析方法：一种是把广义表分解成表头和表尾两部分，即头尾表示法；另一种是把广义表看成含有 S 个并列子表（其中原子也看作子表）的表。在建立广义表的存储结构时，上述两种方法均可。

第 1 种分析方法是把广义表看作一个字符串 S，则当 S 为非空串时广义表为空。此时可通过广义表抽象数据类型定义中的 GetHead() 和 GetTail() 两个函数建立广义表的链式存储结构。

而对于第 2 种分析方法，广义表字符串 S 可能有两种情况：

（1）$S=()$（带括号的空白串）。

（2）$S=(a_1,a_2,\cdots,a_n)$，其中 $a_i(i=1,2,\cdots,n)$ 是 S 的子串。

对应于第一种情况 S 的广义表为空表，对应于第二种情况广义表中含有 n 个子表，每个子表的形式即子串 $a_i(i=1,2,\cdots,n)$。此时可类似于求广义表的深度，分析 S 所建立的广义表和由 $a_i(i=1,2,\cdots,n)$ 建立的子表之间的关系，依次来将通过 S 建立广义表的问题转化为由 $a_i(i=1,2,\cdots,n)$ 建子表的问题。

而 a_i 可能有三种情况：

（1）带括号的空白串。

（2）长度为 1 的单字符串。

（3）长度大于 1 的字符串。

显然，前两种情况为递归的最终状态，子表为空表或只含一个原子结点，后一种情况为递归调用。因此，可得下列建立广义表链式存储结构的递归定义。

基本项：当 S 为空表串时，置空广义表；当 S 为单字符串时，创建原子结点的子表。

归纳项：假设 sub 为 S 中脱去最外层括号的字串，记为 "$s_1,s_2,\cdots,s_n$"，其中 $s_i(i=1,2,\cdots,n)$ 为非空字符串。对每个 s_i 建立一个表结点，并令其头结点指针为 s_i 建立的子表的头指针，除最后建立的表结点的尾指针为 NULL 外，其余表结点的尾指针均指向在它之后建立的表结点。

习题五

一、选择题

1. 下面_____不属于特殊矩阵。

　　A. 对角矩阵　　　　　B. 三角矩阵　　　　　C. 稀疏矩阵　　　　　D. 对称矩阵

2. 设二维数组 $A[m][n]$，每个数组元素占用 k 个存储单元，第一个数组元素的存储地址是 $Loc(a[0][0])$，求按行优先顺序存放的数组元素 $a[i][j](0\leqslant i\leqslant m-1,\ 0\leqslant j\leqslant n-1)$ 的存储地址为_____。

　　A. $Loc(a[0][0])+[(i-1)\times n+j-1]\times k$　　　　　B. $Loc(a[0][0])+[i\times n+j]\times k$

　　C. $Loc(a[0][0])+[j\times m+i]\times k$　　　　　D. $Loc(a[0][0])+[(j-1)\times m+i-1]\times k$

3. 设二维数组 $A[6][10]$，每个数组元素占用 4 个存储单元，若按行优先顺序存放的数组元素，$a[0][0]$ 的存储地址为 860，则 $a[3][5]$ 的存储地址是_____。

　　A. 1000　　　　　　B. 860　　　　　　C. 1140　　　　　　D. 1200

06

第6章 树和二叉树

本章的树形结构是一类重要的非线性结构。前几章讨论的数据结构都属于线性结构，线性结构主要描述具有单一的前驱和后继关系的数据。树形结构是结点之间有分支，并且具有层次关系的结构。客观世界有许多事物本身也呈现出树形结构，例如体育比赛赛程安排表、生物的分类层次结构、家族的家谱、公司的组织机构和书的章节等。在计算机领域中，最为人们所熟悉的就是系统的文件目录，其包含的文件夹、子文件夹和文件之间存在明显的层次关系，又如源程序的类层次图等。

6.1 树

树是一种非常重要的数据结构，下面主要从树的概念、相关的基本术语、树的抽象数据类型、性质、存储结构、遍历及应用等几方面对树做详细介绍。

微课视频

6.1.1 树的概念

树（Tree）是 $n(n \geq 0)$ 个结点的有限集。树的递归定义如下：

当 $n=0$ 时，T 称为空树；当 $n>0$ 时，T 是非空树。在一棵非空树中：

（1）有且仅有一个特定的结点，它只有后继结点，没有前驱结点，这个结点称为**根**（Root）。

（2）当 $n>1$ 时，除根以外的其余结点分为 $m(m>0)$ 个互不相交的有限集合 $T_1, T_2, \cdots, T_m$，其中每一个集合本身又是一棵树，并且称之为根的**子树**（SubTree）。根据上述定义，树 T 的定义可以记作：

$$T = \begin{cases} \varnothing & ,n = 0 \\ \{root, T_1, T_2, \cdots, T_m\}, & n > 0 \end{cases}$$

其中，$root$ 表示 T 的根，$T_1, T_2, \cdots, T_m$ 表示 T 的 m 棵子树。

例如，图 6.1（a）是一棵空树，一个结点都没有。图 6.1（b）是只有一个结点的树，它的子树为空，且该结点为根结点。图 6.1（c）是一棵有 16 个结点的树，其中 A 是根结点，它一般画在树的最顶部。其余结点分成三个互不相交的子集：$T_1 = \{B,E,F,K,O,P\}$ $T_2 = \{C,G\}$ $T_3 = \{D,H,I,J,L,M,N\}$；T_1、T_2 和 T_3 都是 A 的子树，且本身也是一棵树。例如 T_1，其根结点为 B，其余结点又分为两个互不相交的子集；$T_{11} = \{E,K,O,P\}, T_{12} = \{F\}$。$T_{11}$ 和 T_{12} 都是 B 的子树。而 T_{11} 中 E 是根结点，$\{K,O,P\}$ 是 E 的子树，$\{K,O,P\}$ 本身也是一棵以 K 为根结点的树，又有 $\{O\}$ 和 $\{P\}$ 两棵互不相交的子树，每棵子树本身又是只有一个根结点的树。

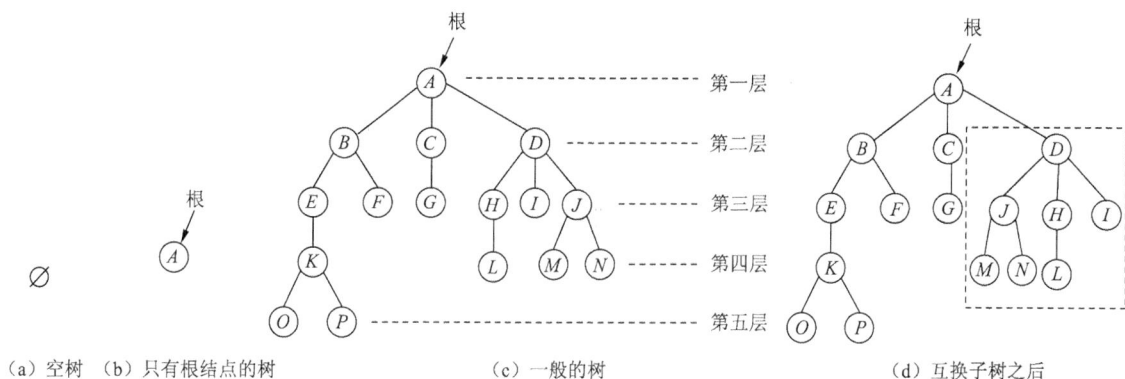

（a）空树　（b）只有根结点的树　　　　　　　　　（c）一般的树　　　　　　　　　　（d）互换子树之后

图 6.1　树的示例

6.1.2　基本术语

1.　结点

结点（Node）：树中的每个元素对应一个结点。结点包含数据项及若干指向其他结点的分支。例如，图 6.1（c）中的树有 16 个结点，每个结点包含一个数据项及若干分支。为方便起见，一般树中的数据项用单个字母表示，如根结点 A 包含 3 个分支。

2.　结点的度

结点的度（Degree of Node）：是结点所拥有的子树的个数。例如在图 6.1（c）所示的树中，根结点 A 的度为 3，结点 B 的度为 2，结点 E 的度为 1，结点 F, G, I, L, M, N, O, P 的度为 0。

3.　树的度

树的度（Degree of Tree）：树中所有结点的度的最大值。例如，图 6.1（c）所示的树的度为 3。

4.　叶子结点

叶子结点（Leaf）：简称为叶子，即度为 0 的结点，又称为终端结点。例如在图 6.1（c）所示的树中，F, G, I, L, M, N, O, P 都是叶子。

5.　分支结点

分支结点（Branch）：简称为分支，即度不为 0 的结点，又称为非终端结点。例如在图 6.1（c）所示的树中，A, B, C, D, E, H, J, K 都是分支。

6.　孩子结点

孩子结点（Child）：简称孩子，若结点 X 有子树，则子树的根结点即为结点 X 的孩子结点。例如在图 6.1（c）所示的树中，结点 A 有 3 个孩子（B, C, D），结点 B 有 2 个孩子（E, F），结点 L 没有孩子。

7.　双亲结点

双亲结点（Parent）：简称双亲，若结点 X 有孩子，则 X 即为孩子的双亲结点。例如在图 6.1（c）所示的树中，结点 B, C, D 有一个共同的双亲 A，根结点 A 没有双亲。

8.　兄弟结点

兄弟结点（Sibling）：简称兄弟，同一双亲的孩子结点间互称为兄弟结点。例如在图 6.1（c）所示的树中，结点 B, C, D 互为兄弟，E, F 也互为兄弟，但 F, G, H 不是兄弟。

操作结果：返回 T 的根结点。

Value(T,cur_e)

初始条件：树 T 已存在，cur_e 是 T 中某个结点。

操作结果：返回 cur_e 的值。

Assign(T,cur_e,value)

初始条件：树 T 已存在，cur_e 是 T 中某个结点。

操作结果：结点 cur_e 赋值为 value。

Parent(T,cur_e)

初始条件：树 T 已存在，cur_e 是 T 中某个结点。

操作结果：若 cur_e 是 T 的非根结点，则返回它的双亲，否则返回值为"空"。

LeftChild(T,cur_e)

初始条件：树 T 已存在，cur_e 是 T 中某个结点。

操作结果：若 cur_e 是 T 的非叶子结点，则返回它的最左孩子，否则返回值为"空"。

RightSibling(T,cur_e)

初始条件：树 T 已存在，cur_e 是 T 中某个结点。

操作结果：若 cur_e 有右兄弟，则返回它的右兄弟，否则返回值为"空"。

InsertChird(&T,&p,i,C)

初始条件：树 T 已存在，p 指向 T 中某个结点，$1 \leqslant i \leqslant$（p 所指结点的度加 1），
非空树 C 与 T 不相交。

操作结果：插入 C 为 T 中 p 所指结点的第 i 棵子树。

DeleteChild(&T,&p,i)

初始条件：树 T 已存在，p 指向 T 中某个结点，$1 \leqslant i \leqslant$（p 所指结点的度）。

操作结果：删除 T 中 p 所指结点的第 i 棵子树。

TraverseTree(T,visit())

初始条件：树 T 已存在，visit() 是对结点操作的应用函数。

操作结果：按某种次序对 T 的每个结点调用函数 visit() 一次且至多一次。一旦
visit() 失败，则操作失败。

}ADT Tree

6.1.4 树的性质

性质 1 树中的结点个数等于树中所有结点的度数之和再加 1。

【证明】假设树中的结点个数为 n，分支总数为 B，若 D_i 表示第 i 个结点的度数，则可得到所有
结点的分支数等于所有结点的度数之和，即：

$$B = \sum_{i=1}^{n} D_i$$

根据树的定义，在一棵树中，除根结点外，其余的每个结点都有且仅有一个前驱结点。也就是
说，每个结点均与指向它的分支一一对应，所以除树根结点之外的结点数等于所有结点的分支数，

即 $B=n-1$。因此可得树中的结点个数等于所有结点的分支数之和再加 1，即 $n=B+1$，也就是树中的结点个数等于所有结点的度数之和再加 1，即：

$$n = \sum_{i=1}^{n} D_i + 1$$

性质 2 度为 m 的树中第 i 层上至多有 m^{i-1} 个结点（$i \geq 1$）。

【证明】采用数学归纳法证明。

（1）对于第一层，因为树中的第一层上只有一个结点，即整个树的根结点，而由 $i=1$ 代入 m^{i-1}，得 $m^{i-1} = m^{1-1} = 1$，也同样得到只有一个结点，显然结论成立。

（2）假设对于第（$i-1$）（$i>1$）层命题成立，即度为 m 的树中第（$i-1$）层上至多有 m^{i-2} 个结点，根据树的度的定义，度为 m 的树中每个结点至多有 m 个孩子结点，所以第 i 层上的结点数至多为第（$i-1$）层上结点数的 m 倍，即至多为 $m^{i-2} \times m = m^{i-1}$ 个，这与命题相同，故命题成立。

6.1.5 树的存储结构

树的存储要求既要存储结点的数据元素本身，又要存储结点之间的逻辑关系。由于树中各个结点的度可能不同，因此在存储过程中常遇到两类问题。

（1）根据树的度分配结点所占空间，虽然可保证结点同构，但会造成存储空间的浪费。

（2）根据各个结点的度来分配结点所占空间，虽然节省了存储空间，但造成整棵树的结构不统一，后续计算复杂度增高。

因此，虽然树的存储方式有很多种，既可以采用顺序存储结构，也可以采用链式存储结构。但无论采用何种存储方式，都要求存储结构应结合实际应用背景，根据问题的特点和所需进行的操作进行适当选用，以提高执行效率。以下将介绍树的几种存储结构。

1. 树的顺序存储结构

由树的定义可知，除根结点之外，树中的每个结点都有唯一的双亲，根据这一特点，可以用一组连续的存储空间，即一维数组来存储树中的各个结点，数组中的一个数据元素表示树中的一个结点，数据元素为结构体类型，其中包括结点本身的信息以及其双亲结点在数组中的位置信息，树的这种存储方法称为**双亲表示法**（Parent Express）。其类定义描述如下：

```
//-------------树的双亲表示法-----------
const int MaxSize = 100;        //可存储的最多结点个数
struct PNode                    //树中结点的数据类型
{
    ElemType data;              //树中结点本身的数据信息
    int parent;                 //该结点的双亲在数组中的下标
};
PNode Tree[MaxSize];            //树的双亲表示数组
```

图 6.2 所示是一棵树及使用双亲表示法表示该树的存储结构。图中用 *parent* 域的值为-1 表示该结点无双亲，即该结点是根结点；其他值则表示该结点的双亲在一维数组中存储的位置，即在一维数组中的下标。

树的双亲表示法利用树中除根以外的结点都具有唯一双亲的性质，这种存储方法对于实现 Parent(T,cur_e) 和 Root(T) 操作都很方便。Parent(T,cur_e) 操作可以在常量时间内实现，反复调用 Parent(T,cur_e) 操作直到遇到无双亲的结点，即返回值为-1 时，可判定此结点为根结点。但是这种方访问结点x的第i个孩子,则只要先从firstchild域找到第1个孩子结点,然后沿着孩子结点的nextsibling域连续走$i-1$步，便可以找到x的第i个孩子。当然，如果能够为每个结点增设一个parent域，则同样能方便地实现Parent（T,cur_e）操作。

6.1.6　树的遍历

遍历（Traverse）是树的基本操作。**树的遍历**是指从根结点出发，按照某种次序访问树中所有结点，使得每个结点被访问一次且仅被访问一次。"访问"的含义很广，是一种抽象操作。在实际应用中，可以是对结点进行的各种处理，比如输出结点的信息、修改结点的某些数据等。对应到算法上，访问可以是一条简单语句，可以是一个复合语句，也可以是一个模块。不失一般性，在此将访问定义为输出结点的数据信息，则通过遍历，可以得到树中所有结点的一个线性排列。

由树的定义可知，一棵树由根结点和m棵子树构成。因此，只要依次遍历根结点和m棵子树，就可以遍历整棵树。树的遍历通常有先根遍历、后根遍历和层次遍历三种方式。

若无特殊说明，一般的树都是无序树，所以在树的遍历过程中，只能人为地假设第1棵子树是T_1，第2棵子树是T_2，……，直到最后一棵子树T_m。

给定树T，如果$T=\varnothing$，则遍历结束；否则$T=\{root,T_1,T_2,\cdots,T_m\}$，则树的先根遍历、后根遍历和层次遍历方法定义如下。

1. 先根遍历

树的先根遍历也称为先序遍历，其操作可递归定义如下。

若树$T=\varnothing$，则遍历结束；否则：

（1）访问树的根结点$root$。

（2）按照从左到右的顺序依次先根遍历根的第一棵子树T_1，第二棵子树T_2，……，直到最后一棵子树T_m。

对图6.1（c）中的树进行先根遍历得到的序列是：$ABEKOPFCGDHLIJMN$。

2. 后根遍历

树的后根遍历也称为后序遍历，其操作可递归定义如下。

若树$T=\varnothing$，则遍历结束；否则：

（1）按照从左到右的顺序依次后根遍历根的第一棵子树T_1，第二棵子树T_2，……，直到最后一棵子树T_m。

（2）访问树的根结点$root$。

对图6.1（c）中的树进行后根遍历得到的序列是：$OPKEFBGCLHIMNJDA$。

3. 层次遍历

树的层次遍历是从根结点开始，按从上到下、从左到右的顺序依次访问树中的每一个结点。即首先访问第1层的结点，再按照自左向右顺序访问第2层的结点，直到所有层的结点都访问完为止。

对图6.1（c）中的树进行层次遍历得到的序列是：$ABCDEFGHIJKLMNOP$。

6.1.7　树的应用

树的应用十分广泛，在程序设计中，就有一类求一组解，或求全部解，或求最优解的问题。例如著名的八皇后问题等,它的求解不是根据某种确定的计算法则,而是利用**试探和回溯**(Backtracking)的搜索技术求解。回溯法也是设计递归过程的一种重要方法,它的求解过程实质上是先根遍历一棵"状态树"的过程,因此利用回溯法求解的问题属于典型的树的应用。在此类问题中,这棵"状态树"不是遍历前预先建立的,而是隐含在遍历过程中,认识到这一点就很容易理解回溯法了。下面介绍回溯法应用的两个例子:求集合的幂集和求解四皇后问题。

1. 求含 n 个元素的集合的幂集

集合 A 的幂集是由 A 的所有子集组成的集合。如:$A=\{1,2,3\}$,则 A 的幂集 $\rho(A)$ 是:

$$\rho(A) = \{\{1,2,3\}, \{1,2\}, \{1,3\}, \{1\}, \{2,3\}, \{2\}, \{3\}, \varnothing\} \qquad ①$$

当然,可以用分治法来设计这个求幂集的递归过程。在此,从另一角度分析问题。幂集的每个元素是一个集合,它或是空集,或含集合 A 中的一个元素,或含集合 A 中的两个元素,或等于集合 A。反之,从集合 A 的每个元素来看,它只有两种状态:它或属于幂集的元素集,或不属于幂集的元素集。则求幂集 $\rho(A)$ 的元素的过程可看成是依次对集合 A 中的元素进行"取"或者"舍"的过程,并且可以用图 6.9 所示的二叉树来表示幂集元素在生成过程中的状态变化状况,树中的根结点表示幂集元素的初始状态(为空集);叶子结点表示它的终结结点,图中的 8 个叶子结点则表示上述①式中幂集 $\rho(A)$ 的 8 个元素;而第 $i(i=2, 3, \cdots, n-1)$ 层的分支结点,则表示已对集合 A 中前 $i-1$ 个元素进行了取/舍处理的当前状态,其中,左分支表示"取",右分支表示"舍"。因此,求幂集元素的过程即为先根遍历这棵状态树的过程。

图 6.9 中的状态变化树中每个叶子结点的状态都是求解过程中可能出现的状态(即问题的解)。然而很多问题用回溯和试探求解时,当试探过程中出现的状态和问题所求解产生矛盾时,不再继续试探下去,这时出现的叶子结点不是问题的解的终结状态。这类问题的求解过程可看成在约束条件下进行先根遍历,并在遍历过程中剪去那些不满足条件的分支。

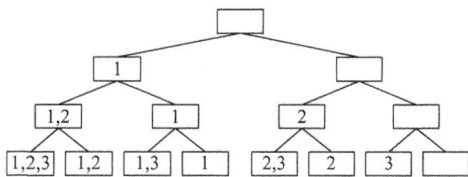

图 6.9 幂集元素在生成过程中的状态图

2. 求四皇后问题的所有合法布局

图 6.10 所示是四皇后问题求解过程中棋盘状态的变化情况。这是一棵四叉树(即每个非终端结点的度都为 4),树中每个结点表示一个局部布局或一个完整布局,根结点表示棋盘的初始状态:棋盘上无任何棋子。每个(皇后)棋子都有四个可选择的位置,但在任何时刻,棋盘的合法布局都必须满足以下三个约束条件。

(1)任何两个棋子都不占据棋盘的同一行。

(2)任何两个棋子都不占据棋盘的同一列。

(3)任何两个棋子都不占据棋盘的同一对角线。

图 6.10 中除结点 a 之外的叶子结点都是不合法的布局。

求所有合法布局的过程即为在上述约束条件下先根遍历图 6.10 所示状态树的过程。遍历中访问结点的操作为:判别棋盘上是否已得到一个完整的布局(即棋盘上是否已摆上四个棋子),若是,则输出该布局;否则依次先根遍历满足约束条件的各棵子树,即首先判断该子树根的布局是否合法,若合法,则先根遍历该子树;否则剪去该子树分支。

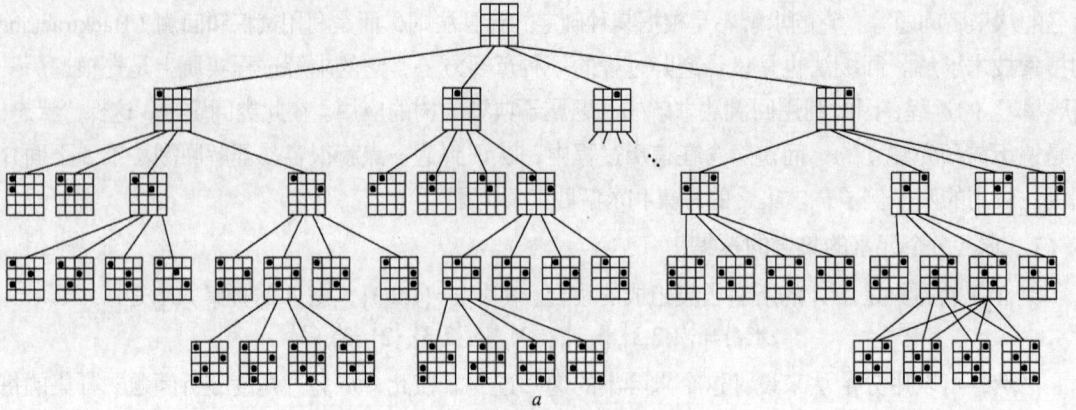

图 6.10　四皇后问题的棋盘状态树

以下是用 C++语言实现求解四皇后问题所有合法布局的代码：

```cpp
class Backtracking
{
private:
    int *C;                      //存放棋子位置的数组
    int n;                       //n*n 棋盘
    int count;                   //解的个数
public:
    Backtracking() {n=4;C=new int[n];count=0;}
    void Trial(int i);
    void Print();                //输出棋盘当前的布局
    int Check(int i);            //检查当前布局是否合法
};

void Backtracking::Trial(int i)
{
    if(i==n)
        Print();
    else
    {
        for(int j=0;j<n;j++)
        {
            C[i]=j;
            if(Check(i))          //当前布局合法
                Trial(i+1);
        }
    }
}

int Backtracking::Check(int i)
{
    for(int j=0;j<i;j++)
    {
        if(C[i]==C[j]||i-C[i]==j-C[j]||i+C[i]==j+C[j])
            return 0;
    }
    return 1;
}

void Backtracking::Print()
{
    cout<<"解"<<++count<<endl;
    int i,j;
```

```
for(i=0;i<n;i++)
{
    for(j=0;j<n;j++)
    {
        if(j==C[i])
            cout<<'*';
        else
            cout<<'-';
    }
    cout<<endl;
}
cout<<endl;

}
int main()
{
    Backtracking T;
    T.Trial(0);
    return 0;
}
```

6.2　森林

森林是 $m(m \geqslant 0)$ 棵互不相交的树的集合。由于每棵树都有一个根结点，因此森林可以有多个根结点。森林的存储结构与树类似，也可采用双亲表示法、双亲孩子表示法和孩子兄弟表示法。

本节主要介绍森林的存储结构及其遍历方法。

6.2.1　森林的存储结构

1. 森林的顺序存储结构

森林的双亲表示法就是一种顺序存储结构。与树的双亲表示法类似。图 6.11 所示是一个森林及其使用双亲表示法表示的存储结构示意图。

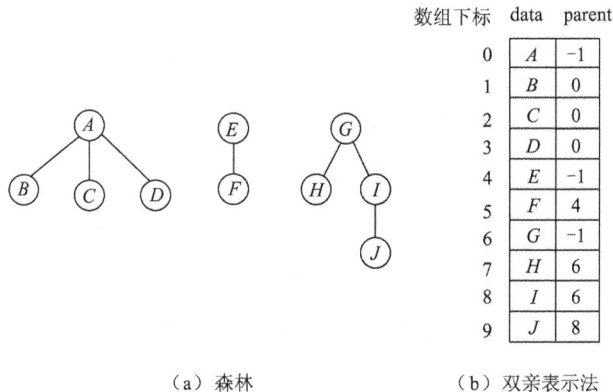

（a）森林　　　　（b）双亲表示法

图 6.11　森林的双亲表示法存储结构示意图

图 6.11 中用 parent 域的值为-1 表示该结点无双亲，即该结点是根结点；其他值则表示该结点的双亲在一维数组中存储的位置，即一维数组中的下标。森林的双亲表示法与树的区别在于，森林对应的一维数组中值为-1 的 parent 域可能不止一个。

2. 森林的链式存储结构

森林的链式存储结构有两种表示方法：双亲孩子表示法和孩子兄弟表示法。

（1）双亲孩子表示法。

与树的双亲孩子表示法相同，森林的双亲孩子表示法，仍将各结点的孩子结点分别组成单链表，同时用一维数组顺序存储树中的各结点，一维数组元素除了包括结点本身的信息和该结点的孩子结点链表的头指针之外，还增设一个域，以存储该结点的双亲结点在数组中的位置。图 6.12 所示是图 6.11（a）中森林的双亲孩子表示法存储示意图。

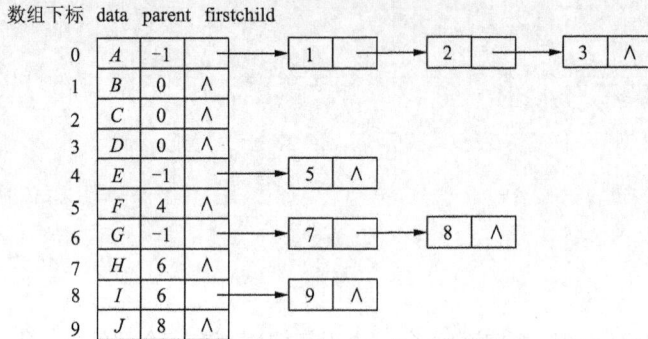

图 6.12　森林的双亲孩子表示法存储示意图

（2）孩子兄弟表示法。

与树的孩子兄弟表示法相同，森林的孩子兄弟表示法，仍以二叉链表作为存储结构，链表中结点的两个链域分别指向该结点的第一个孩子结点和下一个兄弟结点，分别命名为 firstchild 域和 nextsibling 域。不同的是，森林中的树根结点互为兄弟结点，这样只要知道第一棵树的根，根据它的 nextsibling 域即可得到第二棵树的根，再根据第二棵树根的 nextsibling 域进一步可知第三棵树的根，依次类推。

图 6.13 所示是图 6.11（a）中森林的孩子兄弟（二叉链表）表示法存储结构示意图。

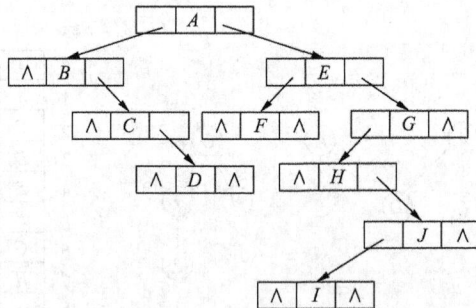

图 6.13　森林的孩子兄弟（二叉链表）表示法存储结构示意图

6.2.2　森林的遍历

按照森林和树相互递归的定义，可以推出森林的两种遍历方法。

1. 先序遍历森林

若森林非空，则可按下述规则遍历。

（1）访问森林中第一棵树的根结点。

（2）先序遍历第一棵树中根结点的子树森林。

（3）先序遍历除去第一棵树之后剩余的树构成的森林。

2. 中序遍历森林

若森林非空，则可按下述规则遍历。

（1）中序遍历森林中第一棵树的根结点的子树森林。

（2）访问第一棵树的根结点。

（3）中序遍历除去第一棵树之后剩余的树构成的森林。

若对图 6.11（a）中森林进行先序遍历和中序遍历，则分别得到森林的先序序列为 *ABCDEFGHIJ*，中序序列为 *BCDAFEHJIG*。

6.3 二叉树

二叉树是一种简单的树形结构，比较适合用于计算机处理，而且任何树和森林都可以转换为二叉树，因此，二叉树是本章研究的重点。

6.3.1 二叉树的概念

二叉树（Binary Tree）是另外一种树形结构，它的特点是每个结点至多有两棵子树，分别称为**左子树**和**右子树**。即二叉树中不存在度大于 2 的结点，并且二叉树的子树有左右之分，其次序不能随意颠倒。

二叉树的定义：一棵二叉树 *T* 是 *n*(*n*≥0)个结点的有限集合。当 *n*=0 时，它是一棵空二叉树；当 *n*>0 时，它由一个根结点和两棵分别称为左子树和右子树且互不相交的二叉树组成。二叉树的定义也是一个递归定义，许多基于二叉树的算法都利用了这个递归的特性。二叉树的递归定义用公式表述如下：

$$T = \begin{cases} \varnothing, & n = 0 \\ \{root, T_L, T_R\}, & n > 0 \end{cases}$$

其中，*root* 表示 *T* 的根，T_L 表示 *T* 的左子树，T_R 表示 *T* 的右子树，T_L、T_R 仍是二叉树。二叉树的示例如图 6.14 所示。图 6.14（a）和图 6.14（b）是两棵不同的二叉树，图 6.14（a）中结点 *A* 的左子树有四个结点，结点 *C* 只有一棵右子树，图 6.14（b）中结点 *A* 的左子树则有两个结点。结点 *C* 则只有一棵左子树。

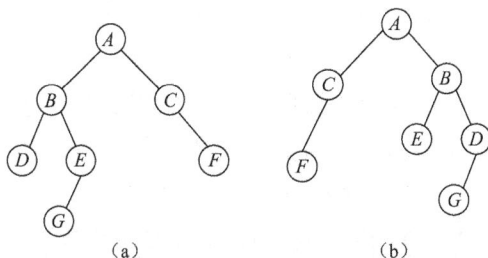

（a）　　　　　　　　　（b）

图 6.14　二叉树的示例

由上述定义可知，二叉树中即使只有一棵子树也要进行区分，要说明它是左子树，还是右子树，这是二叉树与树的最主要的差别。因此，"二叉树就是结点度为 2 的树"的说法是错误的。二叉树一共有五种基本形态，如图 6.15 所示。

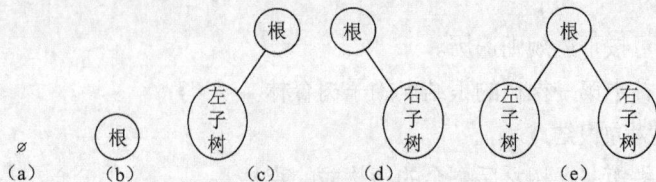

图 6.15　二叉树的五种基本形态

图 6.15（a）表示一棵空二叉树。图 6.15（b）是只有根结点的二叉树，根的左子树和右子树都是空的。图 6.15（c）是根的右子树为空的二叉树。图 6.15（d）是根的左子树为空的二叉树。图 6.15（e）是根的两棵子树都不为空的二叉树。任意一棵二叉树肯定是这五种基本形态中的某一种。

6.3.2　二叉树的性质

微课视频

二叉树具有以下性质。

性质 1　在二叉树的第 $i(i \geqslant 1)$ 层上至多有 2^{i-1} 个结点。

【证明】使用归纳法。

（1）当 $i=1$ 时，非空二叉树在第 1 层只有一个根结点，$2^{1-1} = 2^0 = 1$，结论成立。

（2）现假定对于所有的 j，$1 \leqslant j < i$ 结论成立，即第 j 层上至多有 2^{j-1} 个结点，那么可以证明 $j=i$ 时命题也成立。

由归纳假设：在第 $i-1$ 层上至多有 2^{i-2} 个结点。由于二叉树每个结点的度至多为 2，因而第 i 层上的最大结点数为第 $i-1$ 层上最大结点数的 2 倍，即 $2 \times 2^{i-2} = 2^{i-1}$，故性质 1 成立。

性质 2　深度为 $k(k \geqslant 1)$ 的二叉树至多有 $2^k - 1$ 个结点。

【证明】$k \geqslant 1$ 时，二叉树非空，且具有 k 层，对任一层 $i(1 \leqslant i \leqslant k)$，根据性质 1 可知第 i 层上至多有 2^{i-1} 个结点。在具有相同深度的二叉树中，仅当每一层都具有最大结点数时，二叉树中的结点数才最多，则整个二叉树中所具有的最大结点数为：

$$\sum_{i=1}^{k}（第~i~层上的最大结点数）= \sum_{i=1}^{k} 2^{i-1} = 2^k - 1$$

故性质 2 成立。

性质 3　对任何一棵非空二叉树，如果其叶子结点数为 n_0，度为 2 的结点数为 n_2，则 $n_0 = n_2 + 1$。

【证明】设二叉树中度为 1 的结点数为 n_1，因为二叉树中所有结点的度数均不超过 2，所以树中结点总数为 $n = n_0 + n_1 + n_2$。

再看二叉树中分支数 e。因为二叉树中除根结点没有双亲结点，进入它的分支数为 0 之外，其他每一结点都有且仅有一个双亲结点，进入它们的分支数均为 1，故二叉树中总的分支数

$$e = n - 1 = n_0 + n_1 + n_2 - 1 \qquad\qquad ①$$

又由于这些分支均由度为 1 或 2 的结点发出的，故总的分支数

$$e = n_1 + 2n_2 \qquad\qquad ②$$

由式①和②得

$$n_0 + n_1 + n_2 - 1 = n_1 + 2n_2$$

即 $n_0 = n_2 + 1$，故性质 3 成立。

其他一些性质是有关某些特殊二叉树的。为此，先定义两种特殊的二叉树：满二叉树和完全二叉树。

1. 满二叉树

满二叉树（Full Binary Tree）：深度为 k 且有 $2^k - 1$ 个结点的二叉树称为满二叉树。在满二叉树中，每一层结点都达到了最大个数。除最底层结点的度为 0 外，其他各层结点的度都为 2。图 6.16（a）给出的就是深度为 4 的满二叉树。

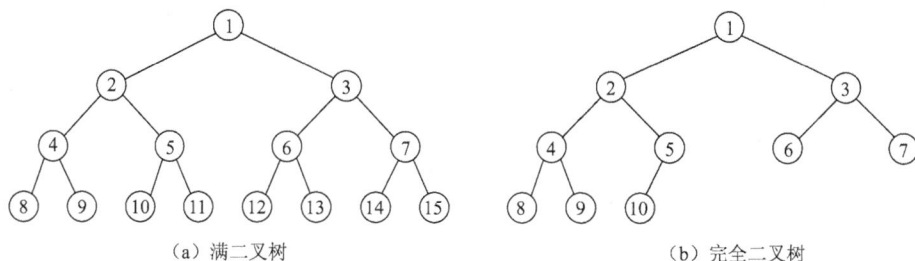

（a）满二叉树　　　　　　　　　　　　（b）完全二叉树

图 6.16　两种特殊的二叉树

2. 完全二叉树

完全二叉树（Complete Binary Tree）：如果一棵深度为 k 且具有 n 个结点的二叉树，它的每一个结点都与深度为 k 的满二叉树中顺序编号为 $1 \sim n$ 的结点一一对应，则称这棵二叉树为完全二叉树。图 6.16（b）给出的就是一棵深度为 4 的完全二叉树。其特点是：从第 1 层到第 k-1 层的所有各层的结点数都是满的，只有第 k 层或是满的，或是从右向左连续缺若干结点，但是第 k 层不能为空。图 6.17 所示则是两棵非完全二叉树。

根据满二叉树和完全二叉树定义可知。

（1）满二叉树是完全二叉树的特例，满二叉树一定是一棵完全二叉树。而完全二叉树不一定是一棵满二叉树。

（2）满二叉树的叶子结点全都在最底层，而完全二叉树的叶子结点可以分布在最下面两层。

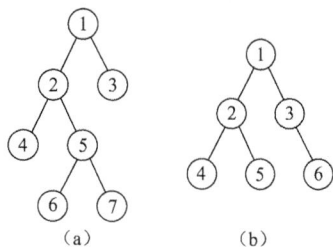

（a）　　　　　　（b）

图 6.17　非完全二叉树

性质 4　具有 n（$n > 0$）个结点的完全二叉树的深度为 $\lfloor \log_2 n \rfloor + 1$。

【证明】设完全二叉树深度为 k，由完全二叉树的定义可知，深度为 k 的完全二叉树前 k-1 层是满二叉树，共有 $2^{k-1} - 1$ 个结点，第 k 层还有若干个结点，如图 6.18 所示，因此有：

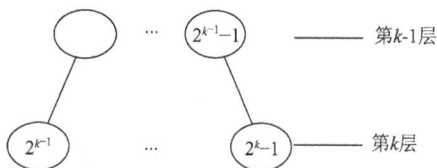

第 k-1 层

第 k 层

图 6.18　性质 4 证明图示

$$n > 2^{k-1} - 1 \qquad\qquad ①$$

又根据性质 2，深度为 k 的二叉树至多有 $2^k - 1$ 个结点，即

$$n \leqslant 2^k - 1 \qquad\qquad ②$$

137

由式①和②可推出：$2^{k-1}-1 < n \leqslant 2^k-1$，即 $2^{k-1} \leqslant n < 2^k$。

取对数之后，有 $k-1 \leqslant \log_2 n < k$，

又因 $k-1$ 和 k 是相邻的两个整数，因此有 $k = \lfloor \log_2 n \rfloor + 1$，

故性质 4 成立。

有的书中定义 $k = \lceil \log_2(n+1) \rceil$，这与上述定义在 $n>0$ 时等效，此外也包括 $n=0$ 的情况，即空树深度为 0。

性质 5 如果将一棵有 n 个结点的完全二叉树按照自顶向下，同一层自左向右的顺序连续给结点编号 $1,2,3,\cdots,n$，然后按此结点编号将树中各结点顺序地存放于一个一维数组中，并简称编号为 i 的结点为结点 $i(1 \leqslant i \leqslant n)$，参考图 6.19（b），则有以下结论。

（1）若 $i=1$，则结点 i 为根，无双亲结点；若 $i>1$，则结点 i 的双亲结点为结点 $\lfloor i/2 \rfloor$。

（2）若 $2i \leqslant n$，则结点 i 的左孩子为结点 $2i$；否则结点 i 无左孩子。

（3）若 $2i+1 \leqslant n$，则结点 i 的右孩子为结点 $2i+1$；否则结点 i 无右孩子。

性质 5 含有三个结论，以下采用两种证明方法证明。

第一种证明方法：

【证明】

首先证明性质 5 的结论（2）和（3）。

（1）当 $i=1$ 时，若 $2i=2 \leqslant n$，则结点 2 存在且为 i 的左孩子结点；若 $2i=2>n$，则不存在结点 2，即此时结点 i 必然无左孩子结点。同理，若 $2i+1=3 \leqslant n$，结点 3 存在且为 i 右孩子结点；否则不存在结点 3，即此时结点 i 必然无右孩子结点。

（2）当 $i>1$ 时，假设结点 i 位于第 j 层，如图 6.19（a）所示，结点 i 的左孩子结点为结点 k，同一层内位于结点 i 右边（不包括 i）的结点数为 b，第 $j+1$ 层的结点 k 及其左边的结点总数为 c。可得以下等式：

$$k = i+a \tag{①}$$
$$a = b+c \tag{②}$$
$$b = 2^j-1-i \tag{③}$$
$$c = 2 \times \left[i - \left(2^{j-1}-1 \right) \right] - 1 \tag{④}$$

综合上述①②③④式可得，$k=2i$，即结点 i 的左孩子结点为结点 $2i$。同理可得，结点 i 的右孩子结点为结点 $2i+1$。

综上可得，性质 5 的（2）（3）成立。

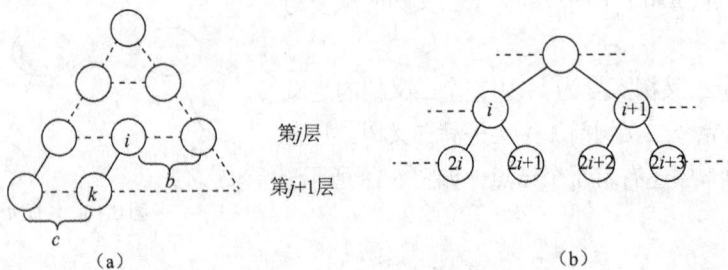

图 6.19 性质 5 证明图示

下面依据性质 5 的（2）和（3）成立，来证明性质 5 的（1）。

【证明】

（1）如果 $i=1$，显然，结点 i 无双亲，且为二叉树的根。

（2）如果 $i>1$，分两种情况进行讨论：

① 若结点 i 为某结点的左孩子，则由性质 5 的结论（2）可得 i 为偶数，其双亲结点为 $i/2 = \lfloor i/2 \rfloor$。

② 若结点 i 为某结点的右孩子，则由性质 5 的结论（3）可得 i 为奇数，其双亲结点为 $(i-1)/2 = \lfloor i/2 \rfloor$。

故性质 5 的结论（1）成立。

第二种证明方法：

【证明】

（1）如图 6.19（b）所示，当 $i=1$ 时，若 $2i=2 \leqslant n$，则结点 2 存在且为 i 的左孩子结点；若 $2i=2>n$，则不存在结点 2，即此时结点 i 必然无左孩子结点。同理若 $2i+1=3 \leqslant n$，结点 3 存在且为 i 右孩子结点；否则不存在结点 3，此时结点 i 必然无右孩子结点。（与第一种证明方法相同）

（2）当 $i>1$ 时，设结点 i 为第 j 层（$1 \leqslant j \leqslant \lfloor \log_2 n \rfloor$）第一个结点，此时 $i = 2^{j-1}$，则其左孩子必存在且为第 $j+1$ 层第一个结点，该结点编号为 2^j。又 $2^j = 2 \times 2^{j-1} = 2i$，故可知，对于第 j 层第一个结点 i，若 $2i \leqslant n$，则其左孩子结点必存在且编号为 $2i$ 成立；

现假设结点 $i(2^{j-1} < i < 2^j - 1)$ 满足其左孩子结点为结点 $2i$ 的条件，则第 $i+1$ 个结点的左孩子若存在，则如图 6.19（b）所示，其左孩子结点编号必为 $2i+1+1=2(i+1)$，因此对于结点 $i+1$，若 $2(i+1) \leqslant n$，其左孩子结点为 $2(i+1)$ 成立。同理对于右孩子可得类似结论。

综上可得，性质 5 的（2）和（3）成立。

由性质 5 中（2）和（3）推出（1）的过程同第一种证明方法。

6.3.3 二叉树的抽象数据类型

与树类似，在不同的应用中，二叉树的基本操作不尽相同，下面给出的是一个二叉树抽象数据类型定义的例子，在实际应用中，应根据具体需要重新定义其基本操作。

抽象类型二叉树的定义如下。

ADT BinaryTree {

    数据对象：D 是具有相同特征的数据元素集合。

    数据关系：若 $D = \varnothing$，则 $R = \varnothing$，称 $BinaryTree$ 为空二叉树。

        若 $D \neq \varnothing$，则 $R = \{H\}$，H 是以下二元关系：

    （1）在 D 中存在唯一的成为根的数据元素 $root$，它在关系 H 下无前驱。

    （2）若 $D - \{root\} \neq \varnothing$，则存在 $D - \{root\} = \{D_L, D_R\}$，且 $D_L \bigcap D_R = \varnothing$。

    （3）若 $D_L \neq \Phi$，则 D_L 中存在唯一的元素 x_l，$<root, x_l> \in H$，且存在 D_L 上的关系 $H_L \subset H$；若 $D_R \neq \varnothing$，则在 D_R 中存在唯一的元素 x_r，$<root, x_r> \in H$，且存在 D_R 上的关系 $H_R \subset H$；$H = \{<root, x_l>, <root, x_r>, H_L, H_R\}$。

    （4）$(D_L, \{H_L\})$ 是一棵符合本定义的二叉树，称为根的左子树，$(D_R, \{H_R\})$ 是一棵符合本定义的二叉树，称为根的右子树。

微课视频

基本操作：

InitBiTree(&T);

初始条件：无。

操作结果：构造空二叉树 T。

DestroyBiTree(&T);

初始条件：二叉树 T 存在。

操作结果：销毁二叉树 T。

CreateBiTree(&T,definition);

初始条件：definition 给出二叉树 T 的定义。

操作结果：按 definition 构造二叉树 T。

ClearBiTree(&T);

初始条件：二叉树 T 存在。

操作结果：将二叉树 T 置为空树。

BiTreeEmpty(T);

初始条件：二叉树 T 存在。

操作结果：若 T 为空二叉树，则返回 TRUE，否则 FALSE。

BiTreeDepth(T);

初始条件：二叉树 T 存在。

操作结果：返回 T 的深度。

Root(T);

初始条件：二叉树 T 存在。

操作结果：返回 T 的根。

Value(T,e);

初始条件：二叉树 T 存在，e 是 T 中某个结点。

操作结果：返回 e 的值。

Assign(T,&e,value);

初始条件：二叉树 T 存在，e 是 T 中某个结点。

操作结果：结点 e 赋值为 value。

Parent(T,e);

初始条件：二叉树 T 存在，e 是 T 中某个结点。

操作结果：若 e 是 T 的非根结点，则返回它的双亲，否则返回"空"。

LeftChild(T,e);

初始条件：二叉树 T 存在，e 是 T 中某个结点。

操作结果：返回 e 的左孩子，若 e 无左孩子，则返回"空"。

RightChild(T,e);

初始条件：二叉树 T 存在，e 是 T 中某个结点。

操作结果：返回 e 的右孩子，若 e 无右孩子，则返回"空"。

LeftSibling(T,e);

初始条件：二叉树 T 存在，e 是 T 中某个结点。

操作结果：返回 e 的左兄弟，若 e 无左兄弟，则返回"空"。

RightSibling(T,e);

初始条件：二叉树 T 存在，e 是 T 中某个结点。

操作结果：返回 e 的右兄弟，若 e 无右兄弟，则返回"空"。

InsertChild(T,p,LR,c);

初始条件：二叉树 T 存在，p 指向 T 中某个结点，LR 为 0 或 1，非空二叉树 p 与 T 不相交且右子树为空。

操作结果：根据 LR 为 0 或 1，插入 c 为 T 中 p 所指结点的左或右子树。

DeleteChild(T,p,LR);

初始条件：二叉树 T 存在，p 指向 T 中某个结点，LR 为 0 或 1。

操作结果：根据 LR 为 0 或 1，删除 T 中 p 所指的结点的左或右子树。

PreOrderTraverse(T,visit());

初始条件：二叉树 T 存在，visit()是对结点操作的应用函数。

操作结果：先序遍历 T，对每个结点调用函数 visit()一次且仅一次。一旦 visit()失败，则操作失败。

InOrderTraverse(T,visit());

初始条件：二叉树 T 存在，visit()是对结点操作的应用函数。

操作结果：中序遍历 T，对每个结点调用函数 visit()一次且仅一次。一旦 visit()失败，则操作失败。

PostOrderTraverse(T, visit());

初始条件：二叉树 T 存在，visit()是对结点操作的应用函数。

操作结果：后序遍历 T，对每个结点调用函数 visit()一次且仅一次。一旦 visit()失败，则操作失败。

LevelOrderTraverse(T, visit());

初始条件：二叉树 T 存在，visit()是对结点操作的应用函数。

操作结果：层次遍历 T，对每个结点调用 visit()函数一次且仅一次。一旦 visit()失败，则操作失败。

}ADT BinaryTree

6.3.4　二叉树的存储结构

二叉树的存储结构应能体现二叉树的逻辑关系。在具体应用中，需要能从任一结点直接访问到它的后继(即孩子结点)，或直接访问到它的前驱(即双亲结点)，或同时直接访问它的孩子和双亲结点。在设计二叉树的存储结构时，应考虑根据不同的访问要求进行存储设计。二叉树的存储结构主要有两种：顺序（数组）存储和链式存储。

微课视频

1. 二叉树的顺序存储结构

（1）完全二叉树的顺序存储表示。

按照顺序存储的定义，用一组地址连续的存储单元依次自上而下、自左至右存储完全二叉树

上的结点元素，存储时只保存各结点的值。由二叉树性质 5 可知，对于完全二叉树，若已知结点的编号，则可以推算出它的双亲和孩子结点的编号，所以只需将完全二叉树的各结点按照编号的次序 1~n 依次存储到数组对应下标为 0~n-1 的位置，就很容易根据结点在数组中存储的位置，计算出它的双亲结点和孩子结点的存储位置。图 6.20（b）为图 6.20（a）中完全二叉树的顺序存储结构示意图。

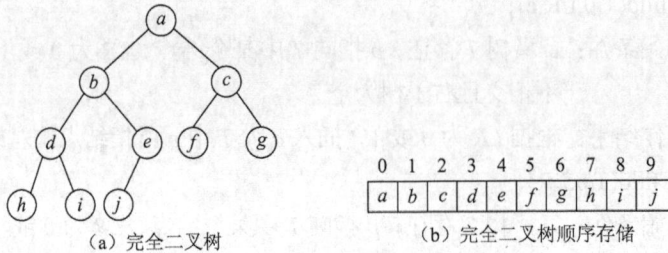

（a）完全二叉树　　　　　　　　　　　（b）完全二叉树顺序存储

图 6.20　完全二叉树的顺序存储结构示意图

（2）一般二叉树的顺序存储表示。

设有一棵一般的二叉树，如图 6.21（a）所示，需要将它放在一个一维数组中。为了实现对某个结点的查找和定位，也需仿照完全二叉树那样，对二叉树的结点进行顺序编号。在编号时，增加一些并不存在的空结点并按顺序对其进行编号处理，使之成为一棵与原二叉树高度相同的完全二叉树的形式，然后用一维数组进行顺序存储。图 6.21（a）和图 6.21（b）分别给出了一棵一般二叉树改造后的完全二叉树形态和其顺序存储结构示意图。

这种存储方式能反映出二叉树结点之间的相互关系，由其存储位置找到它的双亲结点、孩子、兄弟结点的位置。但显然这种存储需增加许多空结点的存储空间才能将一棵一般二叉树改造为完全二叉树，这样必然会造成大量空间浪费，因此这种二叉树不适合进行顺序存储。最坏的情况是单支树的存储，一棵深度为 k 的单右支二叉树只有 k 个结点，却需要分配 2^k-1 个存储单元。图 6.21（c）所示的单支树，它只有 5 个结点，却需要一个可存放 31 个结点的一维数组进行存储，但只在数组下标为 0,2,6,14,30 的这几个位置存放实际的结点数据，其余结点空间都空着，又不能压缩，造成很大的浪费。

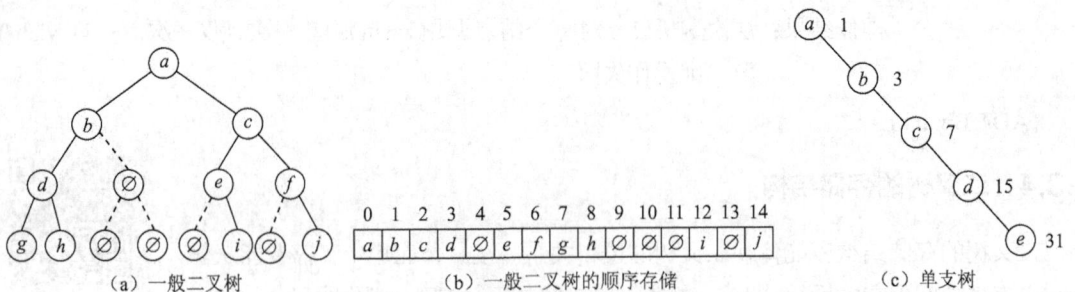

（a）一般二叉树　　　　　　（b）一般二叉树的顺序存储　　　　　　（c）单支树

图 6.21　一般二叉树的顺序存储结构

2. 二叉树的链式存储结构

顺序存储方式用于完全二叉树的存储表示非常有效，但是表示一般二叉树，存储空间的利用率不高。使用链式存储可以克服这些缺点。因此在实际应用中，二叉树一般多采用链式存储结构。

根据二叉树的定义，二叉树的每个结点可以有两个分支，分别指向结点的左、右子树。因此，二叉树的结点至少应当包括三个域，分别存放结点的数据信息 data、左孩子结点指针 lchild 和右孩子结点指针 rchild。

data：数据域，存放该结点自身的数据信息。

lchild：左指针域，存放指向左孩子的指针，当左孩子不存在时为空指针。

rchild：右指针域，存放指向右孩子的指针，当右孩子不存在时为空指针。

如图 6.22（a）所示，这种存储结构称为**二叉链表**（Binary Linked List）。显然，在这种存储方式下，从根结点出发，可以方便地根据 lchild 指针和 rchild 指针找到它的左孩子和右孩子，进而访问到所有结点。因此，只要记录根结点地址，即可访问到树中各个结点。这种存储结构的缺点是：从某个结点出发，要找到其双亲结点，需要从根开始搜索，效率很低。所以，为了便于查找到任一结点的双亲结点，可以在结点结构中再增加一个指向双亲结点的指针域，这样的存储结构称为**三叉链表**（Trifurcate Linked List），如图 6.22（b）所示。

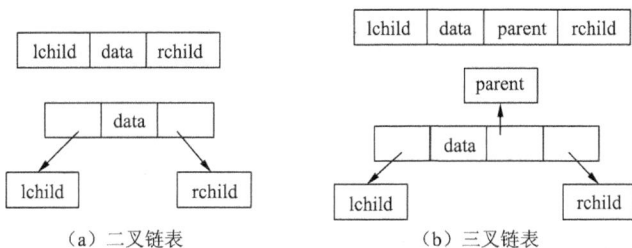

图 6.22　二叉树的链表存储表示结构

整个二叉树的链表有一个表头指针，它指向二叉树的根结点。图 6.23（b）和图 6.23（c）分别是图 6.23（a）所示二叉树的二叉链表和三叉链表。根据性质 3 可知，在含有 n 个结点的二叉链表中有 $n+1$ 个空链指针域，这是因为在所有结点的 $2n$ 个链指针域中，只有 $n-1$ 个存有分支信息的缘故。三叉链表则有 $n+2$ 个空链指针域。

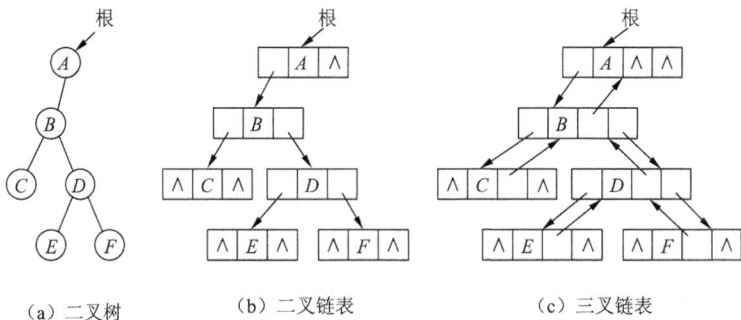

图 6.23　二叉树的链式存储

采用不同的存储结构，二叉树的操作实现也不同。如找二叉树中某个结点的双亲 Parent（T，cur_e），在三叉链表中很容易实现，而在二叉链表中则需要从根指针出发进行查找。而在实际使用中，经常需要从根结点开始访问二叉树中的各个结点，一般都采用二叉链表。在后面的讨论中，除特殊说明外，都是基于二叉树的二叉链表存储结构进行描述。

下面给出基于二叉链表存储结构的二叉树的 C++ 语言类定义：

```
struct BiTNode                          //二叉树的结点类型
{
    ElemType data ;                     //数据域
```

```
        BiTNode* lchild;                              //指向左子树的指针
        BiTNode* rchild;                              //指向右子树的指针
};
class BinaryTree
{
    private:
        BiTNode *bt;
        int RCreate(BiTNode *p,int k,int end);    //创建二叉树函数
        int PreTraverse(BiTNode *p);              //先序遍历递归函数
        int InTraverse(BiTNode *p);               //中序遍历递归函数
        int PostTraverse(BiTNode *p);             //后序遍历递归函数
    public:
        BinaryTree(){bt=NULL;}                    // 构造函数,将根结点置空
        void CreateBiTree(int end);               // 创建一棵二叉树，end 为空指针域标志
        void PreOrderTraverse();                  // 递归算法：先序遍历二叉树
        void InOrderTraverse();                   // 递归算法：中序遍历二叉树
        void PostOrderTraverse();                 // 递归算法：后序遍历二叉树
        BiTNode *GetRoot();                       // 二叉树不为空，则返回根结点指针，否则返回 NULL
        void BiTreeDisplay(BiTNode *bt,int level=1);  //二叉树的树形显示算法
};
```

6.3.5 遍历二叉树

遍历二叉树：指遵从某种顺序，顺着某一条搜索路径访问二叉树中的各个结点，使得每个结点均被访问一次，而且仅被访问一次。"访问"的含义可自定义，如输出结点的信息、修改结点的数据值等，但一般要求这种访问不破坏原来数据之间的逻辑结构。

微课视频

实际上，"遍历"是最基本的操作，例如在遍历过程中查找某结点，输出结点信息，求结点的父亲，求结点的孩子，判定结点的层、度、树高或深度等等。

二叉树是非线性结构，每个结点最多有两个孩子，为了便于遍历二叉树，需要寻找一种规律，使二叉树上的结点能排列在一个线性队列上。因此，需确定遍历的规则，按此规则遍历二叉树，最后得到二叉树中所有结点的一个线性序列。

1. 二叉树遍历的概念

根据二叉树的结构特征，遍历二叉树可以有三种搜索路径：先上后下的按层次遍历、先左（子树）后右（子树）的遍历、先右（子树）后左（子树）的遍历。设访问根结点记作 D，遍历根的左子树记为 L，遍历根的右子树记为 R，则可能遍历的次序有：DLR、DRL、LDR、LRD、RDL、RLD 及层次遍历。若规定先左后右，则只剩下四种遍历方式：DLR、LDR、LRD 及层次遍历。依据根结点被遍历的次序，通常称 DLR、LDR 和 LRD 三种遍历为先序遍历、中序遍历和后序遍历。

（1）**先序遍历**（Preorder Traversal）也称为**前序遍历**，就是按照"根—左子树—右子树"的次序遍历二叉树。

二叉树的先序遍历定义如下。

如果二叉树为空，则遍历结束；否则：

① 访问根结点（D）；

② 先序遍历左子树（L）；

③ 先序遍历右子树（R）。

先序遍历的示例如图 6.24 所示。

（2）**中序遍历**（Inorder Traversal）就是按照"左子树—根—右子树"的次序遍历二叉树。

二叉树的中序遍历定义如下。

如果二叉树为空，则遍历结束；否则：

① 中序遍历左子树（L）；

② 访问根结点（D）；

③ 中序遍历右子树（R）。

中序遍历的示例如图 6.24 所示。

（3）**后序遍历**（Postorder Traversal）就是按照"左子树—右子树—根"的次序遍历二叉树。

二叉树的后序遍历定义如下。

如果二叉树为空，则遍历结束；否则：

① 后序遍历左子树（L）；

② 后序遍历右子树（R）；

③ 访问根结点（D）。

后序遍历的示例如图 6.24 所示。

前面三种遍历方式都采用了递归描述方式，这种描述方式简洁而准确，在后面章节中将进行详细讲解。

（4）**层次遍历**（Levelorder Traversal）就是按照二叉树的层次，从上到下、从左到右的次序访问各结点。遍历的示例如图 6.24 所示。

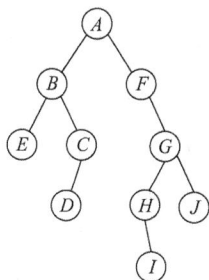

先序遍历结果序列：*ABECDFGHIJ*
中序遍历结果序列：*EBDCAFHIGJ*
后序遍历结果序列：*EDCBIHJGFA*
层次遍历结果序列：*ABFECGDHJI*

图 6.24　二叉树的遍历

图 6.25 所示的二叉树 b 是表达式 $a+(b-c)\times d-e/f$ 的存储形式。

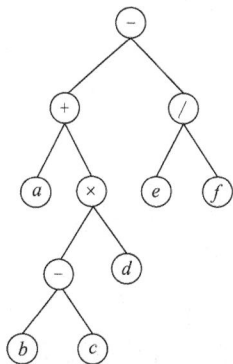

先序遍历结果序列：$-+a\times-bcd/ef$　　　（6-1）

中序遍历结果序列：$a+b-c\times d-e/f$　　　（6-2）

后序遍历结果序列：$abc-d\times+ef/-$　　　（6-3）

图 6.25　二叉树表达式

从表达式上看，以上三个序列（6-1）、（6-2）和（6-3）恰好为表达式的前缀表示（波兰式）、中缀表示和后缀表示（逆波兰式）。

2. 二叉树遍历的递归算法和非递归算法

（1）递归算法。

二叉树的先序、中序和后序遍历的定义均采用了实现简单的递归方式进行描述。

如图6.26（b）、图6.26（c）、图6.26（d）所示，图中分别用箭头的虚线表示了这三种遍历算法的递归执行过程。其中向下的箭头表示更深一层的递归调用，向上的箭头表示从递归调用退出并返回；虚线旁边的圆形、三角形和正方形内的字符分别表示在先序、中序和后序遍历二叉树过程中访问结点时输出的信息。例如，由于在中序遍历中，访问结点是在遍历左子树之后、遍历右子树之前进行的，则带三角形的字符标在向左递归返回和向右递归调用之间。由此，沿虚线从1出发到2结束，将沿途所见的圆形（或三角形或正方形）内的字符记下，便得到二叉树的先序（或中序或后序）序列。

例如，从图6.26（b）、图6.26（c）、图6.26（d）分别可得到图6.21（a）所示二叉树遍历结果的先序序列 *ABDECF*、中序序列 *DBEACF* 和后序序列 *DEBFCA*。

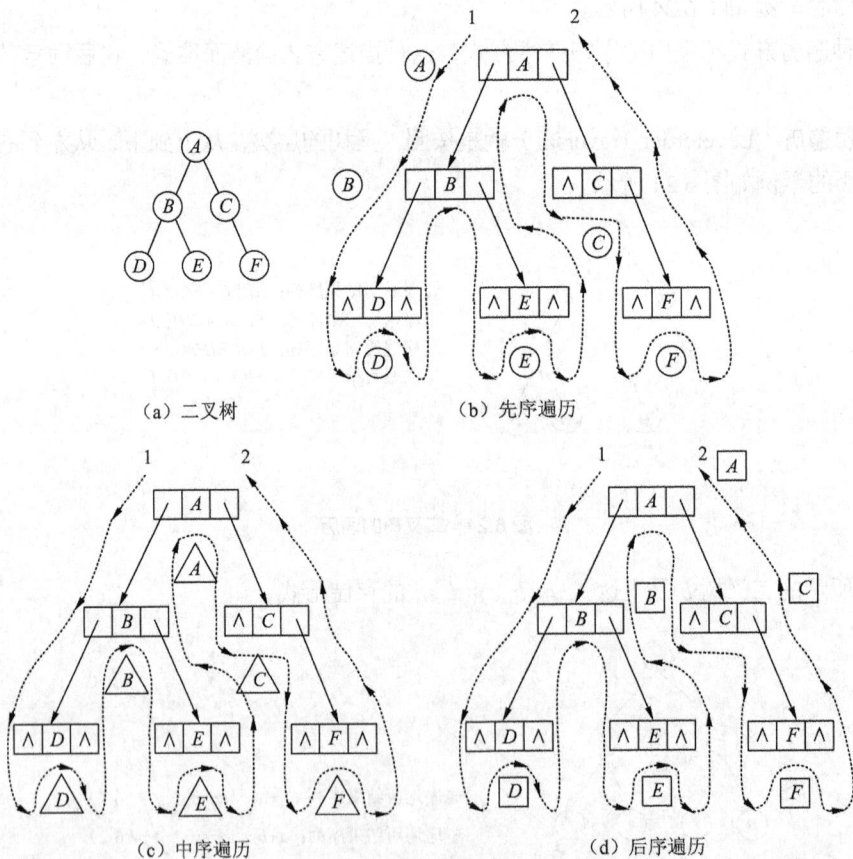

（a）二叉树　（b）先序遍历　（c）中序遍历　（d）后序遍历

图6.26　二叉树及其遍历过程示意图

由此可知，在递归的过程中，先序遍历是每进入一层先访问根结点，再依次向它的左子树和右子树递归调用。中序遍历是从左子树递归调用退出，访问根结点，然后向它的右子树递归调用。后序遍历是从左子树的递归调用退出，然后向它的右子树递归调用，最后访问根结点。二叉树先序、中序、后序遍历的递归算法分别如下：

① 先序遍历的递归算法。

```
int BinaryTree::PreTraverse(BiTNode *p)          //先序遍历递归函数
{
    if(p!=NULL)
    {
        cout<<p->data<<' ';
        PreTraverse(p->lchild);
        PreTraverse(p->rchild);
    }
    return 0;
}
```

② 中序遍历的递归算法。

```
int BinaryTree::InTraverse(BiTNode *p)           //中序遍历递归函数
{
    if(p!=NULL)
    {
        InTraverse(p->lchild);
        cout<<p->data<<' ';
        InTraverse(p->rchild);
    }
    return 0;
}
```

在二叉树的中序遍历中，访问结点操作发生在该结点的左子树遍历完毕并准备遍历右子树时，所以，在遍历过程中遇到某结点时并不确定是否要立即访问它，而是将它压栈，等到它的左子树遍历完毕后，再从栈中弹出并访问之。

③ 后序遍历的递归算法。

根据二叉树后序遍历的操作定义，可以很容易地写出后序遍历的递归算法。

```
int BinaryTree::PostTraverse(BiTNode *p)         //后序遍历递归函数
{
    if(p!=NULL)
    {
        PostTraverse(p->lchild);
        PostTraverse(p->rchild);
        cout<<p->data<<' ';
    }
    return 0;
}
```

由上述算法可知，三种遍历算法的不同之处仅在于访问根结点和遍历左右子树的先后关系。如果在算法中暂且忽略和递归无关的 visit 函数（上述三个算法中，visit 函数对应的语句是 cout<<p->data<<' '），则三个算法完全相同。由此，从递归执行的过程来看，先序、中序和后序遍历走过的路线也是完全相同的。

（2）非递归算法。

递归算法虽然简洁，但执行效率不高。因此，有时需要把递归算法转化为非递归算法。对于二叉树先序遍历的非递归实现，可以仿照递归算法的执行过程中工作栈的状态变化得到。

为了把一个递归过程改为一个非递归过程，一般需要利用一个工作栈，记录遍历时的回退路径。在改写时，可以通过一个实例分析一个递归算法的执行过程，观察栈的变化，直接写出它的非递归算法。

① 先序遍历的非递归算法。

图 6.27（b）显示利用栈实现图 6.27（a）所示二叉树的先序遍历过程。每次访问一个结点后，在向左子树遍历之前，利用这个栈记录该结点的右孩子（如果有的话）的地址，以便在左子树退回

时可以直接从栈顶取得右子树的根结点，继续对其右子树进行先序遍历。

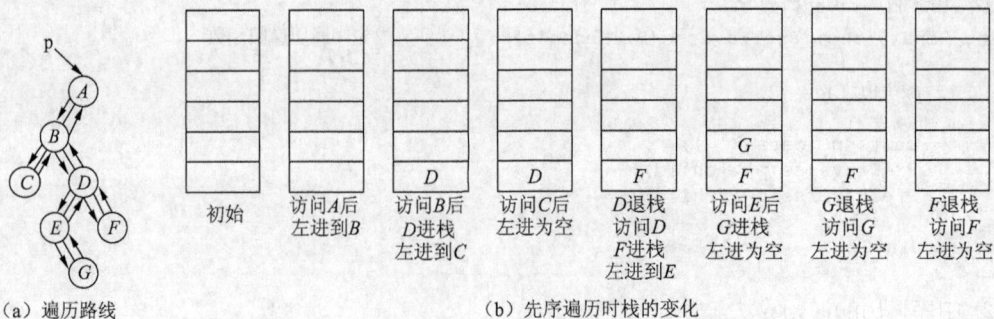

（a）遍历路线　　　　　　　　　　　　　　（b）先序遍历时栈的变化

图 6.27　利用栈实现二叉树的先序非递归遍历

下面给出具体的二叉树先序遍历的非递归算法的 C++描述：

```cpp
void BinaryTree::PreOrderTraverse()            //非递归先序遍历二叉树
{
    cout<<"先序(非递归)遍历二叉树: ";
    BiTNode *p=bt;
    SqStack s(20);                             //建立容量为20、元素类型为整型的空栈
    while(p||!s.StackEmpty())
    {
        if(p)                                  //遍历左子树
        {
            cout<<p->data<<' ';
            s.Push(p);
            p=p->lchild;
        }
        else                                   //访问根结点，遍历右子树
        {
            s.Pop(p);
            p=p->rchild;
        }
    }
    cout<<endl;
}
```

二叉树先序遍历非递归算法的关键：在先序遍历某结点的整个左子树后，如何能找到该结点的右子树的根指针。因此，在访问完该结点后，应将该结点的指针保存在栈中，以便以后能通过它找到该结点的右子树。一般地，在先序遍历中，设要遍历二叉树的根指针为 root，可能有以下两种情况。

● 若 root!=NULL，则表明当前二叉树非空，此时，应输出根结点指针 root 的值并将 root 保存到栈中，准备继续遍历 root 的左子树。

● 若 root==NULL，则表明以 root 为根的二叉树遍历完毕，并且 root 是栈顶指针所指结点的左子树。若栈不空，则应根据栈顶指针所指结点找到待遍历右子树的根指针并赋予 root，以继续遍历下去；若栈空，则表明二叉树右子树为空，整个二叉树遍历完毕。

② 利用栈的中序遍历非递归算法。

中序遍历二叉树的非递归算法也要使用一个栈，以记录遍历过程中回退的路径。如图 6.28 所示，在一棵子树中，中序下访问的第 1 个结点是从根结点开始沿 lchild 链走到最左下角的结点，该结点的 lchild 指针为 NULL。访问该结点的数据之后，再遍历该结点的右子树，此右子树又是一棵二叉树，重复执行上面的过程，直到该子树遍历完。如果该结点的右子树遍历完或者右子树为空，说明以这

个结点为根的二叉树遍历结束，此时从栈中退出上一层的结点并访问它，再向下遍历其右子树。

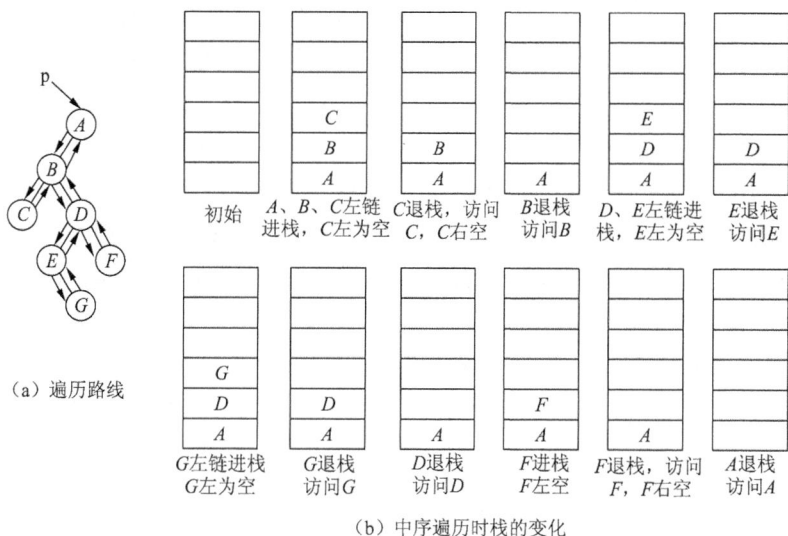

（a）遍历路线

（b）中序遍历时栈的变化

图 6.28　利用栈实现二叉树的中序非递归遍历

下面给出二叉树中序遍历非递归算法的 C++描述。

```cpp
void BinaryTree::InOrderTraverse()        //非递归中序遍历二叉树
{
    cout<<"中序(非递归)遍历二叉树: ";
    BiTNode *p=bt;
    SqStack s(20)                         //建立容量为20、元素类型为整型的空栈
    while(p||!s.StackEmpty())
    {
        if(p)                             //遍历左子树
        {
            s.Push(p);
            p=p->lchild;
        }
        else                              //访问根结点，遍历右子树
        {
            s.Pop(p);
            cout<<p->data<<' ';
            p=p->rchild;
        }
    }
    cout<<endl;
}
```

算法结束的条件：栈为空同时遍历指针也为空。在中途访问根结点时栈变为空，但此时遍历指针应指向根的右孩子结点。若该指针不为空，说明右子树非空，还须遍历根的右子树。

③ 利用栈的后序遍历非递归算法。

后序遍历比先序遍历和中序遍历的情况要复杂。在后序遍历中，要先遍历左子树，再遍历右子树，最后才可以访问根结点。所以，在工作栈记录中，结点要入栈两次，出栈两次。这两种情况的含义以及处理方法如下。

- 第 1 次出栈：只遍历完左子树，右子树尚未遍历，则该结点不能访问，利用栈顶结点找到它的右子树，准备遍历其右子树。

- 第 2 次出栈：遍历完右子树，将该结点弹出栈，并对它进行访问。

因此，为了区别同一个结点两次出栈，设置标志 tag，令：

$$tag = \begin{cases} 1 & \text{第 1 次出栈，只遍历完左子树，该结点不能访问} \\ 2 & \text{第 2 次出栈，只遍历完左子树，该结点不能访问} \end{cases}$$

设根指针为 bt，则可能出现以下两种情况：

- 若 bt!=NULL，则 bt 及标志 tag（置为 1）入栈，遍历其左子树。
- 若 bt==NULL，此时若栈空，则整个遍历结束；若栈不空，则表明栈顶结点的左子树或右子树已遍历完毕。若栈顶结点的标志 tag==1，则表明栈顶结点的左子树已遍历完毕，将 tag 值置为 2，并遍历栈顶结点的右子树；若栈顶结点的标志 tag==2，则表明栈顶结点的右子树也遍历完毕，输出栈顶结点。

图 6.29 所示是一个利用工作栈进行后序非递归遍历二叉树的实例。

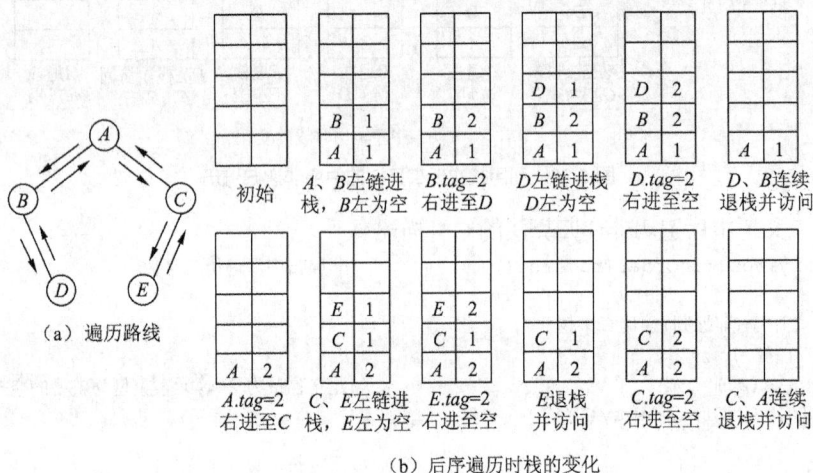

（a）遍历路线

（b）后序遍历时栈的变化

图 6.29　利用栈实现二叉树的后序非递归遍历

下面给出二叉树后序遍历非递归算法的 C++描述：

```cpp
struct BiTNode1                              //非递归后序遍历结点类型
{
    BiTNode *bt;
    int tag;
}
void BinaryTree::PostOrderTraverse()         //非递归后序遍历二叉树
{
    cout<<"后序(非递归)遍历二叉树: ";
    BiTNode *p=bt;
    SqStack1 s(20);                          //建立容量为20、元素类型为整型的空栈
    BiTNode1 *temp;
    while(p||!s.StackEmpty())
    {
        if(p)                                //遍历左子树
        {
            BiTNode1 *t=new BiTNode1;
            t->bt=p;
            t->tag=1;
            s.Push(t);
            p=p->lchild;
        }
        else
        {
            s.Pop(temp);
```

```
        if(temp->tag==1)                //表示是第一次出现在栈顶
        {
            s.Push(temp);
            temp->tag=2;
            p=temp->bt->rchild;
        }
        else                            //第二次出现在栈顶
        {
            cout<<temp->bt->data<<' ';
            p=NULL;
        }
    }
}
cout<<endl;
}
```

④ 层次遍历算法。

在对二叉树进行层次遍历时，某一层的结点访问完之后，再按照它们的访问次序对各个结点的左孩子和右孩子进行顺序访问，这样一层一层进行，先访问的结点其左右孩子也要先访问，这符合队列的操作特性。因此，在进行层次遍历时，可设置一个队列存放已访问完的结点。层次遍历从二叉树的根结点开始，首先将根结点指针入队，然后从队头取出一个数据元素执行以下操作。

Step 1：访问该指针所指结点。

Step 2：若该指针所指结点的左、右孩子结点不空，则将其左孩子指针和右孩子指针入队。

Step 3：重复上述 Step 1、Step2 两个步骤，直至队列为空。

下面给出二叉树层次遍历算法的 C++描述：

```
void BinaryTree::LevelOrderTraverse()
{
    cout<<"层次遍历二叉树:";
    LinkQueue q;
    BiTNode *t;
    if(BT)
    {
        q.EnQueue(BT);
        while(!q.QueueEmpty())
        {
            t=q.DeQueue();
            if(t)
                cout<<t->data<<' ';
            if(t->lchild)//如果左子树不空，进队
                q.EnQueue(t->lchild);
            if(t->rchild)
                q.EnQueue(t->rchild);
        }
    }
    cout<<endl;
}
```

3. 二叉树遍历的应用

二叉树的遍历方法是其他二叉树操作的基础。某些操作如果选用恰当的遍历方法可以简化实现，下面介绍几个常用算法。

（1）利用后序递归遍历计算结点个数。

二叉树的结点个数等于左子树的结点个数加上右子树的结点数再加上根结点个数 1。为了计算二叉树的结点个数，可以遍历根结点的左子树和右子树，分别计算出左子树和右子树的结点个数，最后相加求整个二叉树的结点个数。对应的递归算法如下：

```
int BinaryTree::Size(BiNode *p)
{
    if(p==NULL) return 0;
    else return 1+Size(p->lchild)+Size(p->rchild);
}
```

（2）利用后序递归遍历计算树的高度。

根据树的高度的定义，如果二叉树为空，则高度为 0；非空树则分别递归计算根结点左子树高度和右子树高度，求出两者中的较大值再加上 1（即根结点所在层次），得到的就是整个二叉树的高度。对应的递归算法如下：

```
int BinaryTree::Height(BiNode *p)
{
    if(p==NULL) return 0;
    else
    {
        int i=Height(p->lchild);
        int j=Height(p->rchild);
        return (i>j)?i+1:j+1;
    }
}
```

（3）利用后序遍历销毁二叉树。

销毁一棵二叉树需要销毁树中的所有结点，因为每个结点的地址都记录在其双亲结点中，所以销毁结点应该按照后序遍历的次序，首先递归销毁根结点的左右子树中的结点，最后销毁根结点。因此，二叉树销毁函数的实现与二叉树的后序遍历的实现非常相似，具体实现代码如下：

```
void BinaryTree::DestoryBiTree(BiNode *p)
{
    if(p)
    {
        DestoryBiTree(p->lchild);
        DestoryBiTree(p->rchild);
        delete p;
        p=NULL;
    }
}
```

（4）利用先序递归遍历复制二叉树。

复制二叉树即利用已有二叉树复制得到另外一棵与其完全相同的二叉树。根据二叉树的特点，复制步骤如下：如果二叉树 s 不空，则首先复制根结点，然后用先序递归算法分别遍历根结点的左子树和右子树并进行复制。具体代码实现如下：

```
BiNode* BinaryTree::GetTreeNode(int item,BiNode *lptr,BiNode *rptr)
{
    BiTree p;
    p=new BiNode;
    p->data=item;
    p->lchild=lptr;
    p->rchild=rptr;
    return p;
}
BiNode* BinaryTree::CopyTree(BiNode *p)          //复制一棵二叉树
{
    BiTree newlptr,newrptr,newnode;
    if(p==NULL)
        return NULL;
    if(p->lchild)
        newlptr=CopyTree(p->lchild);
    else newlptr=NULL;
    if(p->rchild)
        newrptr=CopyTree(p->rchild);
```

```
else newrptr=NULL;
newnode=GetTreeNode(p->data,newlptr,newrptr);
return newnode;
}
```

（5）利用先序递归遍历判断两棵二叉树是否相等。

判断两棵二叉树是否相等，也可以用二叉树的先序遍历算法来实现。首先判断两棵树是否都是空树，是的话则返回 true；若两棵树都不为空，则先比较根结点是否相等，是的话则继续递归遍历左右子树然后进行比较，若左右子树都分别相等，则两棵二叉树相等返回 true；否则均返回 false。具体算法实现如下：

```
int BinaryTree::CompareTree(BiTNode *t1,BiTNode *t2)
{
    if(t1==NULL&&t2==NULL)
    {
        return 1;
    }
    else if(t1->data==t2->data &&
            CompareTree(t1->lchild,t2->lchild)&&
            CompareTree(t1->rchild,t2->rchild))
    {
        return 1;
    }
    else
    {
        return 0;
    }
}
```

（6）利用先序遍历构造二叉树。

利用二叉树先序遍历的递归算法可以建立二叉树。在此算法中，输入结点值的顺序必须对应二叉树结点先序遍历的顺序，并约定将不可能出现在输入序列中的值作为空结点的值以结束递归，此值暂存在 RefValue 中。例如用"#"或用"0"表示字符序列或正整数序列的空结点。

图 6.30 所示的二叉树，所有结点值为"#"的结点位于原二叉树的空子树结点的位置，按照先序遍历可得到的其先序序列为 *ABC##DE#G##F###*。算法的基本思想：依次读入二叉树先序序列中的值，每读入一个值，就为它建立一个结点。以该结点作为根结点，其地址直接连接到作为实际参数的指针中。然后分别对根的左、右子树递归地建立子树直到读入"#"或"0"建立空子树，递归结束。

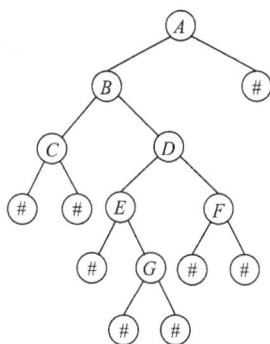

图 6.30　加入递归结束点"#"的二叉树

二叉树的构造函数算法的 C++语言描述如下：

```
int BinaryTree::RCreate(BiTNode *p,int k,int end)    //创建二叉树递归函数
{
    BiTNode *q;
    int e;
    cin>>e;
    if(e!=end)                                        //end 为空指针域的标志
    {
        q=new BiTNode;
        q->data=e;
        q->lchild=NULL;
        q->rchild=NULL;
        if(k==1)
            p->lchild=q;
```

```
            if(k==2)
                p->rchild=q;
            RCreate(q,1,end);                           //递归创建左子树
            RCreate(q,2,end);                           //递归创建右子树
        }
        return 0;
    }
void BinaryTree::CreateBiTree(int end)                  //按先序序列创建二叉树
{
    cout<<"请按先序序列的顺序输入二叉树,end 为空指针域标志: "<<endl;
    BiTNode *p;
    int e;
    cin>>e;
    if(e==end) return ;
    p=new BiTNode;
    if(!p)
    {
        cout<<"申请内存失败! "<<endl;
        exit(-1);
    }
    p->data=e;
    p->lchild=NULL;
    p->rchild=NULL;
    bt=p;                                               //根结点
    RCreate(p,1,end);                                   //创建根结点左子树
    RCreate(p,2,end);                                   //创建根结点右子树
}
```

（7）利用先序遍历输出显示二叉树。

输出二叉树最好以树状的形式显示，图 6.31 所示为树状输出显示的二叉树。

二叉树树状输出显示的具体 C++实现代码如下：

```
void BinaryTree::BiTreeDisplay(BiTNode *bt,int level)
```

图 6.31　树状输出显示的二叉树

//显示的是左转了 90 度的二叉树

```
{
    if(bt)
    {
        BiTreeDisplay(bt->rchild,level+1);
        cout<<endl;
        for(int i=0;i<level-1;i++)
            cout<<"   ";
        cout<<bt->data;
        BiTreeDisplay(bt->lchild,level+1);
    }
}
```

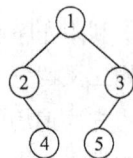

6.3.6　线索二叉树

遍历二叉树的过程是沿某一条搜索路径对二叉树中结点进行一次且仅一次的访问。换句话说，就是按一定规则将二叉树中结点排列成一个线性序列之后依次进行访问，这个线性序列可能是先序序列，或是中序序列，或是后序序列。在这些线性序列中，除第一个结点之外，每个结点有且仅有一个前驱结点；除最后一个结点之外，每个结点有且仅有一个后继结点。

但是当以二叉链表作为存储结构时，只能找到结点的左、右孩子信息，而不能直接得到结点在任一序列中的前驱和后继信息，这种信息只能在遍历的动态过程中得到。如果在第 1 次遍历时将这

些信息保存起来，在对二叉树进行二次遍历时就可以将二叉树当作线性结构进行访问。为此，可以在二叉链表的结点中添加两个指针域，分别存放指向结点"前驱"和"后继"的指针，而线索二叉树的建立便是以此为基础。

1. 线索二叉树的概念

一个具有 n 个结点的二叉树若采用二叉链表存储结构，在 $2n$ 个指针域中只有 $n-1$ 个指针域是用来存储孩子结点的地址，另外 $n+1$ 个指针域为空。因此，可以利用这些空指针域存放指向该结点在某种遍历序列中的前驱和后继结点的位置信息。

试作如下规定：若结点有左子树，则其 lchild 域指示其左孩子，否则令 lchild 域指示其前驱结点；若结点有右子树，则其 rchild 域指示其右孩子，否则令 rchild 域指示其后继结点。为了区分结点的指针域存放的是指向孩子的指针还是指向前驱或后继的指针，在结点的结构中增加两个标志位域：ltag 和 rtag，则线索二叉树的结点结构表示如图 6.32 所示。

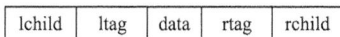

lchild	ltag	data	rtag	rchild

图 6.32 线索二叉树结点结构示意图

其中：

$$ltag = \begin{cases} 0 & \text{lchild 域指示结点的左孩子} \\ 1 & \text{lchild 域指示结点的前驱结点} \end{cases}$$

$$rtag = \begin{cases} 0 & \text{rchild 域指示结点的右孩子} \\ 1 & \text{rchild 域指示结点的后继结点} \end{cases}$$

指向结点前驱和后继的指针称为**线索**（Thread），加上线索的二叉树称为**线索二叉树**（Thread Binary Tree），相应地，加上线索的二叉链表称为**线索链表**（Thread Linked List）。由于遍历序列可由不同的遍历方法得到，因此线索二叉树可以分为先序线索二叉树、中序线索二叉树和后序线索二叉树三种类型。对二叉树以某种次序进行遍历使其成为线索二叉树的过程叫作**线索化**。

例如，对图 6.33 所示的二叉树进行线索化，得到的先序线索二叉树和先序线索二叉链表、中序线索二叉树和中序线索链表、后序线索二叉树和后序线索链表分别如图 6.34、图 6.35 和图 6.36 所示。其中，实线表示孩子指针，指向结点的左、右孩子结点；虚线表示线索，指向结点的前驱和后继。

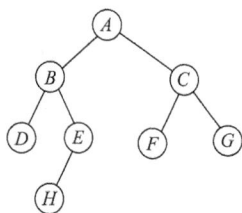

图 6.33 所示的二叉树，其先序遍历序列为 *ABDEHCFG*，与其对应的先序线索二叉树和先序线索链表如图 6.34 所示。

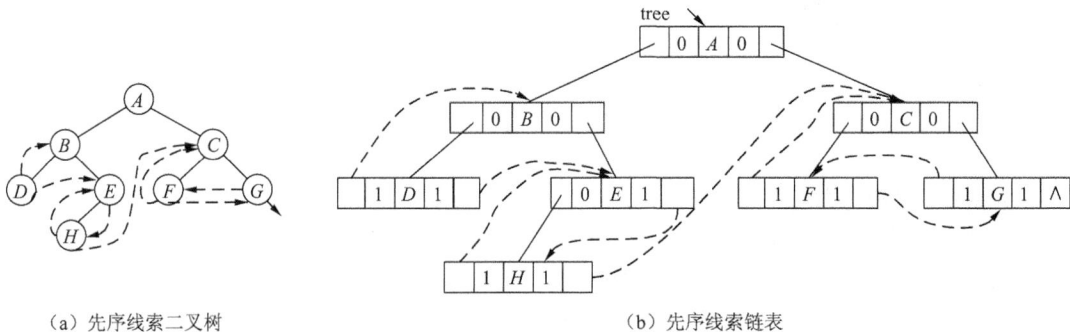

图 6.33 一棵二叉树

（a）先序线索二叉树　　　　　　　　　　（b）先序线索链表

图 6.34 先序线索二叉树及其存储结构

图 6.33 所示的二叉树，其中序遍历序列为 *DBHEAFCG*，与其对应的中序线索二叉树和中序线索链表如图 6.35 所示。

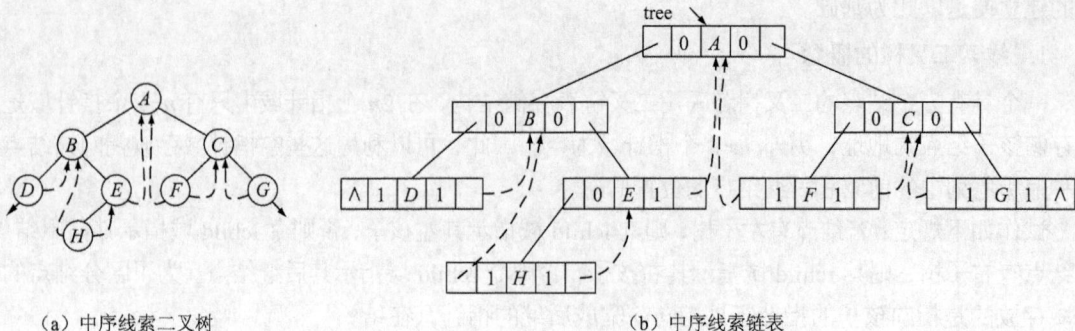

（a）中序线索二叉树　　　　　　　　　　　　　　　　　（b）中序线索链表

图 6.35　中序线索二叉树及其存储结构

图 6.33 所示的二叉树，其后序遍历序列为 *DHEBFGCA*，与其对应的后序线索二叉树和后序线索链表如图 6.36 所示。

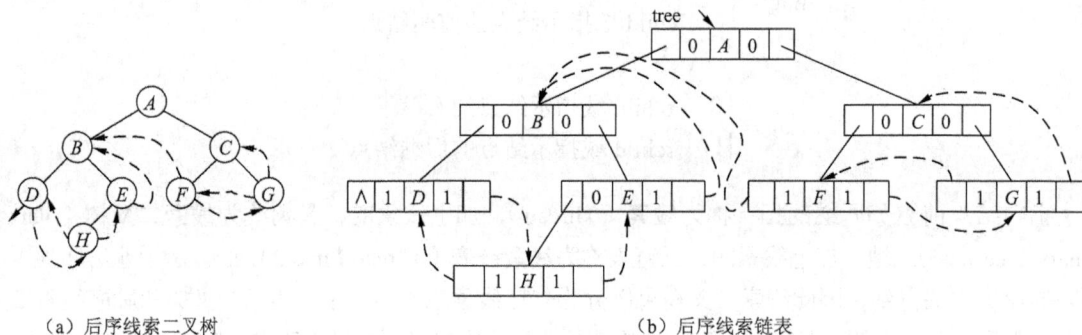

（a）后序线索二叉树　　　　　　　　　　　　　　　　　（b）后序线索链表

图 6.36　后序线索二叉树及其存储结构

2. 线索二叉树的类定义和基本操作

由线索二叉树的定义可知，对同一棵二叉树的遍历方式不同，得到的线索二叉树也不同，如图 6.34、图 6.35 和图 6.36 所示。二叉树的先序、中序和后序遍历，对应会产生先序线索二叉树、中序线索二叉树和后序线索二叉树。下面以中序线索二叉树为例，介绍其类定义和基本操作的实现。

线索二叉树中，用 C++语言描述的结点结构如下：

```
typedef struct BiThrNode          //线索二叉树的结点
{
    ElemType data;                //数据域
    BiThrNode *lchild,*rchild;    //左右孩子指针
    int LTag,RTag;                //左右标志
}BiThrNode,*BiThrTree;
```

中序线索二叉树的类定义如下：

```
class ThreadBiTree
{
private:
    BiThrNode *bt;                //根结点
    BiThrNode *pre;
    void RCreate(BiThrNode *p,int flag,int end);
```

```
public:
    BiThrNode *Thrt;                        //头结点
    ThreadBiTree(){bt=NULL;Thrt=new BiThrNode;};        //构造函数,对二叉链表进行初始化
    void CreateBiTree(int end);
    BiThrNode *GetRoot();                   // 二叉树不为空获取根结点指针,否则返回 NULL
    int InOrderThreading(BiThrTree &Thrt,BiThrTree T);   //中序遍历进行中序线索化
    void InThreading(BiThrTree p);  //中序线索化递归函数
    int InOrderTraverse_Thr(BiThrTree T);               //中序遍历线索二叉树的非递归算法
    void BiTreeDisplay(BiThrNode *bt,int level=1);      //二叉树的树形显示算法
};
```

（1）创建中序线索二叉树。

创建线索二叉树，也就是将二叉树进行线索化，其算法的核心是对二叉树的遍历。

假设二叉树的二叉链表已经存在，则创建中序线索二叉树的操作步骤如下。

Step 1：设指针 h 始终指向刚刚访问过的结点。

Step 2：遍历二叉树。

Step 3：检查当前结点的左、右指针域是否为空。

（a）若左指针域为空，则将其改为指向前驱结点的线索。

（b）若右指针域为空，则将其改为指向后继结点的线索。

为保留线索信息，在 Step1 中，令指针 p 指向当前结点，h 指向 p 的前驱结点。创建中序线索二叉树的 C++语言实现代码如下：

```
void ThreadBiTree::InThreading(BiThrTree p)
{
    if(p)
    {
        InThreading(p->lchild);
        if(!p->lchild)
        {
            p->LTag=1;
            p->lchild=pre;
        }
        if(!pre->rchild)
        {
            pre->RTag=1;
            pre->rchild=p;
        }
        pre=p;
        InThreading(p->rchild);
    }
}
int ThreadBiTree::InOrderThreading(BiThrTree &Thrt,BiThrTree T)
{
    Thrt->LTag=0; Thrt->RTag=1;             //Thrt 指向头结点
    Thrt->rchild=Thrt;
    if(!T)
    {
        Thrt->lchild=Thrt;
    }
    else
    {
        Thrt->lchild=T;pre=Thrt;
        InThreading(T);
        pre->rchild=Thrt;pre->RTag=1;
        Thrt->rchild=pre;
    }
    return 1;
}
```

（2）查找算法。

① 查找结点的后继。

（a）中序线索二叉树中查找结点的后继。

在中序线索二叉树中如何从当前指定结点寻找其后继结点呢？结合图 6.35 的中序线索二叉树来看，有以下两种情形。

- 若指定结点 x 的 rtag==1，则其 rchild 域中存放的是后继线索，可以直接按照后继线索找到 x 的后继，如结点 D 的后继是结点 B。

注：若此时 rchild==NULL，则 x 无后继结点，即遍历到此结束。如图 6.35 中，结点 G 的 rchild 指针为空，G 为中序遍历的最后一个结点。

- 若指定结点 x 的 rtag==0，则其 rchild 域中存放的是右孩子信息，此时 x 的后继结点应为遍历其右子树时访问的第一个结点，即右子树中的最左下结点（如图 6.37 所示），图 6.35 中结点 A 的后继结点即为其右子树中最左下结点 F。

（b）先序线索二叉树中查找结点的后继。

先序线索二叉树中，结点 x 的后继是其左子树的根；若无左子树，则其后继为右子树的根。

（c）后序线索二叉树中查找结点的后继。

后序线索二叉树中，查找结点 x 的后继分以下三种情况。

- 若结点 x 是根结点，则 x 的后继是空。

- 若结点 x 是其双亲的右孩子，或是其双亲的左孩子但双亲无右子树，则 x 的后继是其双亲结点，如图 6.38（a）和（b）所示。

- 若结点 x 是其双亲的左孩子，但其双亲有右子树，则 x 的后继是其双亲右子树中后序遍历的第一个结点，如图 6.38（c）所示。

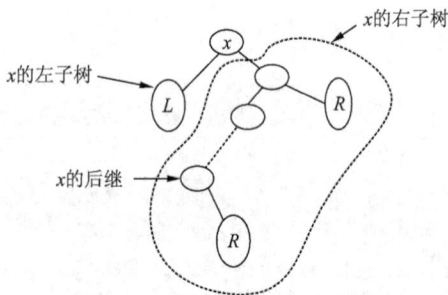

图 6.37　右子树中的最左下结点图示

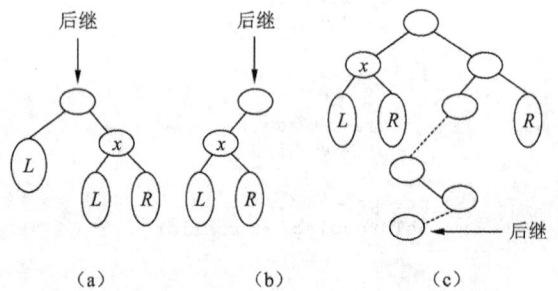

图 6.38　后序线索二叉树中查找结点的后继图示

② 查找结点的前驱。

（a）中序线索二叉树中查找结点的前驱。

结合图 6.35 的中序线索二叉树来看，有以下两种情形。

- 若指定结点 x 的 ltag==1，则其 lchild 域中存放的是前驱线索，可以直接按照前驱线索找到 x 的前驱，如结点 F 的前驱是结点 A。

注：若 lchild==NULL，则 x 无前驱结点。如图 6.35 中，结点 D 的左孩子指针为空，D 为中序遍历的第一个结点。

- 若指定结点 x 的 ltag==0，则其 lchild 域中存放的是左孩子信息，此时 x 的前驱应为遍历其左子树时访问的最后一个结点，即左子树中的最靠右边的结点（如图 6.39 所示）。图 6.35 中结点 A 的前驱结点为其左子树中最靠右边的结点 E。

（b）先序线索二叉树中查找结点的前驱。

先序线索二叉树中，查找结点 x 的前驱分以下三种情况。

● 若结点 x 是根结点，则 x 的前驱为空。

● 若结点 x 是其双亲的左孩子，或是其双亲的右孩子但双亲无左子树，则 x 的前驱是其双亲结点，如图 6.40（a）和（b）所示。

● 若结点 x 是其双亲的右孩子结点，但其双亲有左子树，则 x 的前驱是其双亲的左子树中先序遍历的最后一个结点，如图 6.40（c）所示。

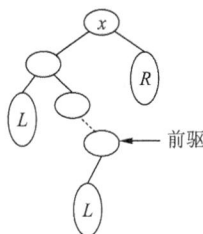

图 6.39　左子树中最靠右边的结点图示

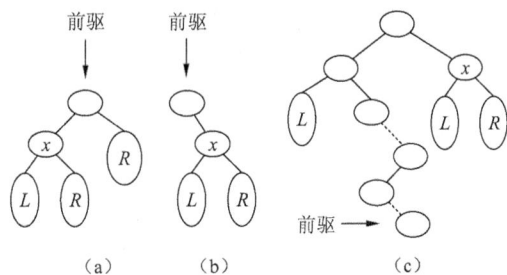

图 6.40　先序线索二叉树中查找结点的前驱图示

（c）后序线索二叉树中查找结点的前驱。

后序线索二叉树中，结点 x 的前驱是其右子树的根结点；若无右子树，则前驱为左子树的根结点。

3. 线索二叉树的遍历

线索二叉树的遍历，就是依据其遍历方法的类型（如先序、中序、后序等），从该遍历序列的第一个结点出发，依次找到当前结点的后继结点的过程。如，中序线索二叉树中，遍历的第一个结点是根结点的最左下的结点，然后基于找到的第一个结点，不断调用查找后继结点的算法，即可完成整个遍历过程。其他线索二叉树的遍历都基于该思路，不再赘述。其中，后序遍历线索二叉树对称于先序遍历线索二叉树：即将先序遍历线索二叉树中所有结点左右互换，前驱与后继互换，即可得到后序遍历线索二叉树的方法。

在线索二叉树的算法实现中，为简化线索链表的遍历算法，仿照线性表的存储结构，在二叉树的线索链表上也添加了一个头结点，并对相关结点的数据域的取值进行了约定。

以中序线索二叉树为例，添加头结点后，相关数据域取值如下。

（1）头结点的 lchild 域存放指向线索链表的根结点的指针。

（2）头结点的 rchild 域存放指向中序序列的最后一个结点的指针。

（3）中序遍历序列的第一个结点的 lchild 域指针指向头结点。

（4）中序遍历序列的最后一个结点的 rchild 域指针指向头结点。

通过上述操作，相当于为二叉树建立一个双向线索链表，既可以从第一个结点起顺着后继结点进行遍历，也可以从最后一个结点起顺着前驱结点进行遍历，如图 6.41（b）所示。

基于上述链表结构，中序线索链表 T 的中序遍历算法的基本步骤如下。

（1）令 p=T->lchild；p 指向线索链表的根结点。

（2）若线索链表非空，则执行①、②、③。

① 顺着 p 的左孩子指针找到最左下结点（中序遍历的第一个结点），并访问之。

② 若 p 所指结点的右孩子域中为线索，则 p 的右孩子结点为后继结点。循环执行 p=p->rchild，并访问 p 所指结点（在此循环中，顺着后继线索访问二叉树中的结点）。

③ 一旦"线索"中断，则 p 所指结点的右孩子域为右孩子指针，p=p->rchild，即 p 指向右孩子结点。返回（2）继续执行。直至链表为空。

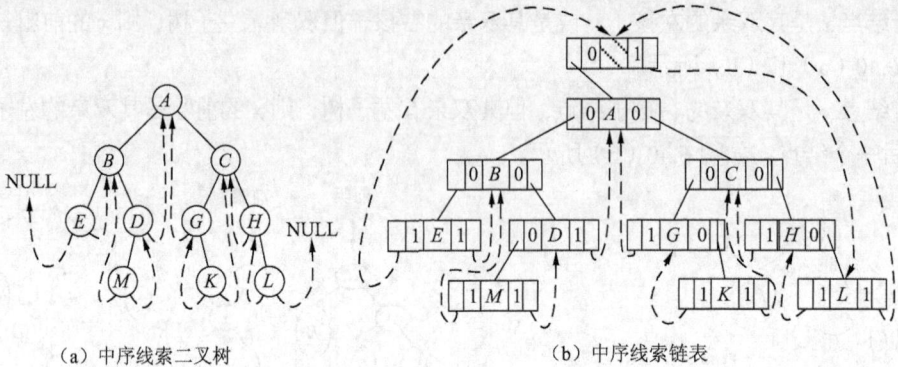

（a）中序线索二叉树　　　　　　　　（b）中序线索链表

图 6.41　中序线索二叉树及其链表

上述遍历对应的算法代码如下：

```cpp
int ThreadBiTree::InOrderTraverse_Thr(BiThrTree T)
{
    BiThrNode *p;
    p=T->lchild;
    while(p!=T)
    {
        while(p->LTag==0)
            p=p->lchild;
        cout<<p->data<<' ';
        while(p->RTag==1&&p->rchild!=T)
        {
            p=p->rchild;
            cout<<p->data<<' ';
        }
        p=p->rchild;
    }
    return 1;
}
```

6.4　树、森林与二叉树的转换

本节主要介绍树、森林与二叉树的对应关系。

由前述森林和树的定义可知，森林是 $m(m \geq 0)$ 棵互不相交的树的集合。因此，也可以定义树是 $n(n \geq 0)$ 个结点的有限集，若 $n=0$，则为空树；否则，树由一个根结点和 $m(m \geq 0)$ 棵树组成的森林构成，森林中的每棵树都是根的子树，即子树的集合为森林。由此，可以用森林和树相互递归的定义来描述树。

就逻辑结构而言，任何一棵树是一个二元组 $T=(root, F)$，其中：$root$ 是数据元素，称为树的根结点；F 是 $m(m \geq 0)$ 棵树组成的森林，$F=(T_1, T_2, \cdots, T_m)$，其中，$T_i=(r_i, F_i)$ 称作根 $root$ 的第 i 棵子树；当 $m \neq 0$ 时，在树根和其子树森林之间存在以下关系：

$$RF = \{< root, r_i > | i = 1, 2, \cdots, m; m > 0\}$$

这个定义将有助于得到树、森林与二叉树之间转换的递归定义。

微课视频

6.4.1　树与二叉树的转换

由于二叉树和树都可以用二叉链表作为存储结构，则以二叉链表作为中间形态可导出树与二叉树之间的一个对应关系。也就是说，给定一棵树，可以找到唯一的一棵二叉树与之对应。从物理结构来看，它们的二叉链表是相同的，只是解释不同而已。

事实上，一棵树采用孩子兄弟表示法所建立的存储结构与它所对应的二叉树的二叉链表存储结构是完全相同的。

对于一棵无序树，树中结点的各个孩子之间的次序是无关紧要的，而二叉树中结点的左、右孩子是有次序的。为避免发生混淆，可以约定树中每一个结点的孩子从左到右的次序顺序编号。图 6.42（a）所示的一棵树，根结点 A 有 B、C、D 三个孩子，可以认为结点 B 是 A 的第一个孩子结点，结点 C 是 A 的第二个孩子结点，结点 D 是 A 的第三个孩子结点。

将一棵树转换成二叉树的方法如下。

（1）加线：将树中所有相邻兄弟之间加一条连线，如图 6.42（b）所示。

（2）抹线：对树中的每个结点，只保留它与第一个孩子结点之间的连线，删除它与其他孩子结点之间的连线，如图 6.42（c）所示。

（3）旋转：以树的根结点为轴心，将整棵树顺时针旋转 45°，使之成为一棵层次分明的二叉树，如图 6.42（d）所示。

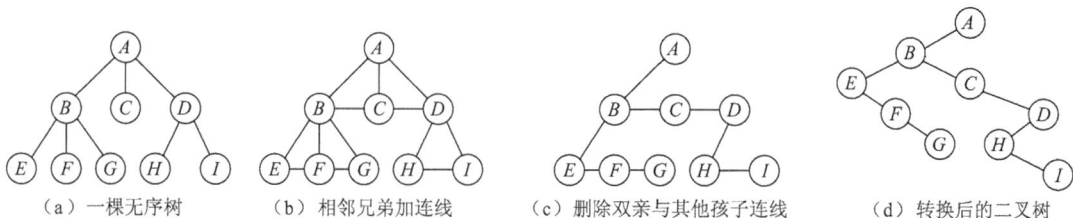

|（a）一棵无序树|（b）相邻兄弟加连线|（c）删除双亲与其他孩子连线|（d）转换后的二叉树|

图 6.42　一棵树转换为二叉树的过程示意图

从上面的转换可以看出，在二叉树中，左子树上的各结点在原来的树中与其双亲结点是父子关系，而右子树上的各结点在原来的树中与其双亲结点是兄弟关系。由于根结点没有兄弟，所以变换后的二叉树的根结点的右子树必为空。同理，一棵二叉树若要转换成一棵树，则右子树必定为空。图 6.43 所示为一棵二叉树转换成树的过程示意图，其转换过程恰好是树转换成二叉树的逆过程。

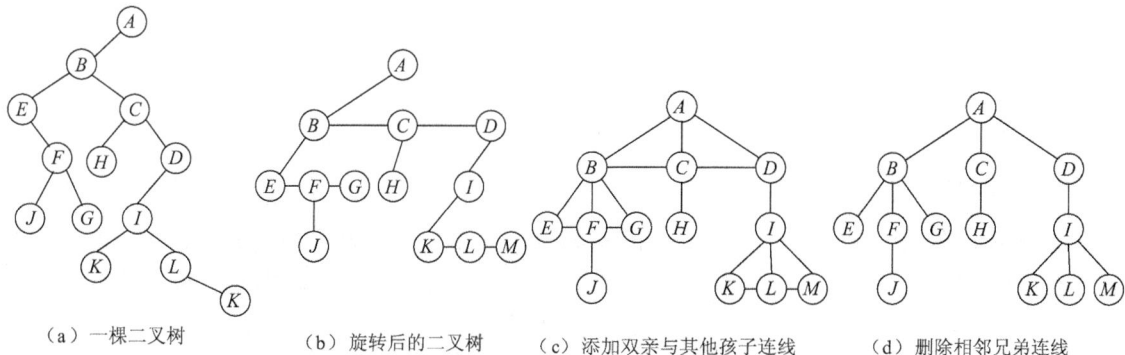

|（a）一棵二叉树|（b）旋转后的二叉树|（c）添加双亲与其他孩子连线|（d）删除相邻兄弟连线|

图 6.43　一棵二叉树转换成树的过程示意图

6.4.2 森林与二叉树的转换

1. 森林转换成二叉树

由森林的概念可知，森林是若干棵树的集合，只要将森林中各棵树的根视为兄弟关系，每棵树又可以用二叉树表示。这样，森林也同样可以用二叉树表示。

森林转换成二叉树的方法如下。

（1）将森林中的每棵树转换成相应的二叉树。

（2）第一棵二叉树不动，从第二棵二叉树开始，依次把后一棵二叉树的根结点作为前一棵二叉树根结点的右孩子，当所有的二叉树连起来之后，此时所得到的二叉树就是由森林转换得到的二叉树。

这一方法可形式化描述为：若 $F=\{T_1, T_2, \cdots, T_m\}$ 是森林，则可按如下规则转换成一棵二叉树 $B=(root, T_L, T_R)$。

（1）若 F 为空，即 $m=0$，则 B 为空树。

（2）若 F 非空，即 $m \neq 0$，则 B 的根 $root$ 即为森林中的第一棵树的根 $Root(T_1)$；B 的左子树 T_L 是由 T_1 中根结点的子树森林 $F_1=\{T_{11}, T_{12}, \cdots, T_{1m}\}$ 转换而成的二叉树；其右子树 T_R 是由森林 $F'=\{T_2, T_3, \cdots, T_m\}$ 转换而成的二叉树。图 6.44 给出了森林及其转换为二叉树的过程。

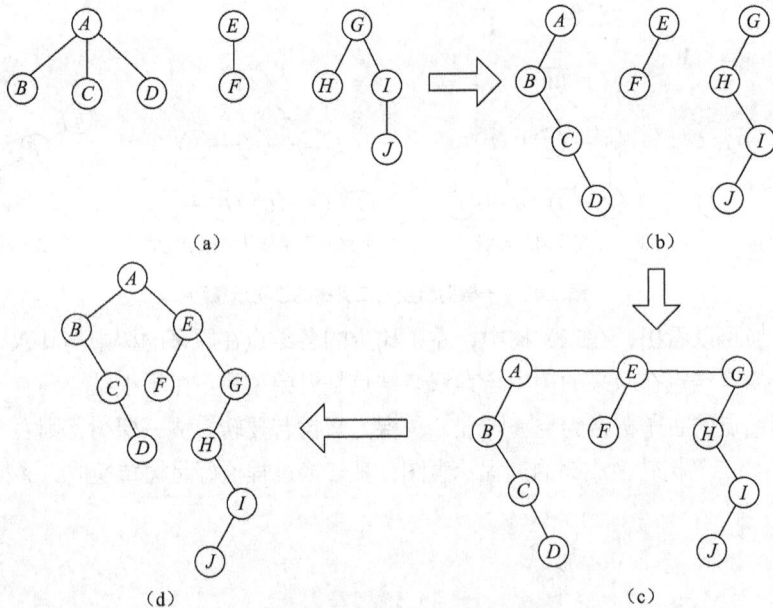

图 6.44　森林转换为二叉树的过程示意图

2. 二叉树转换成森林

树和森林都可以转换成二叉树，二者不同的是树转换成的二叉树，其根结点右子树为空，而森林转换后的二叉树，其根结点右子树不为空。显然这一过程是可逆的，即可以依据二叉树的根结点有无右子树，将一棵二叉树还原为树或森林，具体方法如下。

（1）若某结点是双亲的左孩子，则把该结点的右孩子、右孩子的右孩子……都与该结点的双亲结点用线连起来。

（2）删去原二叉树中所有的双亲结点与其右孩子结点的连线。

（3）整理由（1）、（2）两步所得到树或森林，使之结构层次分明。

这一方法可形式化描述为：若 $B=(root, T_L, T_R)$ 是一棵二叉树，则可按如下规则转换成森林 $F=\{T_1, T_2, \cdots, T_m\}$。

（1）若 B 为空，则 F 为空。

（2）若 B 非空，则森林中第一棵树 T_1 的根 $Root(T_1)$ 即为 B 的根 $root$；T_1 中根结点的子树森林 F_1 是由 B 的左子树 T_L 转换而成的森林；F 中除 T_1 之外其余树组成的森林 $F'=\{T_2, T_3, \cdots, T_m\}$ 是由 B 的右子树 T_R 转换而成的森林。

图 6.45 给出了一棵二叉树还原为森林的过程。

由森林与二叉树之间转换的规则可知，当森林转换为二叉树时，其第一棵树的子树森林转换成左子树，剩余树的森林转换成右子树，则上述二叉树的先序和中序遍历即为其对应的森林的先序和中序遍历。即相对应的二叉树和森林分别进行先序和中序遍历，可得到相同的序列。

由此可见，当树以二叉链表作为存储结构时，其先根遍历和后根遍历可借用二叉树的先序遍历和中序遍历的算法实现之。

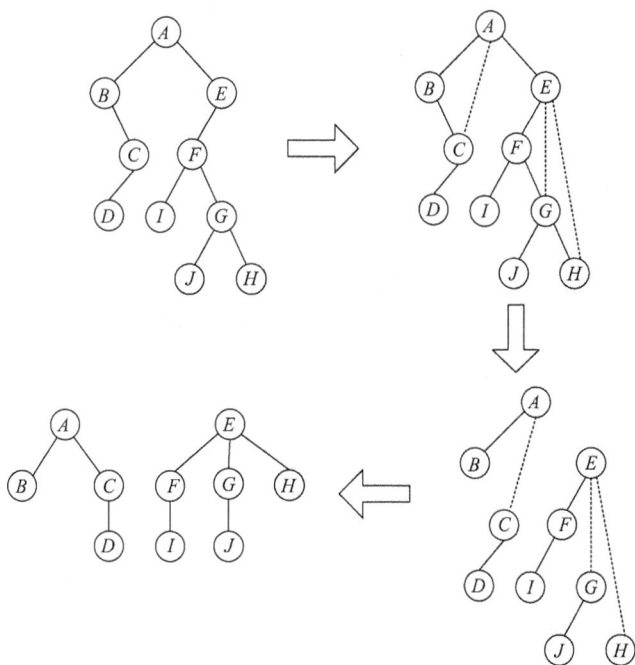

图 6.45　二叉树还原为森林的过程

6.5　堆

设有 n 个元素的序列 $\{k_1, k_2, \cdots, k_n\}$，当且仅当满足下述关系之一时，称之为**堆**（Heap）。

$$\begin{cases} k_i \leqslant k_{2i} \\ k_i \leqslant k_{2i+1} \end{cases} 或 \begin{cases} k_i \geqslant k_{2i} \\ k_i \geqslant k_{2i+1} \end{cases} (i=1,2,\cdots,[n/2])$$

若以一维数组存储堆，则堆对应为一棵完全二叉树，且所有非叶子结点的值均不大于（或不小于）其子女的值，根结点的值是最小（或最大）的。因此，也可以这样来定义堆。

堆是具有下列其中某一条性质的完全二叉树。

（1）每个结点的值都小于或等于其左右孩子结点的值，称为小根堆或小顶堆。

（2）每个结点的值都大于或等于其左右孩子结点的值，称为大根堆或大顶堆。

堆的示例如图6.46所示。

堆对应的是完全二叉树，因此其类定义和基本操作可参考二叉树的相关实现，在此不再赘述。基于堆的排序方法应用非常广泛，将在本书后续章节介绍。

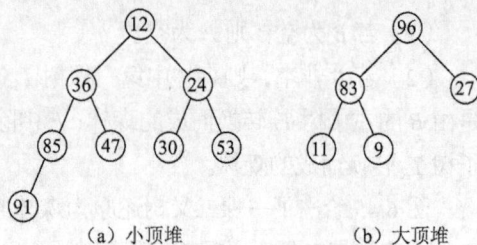

（a）小顶堆 （b）大顶堆

图6.46 堆的示例

6.6 哈夫曼树和哈夫曼编码

哈夫曼树是利用哈夫曼编码构造的一种特殊结构的二叉树，是二叉树实际应用的一种。下面详细介绍哈夫曼树的概念及其构造方法，并介绍哈夫曼编码方式。

6.6.1 哈夫曼树的概念

哈夫曼树，又称为**最优二叉树**，是指一类带权路径长度最小的二叉树。

哈夫曼树定义中涉及的术语含义如下。

结点的权：对结点赋予的一个有着某种意义的数值。

结点的带权路径长度：从树根结点到该结点之间的路径长度与该结点权值的乘积。

叶子结点：树中度为0的结点，也称为终端结点。

树的带权路径长度：树中所有叶子结点的带权路径长度之和。

树的带权路径长度 WPL 可记为：

$$WPL = \sum_{k=1}^{n} W_k \cdot L_k$$

其中 W_k 为第 k 个叶子结点的**权值**（Weight），L_k 为第 k 个叶子结点的路径长度。图6.47所示为树的带权路径长度的计算示意图。

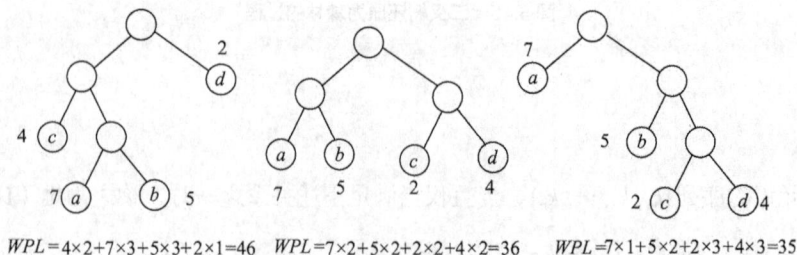

$WPL=4\times2+7\times3+5\times3+2\times1=46$ $WPL=7\times2+5\times2+2\times2+4\times2=36$ $WPL=7\times1+5\times2+2\times3+4\times3=35$

图6.47 树的带权路径长度计算

　　根据一组具有确定权值的叶子结点，可以构造出不同的带权二叉树，其中带权路径长度最小的二叉树称为**哈夫曼树**（Huffman Tree），又称为**最优二叉树**。例如，二叉树有 4 个叶子结点，其权值分别为 1,3,5,7，可以构造出形状不同的多个二叉树。这些形状不同的二叉树的带权路径长度往往各不相同。图 6.48 给出了其中 5 个不同形状的二叉树。其中图 6.48（b）和（e）所示的二叉树都是一棵哈夫曼树。

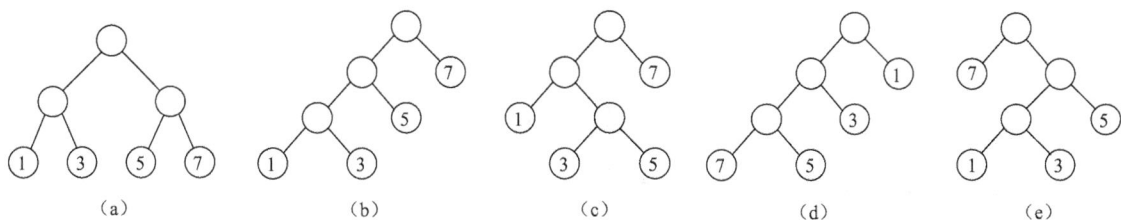

图 6.48　权值相同的不同二叉树

6.6.2　哈夫曼树的构造

　　根据哈夫曼树的定义，一个二叉树要使其带权路径长度最小，必须让权值大的结点靠近根结点，而权值小的结点远离根结点。据此，哈夫曼树的构造算法如下。

　　（1）根据给定 n 个权值 $\{w_1, w_2, \cdots, w_n\}$ 构造 n 棵二叉树的集合 $F=\{T_1, T_2, \cdots, T_n\}$，其中每棵二叉树 T_i 中只有一个权值为 w_i 的根结点，其左、右子树均空。

　　（2）在 F 中选取两棵根结点的权值最小的树分别作为左、右子树构造一棵新的二叉树，且将新的二叉树的根结点的权值置为其左、右子树上根结点的权值之和。

　　（3）在 F 中删除作为左、右子树的两棵二叉树，同时将新得到的二叉树加入到 F 中。

　　（4）重复（2）和（3），直到 F 只含一棵树为止，这棵树便是哈夫曼树。

　　图 6.49 给出了叶子结点权值集合为 $W=\{5,29,7,8,14,23,3,11\}$ 的哈夫曼树的构造过程，其根结点权值为 100。哈夫曼树的形状可以不同，但不同形状的哈夫曼树的带权路径长度一定相同，且是所有带权路径长度的最小值。

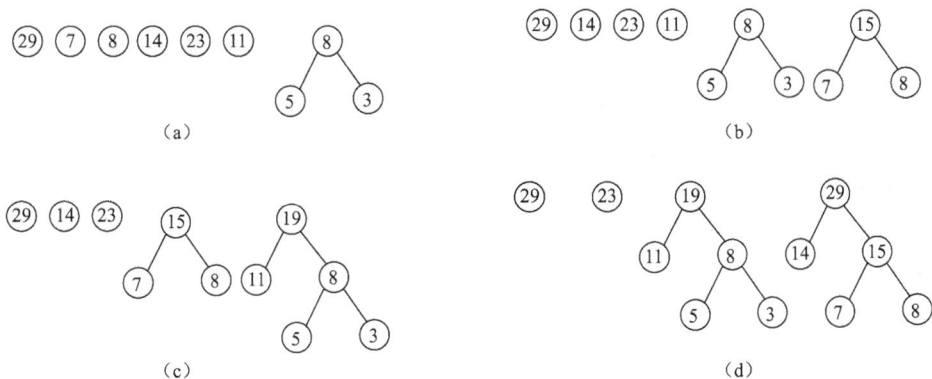

图6.49　哈夫曼树的构造过程示例

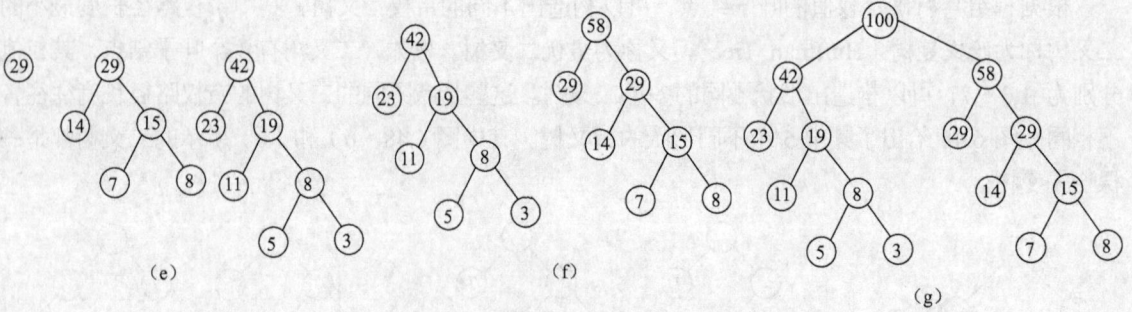

图 6.49 哈夫曼树的构造过程示例（续）

采用 C++语言构造哈夫曼树的算法如下：

```
struct HTNode                    //哈夫曼树的结点结构
{
    int weight;                  //权值
    int parent;                  //指向父结点的指针域
    int lchild;                  //左指针域
    int rchild;                  //右指针域
};
class huffman_BT                 //哈夫曼树的类定义
{
private:
    int nn;                      //叶子结点的个数
    HTNode *bt;                  //最优二叉树顺序存储空间的首地址
    char **hc;                   //动态分配数组存储赫夫曼编码表
public:
    huffman_BT(){bt=NULL;}
    void creat_hufm_BT();        //创建哈夫曼树
    void select(HTNode *p,int k,int *i,int *j);
                                 //在 bt 中选择 parent 为-1 且 weight 最小的两个结点
    void HuffmanDisplay();       //输出最优二叉树
    int HuffmanCoding();         //求赫夫曼编码
};

void huffman_BT::select(HTNode *p,int k,int *i,int *j)
                                 //在前 k-1 个结点中选择权值最小的两个根结点 i 和 j
{
    int w;
    int n=0;
    while(n<k&&(p+n)->parent!=-1)
        n++;                     //寻找指向父结点指针为空的起始结点
    w=(p+n)->weight;
    *i=n;
    while(n<k)
    {
        if((((p+n)->weight)<w)&&((p+n)->parent==-1))
        {
            *i=n;
            w=(p+n)->weight;
        }
        n++;
    }
    n=0;
    while((n<k)&&((p+n)->parent!=-1)||(n==(*i)))
```

```
        n++;
    w=(p+n)->weight;
    *j=n;
    while(n<k)
    {
        if(((p+n)->weight<w)&&(n!=(*i))&&((p+n)->parent==-1))
        {
            *j=n;
            w=(p+n)->weight;
        }
        n++;
    }
    if((*i)>(*j))
    {
        n=(*i);
        *i=*j;
        *j=n;
    }
}
void huffman_BT::creat_hufm_BT( )          //nn 是叶子结点的个数
{
    HTNode *p;
    int k,i,j,m;
    cout<<"请输入结点的个数: ";
    cin>>nn;
    m=nn*2-1;                              //总结点树
    bt=new HTNode[m];
    p=bt;
    for(i=0;i<m;i++)                       //初始化
    {
        p[i].weight=0;
        p[i].parent=-1;
        p[i].lchild=-1;
        p[i].rchild=-1;
    }
    cout<<"请依次输入权值: "<<endl;
    for(i=0;i<nn;i++)
    {
        cout<<"请输入第"<<i+1<<"个权值: ";
        cin>>p[i].weight;
    }
    for(k=nn;k<m;k++)
    {
        select(p,k,&i,&j);                 //在前 k-1 个结点中选择权值最小的两个根结点 i 和 j
        (p+i)->parent=k;
        (p+j)->parent=k;                   //合并构成新的二叉树
        (p+k)->lchild=i;
        (p+k)->rchild=j;
        (p+k)->weight=(p+i)->weight+(p+j)->weight;
    }
}
```

6.6.3　哈夫曼编码

在数据通信中，经常需要将传送的文字转换成由二进制字符 0、1 组成的字符串（也称为编码）。例如，假设要传送的电文为 *ABACCDA*，电文中只含有 *A*、*B*、*C*、*D* 四种字符，若这四种字符采用表6.1 所示的**等长编码**，则电文的代码为 000010000100100111000，长度为 21。

表6.1 等长编码1

	A	B	C	D
	000	010	100	111

在传送电文时，总是希望传送时间尽可能短，这就要求电文代码尽可能短。显然，这种编码方案产生的电文代码还可以再缩短。表6.2所示为另一种等长编码方案，用此编码对上述电文进行编码所建立的代码为00010010101100，长度为14。在这种编码方案中，4种字符的编码均为两位，表6.1的编码方案中字符的编码均为三位，这两种编码方案均为等长编码。

表6.2 等长编码2

	A	B	C	D
	00	01	10	11

如果在编码时考虑字符出现的频率，让出现频率高的字符采用尽可能短的编码，出现频率低的字符采用稍长的编码，构造一种**不等长编码**，则电文的代码总长度就可能更短。如当字符 A、B、C、D 采用表6.3所示的编码时，电文为 ABACCDA 的代码为1000101010011，长度为13。

表6.3 变长编码

	A	B	C	D
	1	000	01	001

为设计电文总长最短的编码方式，可通过构造以字符使用频率作为权值的哈夫曼树。具体做法如下：设需要编码的字符集合为 $\{d_1, d_2, \cdots, d_n\}$，它们在电文中出现的次数或频率集合为 $\{w_1, w_2, \cdots, w_n\}$，以 $d_1, d_2, \cdots, d_n$ 作为叶子结点，$w_1, w_2, \cdots, w_n$ 作为它们的权值，构造一棵哈夫曼树，规定哈夫曼树中左分支代表0，右分支代表1，则从根结点到每个叶子结点所经过的路径分支组成的0和1的序列便为该结点对应字符的编码，称之为**哈夫曼编码**。

在编码树中，树的带权路径长度是指各个字符的码长与其出现次数的乘积之和，即电文的代码总长，所以采用哈夫曼树构造的编码是一种能使电文代码总长最短的不等长编码。

在不等长编码选择上，必须使任何一个字符的编码都不是其他字符编码的前缀，以保证译码的唯一性。 若采用哈夫曼树产生编码，则能确保译码的唯一性。因此，在哈夫曼树中，每个字符结点都是叶子结点，它们不可能在根结点到其他字符结点的路径上，所以一个字符的哈夫曼编码不可能是另一个字符的哈夫曼编码的前缀。

哈夫曼编码的算法包括两个部分：

（1）构造哈夫曼树。

（2）在哈夫曼树上求叶子结点的编码。

第（2）部分就是在已建立的哈夫曼树中，从叶子结点开始，沿结点的双亲链域回退到根结点，每回退一步，就经过一个分支，从而得到一位哈夫曼编码值。由于一个字符的哈夫曼编码是指从根结点到该字符结点所经过的路径上各分支所组成的0、1序列，因此，先得到的分支代码为所求编码的低位码，后得到的分支代码为所求编码的高位码。可以设置一个结构数据来存放各字符的哈夫曼编码信息，该结构数据的类型定义如下：

```
int huffman_BT::HuffmanCoding()          //从叶子到根逆向求每个字符的哈夫曼编码
{
    char *cd=new char[nn];
    int start,c,f;
```

```
hc=new char*[nn];
cd[nn-1]='\0';
for(int i=0;i<nn;i++)
{
    start=nn-1;
    for(c=i,f=bt[i].parent;f!=-1;c=f,f=bt[f].parent)
    {
        if(bt[f].lchild==c)
            cd[--start]='0';
        else
            cd[--start]='1';
    }
    hc[i]=new char[nn-start];
    strcpy(hc[i],&cd[start]);
}
return 1;
}

void huffman_BT::HuffmanDisplay()          //哈夫曼编码信息输出
{
    HTNode *p;
    int k;
    p=bt;
    cout<<"k"<<setw(7)<<"weight"<<setw(7)<<"parent"
        <<setw(7)<<"lchild"<<setw(7)<<"rchild"<<endl;
    for(k=0;k<2*nn-1;k++)
    {
        cout<<k<<setw(7)<<(p+k)->weight<<setw(7)<<(p+k)->parent
            <<setw(7)<<(p+k)->lchild<<setw(7)<<(p+k)->rchild<<endl;
    }
    cout<<"哈夫曼编码为："<<endl;
    for(k=0;k<nn;k++)
    {
        cout<<char('A'+k)<<"(权值："<<p[k].weight<<"):"
            <<hc[k]<<endl;
    }
}
```

例如，某通信系统只使用 8 种字符 a、b、c、d、e、f、g、h，其使用频率分别为 0.05，0.29，0.07，0.08，0.14，0.23，0.03，0.11。构造以字符使用频率作为权值的哈夫曼树，将权值取为整数 $w=(5,29,7,8,14,23,3,11)$，则根据哈夫曼算法构造的一棵哈夫曼树如图 6.50 所示。

该哈夫曼树所对应的字符编码如表 6.4 所示。

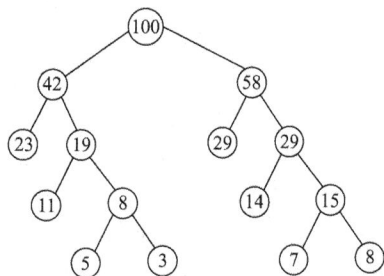

图 6.50　根据哈夫曼构造哈夫曼树

表 6.4　　　　　　　　　　　　　　　　　变长编码

a	b	c	d	e	f	g	h
0110	10	1110	1111	110	00	0111	010

习题六

一、选择题

1. 引入线索二叉树的目的是_____。

　　A. 加快查找结点的前驱或后继的速度　　　　B. 为了能在二叉树中方便插入和删除

　　C. 为了能方便找到双亲结点　　　　D. 使二叉树的遍历结果唯一

2. 线索二叉树是一种_____结构。

    A. 逻辑   B. 逻辑和存储   C. 物理   D. 线性

3. 判断线索二叉树中*p 结点有右孩子结点的条件是_____。

    A. p!=NULL   B. p->rchild!=NULL   C. p->rtag==0   D. p->rtag==1

4. 下述二叉树中，_____满足性质：从任一结点出发到根的路径上所经过的结点序列按其关键字有序。

    A. 堆   B. 哈夫曼树   C. AVL 树   D. 二叉搜索树

5. 二叉树在线索后，仍不能有效求解的问题是_____。

    A. 先序线索二叉树中求先序后继   B. 中序线索二叉树中求中序后继

    C. 中序线索二叉树中求中序前驱   D. 后序线索二叉树中求后序后继

6. 若一棵二叉树具有 10 个度为 2 的结点，5 个度为 1 的结点，则度为 0 的结点的数量为_____。

    A. 9   B. 11   C. 15   D. 不确定

7. 设 a、x 和 y 是二叉树 B 中的 3 个结点，x 是 a 的左孩子，y 是 x 的右孩子，T 是 B 对应的树；在 T 中，y 是 a 的_____。

    A. 孩子   B. 兄弟   C. 双亲   D. 子孙但非孩子

8. 根据使用频率为 5 个字符设计的哈夫曼编码不可能是_____。

    A. 111,110,10,01,00   B. 000,001,010,011,1   C. 100,11,10,1,0   D. 001,000,01,11,10

9. 一棵二叉树的先序遍历序列为 *ABCDEF*，中序遍历序列为 *CBAEDF*，则后序遍历序列为_____。

    A. *CBEFDA*   B. *FEDCBA*   C. *CBEDFA*   D. 不确定

10. 设森林 F 中有三棵树，第 1、2 和 3 棵树的结点个数分别为 $m1$，$m2$ 和 $m3$。与森林 F 对应的二叉树根结点右子树的结点个数是_____。

    A. $m1$ B. $m1+m2$ C. $m3$ D. $m2+m3$

二、填空题

1. 树中结点所拥有的子树的个数称为该结点的_____。

2. 在中序线索化二叉树时，采用_____遍历方法最合适。

3. 设有二叉树 T，当对其进行先序遍历和中序遍历时，结点被访问的次序分别是 *ABCKDEF* 和 *BKCADFE*。则对该二叉树做后序遍历的结点次序是_____。

4. 若按层次顺序将一棵有 n 个结点的完全二叉树上所有结点从 0 到 $n-1$ 编号，那么，如果结点 i 有左孩子，则其左孩子编号是_____；如果 $i>0$，则其双亲的编号是_____。

5. 一棵树转换成相应的二叉树，该二叉树的根结点的右子树为_____。

6. 设一棵后序线索二叉树的高度是 50，树中结点 x 的双亲是结点 y，x 是 y 的左孩子，y 的右子树的高度 31，则确定 x 后继最多需经_____个中间结点（不含后继及 x 本身）。

7. 设有三三树中，度为 1、2 和 3 的结点数目分别为 15、6 和 7，则度为 0 的结点数为_____。

8. 按照二叉树的定义具有三个结点的二叉树有_____种。

9. 若以 {4,5,6,7,8} 作为叶子结点的权值构造哈夫曼树，则其带权路径长度是_____，各结点对应的哈夫曼编码为_____。

10. 设有 13 个值，用它们组成一棵哈夫曼树，则该树共有_____个结点。

三、判断题

1. 一棵二叉树中，至少有一个根结点，其余结点分属于左右两棵子树。

2. 树的双亲表示法方便从孩子结点到双亲结点的查找。

3. 一棵高度为 8，有 126 个结点的二叉树，必定是一棵完全二叉树。

4. 对后序线索二叉树进行遍历，不需要使用栈。

5. 任何二叉树的后序线索二叉树进行后序遍历时都必须使用栈。

6. 任何一棵二叉树都可以不用栈实现先序线索二叉树的先序遍历。

7. 任何一棵二叉树都可以不用栈实现中序线索二叉树的中序遍历。

8. 在哈夫曼编码中，当两个字符出现的频率相同时，其编码也相同，对于这种情况应作特殊处理。

9. 哈夫曼树是带权路径长度最小的树，路径上权值较大的结点离根结点较近。

10. 在哈夫曼树中，权值相同的叶子结点都在同一层上。

四、简答题

1. 设有权值 $W=\{3,4,6,8,11,13\}$ 的叶子结点，请构造一棵哈夫曼树。

2. 设 B 和 F 是二叉树中的两个结点，应当选择对该二叉树的先序、中序和后序三种序列中哪两个序列来判断结点 B 必定是结点 F 的祖先？给出判断方法。

3. 从概念上讲，树、森林和二叉树是 3 种不同的数据结构，它们的区别如何？将树、森林转化为二叉树的基本目的是什么？

4. 请给出在后序线索二叉树中找结点 *p 的后继结点的过程。

五、算法设计

1. 试编写算法，统计一棵以孩子兄弟表示法存储的树中叶子结点的个数。

2. 设一棵完全二叉树采用顺序存储结构，保存在一维数组 A 中。试设计一个递归算法，复制该完全二叉树，得到一棵新的采用普通二叉链表存储的二叉树。二叉链表每个结点有 3 个域：lchild、rchild 和 element。算法返回所构造的新二叉树的根结点地址。

3. 设二叉树以二叉链表存储，试编写求解下列问题的递归算法。

（1）完成删除一棵二叉树，并释放所有的结点空间。

（2）求一棵二叉树中的度为 1 的结点个数。

（3）交换一棵二叉树中每个结点的左、右子树。

4. 设 $S=\{A,B,C,D,E,F\}$，$W=\{2,3,5,7,9,11\}$，对字符集合进行哈夫曼编码，W 为各字符的频率。

（1）画出哈夫曼树。

（2）计算加权路径长度。

（3）求各字符的编码。

5. 表 6.5 所列的数据表给出了在一篇有 19710 个词的英文文章中出现最普通的 15 个单词的出现频度。假定一篇正文仅由上述字符数据表中的词组成，那么它们的最佳编码是什么？平均长度是多少？

表 6.5　　　　　　　　　　　　　　　　　　　**英文文章单词出现频度**

单词	The	of	a	to	and	in	that	he	is	at	on	for	His	are	be
出现频度	1192	677	541	518	462	450	242	195	190	181	174	157	138	124	123

第7章 图

图是非线性结构，树也是一种非线性结构。树中结点间具有分支层次关系，每个结点最多有一个双亲，但可能有零个或多个孩子。而在图中，任意两个结点之间都可能相关，即结点之间的邻接关系可以是任意的，图中每个结点可以有零个或多个前驱，也可以有零个或多个后继。因此，图的应用更为广泛。

7.1 图的基本概念

图也是一种非常重要的数据结构，下面主要从图的概念、相关的基本术语以及图的抽象数据类型三方面对图进行详细介绍。

7.1.1 图的概念

图（Graph）是由有穷非空的顶点集合和顶点之间边的集合组成的，可表示为：

$$G=(V, E)$$

其中，G 表示图，图中的数据元素通常叫作**顶点**（Vertex），V 称为顶点的有穷非空集合，E 是图 G 中顶点之间边（Edge）的集合。

（1）若顶点 v 和 w 间的边没有方向，则称这条边为**无向边**，用(v, w)表示，此时的图称为**无向图**（Undigraph）。

（2）若顶点 v 和 w 间的边有方向，则称这条边为**有向边**（也称为**弧**（Arc）），用 $<v, w>$表示，且称 v 为**弧尾**（Tail）或**初始点**（Initial Node），称 w 为**弧头**（Head）或**终端点**（Terminal Node），此时的图称为**有向图**（Digraph）。

如图 7.1 所示，G_1 是一个无向图，G_2 是一个有向图。其中，G_1 的顶点集合为 $V=\{v_1, v_2, v_3, v_4, v_5\}$，边的集合为 $E=\{(v_1, v_2), (v_1, v_3), (v_2, v_4), (v_2, v_5), (v_4, v_5), (v_3, v_5)\}$。$G_2$ 的顶点集合为 $V=\{v_1, v_2, v_3, v_4\}$，边的集合为 $E=\{<v_1, v_2>, <v_1, v_3>, <v_3, v_4>, <v_4, v_1>\}$。

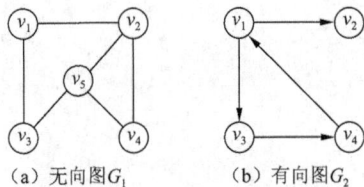

（a）无向图G_1 （b）有向图G_2

图 7.1 图的示例

微课视频

7.1.2 图的基本术语

在讨论图时，本书需做以下限制：

（1）不考虑顶点有直接与自身相连的边，即**自环**（Self Loop）。就是说，不应有形如(x, x)或$<x, x>$的边。图 7.2（a）中存在自环，因此这类图不属于本书的讨论范围。

（2）在无向图中，任意两个顶点之间不能有多条边直接相连。图 7.2（b）所示的图称为**多重图**（Multigraph），这类图也不属于本书的讨论范围。

有关图的常用术语如下。

1. 完全图

完全图（Complete Graph）：在由 n 个顶点组成的无向图中，若有$n(n-1)/2$ 条边，则称之为**无向完全图**，图 7.3（a）所示的 G_3 就是无向完全图。依此类推，在由 n 个顶点组成的有向图中，若有 $n(n-1)$条边，则称之为**有向完全图**。完全图中的边数达到最大。

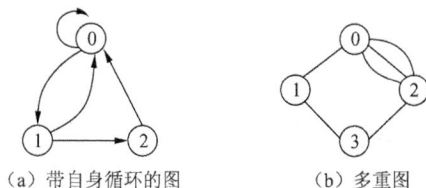

（a）带自身循环的图　　（b）多重图

图 7.2　本书不予讨论的图

2. 权

权（Weight）：在某些图中，边或弧上具有与它相关的数据信息称为权。在实际应用中，权值可以有某种含义。比如，在反映城市交通线路的图中，边上的权值可以表示该条线路的长度；在反映工程进度的图中，边上的权值可以表示从前一个工程到后一个工程所需要的时间。这种带权的图称为**网**或**网络**（Network）。分别称带权的有向图和带权的无向图为**有向网**和**无向网**。

3. 邻接顶点

邻接顶点（Adjacent Vertex）：对于无向图 $G=(V, E)$，如果边$(u, v) \in E$，则称顶点 u, v 互为邻接点，即 u, v 相邻接。边(u, v)依附于顶点 u 和 v，或者说边(u, v)与顶点 u 和 v 相关联。在图 7.1（a）的 G_1 中，与顶点 v_5 相邻接的顶点有 v_2、v_3、v_4，依附于顶点 v_5 的边有(v_2, v_5)、(v_3, v_5)和(v_4, v_5)。对于有向图而言，若弧$<u, v> \in E$，则称顶点 u 邻接到顶点 v，顶点 v 邻接自顶点 u，或者说弧$<u, v>$与顶点 u, v相关联。例如，在图 7.1（b）的 G_2 中，顶点 v_1 通过有向边$<v_1, v_2>$邻接到顶点 v_2，顶点 v_3 邻接自 v_1，顶点 v_1 邻接自 v_4，顶点 v_1 与边$<v_1, v_2>$、$<v_1, v_3>$和$<v_4, v_1>$相关联。

4. 子图

子图（Subgraph）：设图 $G=(V, E)$和$G'=(V', E')$，若$V' \subseteq V$且$E' \subseteq E$，则称图 G'是图 G 的子图。图 7.3（a）给出了无向图 G_3 及其部分子图，图 7.3（b）给出了有向图 G_4 及其部分子图。

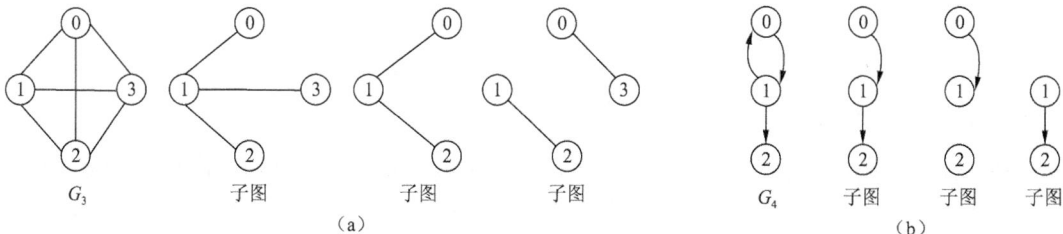

G_3　　子图　　子图　　子图

（a）

G_4　　子图　　子图　　子图

（b）

图 7.3　图与子图

5. 度

度（Degree）：与顶点 v 关联的边的数目，称作 v 的度，记作 $\deg(v)$。在有向图中，顶点的度等于其入度与出度之和。其中，顶点 v 的**入度**（Indegree）是以顶点 v 为弧头的弧的数目，记作 $\text{indeg}(v)$；顶点 v 的**出度**（Outdegree）是以顶点 v 为弧尾的弧的数目，记作 $\text{outdeg}(v)$。顶点 v 的度 $\deg(v)=\text{indeg}(v)+\text{outdeg}(v)$。一般地，不论是有向图还是无向图，若图 G 中有 n 个顶点和 e 条边，则有：

$$e = \frac{1}{2}\left\{\sum_{i=1}^{n}\deg(v_i)\right\}$$

6. 路径

路径（Path）：在图 $G=(V,E)$ 中，若从顶点 v_i 出发，沿一些边经过若干顶点 $v_{p1}, v_{p2}, \cdots, v_{pm}$ 到达顶点 v_j，则称顶点序列 $(v_i, v_{p1}, v_{p2}, \cdots, v_{pm}, v_j)$ 为从顶点 v_i 到顶点 v_j 的一条路径。它经过的边 (v_i, v_{p1})、(v_{p1}, v_{p2})、$\cdots$、(v_{pm}, v_j) 都属于 E。如果 G 是一个有向图，则其路径也是有向的，顶点序列 $(v_i, v_{p1}, v_{p2}, \cdots, v_{pm}, v_j)$ 满足它所经过的弧 $<v_i, v_{p1}>$、$<v_{p1}, v_{p2}>$、$\cdots$、$<v_{pm}, v_j>$ 都属于 E。

7. 路径长度

路径长度（Path Length）：一条路径上经过的边或弧的数目。

8. 简单路径与回路

简单路径与回路（Simple Path & Cycle）：若路径上各顶点 $v_1, v_2, \cdots, v_m$ 均不重复，则称这样的路径为简单路径。若路径上第一个顶点 v_1 与最后一顶点 v_m 重合，则称这样的路径为回路或**环**。图 7.3（b）的有向图 G_4 中包含回路。在解决实际应用问题时，通常只考虑简单路径。

9. 连通图与连通分量

连通图与连通分量（Connected Graph & Connected Commponent）：在无向图中，若存在从顶点 v_1 到顶点 v_2 的路径，则称顶点 v_1 与 v_2 是连通的。如果图中任意一对顶点都是连通的，则称此图是连通图。非连通图的极大连通子图叫作连通分量。图 7.4 所示为无向非连通图 G 及其三个连通分量的示意图。

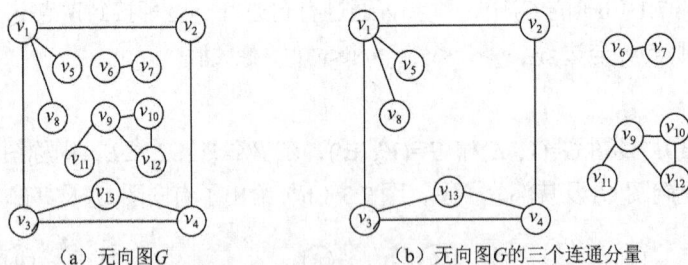

（a）无向图 G　　　　　　　　　（b）无向图 G 的三个连通分量

图 7.4　无向图 G 及其连通分量

10. 强连通图与强连通分量

强连通图与强连通分量（Strongly Connected Digraph and Strongly Connected Commponent）：在有向图中，若在每一对顶点 v_i 和 v_j 之间都存在一条从 v_i 到 v_j 的路径，也存在一条从 v_j 到 v_i 的路径，则称此图是强连通图。而非强连通图的极大强连通子图叫作强连通分量。图 7.5 所示即为有向图 G 及其两个强连通分量的示意图。

11. 生成树

生成树（Spanning Tree）：具有 n 个顶点的连通图 G 的生成树是包含 G 中全部顶点的一个极小连通子图，如图 7.6 所示。在生成树中添加任意一条属于原图中的边必定会产生回路或环，因为新添加的边使其所依附的两个顶点之间有了第二条路径；生成树中减少任意一条边必然会成为非连通图。因此，一棵具有 n 个顶点的生成树有且仅有 $n-1$ 条边。

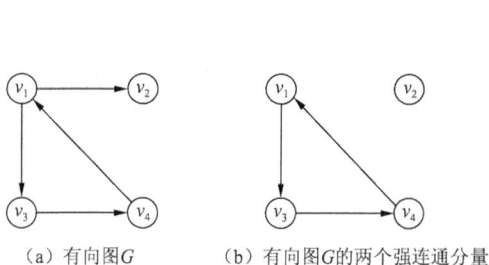

（a）有向图 G　　（b）有向图 G 的两个强连通分量

图 7.5　有向图 G 及其强连通分量

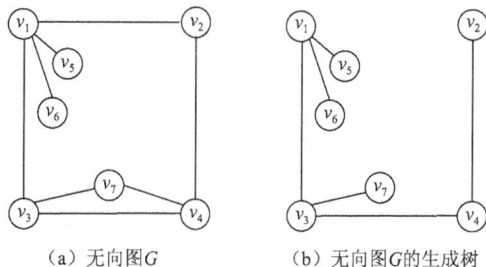

（a）无向图 G　　（b）无向图 G 的生成树

图 7.6　无向图及其生成树

12. 生成森林

生成森林（Spanning Forest）：非连通图的每个连通分量都可以得到一棵生成树。这些连通分量的生成树构成了的森林，称为生成森林，如图 7.7 所示。

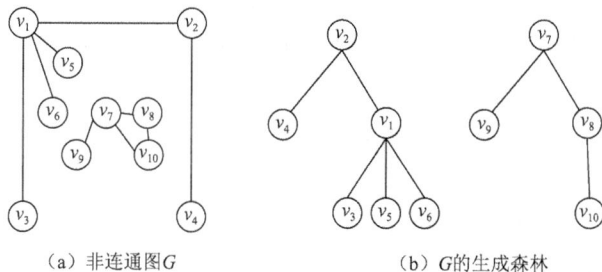

（a）非连通图 G　　　（b）G 的生成森林

图 7.7　非连通图及其生成森林

13. 稀疏图和稠密图

稀疏图（Sparse Graph）和**稠密图**（Dense Graph）：边数很少的图称为稀疏图，反之称为稠密图。稀疏和稠密本是模糊的概念，稀疏图和稠密图常常是相对而言的。

7.1.3　图的抽象数据类型

设 G 表示一个图，V 是 G 中顶点的集合，E 是 G 中边的集合，E 中的 $P(v,w)$ 表示顶点 v 和顶点 w 之间的边或弧所代表的含义或信息。若顶点 v 和顶点 w 之间为无向边，则用 (v,w) 表示；若顶点 v 和顶点 w 之间为有向边（或弧），则用 $<v,w>$ 表示。图的抽象数据类型定义如下：

ADT Graph{
　　数据对象 V：V 是图中具有相同特性的数据元素的集合，称为顶点集。
　　数据关系 E：$E = \{(v,w) \mid v,w \in V \text{且} P(v,w)\}$
　　基本操作 P：
　　　　CreateGraph(&G,V,E);

初始条件：V 是图的顶点集，E 是图中边或弧的集合。

操作结果：按 V 和 E 的定义构造图 G。

DestroyGraph(&G)；

初始结果：图 G 存在。

操作结果：销毁图 G。

LocateVex(G,u)；

初始结果：图 G 存在，u 和 G 中的顶点有相同特征。

操作结果：若 G 中存在顶点 u，则返回该顶点在图中的位置。若 G 中不存在顶点 u，则返回空。

GetVex(G,v)；

初始结果：图 G 存在，v 是 G 中的某个顶点。

操作结果：返回 v 的值。

PutVex(&G,v,value)；

初始结果：图 G 存在，v 是 G 中的某个顶点。

操作结果：对 v 赋值 value。

FirstAdjVex(G,v)；

初始结果：图 G 存在，v 是 G 中的某个顶点。

操作结果：返回 v 的第一个邻接顶点。若顶点在 G 中没有邻接顶点，则返回"空"。

NextAdjVex(G,v,w)；

初始结果：图 G 存在，v 是 G 中的某个顶点，w 是 v 的邻接顶点。

操作结果：返回 v 的（相对于 w 的）下一个邻接顶点。若 w 是 v 的最后一个邻接点，则返回"空"。

InsertVex(&G,v)；

初始结果：图 G 存在，v 和 G 中顶点有相同特征。

操作结果：在图 G 中增加新顶点 v。

DeleteVex(&G,v)；

初始结果：图 G 存在，v 是 G 中的某个顶点。

操作结果：删除 G 中顶点 v 及其相关的边或弧。

InsertArc(&G,v,w)；

初始结果：图 G 存在，v 和 w 是 G 中两个顶点。

操作结果：在 G 中增加弧 $<v, w>$，若 G 是有向图，还增加对称弧 $<w, v>$。

DeleteArc(&G,v,w)；

初始结果：图 G 存在，v 和 w 是 G 中两个顶点。

操作结果：在 G 中删除弧 $<v, w>$，若 G 是有向图，还删除对称弧 $<w, v>$。

DFSTraverse(G,visit())；

初始结果：图 G 存在，visit() 是顶点的访问函数。

操作结果：对图进行深度优先遍历。在遍历过程中对每个顶点调用函数 visit() 一次且仅一次。一旦 visit() 失败，则操作失败。

BFSTraverse(G,visit());

初始结果：图 G 存在，visit()是顶点的访问函数。

操作结果：对图进行广度优先遍历。在遍历过程中对每个顶点调用函数 visit()一次且仅一次。一旦 visit()失败，则操作失败。

}ADT Graph

7.2　图的存储结构

图的存储结构除了要存储图中各个顶点本身的信息外，还要存储各个顶点之间的关系（边或弧的信息）。常用的图的存储结构有邻接矩阵和邻接表。

微课视频

7.2.1　图的顺序存储结构——邻接矩阵

1. 邻接矩阵

邻接矩阵（Adjacency Matrix）存储结构是指用两个数组表示图。一个一维数组存储图中顶点（数据元素）的信息，一个二维数组存储图中顶点之间的关系（边或弧的信息）。

设图 $G=(V, E)$ 包含 n 个顶点，则 G 的邻接矩阵是一个二维数组 $G.Edge[n][n]$。

若 G 是一个无权图，则 G 的邻接矩阵定义为：

$$G.Edge[i][j] = \begin{cases} 1 & 若(v_i, v_j) \in E 或者 <v_i, v_j> \in E \\ 0 & 否则 \end{cases}$$

若 G 是一个网，则 G 的邻接矩阵定义为：

$$G.Edge[i][j] = \begin{cases} w_{i,j} & 若(v_i, v_j) \in E 或者 <v_i, v_j> \in E \\ \infty & 否则 \end{cases}$$

无权图采用邻接矩阵的表示，如图 7.8 所示，其中包括有向图 G_1 和无向图 G_2 的各自表示方法；网采用邻接矩阵的表示，如图 7.9 所示。

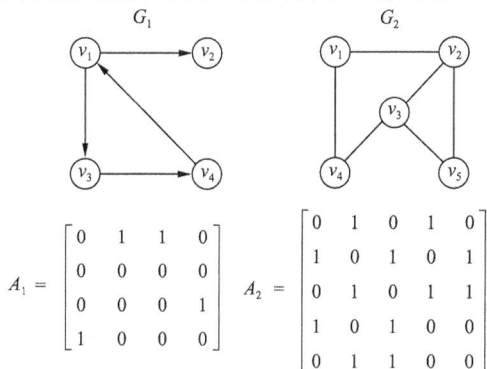

图 7.8　无权图的邻接矩阵表示

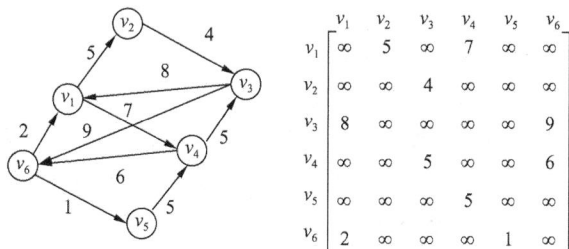

图 7.9　网的邻接矩阵表示

图的邻接矩阵存储结构具有以下特点。

（1）无向图的邻接矩阵是对称的，采用压缩矩阵进行存储。

（2）有向图的邻接矩阵不一定对称，因此采用邻接矩阵存储具有 n 个顶点的有向图时，需要 n^2 个存储单元。

（3）无向图邻接矩阵的第 i 行（或第 i 列）中非零元素的个数，就是顶点 i 的度。

（4）有向图邻接矩阵的第 i 行中非零元素的个数，就是顶点 i 的出度，第 i 列中非零元素的个数，就是顶点 i 的入度。

（5）利用邻接矩阵可以较容易地确定图中两顶点之间是否有边。但若要确定图中一共有多少条边，则要逐行逐列进行检测，耗费的时间代价较大，这也是邻接矩阵存储结构的局限性。

2. 邻接矩阵存储结构的类定义和基本操作

图的邻接矩阵存储结构采用 C++ 语言描述如下：

```cpp
#define MAX_VERTEX_NUM 20              //最大顶点数
const int infinity=INT_MAX;           //无穷大
struct ArcCell
{
    int adj;                          //对无权图有 1, 0 表示是否相邻, 对带权图, 则为权值类型
    char *info;                       //该弧的相关信息
};
struct MGraph{
    string vexs[MAX_VERTEX_NUM];      //顶点表
    ArcCell arcs[MAX_VERTEX_NUM][MAX_VERTEX_NUM];    //邻接矩阵, 即边表
    int vexnum;                       //顶点数
    int arcnum;                       //边数
    int kind;                         //邻接矩阵存储的图的种类
};
class Graph{
    //图的数组存储表示
    MGraph mgraph;
    bool visited[MAX_VERTEX_NUM];
    public:
        void CreateGraph();
        int LocateVex (string u);     //图存在, 图中存在顶点 u 则返回该顶点在图中的位置
        bool CreateDG();              //构造有向图
        bool CreateUDG();             //构造无向图
        bool CreateDN();              //构造有向网
        bool CreateUDN();             //构造无向网
        void DisPlay();               //输出邻接矩阵
        void DFSTraverse(int v);      //深度优先遍历
        void BFSTraverse(int v);      //广度优先遍历
};
```

其基本操作如下：

（1）构造函数。

用构造函数建立一个无向图的邻接矩阵存储结构的算法步骤如下。

Step 1：确定所要创建无向图的顶点个数和边的个数。

Step 2：输入各个顶点的信息，并存储在一维数组 *vertex* 中。

Step 3：初始化邻接矩阵的信息。

Step 4：依次输入每一条边，并存储在邻接矩阵 *arc* 中。

- 依次输入边依附的两个顶点的序号 i, j。
- 将邻接矩阵中第 i 行第 j 列的数据元素值置为 1。
- 将邻接矩阵中第 j 行第 i 列的数据元素值置为 1。

下面给出采用 C++ 语言描述用邻接矩阵存储结构建立一个无向图的程序代码：

```cpp
int Graph::LocateVex(string u)
{
    for(int i=0;i<MAX_VERTEX_NUM;i++)
    {
        if(u==mgraph.vexs[i])
        {
            return i;
        }
    }
    return -1;
}
bool Graph::CreateUDG()                 //构造无向图
{
    int i,j;
    string v1,v2;
    cout<<"请输入无向图的顶点个数，边的个数: ";
    cin>>mgraph.vexnum>>mgraph.arcnum;
    cout<<"请输入各个顶点: ";
    for(i=0;i<mgraph.vexnum;i++)        //构造顶点向量
    {
        cin>>mgraph.vexs[i];
    }
    for(i=0;i<mgraph.vexnum;i++)
    {
        for(j=0;j<mgraph.vexnum;j++)
        {
            mgraph.arcs[i][j].adj=0;
            mgraph.arcs[i][j].info=false;
        }
    }
    for(i=0;i<mgraph.arcnum;i++)        //构造邻接矩阵
    {
        cout<<"请输入一条边依附的两个顶点: ";
        cin>>v1>>v2;
        int m=LocateVex(v1);
        int n=LocateVex(v2);
        mgraph.arcs[m][n].adj=1;
        mgraph.arcs[n][m].adj=1;
    }
    mgraph.kind=2;
    return true;
}
```

（2）顶点的增删。

① 增加顶点：增加一个顶点，要在邻接矩阵中的相应位置插入一行一列，同时在存储顶点信息的一维数组中插入该顶点信息。

② 删除顶点：删除一个顶点，要将与它关联的边一起删除，即删除该顶点在邻接矩阵中对应的行与列，同时在存储顶点信息的一维数组中删除该顶点信息。

（3）边的增删。

① 增加边：为现有的两个顶点之间增加一条边，只需将邻接矩阵中相应位置的数据元素置为1。

② 删除边：删除一条边只需将邻接矩阵中相应位置的数据元素置为0。

（4）深度优先遍历。

深度优先遍历的过程：从图中某个初始顶点 v 出发，首先访问初始顶点 v，然后选择一个与顶点 v 相邻且没有被访问过的顶点 w 作为初始顶点进行访问，再从 w 出发进行深度优先遍历，直到图中

与当前顶点 v 邻接的所有顶点都被访问过为止。

（5）广度优先遍历。

广度优先遍历的过程：从图中某个初始顶点 v 出发，首先访问初始顶点 v，接着访问顶点 v 的所有未被访问过的邻接点 $v_1, v_2, \cdots, v_t$，然后再按照 $v_1, v_2, \cdots, v_t$ 的次序，访问每一个顶点的所有未被访问过的邻接点，依此类推，直到图中所有和初始顶点 v 有路径相通的顶点都被访问过为止。

7.2.2 图的链式存储结构

1. 邻接表

邻接表（Adjacency List）是图的一种链式存储结构。

基本思想：邻接表只存储有关联的信息，对图中存在的相邻顶点之间边的信息进行存储，而对不相邻的顶点则不保留信息。设图 G 具有 n 个顶点，则用顶点数组表和边表（弧表）来表示图 G。

（1）顶点数组表。

顶点数组表：用于存储顶点 v_i 的名称或其他有关信息的数组，也称为**数据域**（Data）。该数组的大小为图中的顶点个数 n。顶点数组表中的数据元素也称为**表头结点**，其形式如图 7.10（a）所示。

每个表头结点由两个域组成，其中：

data：结点的数据域，用于保存结点的数据值（如顶点编号）。

firstarc：结点的指针域，也称为链域，指向自该结点出发的第一条边（弧）的边（弧）结点。

（2）边表（弧表）。

边表（弧表）：图中每个顶点建立一个单链表，第 i 个单链表中的结点表示依附于顶点 v_i 的边（对有向图是以顶点 v_i 为尾的弧）。该单链表中的结点也称为边结点，其形式如图 7.10（b）所示。

每个边结点由 3 个域组成。

adjvex：指示该边（弧）所指向的顶点在图中的位置（例如顶点在顶点数组表中的下标），也称为邻接点域。

data	firstarc		adjvex	nextarc	info
(a) 表头结点			(b) 边结点		

图 7.10　邻接表的结点结构

nextarc：边（弧）结点的指针域，指向下一条边（弧）结点。

info：存储和边（弧）相关的信息，如权值等。若不是网，则 info 域可省去。

图 7.11 所示是图的邻接表表示的图示，其中，图 7.11（a）和图 7.11（b）分别表示有向图 G_1 和无向图 G_2 及其各自的邻接表。

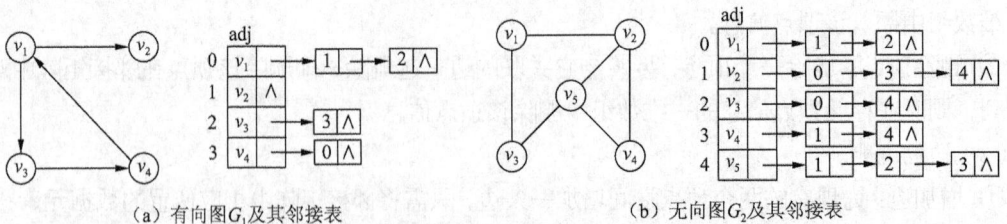

（a）有向图 G_1 及其邻接表　　　　　（b）无向图 G_2 及其邻接表

图 7.11　图的邻接表表示

若无向图中有 n 个顶点、e 条边，则它的邻接表需 n 个头结点和 $2e$ 个表结点。显然，在 $e \ll n(n-1)/2$ 的边稀疏的情况下，用邻接表表示图比用邻接矩阵节省存储空间。

在无向图的邻接表中，顶点 v_i 的度恰恰为第 i 个单链表中的结点数；而在有向图中，第 i 个单链表中的结点数只是顶点 v_i 的出度，为求顶点 v_i 的入度，必须遍历整个邻接表，然后在所有单链表中查找邻接点的值为 i 的结点并计求和。由此可见，对于用邻接表存储的有向图，求顶点 v_i 的入度并不方便，需要扫描整个邻接表才能得到结果。

因此，为了便于确定顶点的入度，可以建立有向图的逆邻接表，即为每个顶点 v_i 建立一个所有以顶点 v_i 为弧头的边链表。这样求顶点 v_i 的入度即是计算逆邻接表中第 i 个顶点的边链表中结点的个数。例如图 7.12 所示即为图 7.11（a）中 G_1 的逆邻接表表示。

在建立邻接表或逆邻接表时，若输入的顶点信息为顶点的编号，则建立邻接表的时间复杂度为 $O(n+e)$；否则需要通过查找才能得到顶点在图中的位置，此时建立邻接表的时间复杂度为 $O(n \cdot e)$。

在邻接表上，可容易找到任一顶点的第一个邻接点和下一个邻接点，但要判定任意两个顶点 v_i 和 v_j 之间是否有边或弧相连，则需要搜索第 i 个或第 j 个链表，相比之下，不如在邻接矩阵上操作方便。

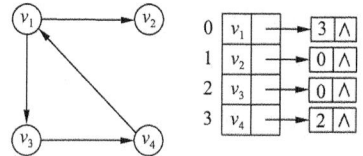

图 7.12　有向图 G_1 的逆邻接表表示

图的邻接表存储结构的类定义采用 C++语言描述如下：

```cpp
#define MAX_VERTEX_NUM 20          //最大顶点数
struct ArcNode{
    int adjvex;                    //该弧所指向的顶点的位置
    struct ArcNode *nextarc;       //指向下一条弧的指针
    int *info;                     //该弧相关信息的指针(权值)
};
struct VNode{
    string data;                   //顶点信息
    ArcNode *firstarc;             //指向第一条依附该顶点的指针
};
struct AdjLGraph{
    VNode vertices[MAX_VERTEX_NUM];
    int vexnum;
    int arcnum;
    int kind;
};
//图的邻接存储
class ALGraph{
private:
    AdjLGraph algraph;
    bool visited[MAX_VERTEX_NUM];
public:
    void CreateGraph();
    int LocateVex(string u);        //图中存在顶点 u 则返回该顶点在图中的位置
    void ALGraphDisPlay();          //输出图
    void FindInDegree(int indegree[]);  //求顶点的入度
    bool TopologicalSort();//若图无回路，则输出图的顶点的一个拓扑序列并返回 true，否则返回 false
};
```

用构造函数建立一个有向图的邻接表存储结构的算法步骤如下。

Step 1：输入所要创建的有向图的顶点个数、边的个数及弧的相关信息。

Step 2：初始化顶点集。

Step 3：依次输入每一条边（或弧）的信息，构造表结点链表。

2. 十字链表

十字链表（Orthogonal List）是有向图的一种链式存储方法。

十字链表可以看成将邻接表与逆邻接表结合起来得到的一种新的链表。在十字链表中，对应于有向图中每一条弧有一个弧结点，对应于图中的每个顶点也有一个顶点结点，这些结点的结构如图 7.13 所示。

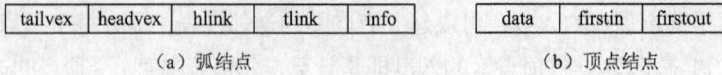

tailvex	headvex	hlink	tlink	info

（a）弧结点

data	firstin	firstout

（b）顶点结点

图 7.13　十字链表的结点结构

在弧结点中有 5 个域。

tailvex 域：弧尾结点，即弧尾在顶点表中的下标。

headvex 域：弧头结点，即弧头在顶点表中的下标。

hlink 域：指向弧头相同的下一条弧。

tlink 域：指向弧尾相同的下一条弧。

info 域：存储该弧的相关信息。

弧头相同的弧在同一链表上，弧尾相同的弧也在同一链表上。链表的头结点即为顶点结点，它由 3 个域组成。

data 域：存储和该顶点相关的信息。

firstin 链域：指向以该顶点为弧头的第 1 个弧结点。

firstout 链域：指向以该顶点为弧尾的第 1 个弧结点。

若将有向图的邻接矩阵看成稀疏矩阵的话，则十字链表也可以看成邻接矩阵的链式存储结构。图 7.14 给出了有向图 G 及其十字链表的存储示意图（有向图 G 中没有与弧相关的信息，因此它的十字链表中没有 info 域）。在图 7.14（b）所示的十字链表存储结构中，弧结点所在的链表是非循环链表，结点之间相对位置自然形成，不一定按顶点序号有序排列，表头结点即为顶点结点，它们之间的关系不是链接，而是顺序存储。

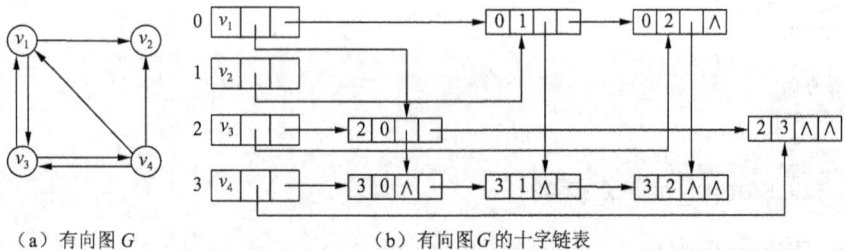

（a）有向图 G　　　　　　（b）有向图 G 的十字链表

图 7.14　有向图及其十字链表存储示意图

有向图的十字链表存储结构的类定义采用C++语言描述如下：

```
//- - - - - - - - - - 有向图的十字链表存储表示- - - - - - - - - - -
#define MAX_VERTEX_NUM 20          //最大顶点数
#define MAX_INFO 10                //信息的大小
struct ArcBox{
    int tailvex,headvex;           //该弧的尾和头顶点位置
    ArcBox *hlink,*tlink;          //分别为弧头相同和弧尾相同的弧的链域
    char *info;                    //该弧的相关信息指针
};
struct VexNode{
    string data;
    ArcBox *firstin,*firstout;     //分别指向该顶点的第一条入弧和出弧
};
```

```
struct OLGraph{
    VexNode xlist[MAX_VERTEX_NUM];    //表头向量
    int vexnum,arcnum;                //有向图的顶点数和弧数
};
class OrListGraph{                    //有向图的十字链表表示
    OLGraph olgraph;
    bool visited[MAX_VERTEX_NUM];
public:
    void CreateGraph();
    int LocateVex(string u);          //图存在，图中存在顶点 u 则返回该顶点在图中的位置
    void DisPlay();                   //输出图
};
```

3. 邻接多重表

邻接多重表（Adjacency Multilist）是无向图的一种链式存储方式。

用邻接表存储无向图，任一条边的两个顶点分别在以该边所依附的两个顶点的边表中，这种重复存储给图的某些操作带来不便。例如，对已经访问过的边做标记，或者要删除图中的某一条边等，都需要找到同一条边的两个边表结点。在无向图中进行此类操作时，采用邻接多重表进行存储更为适宜。

邻接多重表的存储结构和十字链表类似，在邻接多重表中，每一条边用一个边结点表示，其存储结构如图 7.15（a）所示。

mark：标志域，可以标记该边是否被搜索过。

ivex、jvex：与某该边依附的两个顶点在顶点表中的下标。

ilink、jlink：指针域，分别指向下一条依附于顶点 ivex 和 jvex 的边。

info：存储和边相关的各种信息。

每一个顶点也用一个顶点结点表示，其结构如图 7.15（b）所示。其中：

data：存储和该点相关的信息。

firstedge：指示第一条依附于该顶点的边。

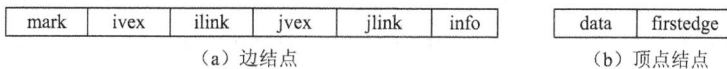

（a）边结点　　　　　　　　　　（b）顶点结点

图 7.15　邻接多重表的存储结构

图 7.16 给出了一个无向图及其邻接多重表的存储示意图（无向图 G 中没有与边相关的信息，因此它的邻接多重表中没有 info 存储部分）。在邻接多重表中，所有依附于同一顶点的边结点串联在同一链表中，由于每条边依附于两个顶点，因此每个边结点同时链接在两个链表中。可见，对于无向图而言，同一条边在邻接表中用两个结点表示，而在邻接多重表中只用一个结点表示。因此，除了在边结点中增加一个标识域外，邻接多重表所需的存储量和邻接表相同。在邻接多重表上，各种基本操作的实现亦和邻接表相似。

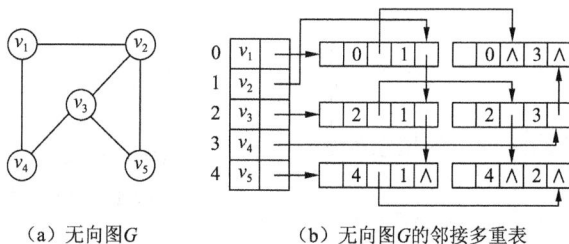

（a）无向图 G　　　　　　（b）无向图 G 的邻接多重表

图 7.16　无向图及其邻接多重表存储示意图

7.3 图的遍历

微课视频

图的遍历（Graph Traversal）是指给定一个图 G 和其中任意一个顶点 v_0，从 v_0 出发，沿着图中各边访遍图中所有顶点，且每个顶点仅被访问一次。这里说的"访问"因具体的应用问题而异，可以指输出顶点的信息，也可以指修改顶点的某个属性，还可能指对所有顶点的某个属性进行统计，比如累计所有顶点的权值等。图的遍历是求解图的连通性问题、拓扑排序和求关键路径等算法的基础。通过遍历可以找出某个顶点所在的极大连通子图，也可以消除图中的所有回路等。

然而，图的遍历比树的遍历要复杂得多。因为图的任一顶点都可能和其余顶点相邻接。所以若图中存在回路，则回路上的任一顶点在被访问之后，都有可能会沿着回路再次被访问。为了避免此类重复，需要利用一个标志数组 $visited[0 \cdots n-1]$ 记录顶点是否已被访问过。在开始遍历之前，将该数组的所有数据元素全部置为"假"或者"零"；在遍历的过程中，顶点 v_i 一旦被访问，就立即将 $visited[i]$ 置为"真"或者被访问时的次序号。这样，无论到达哪个顶点，只要检查对应的 $visited$ 标志就可以判断是否应该访问该顶点，从而防止一个顶点被重复访问。另外，对于非连通图来说，从一个顶点出发，每次遍历只能遍访其中的一个连通分量，还需要考虑如何选取下一个出发点以访问图中其余的连通分量。为了保证所有的顶点都能访问到，需要检测所有顶点的访问标志，一旦没有被访问过，就可以从这个顶点出发，再开始实施新的图的遍历。

与树结构类似，图的遍历算法也有很多种。不同的算法，确定各顶点接受访问次序的原则也不尽相同。图的遍历通常有深度优先搜索和广度优先搜索两种方式，这两种方式既适用于无向图，也适用于有向图，以下以无向图为例讨论。

7.3.1 深度优先搜索

深度优先搜索（Depth_First Search，DFS）遍历类似于树的先根遍历，是树的先根遍历的推广。

深度优先搜索是个不断探查和回溯的过程。假设初始状态是图中所有顶点未曾被访问，则深度优先搜索可从图中的某个顶点 v 出发，作为当前顶点。访问此顶点，并设置该顶点的访问标志，接着从 v 的未被访问的邻接点中找出一个作为下一步探查的当前顶点。倘若当前顶点的所有邻接点都被访问过，则退回一步，将前一步访问的顶点重新取出，作为当前探查顶点。重复上述过程，直至图中的最初指定起点的所有邻接顶点都被访问到，此时连通图中所有顶点也必然都被访问过了。

图 7.17（a）给出了一个深度优先搜索遍历图的实例。从顶点 A 出发做深度优先搜索，可以遍历该连通图的所有顶点。各顶点旁边的数字是各顶点被访问的次序，这个访问次序与树的先根遍历次序类似。图 7.17（b）给出了在深度优先搜索的过程中所有访问过的顶点和经过的边，它们构成一个连通的无环图，也就是树。我们称之为原图的**深度优先搜索生成树**（DFS Tree），简称 **DFS 树**。既然遍历覆盖了图中的所有 n 个顶点，故 DFS 树包含 $n-1$ 条边。

下面给出无向连通图的深度优先搜索的递归实现 C++ 代码。

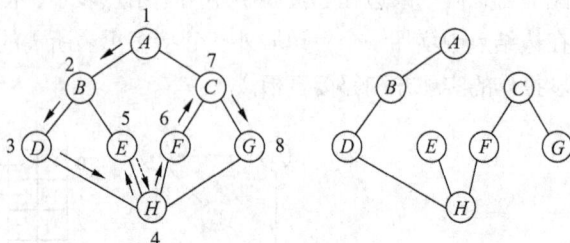

（a）深度优先搜索过程   （b）DFS 树

图 7.17　深度优先搜索及其 DFS 树

```cpp
void Graph:: DFSTraverse(int v)
{
    cout<<mgraph.vexs[v]; visited[v]=1;
```

```
for(int j=0;j<mgraph.vexnum;j++)
    if(mgraph.arcs[v][j].adj==1&&visited[j]==0)
        DFSTraverse(j);
}
```

上述深度优先搜索算法的实现，其运算消耗主要在 for 循环中。设图中有 n 个顶点、e 条边。若用邻接表表示图，沿 link 链可以依次取出顶点 v 的所有邻接顶点。由于总共有 $2e$ 个边结点，所以扫描时间为 $O(e)$。每个顶点只被访问一次，故遍历图的时间复杂度为 $O(n+e)$。如果用邻接矩阵表示图，则查找每一个顶点的所有边，所需时间为 $O(n)$，则遍历图中所有顶点的时间复杂度为 $O(n^2)$。

7.3.2 广度优先搜索

广度优先搜索（Breadth_First Search，BFS）遍历类似于树的按层次遍历的过程。

假设从图中某顶点 v 出发作为当前顶点，在访问了 v 之后设置访问标志。接着依次访问 v 的各个未曾访问过的邻接点，然后分别从这些邻接点出发依次访问它们的邻接点，并使"先被访问的顶点的邻接点"先于"后被访问的顶点的邻接点"被访问，直至图中所有已被访问的顶点的邻接点都被访问到。若此时图中尚有顶点未被访问，则另选图中一个未曾被访问过的顶点作为起始点，重复上述过程，直至图中所有顶点都被访问到为止。换句话说，广度优先搜索遍历图的过程是以 v 为起始点，由近至远，依次访问和 v 有路径相通且路径长度分别为 1，2，…的顶点。

图 7.18（a）给出了一个进行广度优先搜索的无向连通图的实例。该图的广度优先访问顺序为 v_1，v_2，v_{12}，v_{11}，v_3，v_6，v_7，v_{10}，v_4 v_5，v_8，v_9，图 7.18（b）给出了经过广度优先搜索得到的**广度优先生成树**（BFS Tree），简称 **BFS 树**。BFS 树由遍历时访问过的 n 个顶点和所经历的 $n-1$ 条边组成。

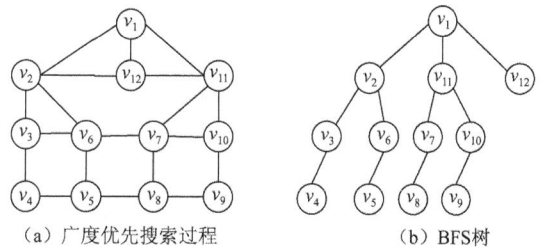

（a）广度优先搜索过程　　　　（b）BFS树

图 7.18　广度优先搜索及其 BFS 树

广度优先搜索不是一个递归的过程，其算法也不是递归的。为了实现逐层访问，算法中使用了一个队列，以记忆正在访问的这一层和上一层的顶点，以便于对下一层进行访问。另外，与深度优先搜索过程一样，为避免重复访问，需要一个标志数组 *visited*[]，对访问过的顶点进行标记。

下面给出无向连通图的广度优先搜索的 C++语言实现：

```
void Graph:: BFSTraverse(int v)
{
    CQueue Q(10);//初始化循环队列，假设队列采用顺序存储且不会发生溢出
    cout<<mgraph.vexs[v];
    visited[v]=1;
    Q.EnQueue(v);//被访问顶点入队
    while(!Q.Empty())
    {
        v=Q.DeQueue(); //将队头元素出队并送到 v 中
        for(int j=0; j<mgraph.vexnum;j++)
        if(mgraph.arcs[v][j].adj==1&&visited[j]==0)
        {
            out<<mgraph.vexs[j];
            visited[j]=1;
            Q.EnQueue(j);
        }
    }
}
```

在图的广度优先算法算法中，每个顶点进队列一次且仅一次，因此，算法中的 while 循环至多执行 n 次。如果图采用邻接表的方式进行存储，则该循环的总时间代价为 $d_0+d_1+\cdots+d_{n-1}=O(e)$，其中 d_i 是顶点 i 的度，总的时间代价为 $O(n+e)$。如果采用邻接矩阵进行存储，则对于每一个被访问过的顶点，每次循环都要检测矩阵中的 n 个元素，则总的时间代价为 $O(n^2)$。

7.3.3 连通分量和重连通分量

当无向图为非连通图时，利用深度优先搜索算法或广度优先搜索算法，无法遍历图的所有顶点，而只能遍历到该顶点所在最大连通子图的所有顶点，这些顶点构成一个**连通分量**（Connected Component）。在无向图每一个连通分量中，分别从某个顶点出发进行一次遍历，就可以遍历到无向图的所有连通分量。

在实际算法中，需要对图中顶点进行逐一检测：若该顶点已经被访问过，则它一定是落在该图中已被遍历的某一连通分量上；若尚未被访问，从该顶点出发遍历图，则可以遍历到该图的另一连通分量。

图 7.19（a）给出了一个非连通无向图，其对应的邻接表如图 7.19（b）所示。对它进行深度优先搜索，则需要三次调用 DFS 过程：第一次从顶点 A 出发，第二次从顶点 H 出发，第三次从顶点 K 出发，最后遍历得到原图的 3 个连通分量，即原图的 3 个极大连通子图，如图 7.19（c）所示。

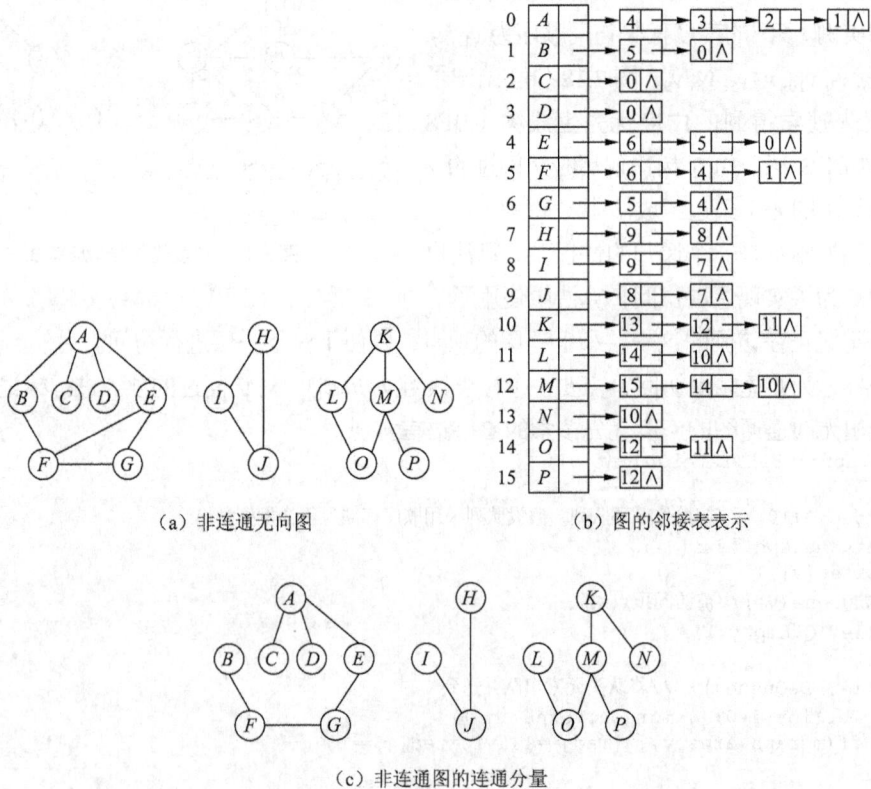

（a）非连通无向图　　　　　　　（b）图的邻接表表示

（c）非连通图的连通分量

图 7.19　非连通无向图的遍历

对于非连通无向图，每个连通分量中的所有顶点集合和用某种方式遍历它时所走过的边的集合，构成了一棵生成树，这是一个极小连通子图。所有连通分量的生成树组成了非连通图的生成森林。图 7.19（c）所示的连通分量的集合就是图 7.19（a）所示的生成森林。

在无向连通图 G 中，顶点 v 被称作一个**关结点**（Articulation Point），当且仅当删去 v 以及依附于 v 的所有边之后，G 将被分割成至少两个连通分量。例如图 7.20（a）中的顶点 v_2, v_4, v_6, v_8 都是关结点。

一个没有关结点的连通图称为**重连通图**（Biconnected Graph）。在重连通图中，任何一对顶点之间至少存在有两条路径，在删去某个顶点及与该顶点相关联的边后，也不破坏图的连通性。

例如，一个通信网络可以表示为一个图：其中，用顶点表示通信结点，用边表示可行的通信链路。对于这样一个通信网络，一般保证它是重连通的，即不允许存在关结点。否则，一旦某个关结点失效，则某些结点之间将无法通信。

一般地，若一个连通图 G 不重连通，它必然包括多个重连通分量。G 的每一个重连通分量都是一个极大连通子图。图 7.20（a）所示的连通图，含有 6 个重连通分量，如图 7.20（b）所示。不难验证，同一无向连通图中，任何两个重连通分量最多只可能有一个公共顶点，同一条边也不可能同时处在多个重连通分量中。因此，图 G 的重连通分量事实上把 G 的边划分到互不相交的边的子集中。

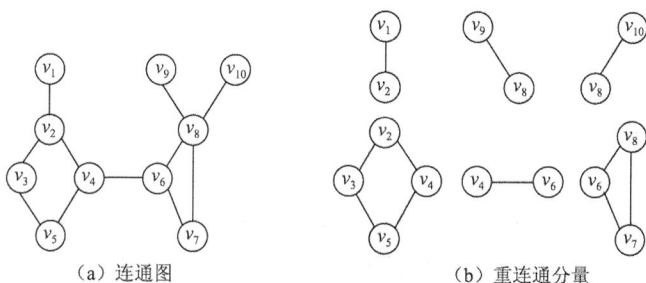

图 7.20 连通图和它的重连通分量

任一连通图本身就是一个重连通分量。为了找出无向连通图 G 的各个重连通分量，可以利用 DFS 树。图 7.21（a）给出图 7.20（a）所示的连通图从顶点 v_4 出发进行深度优先搜索得到根为 v_4 的 DFS 树。为了更直观地描述树形结构，将此生成树改画成图 7.21（b）所示的树形形状，并用虚线画出了几条虽然属于图 G，但不属于生成树的边。在顶点外侧标示的数字给出了进行深度优先搜索时各顶点接受访问的次序。这一次序也称作该顶点的深度优先数，存放在数组 $visited$ 中，如 $visited[0]=5$，$visited[9]=9$。不难证明：对于任意两个顶点 u 和 v，若在 DFS 树中 u 是 v 的祖先，则必有 $visited[u] < visited[v]$，也就是说，祖先的深度优先数必然小于其子孙。

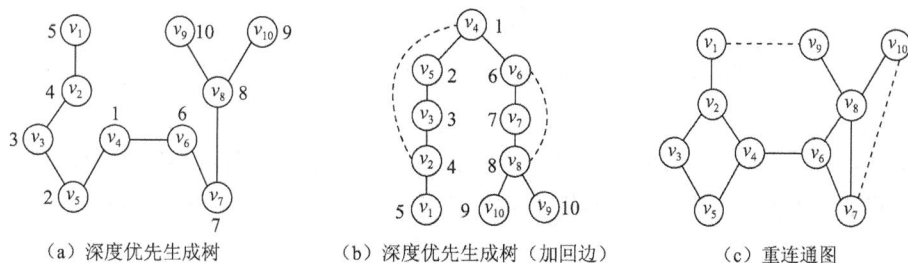

（a）深度优先生成树　　　　（b）深度优先生成树（加回边）　　　　（c）重连通图

图 7.21 连通图和它的 DFS 树

图 7.21（b）中的虚线，对应于未被 DFS 树采用的边，称作**回边**（Back Edge）。例如，（4,2）和（6,8）就是回边。若(u,v)是一条回边，则在 DFS 树中，要么 u 是 v 的祖先，要么 v 是 u 的祖先。对树中任一顶点 v 而言，其孩子结点是在它之后搜索到的邻接点，而其双亲结点和由回边连接的祖先结点是在它之前搜索到的邻接点。由深度优先生成树可得出以下两类关结点的特性。

（1）若生成树的根有两棵或两棵以上的子树，则此根顶点必为关结点。因为图中不存在连接不同子树中顶点的边，因此，若删去根顶点，生成树便变成生成森林。

（2）若生成树中某个非叶子顶点 v，其某棵子树的根和子树中其他结点均没有指向 v 的祖先的回边，则 v 为关结点。因为，若删去 v，则其子树和图的其他部分被分割开来。

因此，DFS 树的根是关结点的充要条件是，它至少有两棵子树。另外，任一非根顶点 u 不是关结点的充要条件是，它的每一个子女 w（如果存在的话）都可以沿着某条路径（包括绕过它的子孙）通往 u 的某一祖先，而且 u 不属于这条路径（生成树中不存在任何回路，故这样的一条路径上，必然含有至少一条回边）。

要想消除关结点，建立重连通图，只需加入少量边，使所有关结点的子孙都有回边指向它的祖先即可。

为了求解关结点，对于图 G 中的每一个顶点，可以定义 low 值，low[u] 是从 u 或 u 的子孙出发通过回边可以到达的最小深度优先数。

7.4 最小生成树

最小生成树是图的一种特殊应用，这个概念可以应用到许多实际问题中去解决关于最小代价的问题。下面就最小生成树的定义及两种经典构造算法做详细介绍。

7.4.1 最小生成树的定义

7.3 节中已说明，连通图的每一棵生成树，都是原图的极小连通子图，也就是原图的一个极大无环子图，它包含原图中的所有顶点，而且有尽可能少的边。这意味着对于生成树来说，若删除它的一条边，就会使该生成树变成非连通图；若给它增加一条边，就会形成图中的一个回路。按照不同的遍历算法，得到的生成树不同；从不同的顶点出发，得到的生成树也有所不同。对于一个连通带权图而言，生成树不同，每棵树的权值（即树中所有边上的权值总和）也可能不同。

设 G=(V, E) 是一个无向连通网，其生成树上任一条边的权值称为该边的**代价**（Cost），一棵生成树的代价就是树上各边代价之和。在 G 的所有生成树中，代价最小的生成树称为**最小代价生成树**（Minimum Cost Spanning Tree），简称**最小生成树**。

例如，要规划 n 个城市之间的通信网络，那么至少要架设 n-1 条线路。若任意两个城市之间建立通信线路的成本已经确定，那么如何建造才能够使得总成本最低呢？

若用顶点表示城市，用边表示城市之间的通信线路，边上的权值表示架设线路所对应的成本，那么就可以将这一事件表示为一个带权图。要想建立成本最低的通信网络，就是要找出该网络的一棵最小生成树。

按照生成树的定义，若连通带权图由 n 个顶点组成，则其生成树必含 n 个顶点，n-1 条边。因此，构造最小代价生成树的准则有以下 3 条。

（1）只能使用该网络中的边来构造最小生成树。

（2）能且只能使用 n-1 条边来连接网络中的 n 个顶点。

（3）选用的 n-1 条边不能产生回路。

构造最小生成树的方法较多，多数利用了最小生成树的一种性质，简称为 MST：假设 $N=(V,\{E\})$ 是一个连通网，U 是顶点集 V 的一个非空子集。若 (u, v) 是一条具有最小权值（代价）的边，其中，$u \in U$, $v \in V-U$ 则必存在一棵包含边 (u, v) 的最小生成树。

构造最小生成树的典型算法的有两种：Kruskal 算法和 Prim 算法。这两个算法都利用了 MST 性质，采用逐步求解的策略，亦称**贪心策略**（Greedy）：给定带权图 $N=(V, E)$，V 中共有 n 个顶点。首先构造一个包括全部 n 个顶点和 0 条边的 $F=\{T_0, T_1, \cdots, T_{n-1}\}$ 森林，然后不断迭代。每经过一轮迭代，就会在 F 中引入一条边。经过 n-1 轮迭代，最终得到一棵包含 n-1 条边的最小生成树。

需要指出的是，同一带权图可能有多棵最小生成树，但所有不同的最小生成树的代价是相同的。如当有多条边具有相等的权值时，很有可能出现这种现象。

7.4.2　最小生成树的构造算法

1. Kruskal 算法

Kruskal 算法的基本思想：设一个有 n 个顶点的连通网络 $N=(V, E)$。首先构造一个由这 n 个顶点组成，不含任何边的图 $T=(V, \varPhi)$，其中每个顶点自成一个连通分量。不断从 E 中取出代价最小的一条边（若有多条，任取其一），若该边的两个顶点来自 T 中不同的连通分量，则将此边加入到 T 中，否则舍去此边选择下一条代价最小的边。依此类推，直到 T 中所有的顶点在同一个连通分量上为止。

例如，图 7.22 所示为依照 Kruskal 算法构造最小生成树的过程。

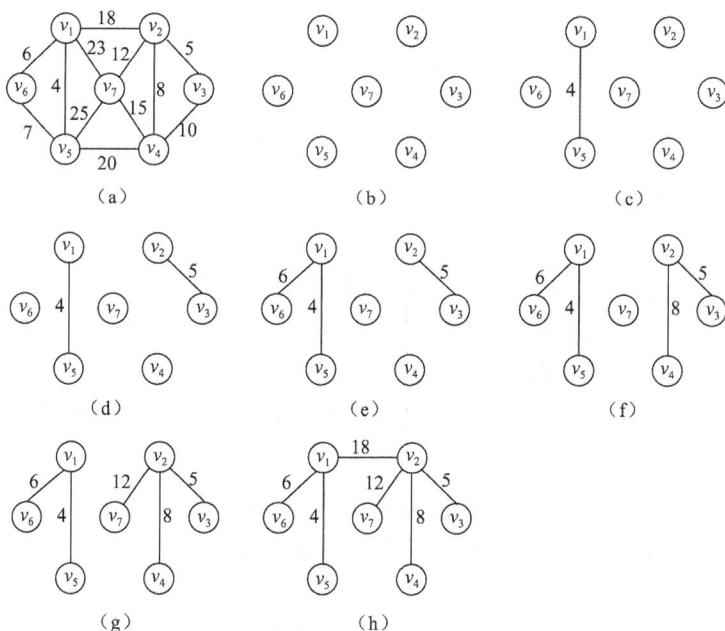

图 7.22　Kruskal 算法构造最小生成树的过程

在上述构造过程中，代价分别为 4,5,6 的 3 条边由于满足条件先后被加入到集合 T 中，代价为 7 的边被舍去，因为它依附的两个顶点在同一连通分量上，它若加入 T 中，会使 T 中产生回路。然后代价为 8 的边加入集合 T。同理，代价为 10 的边被舍弃，然后代价为 12 的边加入集合 T，最后一条代价为 18 的最小的边将两个连通分量连接起来且不形成回路，则代价为 18 的边可加入集合 T 中。由此，用 Kruskal 算法构造出一棵最小生成树。

采用 C++语言实现 Kruskal 算法的代码如下：

```
void Kruskal(Graph &G,MinSpanTree &MST)
{
    MSTEdgeNode ed;int u,v,count;          //边结点辅助单元
    MinHeap H(G.numEdges);InitMinHeap(H);  //小根堆
    UFSets F(G.numVertices);Initial(F);    //并查集
    for(u=0;u<G.numVertices;u++)
        for(v=u+1;v<G.numVertices;v++)
            if(getWeight(G,u,v)<maxWeight)
            {   //把所有边插入堆中
                ed.tail=u;ed.head=v;
                ed.cost=getWeight(G,u,v);
                Insert(H,ed);
            }
    count=1;                               //最小生成树加入边数计数
    while(count<G.numEdges)
    { //反复执行，取 n-1 条边
        Remove(H,ed);                      //从堆中推出最小权值边 ed
        u=Find(F,ed.tail);
        v=Find(F,ed.head);                 //取两顶点所在集合的根
        if(u!=v)
        {                                  //不是同一集合，说明不连通
            Union(F,u,v);                  //合并，连通成一个分量
            Insert(MST,ed);                //该边存入最小生成树
        }
        count++;
    }
};
```

上述算法至多对 e 条边各扫描一次，假如用堆来存放网中的边，则每次选择代价最小的边仅需 $O(\log_2 e)$的时间。由此可知，Kruskal 算法的时间复杂度为 $O(e\log_2 e)$，其中，e 为无向连通网络中边的数目。因此，Kruskal 算法适合于求边稀疏的网的最小生成树。

2. Prim 算法

Prim 算法也是不断迭代进行的，其基本思路是：任意给定一个带权连通网络 $N=\{V,E\}$，$T=(U,TE)$ 是 G 的最小生成树。算法始终将顶点集合 V 分为不重叠的两部分，$V=U\cup(V-U)$，T 的初始状态为 $U=\{u_0\}(u_0\in V),TE=\phi$，然后重复执行以下操作：在所有 $u\in U,v\in V-U$ 的边中找出一条代价最小的边 (u_0,v_0) 并入集合 TE，同时 v_0 并入 U，直至 $U=V$ 为止。此时 TE 中必有 $n-1$ 条边，T 就是 G 的最小生成树。

为实现这个算法需附设一个辅助数组 $closedge$，以记录从 U 到 $V-U$ 具有最小代价的边。对每个顶点 $v_i\in V-U$，在辅助数组中存在一个相应分量 $closedge[i-1]$，它包括两个域，其中 $lowcost$ 存储该边的权值。显然，

$$closedge[i-1].lowcost=Min\{cost(u,v_i)|u\in U\}$$

vex 域存储该边依附的在 U 中的顶点。图 7.23 所示为依照 Prim 算法构造无向连通网的一棵最小

生成树的过程，在构造最小生成树的过程中辅助数组中各分量值的变化如表 7.1 所示。

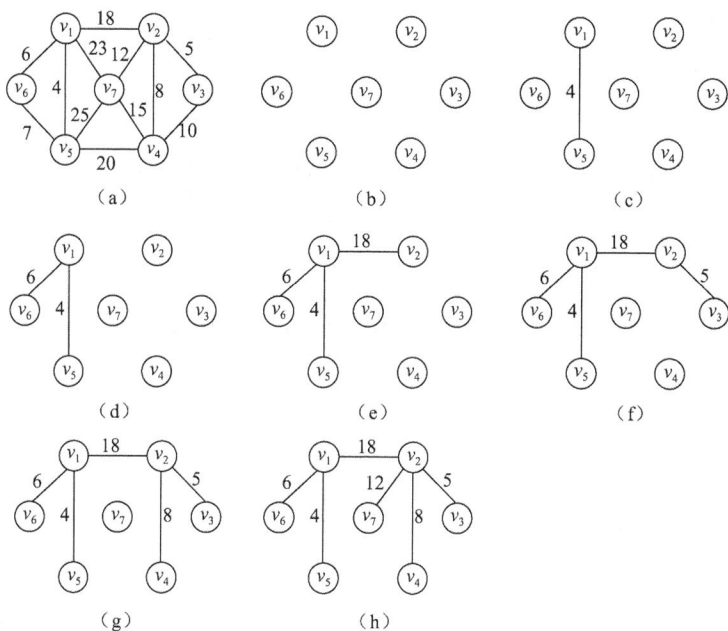

图 7.23 Prim 算法构造最小生成树的过程

表 7.1　　　　　　　　　　　构造最小生成树过程中辅助数组中各分量的值的变化

closedge \ i	2	3	4	5	6	7	U	V-U	k
Adjvex	v_1			v_1	v_1	v_1	$\{v_1\}$	$\{v_2, v_3, v_4, v_5, v_6, v_7\}$	5
lowcost	18			4	6	23			
Adjvex	v_1		v_5		v_1 v_5	v_1 v_5	$\{v_1, v_5\}$	$\{v_2, v_3, v_4, v_6, v_7\}$	6
lowcost	18		20		6 7	23 25			
Adjvex	v_1		v_5			v_1 v_5	$\{v_1, v_5, v_6\}$	$\{v_2, v_3, v_4, v_7\}$	2
lowcost	18		20			23 25			
Adjvex		v_2	v_2 v_5			v_1 v_2 v_5	$\{v_1, v_5, v_6, v_2\}$	$\{v_2, v_4, v_7\}$	3
lowcost		5	8 20			23 12 25			
Adjvex			v_2 v_3 v_5			v_1 v_2 v_5	$\{v_1, v_5, v_6, v_2, v_3\}$	$\{v_4, v_7\}$	4
lowcost			8 10 20			23 12 25			
Adjvex						v_1 v_2 v_5	$\{v_1, v_5, v_6, v_2, v_3, v_4\}$	$\{v_7\}$	7
lowcost						23 12 25			
Adjvex							$\{v_1, v_5, v_6, v_2, v_3, v_4, v_7\}$	$\{\}$	
lowcost									

采用 C++语言实现 Prim 算法的代码如下：

```cpp
struct Closeedge{//记录从顶点集 U 到顶点集 V-U 的代价最小的边的辅助数组定义
    string adjvex;
    int lowcost;
};
void MGraph::MiniSpanTree_PRIM(string u)
//用 Prim 算法从顶点 u 开始构造网的最小生成树，并输出各条边
{
    int i,j,k;
    Closeedge closedge[MAX_VERTEX_NUM];
    k=LocateVex(u);//确定顶点在图中的位置
```

```
        for(j=0;j<mgraph.vexnum;j++)                //初始化辅助数组
        {
            if(j!=k)
            {
                closedge[j].adjvex=u;
                closedge[j].lowcost=mgraph.arcs[k][j].adj;
            }
        }
        closedge[k].lowcost = 0 ;                    //初始化顶点集 U = {u}
        cout<<"最小生成树的过程依次是: "<<endl;
        for(i=1;i<mgraph.vexnum;i++)
        {
            k=Minimum(closedge);                     //求出下一个结点的位置
            cout<<closedge[k].adjvex<<"-"<<mgraph.vexs[k]<< "权值: "<<closedge[k].lowcost <<endl;
            closedge[k].lowcost=0;                    //将位置为 k 的顶点并入 U 集合
            for(j=0;j<mgraph.vexnum;j++)              //新顶点并入 U 集合后重新选择最小边
            {
                if(mgraph.arcs[k][j].adj<closedge[j].lowcost)
                {
                    closedge[j].adjvex=mgraph.vexs[k];
                    closedge[j].lowcost=mgraph.arcs[k][j].adj;
                }
            }
        }
    }
```

分析上述算法，假设网中有 n 个顶点，则第一个进行初始化循环语句频度为 n，第二个循环语句的频度为 $n-1$，其中有两个内循环：其一是在 $closedge[v].low\cos t$ 中求最小值，其频度为 $n-1$；其二是重新选择具有最小代价的边，其频度为 n。由此，Prim 算法的时间复杂度为 $O(n^2)$，与网中的边数无关，只与顶点数 n 有关。因此与 Kruskal 算法刚好相反，它适用于求边稠密的网的最小生成树。

7.5 有向无环图及其应用

一个无环的有向图称为**有向无环图**（Directed Acycline Graph，DAG）。图 7.24 中分别列举了有向树、DAG 图和有向图的例子。

有向无环图是描述含有公共子式的表达式的有效工具。例如下列表达式：

$$((a+b)\times(b\times(c-d)+b\times(c-d)))\times((c-d)\times e)$$

它可以利用二叉树来表示，如图 7.25（a）所示。仔细

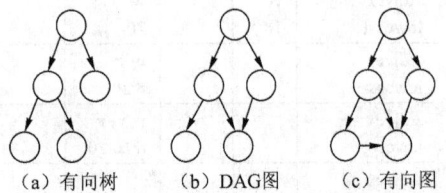

（a）有向树　　（b）DAG 图　　（c）有向图

图 7.24　有向树、DAG 图和有向图示例

观察该表达式，可以发现一些相同的子表达式，如$(c-d)$和 $b\times(c-d)$ 等。在二叉树中，表示这些子表达式的子树也重复出现。若利用有向无环图，则可实现对相同子式的共享，从而节省存储空间。图 7.25（b）所示为表示同一表达式的有向无环图。

检查一个有向图是否存在环要比无向图复杂。对于无向图来说，若深度优先遍历过程中遇到回边（即指向已访问过的顶点的边），则必定存在环；而对于有向图来说，这条回边有可能是指向深度优先生成森林中另一棵生成树上顶点的弧。但是，如果从有向图上某个顶点 v 出发的遍历，在 DFSTraverse(v)结束之前出现一条从顶点 u 到顶点 v 的回边，由于 u 在生成树上是 v 的子孙，则有向图中必定存在包含顶点 v 和 u 的环。

（a）描述表达式的二叉树表示　　　　　　　（b）描述表达式的有向无环图表示

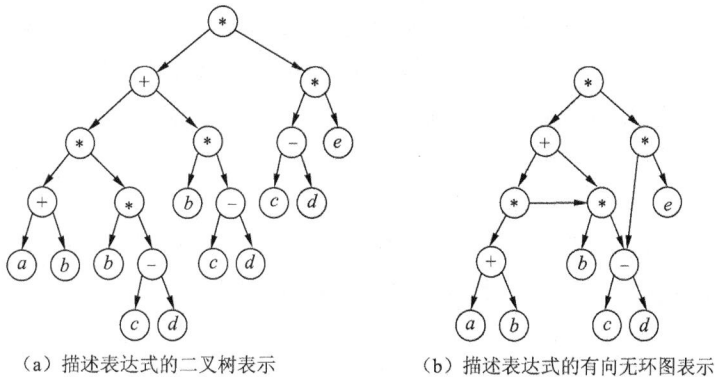

图 7.25　同一表达式的不同表示形式

有向无环图也是描述一项工程或系统的有效工具。大部分工程项目都可以分为若干个活动的子工程，而这些子工程之间，通常受着一定条件的约束，如某些子工程的开始必须在另一些子工程完成之后。对于整个工程和系统，人们一般普遍关心两个问题：一是工程能否顺利进行；二是估算整个工程完成所必需的最短时间。对应于有向图，即为进行拓扑排序和求关键路径的操作。

7.5.1　AOV 网与拓扑排序

所有的工程或者某种流程可以分成若干个小的工程或阶段，这些小的工程或阶段就称为**活动**（Activity）。若以图中的顶点来表示活动，有向边表示活动之间的优先关系，则这样活动在顶点上的有向图称为 **AOV 网**（Activity On Vertex Network）。在 AOV 网中，若从顶点 i 到顶点 j 之间存在一条有向路径，称顶点 i 是顶点 j 的**前驱**，或者顶点 j 是顶点 i 的**后继**。若 $<i,j>$ 是图中的弧，则称顶点 i 是顶点 j 的前驱，顶点 j 是顶点 i 的后继。

微课视频

AOV 网中的弧表示了活动之间存在的某种制约关系。例如，计算机专业的学生必须完成一系列规定的基础课和专业课才能毕业，学生按照怎样的顺序来学习这些课程呢？这个问题可以被看作一个大的工程，活动就是学习每一门课程。这些课程的名称与相应代号如表 7.2 所示。完成这项工程中的各项活动所对应的有向图如图 7.26 所示。

表 7.2　　　　　　　　　　　　　　　　　课程名称与代号对应表

课程代号	课程名称	先 修 课	课程代号	课程名称	先 修 课
C_1	程序设计基础	无	C_7	编译原理	C_3, C_5
C_2	离散数学	C_1	C_8	操作系统	C_3, C_6
C_3	数据结构	C_1, C_2	C_9	高等数学	无
C_4	语言的设计和分析	C_1	C_{10}	线性代数	C_9
C_5	计算机原理	C_3, C_4	C_{11}	普通物理	C_9
C_6	程序设计基础	C_{11}	C_{12}	数值分析	C_1, C_9, C_{10}

拓扑排序（Topological Sort）就是由某个集合上的一个偏序得到该集合上的一个全序的操作。回顾离散数学上偏序和全序的定义：

若集合 X 上的关系 R 满足自反、反对称和传递性，则称 R 是集合 X 上的**偏序**（Partial Order）关系。

设 R 是集合 X 上的偏序，如果对每个 $x, y \in X$ 必有 xRy 或 yRx，则称 R 是集合 X 上的**全序**关系。

一个表示偏序的有向图可用来表示一个流程图。它或者是一个施工流程图，或者是一个产品生产流程图，再或者是一个数据流图（每个顶点表示一个过程）。图中每一条有向边表示两个子工程之间的次序关系。

在 AOV 网中不应该出现有向环，因为存在环意味着 AOV 网中的某项活动应以自己为先决条件。显然，这是不合理的。若设计出这样的流程图，工程便无法进行。而对程序的数据流图来说，则表明存在一个死循环。因此，对给定的 AOV 网应首先判断网中是否

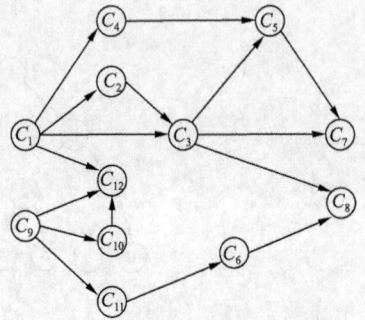

图 7.26　课程学习顺序对应有向图

存在环。检测的办法是构造有向图顶点的拓扑有序序列。若网中所有的顶点都在它的拓扑有序序列中，则该 AOV 网中必定不存在环。例如，图 7.27 所示的有向图 G 有两个拓扑序列：$\{v_1, v_5, v_4, v_3, v_2, v_6\}$ 和 $\{v_5, v_1, v_4, v_3, v_6, v_2\}$。

构造有向图顶点的拓扑排序的步骤如下。

（1）在有向图中选一个没有前驱的顶点，输出之。

（2）从图中删除该顶点以及从该点出发的全部有向边。

（3）重复上述两步，直至全部顶点均已输出，或者当前图中不存在无前驱的顶点。

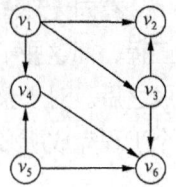

图 7.27　有向图 G

拓扑排序操作的结果可能有以下两种。

（1）网中全部顶点都被输出，这说明网中不存在有向回路。

（2）网中顶点未被全部输出，剩余的顶点均有前驱顶点，这说明网中不存在回路。

以图 7.28（a）中的有向图为例，v_1 和 v_2 没有前驱，从中任选一个。假设先输出 v_1，在删除 v_1 及弧 $<v_1, v_3>$，$<v_1, v_4>$ 之后，v_2 和 v_3 均无前驱，任选 v_3 进行输出且删去 v_3 及弧 $<v_3, v_6>$，$<v_3, v_7>$，之后 v_2 和 v_6 无前驱，依次类推，可从中任选一个进行下去。整个拓扑排序的过程如图 7.28 所示。

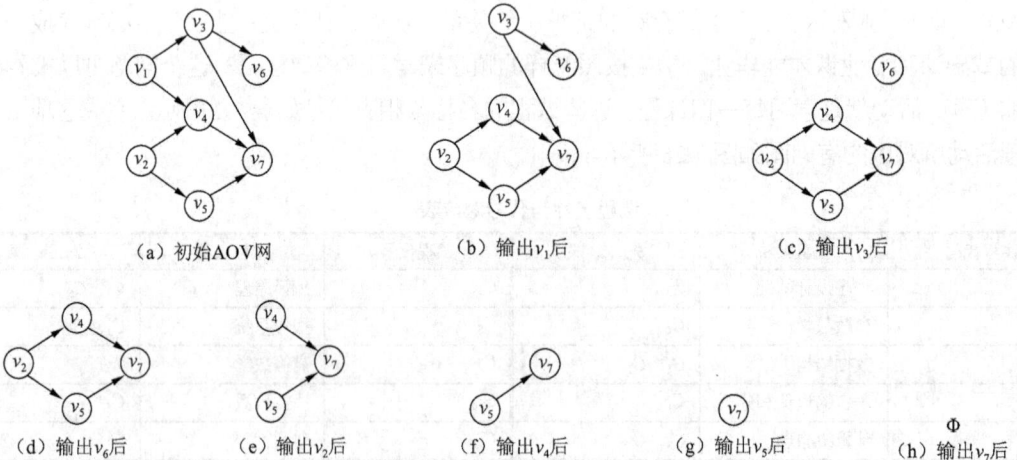

图 7.28　AOV 网及其拓扑有序序列产生的过程

最后得到的该有向图的拓扑有序序列如下：

$$v_1 \rightarrow v_3 \rightarrow v_6 \rightarrow v_2 \rightarrow v_4 \rightarrow v_5 \rightarrow v_7。$$

如何在计算机中实现拓扑排序呢？针对上述两步操作，可以采用邻接表作为有向图的存储结构，并在头结点中增加一个存放顶点入度的数组。入度为零的顶点即为没有前驱的顶点；删除顶点及从它出发的全部有向边的操作，可用弧头顶点入度减 1 的方式来实现。

为了避免重复检测入度为零的顶点，可另设一栈暂存所有入度为零的顶点，由此可得拓扑排序的算法如下：

```cpp
#define MAX_VERTEX_NUM 20              //最大顶点数
struct ArcNode{
    int adjvex;                       //该弧所指向的顶点的位置
    struct ArcNode *nextarc;          //指向下一条弧的指针
    int *info;                        //该弧相关信息的指针(权值)
};
bool ALGraph::TopologicalSort()
//若图无回路，则输出图的顶点的一个拓扑序列并返回 true，否则返回 false
{
    int i,k,count=0;                  //已输出顶点数，初值为 0
    int indegree[MAX_VERTEX_NUM];     //入度数组，存放各顶点当前入度数
    SqStack s(20);                    //初始化栈
    ArcNode *p;
    FindInDegree(indegree);           //求顶点的入度
    for(i=0;i<algraph.vexnum;i++)
    {
        if(!indegree[i])              //若其入度为 0
        {
            s.Push(i);                //将 i 入零入度顶点栈 s
        }
    }
    while(!s.StackEmpty())            //当零入度顶点栈 s 不空
    {
        i=s.Pop();                    //出栈 1 个零入度顶点的序号，并将其赋给 i
        cout<<algraph.vertices[i].data<<" ";          //输出 i 号顶点
        count++;                      //已输出顶点数+1
        for(p=algraph.vertices[i].firstarc;p;p=p->nextarc)   //对 i 号顶点的每个邻接顶点
        {
            k=p->adjvex;
            if(!(--indegree[k]))      //k 的入度减 1，若减为 0，则将 k 入栈 s
            {
                s.Push(k);
            }
        }
    }
    if(count<algraph.vexnum)          //零入度顶点栈 s 已空，图 G 还有顶点未输出
    {
        cout<<"此有向图有回路"<<endl;
        return false;
    }
    else
    {
        cout<<"为一个拓扑序列"<<endl;
        return true;
    }
}
```

分析上述算法，对有 n 个顶点和 e 条弧的有向图而言，建立求各顶点入度的时间复杂度 $O(e)$；建零入度顶点栈的时间复杂度为 $O(n)$；在拓扑排序过程中，若有向图无环，则每个顶点进一次栈，

出一次栈。入度减 1 的操作在 while 语句中总共执行 e 次，所以总的时间复杂度为 $O(n+e)$。

当有向图无环时，也可利用深度优先遍历进行拓扑排序，因为图中无环，则由图中某顶点出发进行深度优先搜索遍历时，最先退出 DFSTraverse 函数的顶点，即出度为 0 的顶点，是拓扑有序序列中最后一个顶点。由此，按退出 DFSTraverse 函数的先后记录下来的顶点序列即为逆向的拓扑有序序列。

7.5.2　AOE 网与关键路径

AOE 网（Activity On Edge Network），即边表示活动的网。AOE 网是一个带权的有向无环图。其中，顶点表示**事件**（Event），弧表示活动，权表示活动持续的时间。通常，AOE 网可以用来表示工程的进度计划。

例如，图 7.29 所示是一个有 11 项活动（即 11 条边）的 AOE 网。其中，有 9 个事件 $v_1, v_2, \cdots, v_9$，每个事件表示在它之前的活动已经完成，在它之后的活动可以开始。如 v_1 表示整个工程开始，v_9 表示整个工程结束，v_5 表示 a_4 和 a_5 已经完成，a_7 和 a_8 可以开始。与每个活动相关的数字是执行该活动所需的时间。比如，完成活动 a_1 需要 6 天，a_2 需要 4 天。

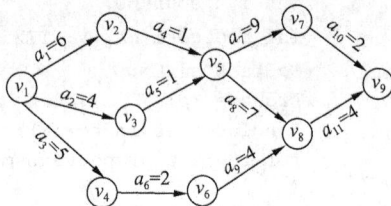

图 7.29　一个 AOE 网

由于整个工程只有一个开始点和一个完成点，故在正常情况（无环）下，网中只有一个入度为零的点，称为**源点**（Source）；一个出度为零的点，称为**汇点**（Sink）。

AOE 网络常用于工程估算。例如：

（1）完成整个工程至少需要多少时间（假设网中无环）？

（2）哪些活动是影响工程进度的关键？

在 AOE 网络中，有些活动可以并行地进行。从源点到各个顶点，以及从源点到汇点的有向路径都可能不止一条，这些路径的长度可能不同，完成不同路径所需的时间也可能不同，但只有各条路径上所有的活动都完成了，整个工程才算完成。因此，完成整个工程所需的时间取决于从源点到汇点的最长路径的长度，即在这条路径上所有活动的持续时间之和，这条最长的路径就叫作**关键路径**（Critical Path）。

要找出关键路径，必须找出**关键活动**（Critical Activity），即不按期完成就会影响整个工程完成的活动。关键路径上所有的活动都是关键活动。因此，只要找到了关键活动，就可以找到关键路径。

下面定义几个与计算关键活动相关的量。

（1）假设开始点是 v_1，从 v_1 到 v_i 的最长路径长度叫作事件 v_i 的最早开始时间。这个时间决定了所有以 v_i 为尾的弧所表示的活动的最早开始时间。我们用 $e(i)$ 表示活动 a_i 的最早开始时间。

（2）一个活动的最迟开始时间 $l(i)$，定义为在不推迟整个工程完成的前提下，活动 a_i 最迟必须开始的时间。

（3）两者之差 $l(i)-e(i)$ 意味着完成活动 a_i 的时间余量。把 $l(i)-e(i)=0$ 的活动叫作关键活动。显然，关键路径上的所有活动都是关键活动，因此提前完成非关键活动并不能加快整个工程的进度。

例 7.1　分析图 7.29 中关键路径，其目的是辨析哪些是关键活动，以便争取提高关键活动的功效，缩短整个工期。

由上分析可知，辨析关键活动的就是要找出 $l(i)=e(i)$ 的活动。为了求得 AOE 网中活动的 $l(i)$ 和 $e(i)$，首先应求得事件的最早发生时间 $ve(j)$ 和最迟发生时间 $vl(j)$。如果活动 a_i 由弧 $<j, k>$ 表示，其持续的时间记为 $dut(<j, k>)$，则有以下关系：

$$e(i) = ve(j) \tag{7-1}$$
$$l(i) = vl(k) - dut(<j,k>)$$

求 $ve(j)$ 和 $vl(j)$ 需分如下两步进行。

① 从 $ve(0)=0$ 开始向前递推：

$$ve(j) = \underset{i}{Max}\{ve(i) + dut(<i, j>)\} \tag{7-2}$$
$$<i, j> \in T, j = 1, 2, \cdots, n-1$$

其中，T 是所有以第 j 个顶点为头的弧的集合。

② 从 $vl(n-1)=ve(n-1)$ 起向后递推：

$$vl(i) = \underset{j}{Min}\{vl(j) - dut(<i, j>)\} \tag{7-3}$$
$$<i, j> \in S, i = n-2, \cdots, 0$$

其中，S 是所有以第 i 个顶点为尾的弧的集合。

这两个递推公式的计算必须分别在拓扑有序和逆拓扑有序的前提下进行。也就是说，$ve(j-1)$ 必须在 v_j 的所有前驱的最早发生时间求得之后才能确定，而 $vl(j-1)$ 则必须在 v_j 的所有后继的最迟发生时间求得之后才能确定。因此，可以在拓扑排序的基础上计算 $ve(j-1)$ 和 $vl(j-1)$。

由此得到以下所述求关键路径的算法。

（1）输入 e 条弧 $<j, k>$，建立 AOE 网的存储结构。

（2）从源点 v_0 出发，令 $ve[0]=0$，按拓扑有序求其余各顶点的最早发生时间 $ve[i](1 \leq i \leq n-1)$。如果得到的拓扑有序序列中顶点个数小于网中顶点数 n，则说明网中存在环，不能求关键路径，算法终止；否则执行步骤（3）。

（3）从汇点 v_n 出发，令 $vl(n-1)=ve(n-1)$，按逆拓扑有序求其余各顶点的最迟发生时间 $vl(i)(2 \leq i \leq n-2)$。

（4）根据各顶点的 ve 和 vl 值，求每条弧 s 的最早开始时间 $e(s)$ 和最迟开始时间 $l(s)$。若某条弧满足条件 $e(s)=l(s)$，则为关键活动。

如上所述，计算各顶点的 ve 值是在拓扑排序的过程中进行的，需对拓扑排序的算法做以下修改。

① 在拓扑排序之前设初值，令 $ve[i]=0(0 \leq i \leq n-1)$。

② 在算法中增加一个计算 v_j 的直接后继 v_k 的最早发生时间的操作：

若 $ve[j] + dut(<j,k>) > ve[k]$，则 $ve[k] = ve[j] + dut(<j,k>)$。

③ 为了能按照逆拓扑有序序列的顺序计算各顶点的 vl 值，需记下在拓扑排序的过程中求得的拓扑有序序列。这需要在拓扑排序算法中增设一个栈以记录拓扑有序序列，则在计算求得各顶点的 ve 值之后，从栈顶至栈底便为逆拓扑有序序列。

下面则是用 C++语言描述的求关键路径的算法：

```cpp
bool ALGraph::CriticalPath()          //输出图的各项关键活动
{
    int vl[MAX_VERTEX_NUM];
    SqStack t(20);
```

```
        int i,j,k,ee,el,dut;
        ArcNode *p;
        if(!TopologicalOrder(t))          //存在有向环
        {
            return false;
        }
        j=ve[0];
        for(i=1;i<algraph.vexnum;i++)     //j 保存 ve 的最大值
        {
            if(ve[i]>j)
            {
                j=ve[i];
            }
        }
        for(i=0;i<algraph.vexnum;i++)     //初始化顶点时间的最迟发生时间（最大值）
        {
            vl[i]=j;                      //完成点的最早发生时间
        }
        while(!t.StackEmpty())            //按拓扑逆序求各顶点的 vl 值
        {
            for(j=t.Pop(),p=algraph.vertices[j].firstarc;p;p=p->nextarc)
            {
                k=p->adjvex;
                dut=*(p->info);           //dut<j,k>
                if(vl[k]-dut<vl[j])
                {
                    vl[j]=vl[k]-dut;
                }
            }
        }
        cout<<"有向网各顶点时间的最早、最晚发生时间: "<<endl;
        cout<<"顶点  ve  vl"<<endl;
        for(j=0;j<algraph.vexnum;j++)
        {
            cout<<" V"<<j+1<<"    "<<ve[j]<<"    "<<vl[j]<<endl;
        }
        cout<<endl<<"有向网各项活动最早、最晚发生时间: "<<endl;
        cout<<"弧尾  弧头  e    l  l-e"<<endl;
        for(j=0;j<algraph.vexnum;j++)//求 ee el 和关键活动
        {
            for(p=algraph.vertices[j].firstarc;p;p=p->nextarc)
            {
                k=p->adjvex;
                dut=*(p->info);
                ee=ve[j];
                el=vl[k]-dut;
                cout<<" V"<<j+1<<" "<<"V"<<k+1<<" "<<ee<<" "<<el<<" "<<el-ee<<endl;
                                                        //输出关键活动
            }
        }
        cout<<endl<<"关键路径为: "<<endl;
        for(j=0;j<algraph.vexnum;j++)
        {
            for(p=algraph.vertices[j].firstarc;p;p=p->nextarc)
            {
                k=p->adjvex;
                dut=*(p->info);
                if(ve[j]==vl[k]-dut)
                {
                    cout<<algraph.vertices[j].data<<"->"<<algraph.vertices[k].data<<endl;
                                                        //输出关键活动
```

```
        }
      }
    }
    return true;
}
```

由于逆拓扑排序必定在网中无环的前提下进行，则亦可利用 DFS 函数，在退出 DFS 函数之前按照式（7-3）计算顶点 v 的 vl 值（因为此时的 v 的所有直接后继的 vl 值都已求出）。

这两种算法的时间复杂度均为 $O(n+e)$，显然，前一种算法的常数因子要小些。由于计算弧的活动最早开始时间和最迟开始时间的复杂度为 $O(e)$，所以总的求关键路径的时间复杂度为 $O(n+e)$。

例 7.2 图 7.29 所示的一个 AOE 网，求其关键路径和关键活动。

计算过程如下：

（1）计算各顶点事件 v_i 的最早发生时间 ve。

$ve(0) = 0$

$ve(1) = Max\{ve(0) + w_{0,1}\} = 6$

$ve(2) = Max\{ve(0) + w_{0,2}\} = 4$

$ve(3) = Max\{ve(0) + w_{0,3}\} = 5$

$ve(4) = Max\{ve(1) + w_{1,4}, ve(2) + w_{2,4}\} = 7$

$ve(5) = Max\{ve(3) + w_{3,5}\} = 7$

$ve(6) = Max\{ve(4) + w_{4,6}\} = 16$

$ve(7) = Max\{ve(4) + w_{4,7}, ve(5) + w_{5,7}\} = 14$

$ve(8) = Max\{ve(6) + w_{6,8}, ve(7) + w_{7,8}\} = 18$

（2）计算各顶点事件 v_i 的最迟发生时间 vl。

$vl(8) = ve(8) = 18$

$vl(7) = Min\{vl(8) - w_{7,8}\} = 14$

$vl(6) = Min\{vl(8) - w_{6,8}\} = 16$

$vl(5) = Min\{vl(7) - w_{5,7}\} = 10$

$vl(4) = Min\{vl(6) - w_{4,6}, vl(7) - w_{4,7}\} = 7$

$vl(3) = Min\{vl(5) - w_{3,5}\} = 8$

$vl(2) = Min\{vl(4) - w_{2,4}\} = 6$

$vl(1) = Min\{vl(4) - w_{1,4}\} = 6$

$vl(0) = Min\{vl(1) - w_{0,1}, vl(2) - w_{0,2}, vl(3) - w_{0,3}\} = 0$

（3）计算各活动 a_i 的最早开始时间 $e(i)$。

$e(a_1) = ve(0) = 0$

$e(a_2) = ve(0) = 0$

$e(a_3) = ve(0) = 0$

$e(a_4) = ve(1) = 6$

$e(a_5) = ve(2) = 4$

$e(a_6) = ve(3) = 5$

$e(a_7) = ve(4) = 7$

$e(a_8) = ve(4) = 7$

$e(a_9) = ve(5) = 7$

$$e(a_{10}) = ve(6) = 16$$
$$e(a_{11}) = ve(7) = 14$$

（4）计算各活动 a_i 的最迟开始时间 $l(i)$

$$l(a_{11}) = vl(8) - w_{7,8} = 14$$
$$l(a_{10}) = vl(8) - w_{6,8} = 16$$
$$l(a_9) = vl(7) - w_{5,7} = 10$$
$$l(a_8) = vl(7) - w_{4,7} = 7$$
$$l(a_7) = vl(6) - w_{4,6} = 7$$
$$l(a_6) = vl(5) - w_{3,5} = 8$$
$$l(a_5) = vl(4) - w_{2,4} = 6$$
$$l(a_4) = vl(4) - w_{1,4} = 6$$
$$l(a_3) = vl(3) - w_{0,3} = 3$$
$$l(a_2) = vl(2) - w_{0,2} = 2$$
$$l(a_1) = vl(1) - w_{0,1} = 0$$

将顶点事件的发生时间和活动的开始时间分别汇总到图 7.30（a）和图 7.30（b）中。从图 7.30（b）可以看出，a_1, a_4, a_7, a_8, a_{10}, a_{11} 是关键活动，组成从源点到汇点的关键路径。因此可以得出，图 7.29 所示的 AOE 网有两条关键路径：一条是由活动(a_1, a_4, a_8, a_{11})组成的关键路径，另一条是由活动(a_1, a_4, a_7, a_{10})组成的关键路径，如图 7.31 所示。

顶点	ve	vl
v_1	0	0
v_2	6	6
v_3	4	6
v_4	5	8
v_5	7	7
v_6	7	10
v_7	16	16
v_8	14	14
v_9	18	18

活动	e	l	l-e
a_1	0	0	0
a_2	0	2	2
a_3	0	3	3
a_4	6	6	0
a_5	4	6	2
a_6	5	8	3
a_7	7	7	0
a_8	7	7	0
a_9	7	10	3
a_{10}	16	16	0
a_{11}	14	14	0

（a）求所有事件的最早和最迟发生时间　　　（b）求所有活动的最早和最迟发生时间

图 7.30　求关键路径示例

实践已经证明，用 AOE 网来估算某些工程完成的时间是非常有用的。实际上，求关键路径的方法本身就是与维修和建造工程一起发展的。但是，由于网中各项活动是互相关联的，因此，影响关键活动的因素亦是多方面的，任何一项活动持续时间的改变都会影响关键路径的改变。而且，只有在不改变关键路径的情况下，提高关键活动的速度才是有效的。另一方面，若网中有几条关键路径，那么，单是提高一条关键路径上的关键活动的速度，还不能导致整个工程缩短工期，必须提高同时在几条关键路径上活动的速度。

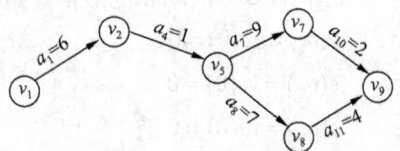

图 7.31　AOE 网的关键路径

7.6 最短路径

假若一个交通咨询网络系统采用图结构表示，图中顶点表示城市，边表示城市间的交通路线如图 7.32 所示。例如一位乘客要从 A 城到 B 城（假设 A 城和 B 城为图中任一城市），他希望选择一条中转次数最少的路线。假设图中每一站都需要换车，则这个问题反映到图上就是要找一条从顶点 A 到顶点 B 所含边数最少的路径。只需从顶点 A 出发，对图作广度优先搜索，一旦遇到顶点 B 就终止。由此所得广度优先搜索生成树上，从根顶点 A 到顶点 B 的路径就是中转次数最少的路径，从 A 到 B 的路径之间经过的顶点数就是中转次数。但是，这只是一类最简单的图的最短路径问题。有时，乘客更关心的可能是节省交通费用；而对于司机来说，他们关注的则是里程和速度。为了在图上表示有关信息，可对边赋以权，权的值表示两个城市之间的距离，或途中所需时间，或交通费等。考虑到交通的有向性，例如，汽车的上山和下山，轮船的顺水和逆水，所花费的时间或代价就不同，所以交通网往往是用带权有向网表示。

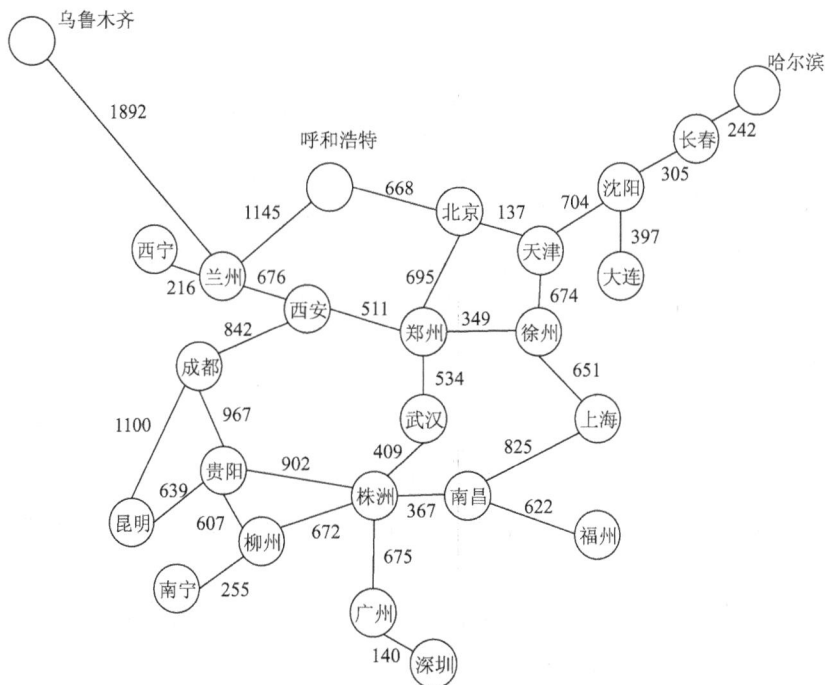

图 7.32 一个表示交通网的例图

而在一个不带权的图中，若从一个顶点到另一个顶点存在着一条路径（仅限于无回路的简单路径），则称该路径的长度为该路径上经过的边的数目，它等于该路径上的顶点数减 1。由于从一个顶点到另一个顶点可能存在着多条路径，每条路径上所经过的边数可能不同，即路径长度不同，则称路径长度最短（经过的边数最少）的那条路径为最短路径，其路径长度叫作最短路径长度或**最短路径**。

上面所述的图的最短路径问题只是对无权图而言，若图是带权图，则把从一个顶点到图中其余任一个顶点的一条路径上所经过边上的权值之和定义为该路径的**带权图路径长度**，由于可能不止一条路径，因此把带权图路径长度最短（权值最小）的那条路径也称作最短路径，其权值之和也称作最短路径长度或最短路径。

求图的最短路径问题包括以下两个方面：

（1）求图中一个顶点到其余各顶点的最短路径。

（2）求图中每对顶点之间的最短路径。

7.6.1 单源最短路径

单源最短路径问题是指：给定带权有向图 G 和源点 v，求从 v 到 G 中其余各点的最短路径。

例如，图 7.33 所示带权有向图 G 中从顶点 v_1 到图中其余各个顶点之间的最短路径如表 7.3 所示。

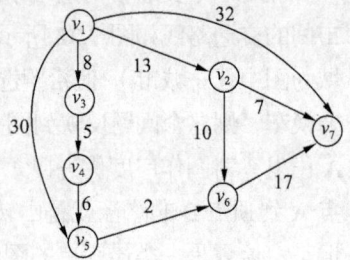

图 7.33　带权有向图 G

表7.3　　　　　　　有向图 G 中从顶点 v_1 到其余各顶点的最短路径

始　点	终　点	最短路径	路径长度
v_1	v_2	(v_1, v_2)	13
	v_3	(v_1, v_3)	8
	v_4	(v_1, v_3, v_4)	13
	v_5	(v_1, v_3, v_4, v_5)	19
	v_6	$(v_1, v_3, v_4, v_5, v_6)$	21
	v_7	(v_1, v_2, v_7)	20

求图中一个顶点到其余各顶点的最短路径，常用 Dijkstra 算法。该算法设置一个集合 S，记录已求得最短路径的顶点，初始时把源点 u_0 放入 S 中。此外，在构造过程中还设置了两个辅助数组。

$dist[]$：存放集合 S 内顶点到 S 外各顶点的路径上的当前最小权值。

$path[]$：记录顶点是否已加入集合 S。

假设选择从顶点 0 出发，即 $u_0=0$，因为在集合 S 内最初只有一个顶点 0，故在 $path$ 数组中，只有表示顶点 0 的数组 $path[0]=-1$，其他都是 0，表示集合 S 外各顶点距离集合 S 内最近的顶点是 0。数组 $dist[i]$ 的内容都是从邻接矩阵的第 0 行复制来的。然后反复做以下工作。

（1）在 $dist[]$ 中选择 $path[i] \neq -1$ 且 $dist[i]$ 最小的边 i，用 v 标记它，则选中的权值最小的边为 $(path[v],v)$ 相应的权值为 $dist[v]$。

（2）将 $path[v]$ 改为-1，表示它已加入集合 S。将边 $(path[v], v, dist[v])$ 加入生成树的边集合。

（3）取 $dist[i]=\min\{dist[i], Edge[v][i]\}$，即用集合 S 外各顶点 i 到刚加入该集合的顶点 v 的距离 $Edge[v][i]$ 与原来 i 到集合 S 中顶点的最短路径 $dist[i]$ 作比较，取距离近的作为这些集合外顶点到集合 S 内顶点的最短路径。

（4）如果从集合 S 外顶点 i 到刚加入该集合的顶点 v 的距离比原来它到集合 S 中顶点的最短路径还要近，则修改 $nearestx[i]=v$，表示集合 S 外顶点 i 到 S 内顶点 v 当前距离最近。Dijkstra 算法的步骤可用以下代码描述：

```
void MGraph::ShortestPath_DIJ(int v0,PathMatrix &P,ShortPathTable &D)
//用Dijkstra算法求有向网的v0顶点到其余顶点v的最短路径P[v]及带权长度D[v]
//若P[v][w]为true，则w是从v0到v当前求得最短路径上的顶点
//final[v]为true当且仅当v∈S，即已经求得从v0到v的最短路径
{
    bool final[MAX_VERTEX_NUM];                // 辅助矩阵
    for(v=0;v<mgraph.vexnum;v++)
```

```
{
    final[v]=false;                          //设初值
    D[v]=mgraph.arcs[v0][v].adj;             //D[]存放 v0 到 v 的最短距离,初值为 v0 到 v 的直接距离
    for(w=0;w<mgraph.vexnum;w++)
    {
        P[v][w]=false;                       //设空路径
    }
    if(D[v]<infinity)                        //v0 到 v 有直接路径
    {
        P[v][v0]=P[v][v]=true;               //一维数组 p[v][v0]表示源点 v0 到 v 最短路径通过的顶点
    }
}
D[v0]=0;                                     //v0 到 v0 距离为 0
final[v0]=true;                              //v0 顶点并入 S 集
for(i=1;i<mgraph.vexnum;i++)//开始主循环,每次求得 v0 到某个顶点 v 的最短路径,并将 v 并入 S 集
{
    min=infinity;                            //当前所知离 v0 顶点的最近距离,设初值为∞
    for(w=0;w<mgraph.vexnum;w++)
    {
        if(!final[w]&&D[w]<min) //在 S 集之外的顶点中找离 v0 最近的顶点,并将其赋给 v,距离赋给 min
        {
            v=w;
            min=D[w];
        }
    }
    final[v]=true;                           //离 v0 最近的 v 并入 S 集
    for(w=0;w<mgraph.vexnum;w++)//根据新并入的顶点,更新不在 S 集的顶点到 v0 的距离和路径数组
    {
        if(!final[w]&&min<infinity&&mgraph.arcs[v][w].adj<infinity&&
           (min+mgraph.arcs[v][w].adj<D[w]))
        {
            D[w]=min+mgraph.arcs[v][w].adj;//更新 D[w]
            for(j=0;j<mgraph.vexnum;j++)//修改 P[w],v0 到 w 经过的顶点包括 v0 到 v 经过的顶点
再加上顶点 w
            {
                P[w][j]=P[v][j];
            }
            P[w][w]=true;
        }
    }
}
}
```

分析 Dijkstra 算法的时间复杂度。该算法包括两个并列的 for 循环,第一个 for 循环做辅助数组的初始化工作,时间复杂度为 $O(n)$,其中的 n 是图中的顶点数;第二个 for 循环是二重嵌套循环,进行最短路径的求解工作,因为是对图中几乎所有顶点都要做计算,每个顶点的计算又要对集合 S 内的顶点进行检测,对集合 $V-S$ 中的顶点进行修改,第二个循环总共进行 $n-1$ 次,每次执行时间为 $O(n)$,第二个循环运算总的时间复杂度为 $O(n^2)$。所以,整个算法总的时间复杂度为 $O(n^2)$。

如果我们只希望找到从源点到某一个特定终点的最短路径,这个问题的求解和求源点到其他所有顶点的最短路径一样复杂,其时间复杂度也是 $O(n^2)$。

7.6.2 每对顶点间的最短路径

可以采用 7.6.1 节的 Dijkstra 算法求解每对顶点间的最短路径:每次以一个顶点为源点,重复执

8. 有向图的一个强连通分量是指_____。

    A. 该图的一个极大连通子图   B. 该图的一个极大强连通子图

    C. 该图的一个强连通子图   D. 该图的一个极小强连通子图

9. 在图采用邻接矩阵存储时，深度优先遍历算法的时间复杂度为_____。

    A. $O(n \times e)$ B. $O(n+e)$ C. $O(e)$ D. $O(n^2)$

10. 下面_____算法可以判断出一个有向图是否有环。

    A. 求最小代价生成树   B. 拓扑关系   C. 求最短路径   D. 求关键路径

二、填空题

1. 有 n 个结点的无向图最多有_____条边。

2. 对于一个具有 n 个顶点和 e 条边的无向图，若采用邻接表表示，则表头结点有_____个，所有邻接表中的结点总数是_____。

3. 在有 n 个顶点的有向图中，每个顶点的度最大可达_____。

4. 在一个具有 n 个顶点的有向图中，若所有顶点的出度之和为 s，则所有顶点的入度之和为_____。

5. 在 n 个顶点的连通图用邻接矩阵表示时，该矩阵至少有_____个非零元素。

6. Prim 算法适用于求_____的网的最小生成树，Kruskal 算法适用于求_____的网的最小生成树。

7. 当无向图为非连通图时，利用深度优先搜索算法和广度优先搜索算法，无法遍历图的所有顶点，只能遍历该顶点所在的_____的所有顶点，这些顶点构成一个连通分量。

8. 若无向图中有 m 条边，则表示该无向图的邻接表中有_____个结点。

9. 已知无向连通图的顶点数为 n，边数为 e，其中，$e \ll n^2$，则在教材介绍的两种常见的求最小代价生成树的算法中，值得推荐的是_____算法，其理由是_____。

10. 从源点到汇点长度最长的路径称为关键路径，该路径上的活动称为_____。

三、判断题

1. 对于有向图 G，如果以任一顶点出发进行一次深度优先或广度优先搜索能访问到每个顶点，则该图一定是完全图。

2. 连通图的广度优先搜索中一般要采用队列来暂存刚访问过的顶点。

3. 图的深度优先搜索中一般要采用栈来暂存刚访问过的顶点。

4. 有向图的遍历不可采用广度优先搜索方法。

5. 对同一个有向图来说，只保存出边的邻接表中结点的数目总是和只保存入边的邻接表中结点的数目一样多。

6. 如果表示某个图的邻接矩阵是不对称矩阵，则该图一定是有向图。

7. 具有 n 个顶点的有向图中的顶点的最大出度为 n-1。

8. 如果表示有向图的邻接矩阵是对称矩阵，则该有向图一定是有向完全图。

9. 在 AOE 网中，关键路径上某个活动的时间缩短，整个工程的时间也就必定缩短。

10. 如果有向图 $G=(V, E)$ 的邻接矩阵为上三角矩阵，则该图为有向无环图。

四、简答题

1. 图 G 是一个非连通无向图，共有 28 条边，则该图至少有多少个顶点？

2. 请回答下列关于图的一些问题：

（1）有 n 个顶点的有向强连通图最多有多少条边？这样的图应该是什么形状？

（2）有 n 个顶点的有向强连通图最少有多少条边？这样的图应该是什么形状？

（3）表示一个有 1000 个顶点、1000 条边的有向图的邻接矩阵有多少个矩阵元素？是否为稀疏矩阵？

五、算法设计

1. 一个连通图采用邻接表作为存储结构，设计一个算法实现从顶点 v 出发的深度优先遍历的非递归过程。

2. 设计一个算法，求不带权无向连通图 G 中距离顶点 v 最远的顶点。

3. 假设图采用邻接表存储，分别写出基于 DFS 和 BFS 遍历的算法来判别顶点 i 和顶点 $j(j \neq i)$ 之间是否有路径。

4. 试设计一个算法，从由迪杰斯特拉算法产生的一维数组 *path*，打印从源点到其他所有顶点之间的各条最短路径。

5. 假设图 G 采用邻接表存储，分布设计实现以下要求的算法：

（1）求出图 G 中每个顶点的入度。

（2）求出图 G 中每个顶点的出度。

（3）求出图 G 中出度最大的一个顶点，输出该顶点编号。

（4）计算图 G 中出度为 0 的顶点数。

（5）判断图 G 中是否存在边 $<i, j>$。

第8章　查找

查找是一种为了得到某个"信息"而进行的操作。查找是一种十分常见的操作，比如在人才档案中查找某个人的资料、在购买车票时查找自己所需要的车次、在上网时查找一个网页、在图书馆的书目文件中查找某编号的图书元素等。

为了实现查找的目的，人们首先会对待查找的信息进行处理并存储在计算机系统中，实现这步操作最常见的做法是将待查找信息按其作用和类型存储到被称为"查找表"的数据表中。然后通过有关的算法，根据需要确定查找的关键词从查找表获取所需信息。查找算法是否高效快捷对系统运行效率的影响较大。本章主要介绍静态查找、动态查找和哈希查找方法。

8.1　查找的基本概念

为便于后续各节对查找算法的阐述，以表 8.1 所示的学生基本信息表为例，先介绍查找的相关概念和术语。

微课视频

表 8.1　　　　　　　　　　　　　学生的基本信息表

学　号	姓　名	性别	民族	籍贯	出生日期			年级	院系	学生类别
					年	月	日			
112060826	赵雪清	女	汉	江苏	1988	8	8	2012	计算机	硕士
110060943	田春峰	男	汉	河南	1989	1	20	2010	计算机	硕士
212060032	陈亮	男	汉	湖南	1986	11	30	2012	自动化	博士
106000686	刘明	男	汉	河北	1990	11	12	2013	理学院	硕士
106001607	卞雯	女	回	福建	1992	1	8	2013	理学院	硕士
512061654	秦羽	男	汉	山西	1989	10	13	2012	电光院	博士
111010116	任熠豪	男	汉	浙江	1987	6	7	2011	机械	硕士

1. 数据项

数据项是数据不可分割的最小单位。表 8.1 所示的表中"学号""姓名""月""年级"等。每个数据项都必须有名称，该名称被称为数据项名或字段名。在查找表中，要求同一个数据项的数据（字段的值）是同一种数据类型。

2. 组合项

组合项是由若干项组合构成的数据项。表 8.1 中的数据项"出生日期"就是一个组合项，它由"年""月""日"三项组成。

3. 数据元素

数据元素是由若干数据项、组合项构成的数据单位，一般作为整体进行考虑和处理，也称为**记录**（Record）。表 8.1 中对应一个学生的一行信息就是一个数据元素，表 8.1 中一共有 7 个数据元素。

4. 查找表

查找表（Search Table）是由同一类型的数据元素（或记录）构成的集合。由于集合中的数据元素之间存在着完全松散的关系，因此查找表是一种灵便的数据结构。表 8.1 就是一个含有 7 个数据元素的查找表。

5. 关键字

关键字（Key）是指可以标识一个数据元素（或记录）的某个数据项，关键字的值称为**键值**（Keyword）。若关键字可以唯一地标识一个记录，则称此关键字为**主关键字**（Primary Key）；反之，则称此关键字为**次关键字**（Secondary Key）。表 8.1 中的"学号"是主关键字，"姓名""性别""出生日期"都是次关键字。

6. 查找

查找（Search）是指在查找表中找出满足给定条件的数据元素（或记录）。查找的给定条件是多种多样的，为了便于讨论，本书将查找条件限制为"匹配"，即查找关键字等于给定值的数据元素或记录。对查找表经常进行的操作有：

（1）查询某个"特定的"数据元素是否在表中。

（2）检索某个"特定的"数据元素的各种属性。

（3）在查找表中插入一个数据元素。

（4）从查找表中删除某个数据元素。

若在查找表中找到了与给定值相匹配的记录，则称**查找成功**；否则，称**查找失败**。一般情况下，查找成功时，要返回一个成功标志，例如返回查找到的记录的位置或值；查找失败时，要返回一个失败标志，例如空指针或 0，或将被查找的记录插入到查找集合中。

7. 静态查找表

静态查找表（Static Search Table）：仅对查找表进行查找操作，而不进行插入和删除操作的查找表。静态查找在查找不成功时，只返回一个不成功标志，查找的结果不改变查找表，因此表中数据元素的个数不会发生变化。

8. 动态查找表

动态查找表（Dynamic Search Table）：可对查找表进行查找、插入和删除操作的表。动态查找在查找不成功时，需要将被查找的记录插入到查找表中，查找的结果可能会改变查找表。因此表中数据元素的个数可能会发生变化。

一般而言，各种数据结构都会涉及查找操作，例如前面介绍的线性表、树、图等。这些数据结构中的查找操作并没有被作为主要操作考虑，它的实现服从于数据结构。但是，在某些应用中，查找操作是最主要的操作，为了提高查找效率，需要专门为查找操作设置数据结构，这种面向查找操作的数据结构称为**查找结构**（Search Structure）。

本章讨论的查找结构如下。

（1）线性表：适用于静态查找，主要采用顺序查找技术、折半查找技术。

（2）树表：适用于动态查找，主要采用二叉排序树的查找技术。

（3）散列表：静态查找和动态查找均适用，主要采用散列技术。

衡量一个算法的效率，通常会通过时间复杂度（算法执行的时间量级）、空间复杂度（算法所需辅助空间的空间量级）和算法稳定性等对其进行分析。对于查找算法而言，其所需的辅助空间通常较小，只需要一个或几个；而查找算法的基本操作是"将记录的关键字和给定值进行比较"，因此通常以"关键字与给定值的比较次数"作为衡量算法效率的方法，该比较次数的期望值，称为查找成功时的**平均查找长度**（Average Search Length，ASL）。

对于含有 n 个记录的表，查找成功时的平均查找长度为：

$$ASL = \sum_{i=1}^{n} P_i C_i$$

其中，P_i 表示查找第 i 个记录的概率，且 $\sum_{i=1}^{n} P_i = 1$；C_i 表示为了找到表中关键字与给定值相等的第 i 个记录，已和给定值进行过比较的关键字个数，因此可以看出 C_i 与所选择的查找算法有关。

8.2　静态查找表

静态查找表的定义表明，它是一类仅可对其进行查找操作，而不能改变数据元素的查找表。静态查找表可以有多种不同的实现方式，且不同实现方式的查找操作也不相同。

静态查找表的抽象数据类型定义为：

ADT StaticSearchTable{

　　数据对象：D 是具有相同特性的数据元素的集合。各个数据元素均含有类型相同、可唯一标识数据元素的关键字。

　　数据关系：数据元素同属一个集合。

　　基本操作：

　　　　Create(&ST,n)

　　　　　　初始条件：无。

　　　　　　操作结果：构造一个含 n 个数据元素的静态查找表 ST。

　　　　Destroy(&ST)

　　　　　　初始条件：静态查找表 ST 存在。

　　　　　　操作结果：销毁表 ST。

　　　　Search(ST,key)

　　　　　　初始条件：静态查找表 ST 存在，key 为和关键字类型相同的给定值。

　　　　　　操作结果：若 ST 中存在其关键字等于 key 的数据元素，则函数值为该元素的值或在表中的位置，否则为空。

　　　　Traverse(ST,visit())

　　　　　　初始条件：静态查找表 ST 存在，visit()是对表中数据元素的访问函数。

　　　　　　操作结果：按某种次序对 ST 的每个元素调用函数 visit()一次且仅一次。一旦 visit()失败，则操作失败。

}ADT StaticSearchTable

微课视频

8.2.1　顺序查找

顺序查找（Sequential Search）又称为**线性查找**，是最基本的查找方法之一。

查找过程：从表的一端开始，向另一端将关键字逐个与给定值 *key* 进行比较，若当前比较到的关键字与 *key* 相等，则查找成功，并返回数据元素在表中的位置，若检索完整个表仍未找到与 *key* 相同的关键字，则查找失败，返回失败的信息。

顺序查找的思想非常简单，首先将顺序表中的第一个存储单元（即下标为 0 的单元）设置为"监视哨"，即把待查值放入该单元，查找时从顺序表的最后一个元素开始，依次向前搜索进行查找（这样的好处在于可减少边界判定，无须在查找过程中每次都判断当前位置是否越界）。

顺序查找算法的操作步骤如下。

Step 1：将所要查找的值 *key* 放入数组的第一个存储单元（即下标为 0 的单元）。

Step 2：从数组最后一个数据元素开始，向前一个一个比较记录是否等于 *key*，若相等，则返回该记录所在的数组下标；若扫描完所有记录都没有与 *key* 相等的记录，则返回 0。

Step 3：若返回值>0，则查找成功，否则查找失败。

以顺序表{10,15,24,6,12,35,40,98,55}为例，在表中用顺序查找的方法对关键字 11 和 55 进行顺序查找，其查找过程如图 8.1 所示。

图 8.1　顺序查找示例

顺序查找算法采用 C++语言描述如下：
```cpp
int Search(int key)
{//从表中最后一个元素开始顺序查找，若找到，返回位序，否则，返回 0
    st.elem[0]=key;
    for(int i=st.length;i>0;i--)
    {
        if(st.elem[i]==st.elem[0])
        {
            cout<<"查找成功，处于第"<<i<<"位置上"<<endl;
            return i;
        }
    }
    cout<<"未找到！"<<endl;
    return 0;
}
```
算法分析：

P_i 为找的是表中第 *i* 个数据元素的概率，P_i 满足条件 $\sum_{i=1}^{n} P_i = 1$。

C_i 是查找到第 *i* 个记录所需完成的比较次数，C_i 取决于所查记录 *i* 在表中的位置。如查找表中的最后一个记录时，仅需比较一次；而查找第一个记录时则需要比较 *n* 次。因此得到 $C_i=n-i+1$。则顺序查找的平均查找长度 *ASL* 为：

$$ASL = \sum_{i=1}^{n} P_i C_i$$

若每个记录的查找概率相等，即 $P_i=1/n$，则 *ASL* 为：

$$ASL = \sum_{i=1}^{n} P_i C_i = \frac{1}{n}\sum_{i=1}^{n}(n-i+1) = \frac{n+1}{2}$$

上述对平均查找长度的讨论是在每次都查找成功的假设下进行的。然而，虽然当记录数 *n* 很大时，查找成功的可能性比失败的可能性大，但查找失败的情况仍然可能会出现。当查找失败的情况不能忽略时，查找算法的平均查找长度应该为查找成功的平均查找长度与查找失败的平均查找长度之和。

现假设查找成功与失败的可能性相同，并且对每个记录的查找概率也相等，则 P_i=1/2n。而在查找失败时，不论所查找的关键字为何值，其进行比较的次数均为 n+1。因此在该条件下，顺序查找的平均查找长度为：

$$ASL = \frac{1}{2n}\sum_{i=1}^{n}(n-i+1) + \frac{1}{2}(n+1) = \frac{n+1}{4} + \frac{n+1}{2} = \frac{3}{4}(n+1)$$

在以后的章节中，仅讨论查找成功时的平均查找长度和查找失败时的比较次数（哈希表例外）。顺序查找的优点是算法简单，并且对于表的结构没有任何要求，无论记录是否按关键字有序均可以使用；其缺点也很明显，特别是当 n 很大时，查找效率非常低。而许多情况下，查找表中数据元素的查找概率不一定相等。为了提高查找效率，查找表需要根据"查找概率越高，比较次数越少"的原则进行设计。

8.2.2 有序表的查找

若查找表中的数据元素无序，则选择顺序查找的方式既简单又实用。但当查找表中的数据元素在顺序存储时是有序的情况下，为了提高查找效率，可以采用**折半查找**（Binary Search）来实现，折半查找又称为**二分查找**。由于折半查找的算法限制，采用折半查找的前提条件是查找表中必须是采用顺序存储结构的有序表。

给定一个有序表 ST，折半查找的思想为：在表 ST 中取位于中间的记录作为比较对象，若中间记录的关键字与给定值相等，则查找成功；若中间记录的关键字大于给定值，则在中间记录的左半区继续查找；若中间记录的关键字小于给定值，则在中间记录的右半区继续查找。不断重复上述过程，直到查找成功或者所查找的区域无记录，即查找失败。

折半查找的步骤如下。

设表长为 n，low、$high$ 和 mid 分别指向待查记录所在区间的下界、上界和中间点，key 为给定的待查值。

Step 1：设置初始区间指针：下界指针 low=1，上界指针 $high$=n，执行 Step2。

Step 2：若 low>$high$，查找失败，返回查找失败信息；否则令 $mid = \lfloor(low+high)/2\rfloor$。并执行以下操作。

- 若待查值 key 小于 $ST.elm[mid].key$，则在 mid 的左半区进行查找，令 $high$=mid-1；重新执行 Step2。
- 若待查值 key 大于 $ST.elm[mid].key$，则在 mid 的右半区进行查找，令 low=mid+1；重新执行 Step2。
- 若待查值 key 等于 $ST.elm[mid].key$，则查找成功，返回记录在表中的位置。

给定一个有序表（2,7,11,31,37,46,55,63,73），用折半查找算法从中分别查找 11（查找成功）和 57（查找失败），其过程如图 8.2（a）和图 8.2（b）所示。

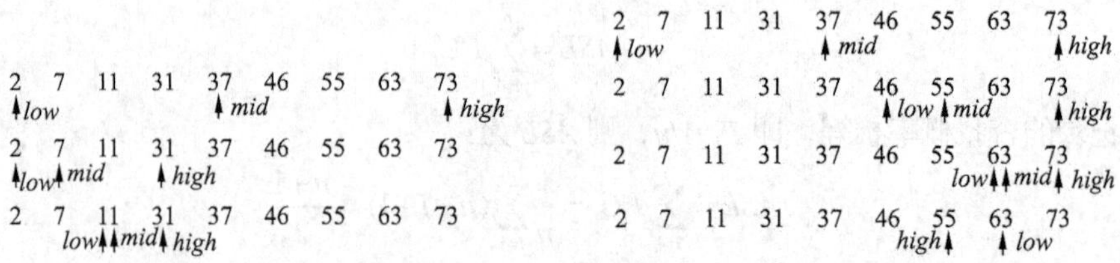

（a）查找关键字11（查找成功）　　　　　　（b）查找关键字57（查找失败）

图 8.2　折半查找示例

折半查找算法的非递归实现代码如下：

```
int Search_Bin(int key)
{
    int low=0,high=st.length-1;
    int mid;
    while(low<=high)
    {
        mid=(high+low)/2;
        if(st.elem[mid]==key)
        {
            cout<<"查找成功,处于第"<<mid+1<<"位置上"<<endl;
            return mid+1;
        }
        if(st.elem[mid]>key)
            high=mid-1;
        else
            low=mid+1;
    }
    cout<<"未找到!"<<endl;
    return 0;
}
```

算法分析：

从折半查找的过程来看，它是以表的中间点为比较对象，将表划分为两个子表，对定位到的子表继续进行这种查找操作的过程。因此，对表中每个数据元素的查找过程可以表示为一个二叉树，并称这个用于描述折半查找过程的二叉树为**折半查找判定树**。图 8.3 所示便是图 8.2 所示查找过程的折半查找判定树。

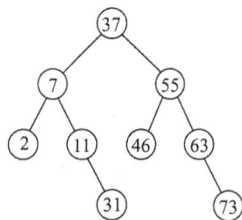

从图 8.3 可以看出，查找表中任意记录的过程就是判定树从根到该记录对应结点的路径上各结点关键字与给定关键字进行比较的过程。其比较次数即为该结点所在树中的层数。因此，对于折半查找而言，其查找成功时进行关键字比较的次数至多为 $\lfloor \log_2(n+1) \rfloor + 1$。

假设有序表的长度 $n=2^h-1$（即 $h=\log_2(n+1)$），则描述折半查找的判定树是深度为 h 的满二叉树。假设表中每个记录的查找概率相等，为 $P_i=1/n$，则查找成功时，折半查找的平均查找长度为：

$$ASL = \sum_{i=1}^{n} P_i C_i = \frac{1}{n} \sum_{j=1}^{h} \left(j \times 2^{j-1} \right) = \frac{n+1}{n} \log_2(n+1) - 1$$

由该等式可知，当 n 较大时，会有一个近似的结果为：

$$ASL = \log_2(n+1) - 1$$

而当查找不成功时，此时查找到某一结点为空，其查找时与给定关键字比较的次数最多不会超过树的深度。因此查找不成功时其平均查找长度的量级仍为 $O(\log_2(n))$。

因此，折半查找的效率通常比顺序查找要高，但折半查找只适用于采用顺序存储结构的有序表。

图 8.3　折半查找判定树示例

8.2.3　分块查找

分块查找又称为**索引顺序查找**，是对顺序查找的一种改进。折半查找的前提要满足查找表是采用顺序存储结构的有序表，一般较难实现，因此折半查找的应用受限。但当查找表的记录满足分块有序时，可以采用分块查找方法。**分块有序**即整个查找表无序，但把查找表看作几个子表时，每个子表中的关键字是有序的。在分块查找方法中，形象地把待查顺序表的子表称为块。

采用分块查找时，需要建立一个索引表来对每个子表进行索引，索引表的每个索引项包含以下信息：子表的最大关键字和子表的起始地址。子表的最大关键字是指对应子表中最大关键字的值，子表的起始地址是指对应子表的第一个记录在整个表中的位置。带有索引表的待查顺序表称为索引顺序表。图 8.4 所示是一个索引顺序表的示例。

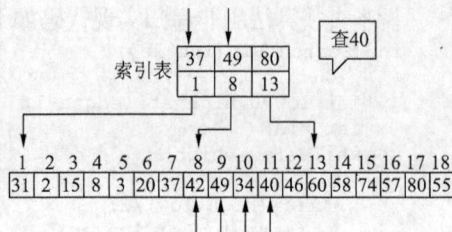

图 8.4　索引顺序表

分块查找的基本思想：在查找时，首先用待查值 key 在索引表中进行区间查找（即查找 key 所在的子表，由于索引表按最大关键字项有序，因此可以采用折半查找或者顺序查找），然后在相应的子表中对 key 进行顺序查找。

分块查找步骤如下。

Step 1：对于待查值 key，在索引表中按某种查找算法将 key 与各个子表的最大关键字如 k_i，k_j 进行比较。若 $k_i \leqslant key \leqslant k_j$，则 key 可能在 k_j 所对应的子表中。

Step 2：在 Step1 所找到的子表中进行顺序查找。若找到关键字与 key 相等的记录，则查找成功，返回该记录所在的位置；否则查找失败，返回 0。

由于分块查找算法的主要内容是折半查找和顺序查找算法，因此不再给出其 C++实现代码。

算法分析：

对于索引顺序表而言，其索引表中的项是按关键字有序的，则确定第二步的待查子表的查找方法可以用顺序查找，也可以用折半查找或者其他查找算法；而待查子表中的记录并不是有序的，所以在待查子表中只能采用顺序查找。

设对索引表查找的平均查找长度为 L_1，对待查子表中查找元素的平均查找长度为 L_2。则分块查找的平均查找长度可以通过两种算法的平均查找长度之和表示，即：

$$ASL = L_1 + L_2$$

在进行分块查找时，通常将长度为 n 的表均匀地分为 b 块（子表），每块有 m 个记录，因此有 $b = \lceil n/m \rceil$。若假设用顺序查找来确定块的位置，表中每个记录的查找概率相等，则对每块查找的概率为 $1/b$，块中每个记录的查找概率为 $1/m$。该条件下分块查找的平均查找长度为：

$$ASL = L_1 + L_2 = \frac{1}{b}\sum_{i=1}^{b} i + \frac{1}{m}\sum_{j=1}^{m} j = \frac{b+1}{2} + \frac{m+1}{2} = \frac{1}{2}\left(\frac{n}{m} + m\right) + 1$$

可以看出，其平均查找长度不仅和表长 n 有关，而且与块中的记录个数 m 有关。可证明，当 $m = \sqrt{n}$ 时，分块查找的平均查找长度取到最小值，为 $\sqrt{n} + 1$。而若采用折半查找来确定块，则分块查找的平均查找长度为：

$$ASL \approx \log_2\left(\frac{n}{m} + 1\right) + \frac{m}{2}$$

8.3　动态查找表

动态查找表是一类除了可以对查找表进行查找操作，并且可以向表中插入数据元素或者删除表中数据元素的表。该查找表的结构是动态的，且数据元素是可以增加或减少的。因此，动态查找表的特点是表结构本身就是在查找过程中动态生成的，也就是说对于给定值 key，若表中存在关键字与

key 相等的记录时，则返回查找成功信息；否则将关键字等于 *key* 的记录插入到表中。

抽象数据类型静态查找表的定义为：

ADT DynamicSearchTable{

数据对象：*D* 是具有相同特性的数据元素的集合。各个数据元素均含有类型相同、可唯一
标识数据元素的关键字。

数据关系：数据元素同属一个集合。

基本操作：

CreateDSTable(&DT, n)

初始条件：无。

操作结果：构造一个含 *n* 个数据元素的静态查找表 *DT*。

DestroyDSTable(&DT)

初始条件：静态查找表 *DT* 存在。

操作结果：销毁表 *DT*。

SearchDSTable(DT, key)

初始条件：静态查找表 *DT* 存在，*key* 为和关键字类型相同的给定值。

操作结果：若 *DT* 中存在其关键字等于 *key* 的数据元素，则函数值为该元素的值或在表
中的位置，否则为空。

TraverseDSTable(DT, visit())

初始条件：静态查找表 *DT* 存在，visit()是对元素操作的应用函数。

操作结果：按某种次序对 *DT* 的每个元素调用函数 visit()一次且仅一次。一旦 visit()失
败，则操作失败。

}ADT DynamicSearchTable

8.3.1　二叉排序树

二叉排序树（Binary Sort Tree）又称为**二叉查找树**，它或者是一棵空树，或者
是具有下列性质的二叉树。

（1）若它的左子树不空，则左子树上所有结点的值均小于根结点的值。

（2）若它的右子树不空，则右子树上所有结点的值均大于根结点的值。

（3）它的左右子树也分别是二叉排序树。

根据二叉排序树的定义，它是记录之间满足一定次序关系的二叉树，中序
遍历二叉排序树可以得到一个按关键字排序的有序序列,这也是二叉排序树的
名称由来。例如前面讨论的折半查找判定树就是一棵二叉排序树。

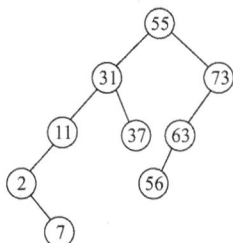

图 8.5 所示是一棵二叉排序树的示例。

通常用二叉链表作为二叉排序树的存储结构，其结点结构可复用二叉链表
的结点结构。由于二叉排序树是一种动态数据结构，其插入和删除操作非常方
便，无须大量移动元素。以下分别讨论二叉排序树的查找、插入和删除操作。

图 8.5　二叉排序树示例

1. 二叉排序树的查找

二叉排序树的查找方法是：首先将给定值 *key* 与根结点的关键字进行比较,若相等,则查找成功；

若根结点的关键字大于 *key*，则在根结点的左子树上进行查找；否则，在根结点的右子树上进行查找。该查找过程类似于折半查找。

二叉排序树的查找算法的执行步骤如下。

Step 1：若二叉排序树为空，则查找失败；否则执行 Step2。

Step 2：将给定值 *key* 与树的根结点关键字进行比较，若相等则查找成功；否则执行以下操作：

（1）若给定值 *key* 小于根结点关键字，则在以该树的左孩子为根结点的子树上执行 Step1。

（2）若给定值 *key* 大于根结点关键字，则在以该树的右孩子为根结点的子树上执行 Step1。

图 8.6 所示是在一个关键字序列为{55,31,11,37,46,73,63,2,7}的二叉排序树中查找关键字 37 和 80 的例子。其中，图 8.6（a）为查找关键字 37 的过程图示，图 8.6（b）为查找关键字 80 的过程图示。

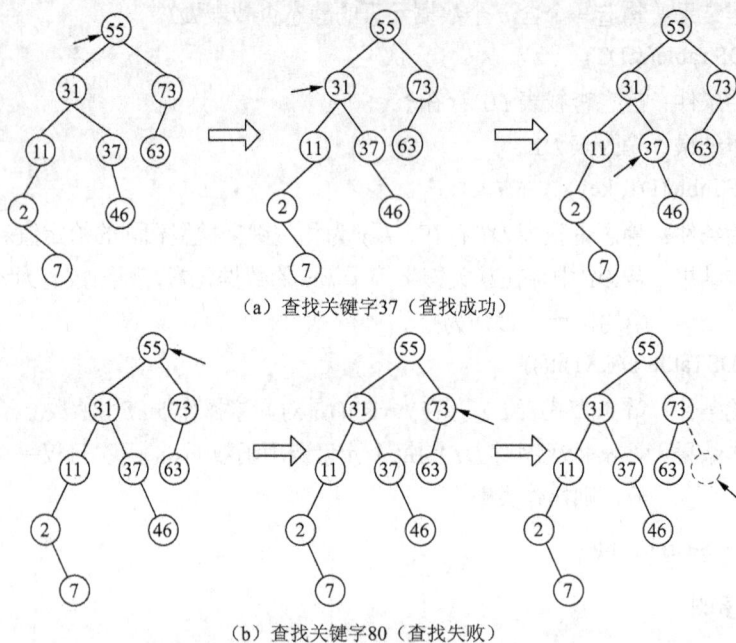

（a）查找关键字37（查找成功）

（b）查找关键字80（查找失败）

图 8.6　二叉排序树查找

二叉排序树查找算法的 C++语言实现代码如下：

```cpp
struct Node
{
    int key ;
};
struct BTSNode
{
    Node data ;
    BTSNode* lchild;
    BTSNode* rchild;
};
void SearchBST(BTSNode*T,int key)
{
    if((!T)||(key==T->data.key))
    {
        if(!T)
            cout<<"找不到"<<key<<"的结点"<<endl;
        else
            cout<<"找到"<<key<<"的结点"<<endl;
    }
```

```
    else if(key<T->data.key)
        SearchBST(T->lchild,key);
    else
        SearchBST(T->rchild,key);
}
```

查找主程序：
```
int SearchBST(BTSNode*T,int key,BTSNode*f,BTSNode* &p)
{
    if(!T)                          //查找不成功
    {
        p=f;
        return 0;
    }
    else if(key==T->data.key)   //查找成功
    {
        p=T;
        return 1;
    }
    else if(key<T->data.key)
        return SearchBST(T->lchild,key,T,p);
    else
        return SearchBST(T->rchild,key,T,p);
}
```

2. 二叉排序树的插入

在二叉排序树中插入一个新结点后，形成的二叉树仍然是二叉排序树。若待插入结点的关键字为 key，则二叉排序树的插入方法是：首先在树中查找是否已有关键字为 key 的结点，若查找成功，则说明待插入结点已存在，不能插入重复结点。只有当查找失败时，才在树中插入关键字为 key 的新结点。因此，新插入的结点一定是一个新添加的叶子结点，且该结点必定是查找不成功时查找路径上最后一个结点的左孩子结点或右孩子结点。其插入过程与查找过程基本一致，只是在查找失败时将关键字与给定值 key 相等的记录作为左子树或右子树插入到最后一个结点。

创建一棵二叉排序树实质是从空树出发，不断执行插入结点操作的过程，这是插入操作的典型应用。图 8.7 所示即为一棵二叉排序树的创建过程。

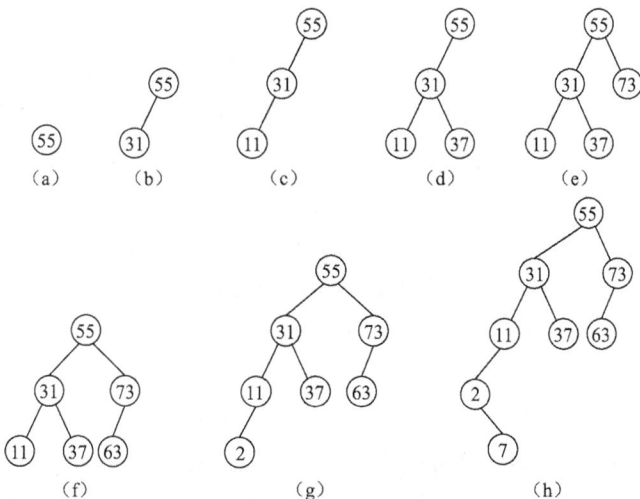

图 8.7　二叉排序树的创建过程

在插入结点的过程中，无须对其他结点进行移动，而只需改变其中某个结点的指针即可。而且中序遍历二叉排序树即可得到一个关键字有序的序列，这意味着一个无序序列可以通过构造二叉排序树得到一个有序序列，构造二叉排序树的过程便是对无序序列进行排序的过程。

二叉排序树插入算法的 C++语言实现代码如下：

```
int InsertBST(int e)
{
    int key=e;
    BTSNode *p=new BTSNode;
    BTSNode *T=BT;//BT 是根结点
    if(!SearchBST(T,key,NULL,p))
    {
        BTSNode *s=new BTSNode;
        s->data.key=e;
        s->lchild=s->rchild=NULL;
        if(!p)
        {
            BT=s;
        }
        else if(key<p->data.key)
            p->lchild=s;
        else
            p->rchild=s;
        return 1;
    }
    else
        return 0;
}
```

3. 二叉排序树的删除

在二叉排序树中，除了可以对结点进行插入操作外，还可以对结点进行删除操作。在二叉排序树中删除一个结点后，形成的二叉树仍然须是二叉排序树。因此相对于插入操作来说，删除操作更为复杂。

假设二叉排序树上要被删除的结点为 p（此处 p 是指向待删结点的指针，下面提到的 f、p_L、p_R 也都是代表对应含义的指针），其双亲结点为 f，其左孩子结点为 p_L，其右孩子结点为 p_R。不失一般性，假设 p 是 f 的左孩子结点，而 f 的右孩子结点用 f_R 表示，则分如下 3 种情况进行讨论。

（1）若 p 结点为叶子结点，由于删去叶子结点对于整个树的特性并不影响，此时直接修改其双亲结点的指针为空指针即可，如图 8.8（a）所示，图中椭圆为以 f_R 为根结点的子树，下面的图也是如此，不再赘述。

（2）若 p 结点只有左子树 p_L 或者只有右子树 p_R，此时只要将 p_L（或 p_R）代替 p 的位置，成为 f 的子树即可。显然此操作也不会破坏整个二叉排序树的特性，如图 8.8（b）和图 8.8（c）所示。

（3）若 p 结点的左子树 p_L 和右子树 p_R 均不为空，此时的操作相对较为复杂，有两种求解方法。

方法一：查找 p_R 中的最小值替换 p。

查找 p 结点右子树 p_R 上的右子树的根结点为 t，而 p_R 的最左下结点为 s，结点 s 的双亲结点 $spar$，将 s 结点的数据代替 p 结点的数据，若 p_R 有左子树，则将 s 的右子树接到结点 $spar$ 的左子树上；若 p_R 无左子树，则 p_R 中的最小值为 p_R 的根结点，s 结点为 t 结点，s 的双亲结点 $spar$ 为 p 结点，则将 s 的右子树接到 $spar$ 的右子树上，如图 8.8（d）和图 8.8（e）所示。

方法二：查找 p_L 中的最大值替换 p。

设查找 p 结点左子树 p_L 上的左子树的根结点为 t，而 p_L 的最右下结点为 s，结点 s 的双亲结点 $spar$，将 s 结点的数据代替 p 结点的数据，若 p_L 有右子树，则将 s 的左子树接到结点 $spar$ 的右子树上；若 p_L 无右子树，则 p_L 中的最大值为 p_L 的根结点，s 结点为 t 结点，s 的双亲结点 $spar$ 为 p 结点，则将 s 的左子树接到 $spar$ 的左子树上，如图 8.8（f）和图 8.8（g）所示。

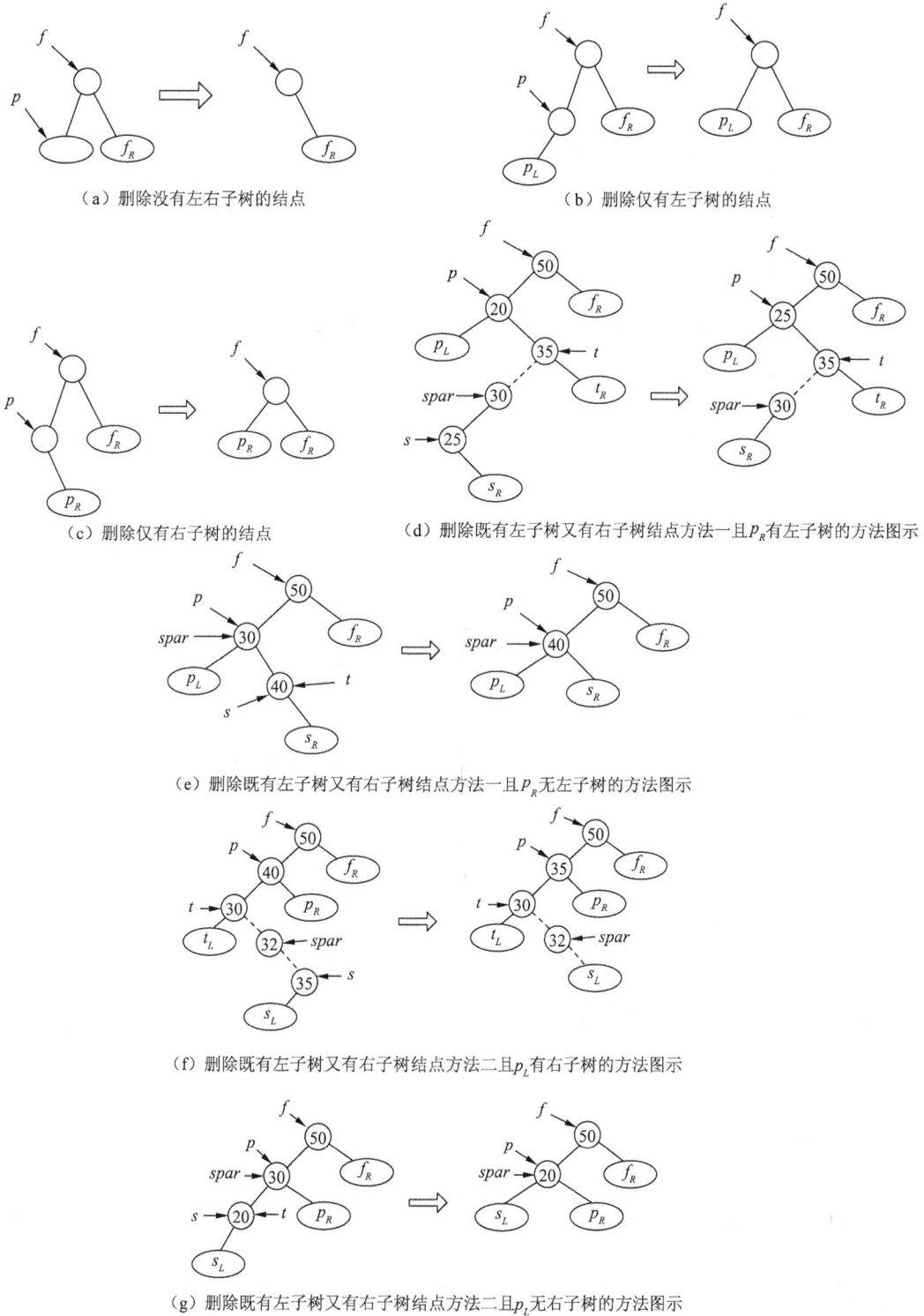

（a）删除没有左右子树的结点　　　　　　　（b）删除仅有左子树的结点

（c）删除仅有右子树的结点　　　（d）删除既有左子树又有右子树结点方法一且p_R有左子树的方法图示

（e）删除既有左子树又有右子树结点方法一且p_R无左子树的方法图示

（f）删除既有左子树又有右子树结点方法二且p_L有右子树的方法图示

（g）删除既有左子树又有右子树结点方法二且p_L无右子树的方法图示

图 8.8　二叉排序树删除操作

二叉排序树删除算法的 C++语言实现代码如下：

```cpp
int DeleteBST(BSTNode* &T,int key)
{
    if(!T)
```

```
            return 0;
        else
        {
            if(key==T->data.key)
                return Delete(T);
            else if(key<T->data.key)
                return DeleteBST(T->lchild,key);
            else
                return DeleteBST(T->rchild,key);
        }
    }
    int BST::Delete(BSTNode* &p)
    {
        BSTNode *q,*s;
        if(!p->rchild)
        {  // 右子树空则只需重接它的左子树
            q=p;
            p=p->lchild;
            delete q;
        }
        else if(!p->lchild)
        {  // 只需重接它的右子树
            q=p;
            p=p->rchild;
            delete q;
        }
        else                              // 左右子树均不空
        {
            q=p;
            s=p->lchild;
            while(s->rchild)              // 转左，然后向右到尽头
            {
                q=s;
                s=s->rchild;
            }
            p->data=s->data;             // s 指向被删结点的"后继"
            if (q!=p)
                q->rchild=s->lchild;     // 重接*q 的右子树
            else
                q->lchild=s->lchild;     // 重接*q 的左子树
            delete s;
        }
        return 1;
    }
```

算法分析：

在二叉排序树上查找关键字是否等于给定值的结点的过程，恰好走了一条从根结点到该结点的路径。而与给定值的比较次数等于给定值的结点在二叉排序树中的层数。比较次数最少为 1，且最多不超过树的深度。

现考虑二叉排序树的查找性能与其他查找算法性能的比较。折半查找中关键字与给定值比较次数也不超过折半查找判定树的深度，然而对于折半查找判定树而言，如果长度 n 确定，则其形状是唯一的。然而一个结点数为 n 的二叉排序树的形状却不唯一，且其形状取决于各个记录被插入到二叉排序树的先后顺序。这导致二叉排序树查找时效率不一致。

最好的情况是二叉排序树平衡, 即接近与折半查找判定树形状, 如图 8.9 (a) 所示, 则一个有 n 个结点的二叉排序树高度为 $\lfloor \log_2 n \rfloor + 1$, 其查找效率的量级为 $O(\log_2 n)$, 近似于折半查找。最坏情况是二叉排序树完全不平衡, 比如每个非叶结点均只含有右孩子, 如图 8.9 (b) 所示。一棵 n 个结点的二叉排序树深度为 n, 其查找效率量级为 $O(n)$, 此时退化为顺序查找。一般而言, 二叉排序树的查找性能在 $O(\log_2 n)$ 和 $O(n)$ 之间, 平均情况下为 $O(\log_2 n)$, 但是对于二叉排序树的平衡化处理仍然是非常有必要的。

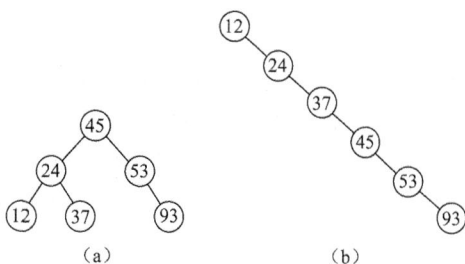

图 8.9　二叉排序树的最好情况和最坏情况

8.3.2　平衡二叉树

在上一节中我们讨论了二叉排序树的查找效率。对于一棵二叉排序树, 若左右子树分布均匀, 则其查找过程类似于有序表的折半查找。然而若给定的序列有序, 则所创建的二叉排序树的形式会类似单链表, 此时对表查找的效率会变得跟顺序查找一样。为了在查找时能够有较好的性能, 需要在构成二叉排序树的过程中对树进行平衡化处理, 使之成为一棵**平衡二叉树**（Balance Binary Tree）。

平衡二叉树或者是一棵空的二叉排序树, 或者是具有下列性质的二叉排序树。

（1）根结点的左子树和右子树的深度最多相差 1。

（2）根结点的左子树和右子树也都是平衡二叉树。

图 8.10 (a) 给出了两棵平衡二叉树, 我们定义结点的**平衡因子**（Balance Factor）为该结点的左子树的深度与右子树的深度之差。由此可知, 平衡二叉树所有结点的平衡因子取值只可能是-1、0、1, 只要二叉树上有一个结点的平衡因子的绝对值大于 1, 则该树就不是一棵平衡二叉树。图 8.10 (b) 所示为两棵不平衡二叉树的结点平衡因子。

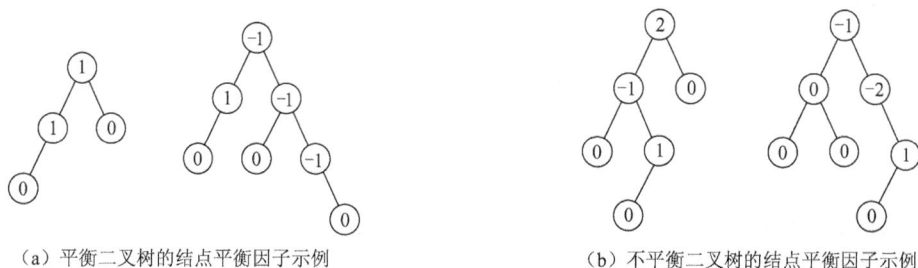

（a）平衡二叉树的结点平衡因子示例　　　　　　（b）不平衡二叉树的结点平衡因子示例

图 8.10　平衡二叉树与不平衡二叉树的结点平衡因子

由于平衡二叉树上所有结点的左右子树深度之差都不超过 1, 因此可以保证其深度的数量级为 $\log n$（n 为结点个数）。因此我们在利用二叉排序树进行查找时应当尽量构造平衡二叉树。下面我们来讨论平衡二叉树的构造方法。

在讨论如何构造平衡二叉树之前, 我们先引入**最小不平衡子树**（Minimal Unbalance Subtree）的概念。最小不平衡子树是指在平衡二叉树的构造过程中, 以距离插入结点最近的且平衡因子的绝对值大于 1 的结点为根的子树。

平衡二叉树的基本思想是：在构造二叉排序树的过程中, 每当插入一个结点时, 首先检查是否

因插入而破坏了树的平衡性，若是，则找出最小不平衡子树，在保持二叉排序树特性的前提下，调整最小不平衡子树中各结点之间的连接关系，进行相应的旋转，使之成为新的平衡子树。一般情况下，假设结点 A 为最小不平衡子树的根结点，对该子树进行平衡化调整可归纳为下列四种情况。

1. LL 型（单右旋转平衡处理）

如图 8.11（a）所示，插入结点在 A 左孩子的左子树上。图中子树 B_L、B_R、A_R 都有相同的高度 $h-1$，而带×号的矩形为插入在 B_L 子树上的一个元素，这使得子树 B_L 的高度增加 1。此时结点 A 的平衡被破坏，成为最小不平衡子树的根结点，因此按以下步骤进行调整。

（1）使 B_R 成为结点 A 的左孩子。

（2）使结点 A 成为结点 B 的右孩子。

（3）结点 B 变为调整后的树的根结点。

调整完后的结果如图 8.11（b）所示，此时树为平衡状态。

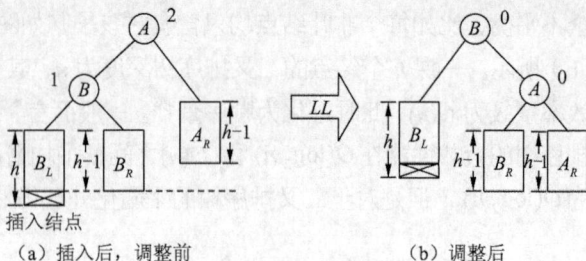

图 8.11　单右旋转平衡处理示例

2. RR 型（单左旋转平衡处理）

如图 8.12（a）所示，插入结点在 A 右孩子的右子树上。图中子树 B_L、B_R、A_R 都有相同的高度 $h-1$，带×号的矩形为插入在 B_R 子树上的一个元素，这使得子树 B_R 的高度增加了 1。此时结点 A 的平衡被破坏，成为最小不平衡子树的根结点，因此按以下步骤进行调整。

（1）使 B_L 成为结点 A 的右孩子。

（2）使结点 A 成为结点 B 的左孩子。

（3）结点 B 变为调整后的树的根结点。

调整完后的结果如图 8.12（b）所示，此时树为平衡状态。

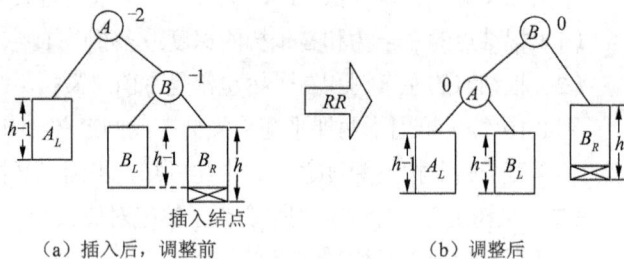

图 8.12　单左旋转平衡处理示例

3. LR 型（先左旋转后右旋转平衡处理）

（1）第一种情况。

当插入的结点在 A 的左孩子的右子树的左子树上（即 C_L 上），其子树的高度如图 8.13（a）所示，其中带×号的矩形为插入在 C_L 子树上的一个元素，这使得子树 C_L 的高度增加。此时结点 A 的平衡被破坏，因此要按以下步骤进行调整：

① 在结点 B 处进行左旋转操作；

② 在结点 A 处进行右旋转操作。

调整完后的结果如图 8.13（b）所示，此时树为平衡状态。

（2）第二种情况。

当插入的结点在 A 的左孩子的右子树的右子树上（即 C_R 上），其子树的高度如图 8.14（a）所示，其中带×号的矩形为插入在 C_R 子树上的一个元素，这使得子树 C_R 的高度增加。此时结点 A 的平衡被破坏，进行与第一种情况相同的处理方法同样可以使其恢复平衡。

调整完后的结果如图 8.14（b）所示，此时树为平衡状态。

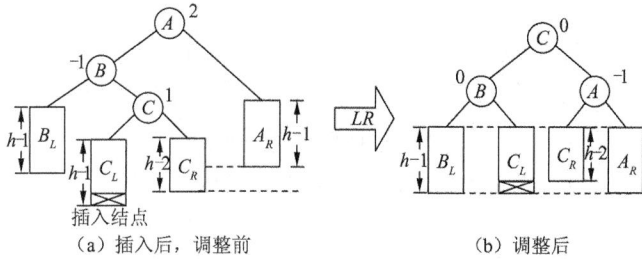

（a）插入后，调整前　　　　　　　　（b）调整后

图 8.13　先左旋转后右旋转平衡处理第一种情况示例

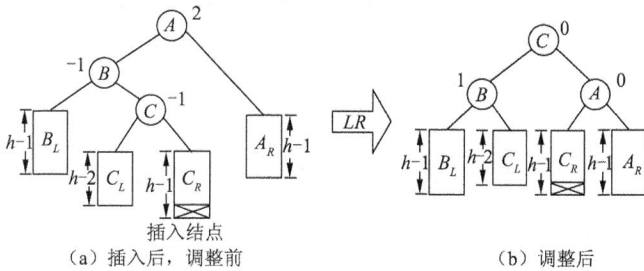

（a）插入后，调整前　　　　　　　　（b）调整后

图 8.14　先左旋转后右旋转平衡处理第二种情况示例

LR 型操作的详细过程如图 8.15 所示。

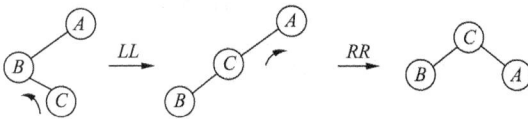

图 8.15　先左旋转后右旋转具体步骤

4. *RL* 型（先右旋转后左旋转平衡处理）

（1）第一种情况。

当插入的结点在 *A* 的右孩子的左子树的左子树上（即 C_L 上），其子树的高度如图 8.16（a）所示，其中带×号的矩形为插入在 C_L 子树上的一个元素，这使得子树 C_L 的高度增加。此时结点 *A* 的平衡被破坏，因此要按以下步骤进行调整：

① 在结点 *B* 处进行右旋转操作；

② 在结点 *A* 处进行左旋转操作。

调整完后的结果如图 8.16（b）所示，此时树为平衡状态。

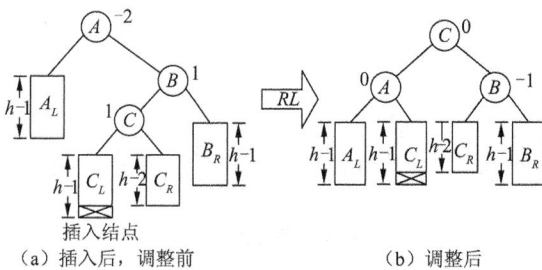

（a）插入后，调整前　　　　　　　　（b）调整后

图 8.16　先右旋转后左旋转平衡处理第一种情况示例

（2）第二种情况。

当插入的结点在 A 的右孩子的左子树的右子树上（即 C_R 上），其子树的高度如图 8.17（a）所示，其中带×号的矩形为插入在 C_R 子树上的一个元素，这使得子树 C_R 的高度增加。此时结点 A 的平衡被破坏，进行与第一种情况相同的处理方法同样可以使其恢复平衡。

调整完后的结果如图 8.17（b）所示，此时树为平衡状态。

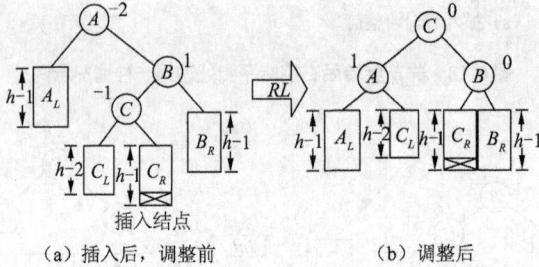

（a）插入后，调整前　　　　　（b）调整后

图 8.17　先右旋转后左旋转平衡处理第二种情况示例

RL 型操作的详细过程如图 8.18 所示。

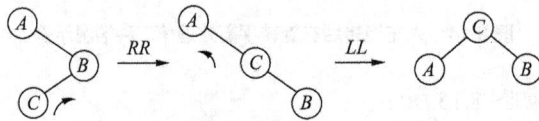

图 8.18　先左旋转后右旋转具体步骤

综上我们可以将平衡二叉树的建立方法进行以下描述。

按二叉排序树插入结点。

如引起结点平衡因子变为 2 或-2，则确定旋转点，该点离根最远（或最接近于叶子的点）。

确定平衡类型后进行相应的平衡处理，平衡后以平衡点为根的子树高不变。

下面我们给出一个创建平衡二叉树的例子。设有关键字序列{55,31,11,37,46,73,63,2,7}，下面我们给出该平衡二叉树构造过程。

首先往空树中插入 55，31，11，结点 55 的平衡被破坏，进行单右旋转操作，恢复二叉树平衡性，如图 8.19 所示。

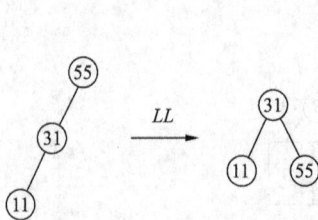

插入 37，46，结点 55 的平衡性被破坏，进行先左旋转后右旋转操作，恢复二叉树平衡性，如图 8.20 所示。

插入 73，结点 31 的平衡性被破坏，进行单左旋转操作，恢复二叉树平衡性，如图 8.21 所示。

图 8.19　插入 55，31，11　　　图 8.20　插入 37，46　　　图 8.21　插入 73

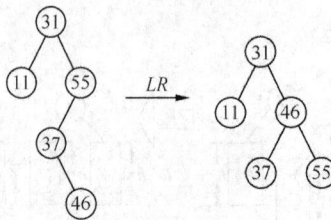

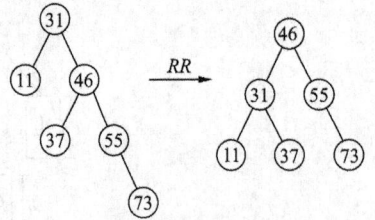

插入 63，结点 55 的平衡性被破坏，进行先右旋转后左旋转操作，恢复二叉树平衡性，如图 8.22

所示。

　　插入 2，7，结点 11 的平衡性被破坏，进行先左旋转后右旋转操作，恢复二叉树平衡性，平衡二叉树创建完成，如图 8.23 所示。

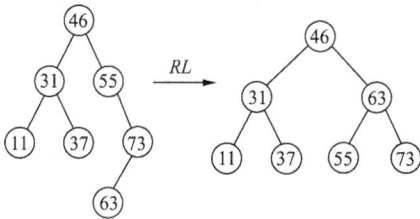

图 8.22　插入 63

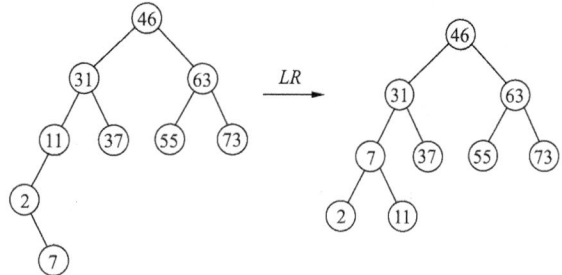

图 8.23　插入 2，7

平衡二叉树各个操作的 C++ 语言描述如下。

（1）*LL* 型操作。

```
void BST::R_Rotate(BSTree &p)
{
        // 对以*p 为根的二叉排序树作右旋处理，处理之后 p 指向新的树根结点
        BSTree lc;
        lc=p->lchild;                // lc 指向*p 的左子树根结点
        p->lchild=lc->rchild;        // lc 的右子树挂接为*p 的左子树
        lc->rchild=p;p=lc;           // p 指向新的根结点
}
```

（2）*RR* 型操作。

```
void BST::L_Rotate(BSTree &p)
{
        BSTree rc;
        rc=p->rchild;                // rc 指向*p 的右子树根结点
        p->rchild=rc->lchild;        // rc 的左子树挂接为*p 的右子树
        rc->lchild=p;p=rc;           // p 指向新的根结点
}
```

（3）*LR* 型操作。

```
   void BST::LeftBalance(BSTree &T)
{
    // 对以指针 T 所指结点为根的二叉树作左平衡旋转处理
    // 本算法结束时，指针 T 指向新的根结点
    BSTree lc,rd;
    lc=T->lchild;                // lc 指向*T 的左子树根结点
    switch(lc->bf)
    { // 检查*T 的左子树的平衡度，并作相应平衡处理
      case LH:                   // 新结点插入在*T 的左孩子的左子树上，要作单右旋处理
         T->bf=lc->bf = EH;
         R_Rotate(T);
         break;
      case RH:                   // 新结点插入在*T 的左孩子的右子树上，要作双旋处理
         rd=lc->rchild;          // rd 指向*T 的左孩子的右子树根
      switch(rd->bf)
      { // 修改*T 及其左孩子的平衡因子
         case LH:T->bf=RH;lc->bf=EH;break;
         case EH:T->bf=lc->bf=EH;break;
         case RH:T->bf=EH;lc->bf=LH;break;
      }
```

```
                        rd->bf=EH;
                        L_Rotate(T->lchild); // 对*T的左子树作左旋平衡处理
                        R_Rotate(T);         // 对*T作右旋平衡处理
                }
        }
```

（4）*RL*型操作。

```
void BST::RightBalance(BSTree &T)
{
        BSTree rc,ld;
        rc=T->rchild;
        switch(rc->bf)
        {
            case RH:
                T->bf=rc->bf=EH;
                L_Rotate(T);
                break;
            case LH:
                ld=rc->lchild;
            switch(ld->bf)
            {
            case LH:T->bf=EH;rc->bf=RH;break;
            case EH:T->bf=rc->bf = EH;break;
            case RH:T->bf=LH;rc->bf=EH;break;
            }
            ld->bf=EH;
            R_Rotate(T->rchild);
            L_Rotate(T);
        }
}
```

算法分析：

由于平衡二叉树依然是一棵二叉排序树，所以在查找过程中关键字与给定值进行比较的次数不超过树的深度，因此考虑二叉平衡树的性能就要考察其最大深度为多少。

假设在平衡二叉树查找任意结点的概率均相等。以 N_h 表示深度为 h 的二叉平衡树中含有的最少结点数，显然有 $N_0=0$，$N_1=1$，$N_2=2$，并且有 $N_h=N_{h-1}+N_{h-2}+1$ 的结论，这个关系与斐波那契序列相似。通过归纳法已经证明：当 $h \geq 0$ 时，有 $N_h=F_{h+2}-1$，其中 F_h 约等于 $\phi^h/\sqrt{5}$（$\phi=(1+\sqrt{5})/2$）。因此有 N_h 约等于 $\phi^{h+2}/\sqrt{5}-1$，反之可以得含有 n 个结点的二叉平衡树其最大深度为 $\log_2(\sqrt{5}(n+1))-2$。所以可得在二叉平衡树上进行查找的时间复杂度为 $O(\log_2 n)$。

8.3.3 B-树

本章中上述介绍的查找方法都是适用于内部查找的方法，也称为**内部查找法**。这类查找方法的数据集不大，可以放在内存中，适用于对较小的文件进行查找，而不适用于对较大的存放在外存储器（如硬盘）中的文件。由于外存数据量大，不可能一次调入内存。因此要多次访问外存。但硬盘的驱动受机械运动的制约，速度慢，影响查找效率。因此，为减少外存访问次数，1970年 R.bayer 和 E.maceright 提出了一种适用于外部查找的树，其特点是插入、删除时易于保持平衡，外部查找效率高，适合于组织磁盘文件的动态索引结构，这就是将要讨论的 B-树。

微课视频

B-树是一种平衡的多路查找树，作为索引组织文件，用以提高访问速度。

一棵 m 阶的 B-树，可以为空树，或者是一棵满足下列性质的 m 叉树。

（1）树中每个结点至多有 m 棵子树。

（2）若根结点不是叶子结点，则至少有两棵子树。

（3）除根结点之外所有非叶子结点至少有 $\lceil m/2 \rceil$ 棵子树。

（4）有 s 个子树的非叶子结点具有 $s-1$ 个关键字，所有的非叶子结点中包含下列信息：$(n, A_0, K_1, A_1, K_2, \cdots, K_n, A_n)$，其中 n 为关键字个数，$K_i(i=1,2,\cdots,n)$ 为关键字，$K_i < K_{i+1}(i=1,2,\cdots,n-1)$，$A_i(i=1,2,\cdots,n)$ 为指向子树根结点的指针，且指针 A_{i-1} 所指子树中所有结点的关键字均小于 K_i，A_n 所指子树中所有结点的关键字均大于 $K_n(\lceil m/2 \rceil - 1 \leqslant n \leqslant m-1)$。

（5）B-树总是树高平衡的，所有的叶子结点都在同一层，且不包含任何关键字信息。通常叶子结点也被称为**失败结点**。失败结点并不存在，指向这些结点的指针都为空。引入失败结点是为了便于分析 B-树的查找性能。

图 8.24 所示是一棵深度为 4 的 4 阶 B-树。其中失败结点用 F 表示。

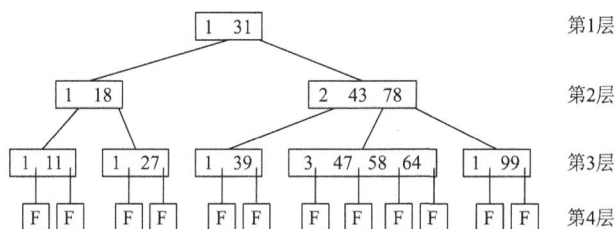

图 8.24　一棵 4 阶 B-树

下面根据关键字序列 {55,31,11,37,46,73,63,2,7} 建立一棵 4 阶 B-树，如图 8.25 所示。

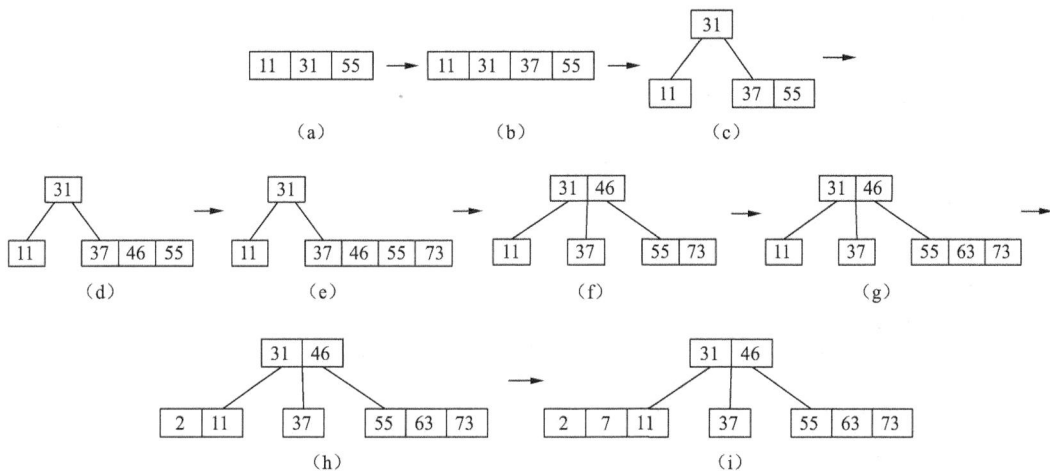

图 8.25　B-树的创建过程

以下分别讨论 B-树的查找、插入和删除操作。

1. B-树的查找

B-树的查找类似二叉排序树的查找，所不同的是 B-树每个结点上是多关键字的有序表，在达到某个结点时，先在有序表中查找，若找到，则查找成功；否则，到按照对应的指针信息指向的子树中去查找，当到达叶子结点时，则说明树中没有对应的关键字，查找失败。即在 B-树上的查找过程时一个顺时针查找结点和在结点中查找关键字交叉进行的过程。

B-树的查找步骤如下。

Step 1：在当前结点中对关键字进行二分查找。

Step 2：如果查找到关键字 key，则返回相关记录；如果当前结点是叶子结点，就返回检索失败信息；若无法找到关键字 key，而存在两个关键字 i、j 使得 i < key < j，则将位于 i 右边的第一个孩子结点作为当前结点，执行 Step1。

B-树的查找算法的 C++语言实现代码如下：

```
#define KeyType int
#define m 3                   //B-树的阶
typedef struct BTNode{
    KeyType key[m+1];         //关键字向量，key[0]存储个数
    BTNode *parent;           //指向双亲结点
    BTNode *ptr[m+1];         //子树指针向量
    tring record[m+1];        //记录
}BTNode,*BTree;
typedef struct{
    BTNode *pt;               //指向找到的结点
    int i;                    //关键字号
    bool tag;                 //是否找到了
}Result;
//在 B-树中查找元素所在的结点
Result SearchBTree(const BTree &T,KeyType key)
{
    Result ret;
    ret.tag=false;
    ret.i=0;
    ret.pt=NULL;
    BTNode *p=T;
    while(p!=NULL && !ret.tag)
    {
        int i=Search(p,key);
        if(i>0&&p->key[i]==key)
        {
            ret.tag=true;
            ret.pt=p;
            ret.i=i;
        }
        else
        {
            ret.pt=p;
            ret.i=i;
            p=p->ptr[i];
        }
    }
    return ret;
}
//在结点中查找关键字
int Search(const BTree &T, KeyType K)
{
    int i=0,j;
    for(j=1;j<=T->key[0];j++)
        if(K>=T->key[j])
            i=j;
    return i;
}
```

算法分析：

B-树的查找是由两个基本操作交叉进行的过程。

（1）在 B-树上查找结点。

（2）在结点中查找关键字。

B-树通常存储在外存上，操作（1）就是通过指针在磁盘相对定位，将结点信息读入内存，之后再对结点中的关键字有序表进行顺序查找或折半查找。因为在磁盘上读取结点信息比在内存中进行关键字查找耗时多，所以在磁盘上读取结点信息的次数，即 B-树的层次数是决定 B-树查找效率的首要因素。

对含有 n 个关键字的 m 阶 B-树，最坏情况下达到多深呢？可按照平衡二叉树进行类似分析。首先，讨论 m 阶 B-树各层上的最少结点数。

由 B-树定义：第一层至少有 1 个结点；第二层至少有 2 个结点；由于除根结点外的每个非终端结点至少有 $\lceil m/2 \rceil$ 棵子树，则第三层至少有 $2(\lceil m/2 \rceil)$ 个结点；……；依此类推，第 $k+1$ 层至少有 $2(\lceil m/2 \rceil)^{k-1}$ 个结点，而 $k+1$ 层的结点均为叶子结点。若一个 m 阶 B-树有 n 个关键字，则其叶结点（即查找失败的结点）数量为 $n+1$，因此可以得出：$n+1 \geq 2\lceil m/2 \rceil^{k-1}$，即 $k \leq \log_{\lceil m/2 \rceil}((n+1)/2)+1$。由此可知，对于含有 n 个关键字的 B-树进行查找时，从根结点到关键字所在结点的路径上进行比较的次数（即涉及的结点数）不超过 $\log_{\lceil m/2 \rceil}((n+1)/2)+1$。

2. B-树的插入

在 B-树上插入关键字与在二叉排序树上插入结点不同，关键字的插入不是在叶结点上进行的，而是在最底层的某个非终端结点中添加一个关键字，若该结点上的关键字个数不超过 $m-1$ 个，则可直接插入到该结点上；否则该结点上的关键字个数至少为 m 个，因而使该结点的子树超过了 m 棵，这与 B-树的定义不符，所以要进行调整，即结点的"分裂"。

具体方法为：关键字加入结点后，将结点中的关键字分成三部分，使得前后两部分关键字个数均大于等于 $(\lceil m/2 \rceil - 1)$，而中间部分只有一个结点。前后两部分成为两个结点，中间的一个结点将其插入到父结点中。若插入父结点而使父结点中关键字个数超过 $m-1$，则父结点继续分裂，直到插入某个父结点，其关键字个数小于 m。可见，B-树是自底向上生长的。

例如，对图 8.26（a）所示的 3 阶 B-树进行插入操作。（3 阶 B-树每个结点最多有 3 棵子树，2 个数据；最少 2 棵子树，1 个数据。所以 3 阶 B-树也称为 2-3 树。）按照顺序依次插入数据元素 3、7，则插入数据元素 3 后的 3 阶 B-树如图 8.26（b）所示，插入数据元素 7 后进行三次分裂，插入过程如图 8.26（c）、图 8.26（d）、图 8.26（e）、图 8.26（f）所示。

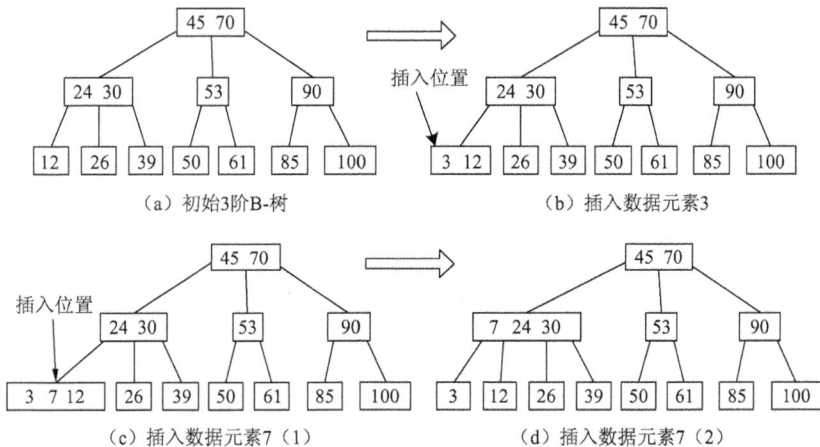

（a）初始3阶B-树　　　　　　　　　　（b）插入数据元素3

（c）插入数据元素7（1）　　　　　　　（d）插入数据元素7（2）

图 8.26　B-树的插入过程示意

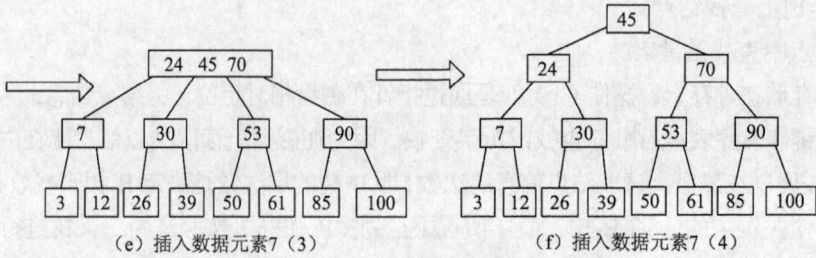

（e）插入数据元素7（3）　　　　　（f）插入数据元素7（4）

图 8.26　B-树的插入过程示意图（续）

B-树的插入算法的 C++语言实现代码如下：

```
//插入元素的子函数
int Insert(BTNode *q,int i,KeyType key,BTNode *ap,string rcd)
{
    q->key[0]++;
    int j=q->key[0];
    for(;j>i+1;j--)
    {
        q->key[j]=q->key[j-1];
        q->ptr[j]=q->ptr[j-1];
        q->record[j]=q->record[j-1];
    }
    q->key[j]=key;
    q->ptr[j]=ap;
    q->record[j]=rcd;
    return 0;
}
//插入元素的主函数
int InsertBTree(BTree &T,KeyType key,BTNode *q,int i,string rcd)
{
    KeyType x=key;
    string y=rcd;
    BTNode *ap=NULL;
    bool finished=false;
    while(q!=NULL&&!finished)
    {
        Insert(q,i,x,ap,rcd);
        if(q->key[0]< m)
            finished=true;
        else
        {
            int s=(m+1)/2;          //上取整
            split(q,s,ap);          //分裂结点
            x=q->key[s];
            y=q->record[s];
            q=q->parent;
            if(q!=NULL)
                i=Search(q,x);
        }
    }
    if(!finished)
    {
        NewRoot(T,x,ap,y);          //生成新的根结点
    }
    return 0;
}
```

3. B-树的删除

关于 B-树的删除要分两种情况来处理。

（1）删除最底层结点中关键字。

若结点中关键字个数大于等于 $\lceil m/2 \rceil$，直接删去。

否则，若余项与左兄弟（无左兄弟，则找右兄弟）项数之和大于等于 $2(\lceil m/2 \rceil-1)$，就与它们父结点中的有关项一起重新分配。

若删除后，余项与左兄弟或右兄弟之和均小于 $2(\lceil m/2 \rceil-1)$），就将余项与左兄弟（无左兄弟，则与右兄弟）合并。由于两个结点合并后，父结点中的相关项不能保持，把相关项也并入合并项。若此时父结点被破坏，则继续调整，直到根结点。

（2）删除为非底层结点中的关键字。

若所删除关键字是非底层结点中的 K_i，则可以用指针 A_i 所指子树中的最小关键字 X 代替 K_i，然后删除该关键字 X，直到这个结点 X 在最底层的结点上，即转换成①的情形。

例如，对图 8.27（a）所示的 3 阶 B-树进行删除操作。按照顺序依次删除数据元素 50，53，37，则图 8.27 为 3 阶 B-树的数据元素的删除过程示意图。

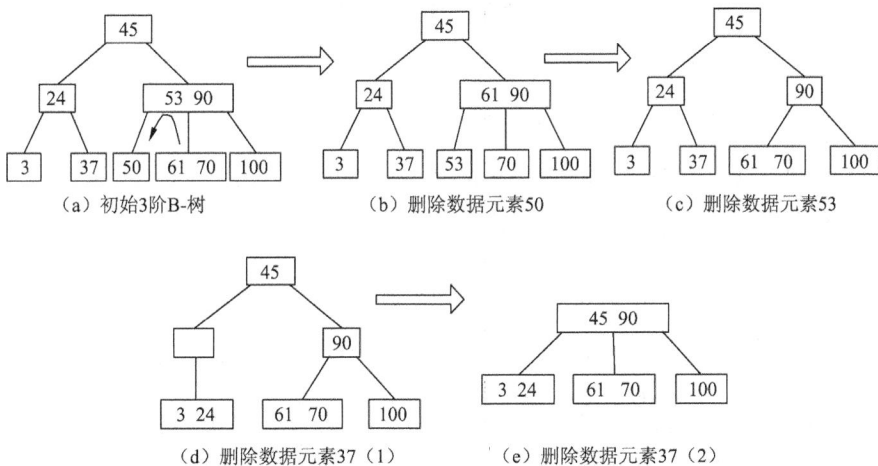

（a）初始3阶B-树　　　　（b）删除数据元素50　　　　（c）删除数据元素53

（d）删除数据元素37（1）　　　（e）删除数据元素37（2）

图 8.27　B-树的删除过程示意图

B-树的删除算法的 C++语言实现代码如下：

```
//------------------删除操作----------------
//将 p 所指的结点的第 i 个数据项删除
//在相应的 Ai 所指的子树中最小的关键字 Y 代替 Ki，然后在相应结点中删去 Y
void Tree::delet(BTree &p,int i)
{
    while(p->ptr[i]!=NULL)
    {
        BTree q=p->ptr[i];
        while(q->ptr[0]!=NULL) q=q->ptr[0];    //找到替换 Y 所在的结点
        p->key[i]=q->key[1];
        i=1;p=q;                               //更新删除结点的位置
    }//while
    for(int k=i;k<p->key[0];k++){
        p->key[k]=p->key[k+1];
        p->ptr[k]=p->ptr[k+1];
    }//for k
    p->ptr[p->key[0]--]=NULL;
```

```
    }//delet
//-------------------合并操作--------------------
//将结点 p 和 p1 及其父结点合并
void Tree::merge(BTree &p,BTree &p1,BTree &q,int pos)
{
    p->key[p->key[0]+1]=q->key[pos];          //父结点的相应数据项下移
    p->ptr[p->key[0]+1]=p1->ptr[0];           //更新新加项的孩子结点
    for(int i=1;i<=p1->key[0];i++)            //p 和 p1 合并，并销毁 p1
    {
        p->key[p->key[0]+1+i]=p1->key[i];
        p->ptr[p->key[0]+1+i]=p1->ptr[i];
        p1->ptr[i]=NULL;
    }//for i
    p1->ptr[0]=q->ptr[pos]=NULL;              //对于父结点移动的也要删除
    p->key[0]+=(p1->key[0]+1);                //更新结点数目
    p1->key[0]=0;
}//merge
//-------------------向左操作--------------------
void Tree::LeftAdjust(BTree &p,BTree &q,int &i,int s)
{
    BTree p1=q->ptr[i];
    if(p1->key[0]>(s-1)){
        p->key[0]+=1;
        p->key[p->key[0]]=q->key[i];
        p->ptr[p->key[0]]=p1->ptr[0];
        p1->ptr[0]=p1->ptr[1];
        q->key[i]=p1->key[1];
        p1->ptr[1]=NULL;
        q=p1;
    }else
        merge(p,p1,q,i);
}
//-------------------向右操作--------------------
void Tree::RightAdjust(BTree &p,BTree &q,int &i,int s)
{
    BTree p1=q->ptr[i-1];
    if(p1&&p1->key[0]>(s-1)){
        for(int k=p->key[0]+1;k>=2;k--)
        {
            p->key[k]=p->key[k-1];
            p->ptr[k]=p->ptr[k-1];
        }//for k
        p->ptr[1]=p->ptr[0];
        p->key[1]=q->key[i];
        p->ptr[0]=p1->ptr[p1->key[0]];
        q->key[i]=p1->key[p1->key[0]];
        p->key[0]++;
        p1->ptr[p1->key[0]]=NULL;
        q=p1;i=p1->key[0];
    }else
        merge(p1,p,q,i);
}
void Tree::DeleteBTree(BTree &T,BTree p,int i)
{
    BTree q=NULL;
    bool flag=false;int s=(m+1)>>1;
    while(!flag&&p){
        delet(p,i);
```

```
    if(p==T||p->key[0]>=(s-1)) flag=true;
    else
    {
        i=0;q=p->parent;
        if(q) while (i<=q->key[0]&&q->ptr[i]!=p) i++;
        if(i==0) LeftAdjust(p,q,i=1,s);
        else RightAdjust(p,q,i,s);
    }//else
    p=q;
}//while
if(T->key[0]==0){
    if(!p) {T=NULL;return;}
    p=T->ptr[0];T=NULL;T=p;T->parent=NULL;
}//if
}//DeleteBTree
```

8.3.4 并发查找树

并发查找树可通过使用单一独占锁保护它来实现。具体来讲，可以通过读写锁来提高并发查找性能，这是因为读写锁可以在共享模式下持有锁的同时，允许所有只读（查找）操作并发执行；而更新（插入或删除）操作是通过获取独占模式下的锁来排除所有其他操作。在更新操作比较少的情况下，还不太会影响性能，但只要有适量的更新操作，那么用于更新操作的独占锁将产生线性瓶颈，从而大大降低性能。

针对上述问题，可以通过使用细粒度的锁策略来进一步提高并发性能，例如，在树的每个结点上使用一个锁，而不是整棵树使用单独一个锁。要避免传统锁策略，首先当一个插入操作经过了一个不完全的内部 B+树结点，则它对该树所做的修改不能越过这个结点。在这种情况下，相对于插入操作结点是安全的。当一个更新操作在树中自上而下获取遍历的每个结点上的独占锁时遇到一个安全结点，它能够安全地释放该结点所有祖先上的锁，从而通过允许其他操作遍历这些结点来提高并发性。由于查找操作不会对树进行修改，因此可以通过锁耦合（lock coupling）策略从上到下遍历树：一旦在子结点上获得了锁，就可以释放其父结点上的锁。因此，查找操作在任何时候最多持有 2 个锁（共享模式），因此不太可能阻碍其他操作的执行。

这种方式仍然需要每次更新操作来获取根结点的独占锁，并且在读取子结点时要持有锁，子结点可能从磁盘读取，因此该根仍然是一个瓶颈。大多数更新操作将不需要拆分或合并它们访问的叶子结点来改进这种方法，因此最终将在通往叶子的路上遍历的所有结点上释放独占锁。这是一种"乐观"的方法，在这种共享模式下沿着树向下获取到锁，仅独占叶子结点。如果叶子结点没有必要拆分或合并，更新操作可以立即完成；在极少数情况下，更新操作确实需要沿着树向上传播，可以释放所有的锁。或者，可以使用读写锁来允许共享模式持有的锁"升级"到独占模式。这样，如果更新操作发现它确实需要修改叶子结点以外的结点，它就可以将它在共享模式下持有的锁升级为独占模式，并且避免完全从树根重新开始操作。可以使用上述技术的各种组合，因为树根附近的结点更有可能和其他操作发生冲突，也不太可能被修改，而叶子附近的结点则相反。

当我们使用上面描述的一些更复杂的技术时，算法也会变得更加复杂，并且更难避免死锁，从而导致进一步复杂化。尽管如此，所有这些技术都保持不变，即操作仅锁定它们修改的子树，因此操作不会碰到他们在顺序执行中没有碰到的状态。通过放宽这一要求，并发性和性能会得到显著改善，但代价是更难解释算法的正确性。

8.4　哈希表

微课视频

前三节所讨论的各种查找算法都是基于比较关键字来进行的，查找的效率由比较一次后所缩小的查找范围决定。理想的情况是不需要进行比较，能直接根据关键字得到其对应的数据元素的位置，即在记录的存储位置和关键字之间建立一个确定的关系 H，使每个关键字和一个唯一的存储位置相对应。

8.4.1　哈希表的概念

在查找时，如果给定值 key 在表中存在，则只需根据 key 并通过对应关系 H，即可得到 key 在表中的存储位置 $H(key)$。因此不需要进行比较，而是仅通过 $H(key)$ 的计算，就能获得所要查找的记录。称这样的对应关系 H 为**哈希**（Hash）**函数**或**散列函数**或**杂凑函数**，而根据这个思想所建立的表称为**哈希表**（Hash Table）或**散列表**或**杂凑表**，根据哈希函数所得的储存位置称为**哈希地址**（Hash Address）或**散列地址**，而这种映像过程则被称为**哈希造表**或**散列**。

哈希表一般用于以下两种情况。

（1）存储记录时，通过哈希函数计算记录的哈希地址，并按此哈希地址存储该记录。

（2）查找记录时，通过同样的哈希函数计算记录的哈希地址，并按此哈希地址访问该记录。

可见，哈希表既是一种存储方法，也是一种查找方法。但哈希表不是一种完整的存储结构，因为它只是通过记录的关键字定位该记录，很难完整地表达记录之间的逻辑关系，所以，哈希表主要是面向查找的存储结构。

在哈希表技术中，由于记录的定位主要基于哈希函数的计算，不需要进行关键字的多次比较。所以，一般情况下，对哈希表的查找速度要比前面介绍的基于关键字比较的查找技术的查找速度高。但是，在哈希表中，较难找到最大或最小关键字的记录，也较难找到在某一范围内的记录。针对哈希表的查找，最适合实现的功能是：如果有的话，哪个记录的关键字等于待查值。利用哈希函数进行查找有以下特点。

（1）与其他查找算法不同，哈希函数是利用函数的映射来实现查找。而哈希函数的形式并不是固定的，只需要映射的值均落在表长允许的范围内即可，因此对于不同的情况可以设计不同的哈希函数。

（2）根据函数的性质可知，对于某个函数 $y = f(x)$，不同的 x 通过 f 获得的 y 有可能是相同的。因此，哈希函数同样有这样的问题，即不同的关键字有可能得到相同的哈希地址，称这种现象为**冲突**（Collision）。这些有相同函数值的关键字被称为该函数上的**同义词**（Synonym）。当有关键字发生冲突时，是无法进行直接查找的。

由于冲突的存在，在建表时将无法唯一地确定关键字和存储地址的对应关系，然而一般情况下，冲突是无法完全避免的（即使所使用的哈希表非常长也有出现冲突的可能），因此在设计哈希表时应当尽量减少冲突的发生。

但是冲突常常是在所难免的。如果按哈希函数计算出的地址将记录加入哈希表时产生了冲突，就必须另外再找一个存储空间来存放它，这就产生了如何处理冲突的问题。因此，采用哈希函数构造哈希表需要考虑的两个主要问题如下。

（1）哈希函数的构造。如何构造一个合理的哈希函数。合理性主要体现在两个方面：一是函数应尽可能简单，以便提高计算速度；二是函数的计算结果（即地址）应尽量均匀分布在哈希地址空间中，以减少空间浪费。

（2）冲突的处理。既然冲突无法完全避免，那么当冲突发生时，如何采取合适的处理冲突的方法来解决它。

8.4.2　哈希函数的构造

哈希函数建立了从记录的关键字集合到哈希表的地址集合的一个映射，而哈希函数的定义域是查找集合中全部记录的关键字，如果哈希表中有 m 个地址单元，则哈希函数的值域必须在 0 至 $m-1$ 之间。这就产生了如何构造哈希函数的问题。

哈希函数的构造方法有很多种，一般来说，希望哈希函数能够把记录以相同的概率放置在哈希表的所有存储单元中。为了构造一个好的哈希函数，应当遵循下列两个原则。

（1）计算简单。哈希函数的计算量应该较小，否则会降低查找效率。

（2）每个关键字所对应的哈希地址分布均匀。函数值要尽量均匀分布在地址空间上，这样才能保证存储空间的有效利用，并且减少冲突。

在实际应用中上述两个原则其实是相互矛盾的，为了保证哈希地址的均匀分布，哈希函数的计算应当较为复杂；相反，如果哈希函数的计算较简单，则均匀性就会较差。

一般来说，哈希函数依赖于关键字的分布情况，然而在大多数实际情况中，事先可能不知道关键字的分布。因此在构造哈希函数时，要根据具体情况，选择一个较合理的方案。下面将讨论几种常见的哈希函数构造方法。

1. 直接定址法

直接定址法是定义一个线性函数，取关键字对于该函数的函数值作为哈希地址，即：

$$H(key) = a \times key + b$$

其中 a 和 b 为常数。通常而言，这类函数是一一对应函数，因此不会产生冲突，但要求地址集合与关键字集合的大小相同，并且当关键字跨度非常大时并不适用。因此该方法在实际生活中并不常用。

例如，现有关键字集合 $\{25,15,5,40,45,0,30\}$，选用哈希函数 $H(key) = key / 5$ 来进行散列，所构造出的哈希表如表 8.2 所示。

表 8.2 　　　　　　　　　　　　　　　　　　**构造的哈希表**

0	1	2	3	4	5	6	7	8	9
0	5	/	15	/	25	30	/	40	45

2. 数字分析法

在关键字集合中，若每个关键字均由 m 位组成，而每位上有 r 种不同的取值（如一位数字可以有 $0 \sim 9$ 这 10 种取值，英文字母则有 $a \sim z$ 这 26 种取值），通过分析 r 中不同符号在每一位上的分布情况，选择其中某几位分布较为均匀的符号组合成哈希地址。

例如，有一组关键字 $\{6537685,6533251,6536543,6542019,6539834,6541234,6545437\}$，对这些关键字进行表 8.3 所示分析。

表 8.3 关键字分析表

第一位	第二位	第三位	第四位	第五位	第六位	第七位
6	5	3	7	6	8	5
6	5	3	3	2	5	1
6	5	3	6	5	4	3
6	5	4	2	0	1	9
6	5	3	9	8	3	4
6	5	4	1	2	3	4
6	5	4	5	4	3	7

其中所有关键字的第一位都是 6，第二位都是 5，而第三位取值也只是 3 和 4，因此这三位不用作哈希地址，剩余 4 位的取值分布较为均匀，可以作为哈希地址，因此可选取这四位中任意两位组合成哈希地址，也可以对这四位进行适当的处理来获得哈希地址。

3. 平方取中法

平方取中法是取关键字平方后的中间几位作为哈希地址，这是一种较为常见的哈希函数构造方法。通常在选定哈希函数时不一定能知道关键字的所有情况，且取其中几位作为哈希地址也不一定适合，因此平方可以使随机分布的关键字得到的哈希地址也随机，而其所取的地址位数则由表长决定。

例如，有关键字集合{3456,2564,3466,3454}，则对关键字进行平方处理后可以得到表 8.4 所示数据。平方后可取其中第 4、5 位作为哈希地址。

表 8.4 关键字求哈希表

关键字	关键字平方	所选取哈希地址
3456	11943936	43
2564	6574096	40
3466	12013156	13
3454	11930116	30

4. 折叠法

折叠法是将关键字按位数分割成几部分（其中最后一部分的长度可能会较小），然后将这些部分按一定的方式进行求和，按哈希表表长取后几位作为哈希地址。

通常折叠法有两种形式：位移法和间接叠加法。其中位移法是将各部分按最后一位对齐相加；间接叠加法是从一端向另一端沿分割界来回折叠，然后对齐相加。

例如，一个关键字为 83950261436，哈希表表长为 3，则分别用位移法和间接叠加法对其进行取哈希地址的处理过程如下。

首先将关键字按表长分割成若干部分：<u>839</u> <u>502</u> <u>614</u> <u>36</u>。

然后分别用位移法和间接叠加法进行处理：

$$
\begin{array}{r}
839 \\
502 \\
614 \\
+\ 36 \\
\hline
1991
\end{array}
\qquad
\begin{array}{r}
839 \\
205 \\
614 \\
+\ 63 \\
\hline
1721
\end{array}
$$

位移法　　　间接叠加法

由于哈希表长度为 3，因此分别取后三位 991 和 721 作为关键字按位移法和间接叠加法所得到的哈希地址。

5. 除留余数法

选择一个常数 P，取关键字除以 P 所得的余数作为哈希地址，即

$$H(key) = key \bmod P$$

该方法对于 P 的选取非常重要，若哈希表长度为 m，则要求 P 小于等于 m 且接近 m，并且一般选用质数作为 P，或者是一个不包含小于 20 质因子的合数。除留余数法是一种最简单也最常见的哈希函数构造方法，它不仅可以对关键字直接取模，也可以在折叠法、平方取中法之后取模。

例如，现有关键字集合 $\{35,50,36,43,12,8,44,27,18\}$。哈希表长度为 12，若用 $P=11$ 进行除留余数运算，其所得的哈希表如表 8.5 所示。

表 8.5   关键字的哈希表

0	1	2	3	4	5	6	7	8	9	10	11
44	12	35	36	/	27	50	18	8	/	43	/

8.4.3 处理冲突的方法

由于关键字的复杂性和随机性，很难有理想的哈希函数存在。虽然在上一节提到了均匀的哈希函数可以减少冲突，但仍然无法完全避免冲突的发生，因此如何处理冲突便是创建哈希表另外一件重要的工作。在建立哈希表时，如果记录按哈希函数计算出的哈希地址发生了冲突，则必须另外找个存储空间来存放该记录，这便是所谓的**处理冲突**。冲突的处理方法有许多种，不同的方法可以得到不同的哈希表，下面介绍几种常用的处理冲突的方法。

1. 开放定址法

所谓开放定址，即一旦根据关键字所得到的哈希地址发生了冲突（该地址已经存放了数据元素），则继续按某种规则寻找下一个空闲单元的哈希地址（通常将寻找下一个空闲单元的过程称为探测），只要哈希地址足够大，空的哈希地址总是能够找到的。其函数定义如下：

$$H_i = \left(H(key) + d_i\right) \bmod m \, (1 \leqslant i < m)$$

其中 H 为哈希函数，m 为哈希表的表长，d_i 为所取的增量序列。每种再散列方法的区别在于 d_i 的取值不同。寻找下一个空闲单元的哈希地址的方法较多，下面介绍三种比较常用的方法：线性探测再散列、二次探测再散列和伪随机函数再散列。

（1）线性探测再散列。

线性探测再散列是取增量序列 d_i 为 $1,2,\cdots,m-1$ 的方法。其过程可描述为：当哈希地址 i 发生冲突时，查看哈希地址 $i+1$ 是否为空，若为空则将数据放入，否则查看 $i+2$ 是否为空，依次类推。

例如，现有关键字集合 $\{35,50,36,43,12,6,17\}$。哈希表表长为 12，若用 $P=11$ 进行除留余数运算，其所得的哈希表如表 8.6 所示。

表 8.6   关键字的哈希表

0	1	2	3	4	5	6	7	8	9	10	11
/	12	35	36	/	/	50	6	17	/	43	/

其中 35、50、36、43、12 均是由哈希函数得到的没有冲突的哈希地址而直接放入的数据元素。当存放 6 时，由于 $H(6)=6$，此时发生了冲突，因此根据线性探测再散列的方法，检测哈希地址 7，发现该地址为空，将关键字为 6 的数据元素放入地址 7。当存放 17 时，由于 $H(17)=6$，此时发生了

冲突，因此根据线性探测再散列的方法，检测哈希地址 7，发现该地址也冲突，检测哈希地址 8，发现该地址为空，将关键字为 17 的数据元素放入地址 8。

（2）二次探测再散列。

二次探测再散列是取增量序列 d_i 为 $1^2,-1^2,2^2,-2^2,\cdots,q^2,-q^2\left(q\leqslant 1/2(m-1)\right)$ 的再散列方法。其过程可描述为：当哈希地址 i 发生冲突时，查看哈希地址 $i+1$ 是否为空，若为空则将数据放入，否则查看 $i-1$ 是否为空，若为空则将数据放入，否则查看 $i+2^2$ 是否为空，依此类推。

仍以上例为例，用二次探测再散列进行冲突处理，得到的哈希表如表 8.7 所示。

表 8.7 关键字的哈希表

0	1	2	3	4	5	6	7	8	9	10	11
/	12	35	36	/	17	50	6	/	/	43	/

当处理关键字 6 的冲突时，查看哈希地址 7，发现该地址为空，将关键字为 6 的数据元素放入地址 7。当处理关键字 17 的冲突时，查看哈希地址 7，发现该地址不为空，继续查看哈希地址 5，发现该地址为空，将关键字为 17 的数据元素放入地址 5。

（3）伪随机函数再散列。

伪随机函数再散列是取增量序列 d_i 为一个伪随机数的再散列方法。其过程可描述为：当哈希地址 i 发生冲突时，产生一个伪随机数 d_1，查看哈希地址 $i+d_1$ 是否为空，若为空则将数据放入，否则重新产生一个伪随机数 d_2 查看 $i+d_2$ 是否为空，依此类推。

2. 再哈希法

再哈希法用数学表达式可以描述为：

$$H_i = RH_i(key) \qquad i = 1, 2, \cdots, k$$

其中 RH_i 均为不同的哈希函数。再哈希法的本质是使用 k 个哈希函数，若第一个函数发生冲突，则利用第二个函数再生成一个地址，直到产生的地址不冲突为止。

3. 链地址法

链地址法是将每个哈希地址都作为一个指针，指向一个链表。若哈希表长为 m，则建立 m 个空链表，将哈希函数对关键字进行转换为 i 后，映射到统一哈希地址 i 的同义词均加入到地址 i 所指向的链表中。

例如，现有关键字集合 {35,50 ,36,43,12,6,17,40,69,29}。哈希表长度为 12，若用 $P=11$ 进行除留余数运算，其所得的哈希表用链地址法进行冲突处理如图 8.28 所示。

4. 建立一个公共溢出区

设哈希函数产生的哈希地址集为[0, $m-1$]，则分配两个表。一个表为基本表，其每个存储单元仅存放一个数据元素；另一个表为溢出表，只要关键字对应的哈希地址在基本表上发生了冲突（即为同义词），则将发生冲突的元素一律放入该表中。

查找时，对于给定关键字 key 通过哈希函数计算出哈希地址为 i，则先与基本表中地址为 i 的数据元素进行比较，若相等则查找成功；否则再在溢出表中进行查找。

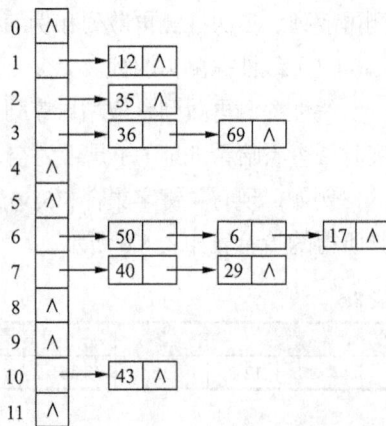

图 8.28 用链地址法处理冲突时的散列表

8.4.4 哈希查找算法及分析

哈希表相关算法的 C++语言描述如下：

```cpp
//查找元素
#define p 13;                                    //MOD 13
struct HashTable
{
    int *elem;                                   //数据元素存储基址
    int count;                                   //当前数据元素个数
    int size;                                    //哈希表长度
}ht;
int SearchHash(int key,int &s)                   //查找成功返回1，否则返回0
{
    s=CalHash(key);
    while((ht.elem[s]!=-1)&&(ht.elem[s]!=key))   //发生冲突
        Collision(s);
    if(ht.elem[s]==key)
        return 1;
    else
        return 0;
}
//计算哈希地址
int CalHash(int key)                             //由哈希函数求哈希地址
{
    return key%p;
}
//发生冲突，计算下一个地址
void Collision(int &s)                           //发生冲突，探查下一个地址
{
    s=s++;
}
//插入元素
int InsertHash(int e)                            //插入元素
{
    int s;
    if(ht.count==ht.size)
    {
        cout<<"表已满，不能插入!"<<endl;
        return 1;
    }
    else
    {
        s=CalHash(e);
        int r=SearchHash(e,s);
        if(r)                                    //表中已有和 e 的关键字相同的元素,不进行插入操作
        {
            cout<<"该元素已存在，不能插入!"<<endl;
            return 0;
        }
        else
        {
            ht.elem[s]=e;
            ht.count++;
            return 1;
        }
    }
}
```

在哈希查找的过程中，不同的冲突处理方法会构造出不同的哈希表，而哈希表查找的过程和构造过程基本相同。其中一些关键字通过哈希函数转换成哈希地址便可找到，但另外一些关键字在哈希函数转换的地址上会发生冲突，这时需要按一定的冲突处理方法进行查找。由于产生冲突后的查找依然是用给定值与关键字进行比较的过程，因此对哈希表查找效率的度量依然用平均查找长度来衡量。

查找过程中，关键字的比较次数取决于产生冲突的次数，冲突产生越少，查找效率就越高。影响冲突产生的因素主要有以下三种。

（1）哈希函数是否均匀。

哈希函数是直接影响冲突产生频率的因素，但一般而言，认为所选的哈希函数是均匀的，因此可以不考虑哈希函数对平均查找长度的影响。

（2）冲突的处理方法。

使用的关键字集合相同且哈希函数相同时，在数据元素查找等概率的情况下，如果所采取的冲突处理方法不同，其平均查找长度并不相同。比如对于关键字集合 {35,50,36,44,12,6,17,29}，给定哈希表长度为12，用 $p=11$ 进行除留余数运算，考虑线性探测再散列和二次探测再散列两种方法进行冲突处理，对所得到的哈希表进行查找时，其平均查找长度分别为：

线性探测再散列平均查找长度：$ASL = (1 \times 6 + 1 \times 2 + 2 \times 3)/9 = 14/9$

二次探测再散列平均查找长度：$ASL = (1 \times 6 + 2 \times 2 + 1 \times 3)/9 = 13/9$

（3）哈希表的装填因子。

将哈希表中元素的个数和哈希表长度的比值作为哈希表的装填因子，即：

$$\alpha = \frac{哈希表中元素的个数}{哈希表长度}$$

其中 α 是哈希表装满程度的指标，即装填因子。由于表长为定值，因此 α 与填入表中的元素个数成正比，填入表中的元素越多则 α 越大，冲突产生的可能性也就越大。

实际上哈希表的平均查找长度可以看作是装填因子 α 的一个函数，而不同的冲突处理方法对应不同的函数，表8.8给出了几种不同冲突处理方法的平均查找长度。

表 8.8 不同冲突处理方法的平均查找长度

冲突处理方法	平均查找长度	
	查找成功时	查找不成功时
线性探测再散列	$\approx \frac{1}{2}\left(1 + \frac{1}{1-\alpha}\right)$	$\approx \frac{1}{2}\left(1 + \frac{1}{(1-\alpha)^2}\right)$
二次探测再散列	$\approx -\frac{1}{\alpha}\ln(1-\alpha)$	$\approx \frac{1}{1-\alpha}$
链地址法	$\approx 1 + \frac{\alpha}{2}$	$\approx \alpha + e^{-\alpha}$

一般来说，对同一组记录而言，哈希表的平均查找长度比顺序查找和折半查找的平均查找长度都要小，但哈希表的建造过程耗费较多。

8.4.5 并发哈希表

可扩展哈希表是一个可调整大小的桶数组（Buckets），每一个桶存放预期数量的元素，因此平均而言，哈希表可在常量时间内进行插入、删除和查找操作。并发哈希表调整大小的主要成本在于新旧桶之间进行重新分配操作，该操作被分摊到所有表操作上，从而使操作成本平均保持为常量。哈希表调整大小就意味着扩展表，因为事实表明，哈希表仅需要增加数组大小即可。Maged M. Michael 提出动态无锁哈希表实现方法，可以通过在表中的每个桶上放置读写锁来实现并发非可扩展哈希表。但是，为了保证随着元素数量的增长而获得良好的性能，哈希表必须是可扩展的。Ronald Fagin 等人通过设计可扩展的并发哈希表实现了两级锁策略的分布式数据库。Doug Lea 提出的一种可扩展哈希算法在非多程序环境中是非常高效的。该算法基于 Witold Litwin 提出的顺序线性哈希算法，它使用的锁策略只涉及少量的高级锁定，而不是每个桶一个锁，并且允许在调整表大小时进行并发搜索，但不允许并发插入或删除。当表的大小需要增加一倍时，重新调整将作为对所有桶的全局调整执行。

基于锁的可扩展哈希表算法存在阻塞同步的所有典型缺陷。这些问题会由于对哈希表所有新添加桶进行重新分配而变得更严重。因此，无锁可扩展哈希表既具有实际意义，也具有理论意义。本书 2.3.5 节中提到，Maged M. Michael 提出了一种有效的、基于 CAS 的无锁链表实现方法，后来他又将其作为无锁哈希结构的基础，该结构在多程序环境中表现出了良好的性能：一个固定大小的哈希桶数组，每个哈希桶都有无锁链表实现。但是，要使一个无锁的链表数组可扩展非常的困难，因为当桶数组增长时，要在无锁方式下重新分配元素并不容易。 在两个不同桶链表之间移动元素需要原子地同时执行两个 CAS 操作，这在当前体系结构上是不可能实现的。Michael Greenwald 提出基于"双手仿真技术"（Two-handed Emulation）来实现可扩展的哈希表。然而，这种技术使用了 DCAS（Double Compare and Swap，双重比较并交换）同步操作，这在当前架构中不可用，并且在全局调整大小时工作量会很大。Ori Shalev 和 Nir Shavit 在现有架构下提出了一种无锁可扩展哈希表。核心思想在于将元素放在单个无锁链表中，而不是每个桶中的链表。为了允许操作能快速访问链表，该算法维护了一个可调整大小的 hints 数组（指向链表的指针）。相关操作通过 hints 数组在链表中找到一个接近相关位置的点，然后顺着该指针找到元素位置。为了保证每个操作的评价步数恒定，必须随着链表中元素数量的增加而添加更细粒度的 hints 数组。为了使 hints 数组能简单有效地被装配，链表由一个递归分割顺序来维护。该技术允许增量安装新的 hints，从而消除了用于在存储桶之间原子地移动项目或重新排序链表而带来的复杂性需求。

习题八

一、选择题

1. 下列术语中，_____不属于数据存储结构。

    A. 索引表   B. 顺序表   C. 散列表   D. 有序表

2. 有一个按元素值排好序的顺序表（长度大于 2），分别用顺序查找和折半查找与给定值相等的元素，比较次数分别为 s 和 b，在查找成功的情况下，s 和 b 的关系是_____。

    A. $s=b$ B. $s>b$ C. $s<b$ D. 不一定

3. 长度为 12 的顺序表采用顺序存储结构进行存储，并采用折半查找技术，在等概率的情况下，查找成功时的平均查找长度为_____，查找失败时的平均查找长度为_____。

    A. 37/12   B. 62/13   C. 39/12   D. 49/13

4. 在含有15个结点的平衡二叉树上查找关键字为28的结点，假设该结点存在，则依次比较的关键字有可能是_____。

    A. 30，36，28   B. 38，48，28

    C. 48，18，38，28   D. 60，30，50，40，38，36

5. 按{12，24，36，90，52，30}的顺序构成的平衡二叉树，其根结点是_____。

    A. 24   B. 36   C. 52   D. 30

6. 均匀的散列函数应当使关键字集合中的元素，经散列函数映射到散列表中任何位置的概率_____。

    A. 最大   B. 最小   C. 相等   D. 一定

7. 使用二次探查法构造散列表是为了避免_____。

    A. 基本冲突   B. 基本聚集   C. 聚集   D. 二次冲突

8. 假定有 k 个关键字值互为同义词，若采用线性探测再散列把这 k 个关键字值存入散列表中，至少要进行_____次探查。

    A. $k-1$ B. k C. $k+1$ D. $k \times (k+1)/2$

9. 设散列表长 $m=14$，散列函数为 $key \bmod 11$，在存放完关键字 15,38,61,84 后，存放关键字 49，若采用线性探测再散列解决冲突时的地址为_____。

    A. 8   B. 3   C. 5   D. 9

10. 下面关于散列表的说法正确的是_____。

    A. 散列函数构造的越复杂越好，因为这样随机性好，冲突小

    B. 除留余数法是所有散列函数中最好的

    C. 不存在特别好与坏的散列函数，要视情况而定

    D. 若需在散列表中删除一个元素，不管用何种方法解决冲突都只需简单地将该元素删去

二、填空题

1. 设有一个已按各元素值排好序的线性表，长度为125，用折半查找与给定值相等的元素，若查找成功，则至少需要比较_____次，至多需要比较_____次。

2. 对于数列{25,30,8,5,1,27,24,10,20,21,9,28,7,13,15}，假定每个结点的查找概率相同，若用顺序存储结构组织该数列，则查找一个数的平均比较次数为_____。若按二叉排序树组织该数列，则查找一个数的平均比较次数为_____。

3. 长度为20的有序表采用折半查找，共有_____个元素的查找长度为3。

4. 对两个不同的关键字 $k_1 \neq k_2$，若 $h(k_1) = h(k_2)$，这种现象称为_____。

5. 若采用位移折叠法散列函数，散列地址取3位，设 $key=43256789654$，则所得的散列函数值为_____。

6. 在散列函数 $h(key) = key \bmod M$ 中，M 值最好取_____。

7. 设散列表如下：x 代表该位置处已经存储了元素。现在散列表中插入新元素 y，设 $h(y)=7$。若此表是线性探测再散列表，则 y 应插入下标为_____的位置处。若此表是二次探测再散列表，则 y 应插入下标为_____的位置处。

0	1	2	3	4	5	6	7	8	9	10	11	12
x		x		x		x	x	x		x	x	x

8. 在散列技术中，处理冲突的两种主要方法是开放定址法和_____。

9. 设有散列表 $a[14]$，长度 $m=14$，散列函数 $h(key)=key \bmod 11$。表中已有4个结点，$a[4]=15$，$a[5]=38$，$a[6]=61$，$a[7]=84$。其余地址为空，此散列表采用二次探测再散列解决冲突，现需插入新元素49，则49的存储位置

是_____。

10. 设长度为 7 的散列表中位于下标 1，3 和 5 处有 3 个元素，其余位置为空。现采用双散列法解决冲突，设元素 x 的两个散列函数的值分别为：$h_1(x)=3$，$h_2(x)=2$，则 x 应插在散列表中下标为_____的位置处。

三、判断题

1. 二叉排序树的充要条件是任一结点的值均大于其左孩子的值，小于其右孩子的值。

2. 若二叉排序树中关键字互不相同，则其中最小元素和最大元素一定是叶子结点。

3. 二叉排序树的查找和折半查找的时间性能相同。

4. 散列表在元素的存储位置和它的关键字之间建立了一个确定的函数关系，在表中查找记录时，避免了关键字间的比较。

5. 当采用线性探测再散列解决冲突时，删除一个记录可以将这个记录所在的位置置空。

6. 在散列表搜索中，元素间的"比较"一般也是不可避免的。

7. 散列表的结点中只包含数据元素自身的信息，不包含任何指针。

8. 散列表应当采取顺序存储。

9. 选择散列函数的标准是随机性好、均匀性好并容易计算。

10. 若散列表的装填因子 $\alpha<1$，则可避免冲突的产生。

四、简答题

1. 分别画出在线性表 $\{a, b, c, d, e, f, g\}$ 中进行折半查找查找关键字 e 和 g 的过程。

2. 将数列 $\{24, 15, 38, 27, 76, 130, 121\}$ 的各元素依次插入一棵初始为空的二叉排序树中，请画出最后的结果并求等概率的情况下查找成功的平均查找长度。

3. 设散列表 $ht[13]$，散列函数 $h(key)=key \bmod 13$。采用二次探测再散列解决冲突，试用关键字值序列 $\{42, 16, 69, 51, 55, 82, 26, 95\}$ 建立散列表。

4. 已知一组关键字值为 $\{26, 36, 41, 38, 44, 15, 68, 12, 06, 51, 25\}$，用链地址法解决冲突，假设装填因子 $\alpha=0.75$，散列函数的形式 $h(k)=k \bmod p$，回答下列问题：

（1）构造散列函数。

（2）计算等概率情况下搜索成功的平均搜索长度。

（3）计算等概率情况下搜索失败的平均搜索长度。

5. 设散列函数 $h(key)=3 \times key \bmod 11$，散列地址空间为 $0,\cdots,10$，对关键字值序列 $\{32, 13, 49, 24, 38, 21, 4, 12\}$，按线性探测再散列解决冲突构造散列表，并求等概率下搜索成功和搜索失败时的平均搜索长度。

五、算法设计

1. 设计一个算法，求给定结点在二叉排序树中所在的层数。

2. 设计一个算法，判定一棵二叉树是否为二叉排序树。

3. 一个散列表 $ha[0\cdots m-1]$ 存放 n 个元素，散列函数为 $H(key)=key \% p(p \leqslant m)$，采用链地址法解决冲突。

（1）设计在散列表中查找关键字为 k 的记录的算法。

（2）设计在散列表中删除关键字为 k 的记录的算法。

4. 设计一个算法，从一个由线性探查法建立的散列表，新建立一个与其相同的元素集合和相同的散列函数，但采用二次探测再散列解决冲突的散列表。

5. 设计一个算法，从一个由线性探查法建立的散列表，新建立一个与其相同的元素集合和相同的散列函数，但采用链地址方法解决冲突的散列表。

第9章 内部排序

大量实际应用中，需要对收集到的各种数据进行处理，而排序就是这些处理过程中的一种常用操作，其主要目的是便于查找操作的执行。在日常生活中，通过排序来提高查找性能的例子很多。例如表 9.1 所示，为便于查询车次信息，将高铁的车次按照出发时间进行排序。

表 9.1　　　　　　　　　　高铁车次信息根据出发时间排序

车次	出发站/到达站	出发时间	到达时间	…
G7031	南京/上海	5:51	7:42	…
G7033	南京南/上海	6:10	8:11	…
G7121	南京南/上海南	6:17	8:16	…
G7035	南京南/上海	6:31	8:31	…
G7037	南京南/上海	6:50	8:51	…
G7039	南京南/上海虹桥	6:59	9:03	…
G7001	南京/上海	7:00	8:39	…
G7197	南京南/上海	7:15	8:50	…
…	…	…	…	…

从算法设计角度看，排序算法体现了算法设计的某些重要原则和技巧；从算法分析角度看，对排序算法时间性能的分析涉及广泛的算法分析技术；从文件处理角度看，对排序算法的研究促进了文件处理技术的发展（涉及外部排序）。因此对排序算法的改进和研究十分重要。

9.1　排序的基本概念

为便于后续各节对排序算法的阐述，先介绍排序的相关概念和术语。

微课视频

1. 排序

设有记录序列 $\{R_1, R_2, \cdots, R_n\}$，其相应的关键字序列为 $\{K_1, K_2, \cdots, K_n\}$，若存在某种确定的关系 $K_x \leq K_y \leq \cdots \leq K_z$，其中 $1 \leq x, y, z \leq n$ 且 x、y、z 各不相同，则将记录序列 $\{R_1, R_2, \cdots, R_n\}$ 排成按关键字有序的序列 $\{R_x, R_y, \cdots, R_z\}$ 的操作，称为**排序**（Sort）。其中排序所依据的关系是任意的，通常使用小于（递增）、大于（递减）等关系。排序的定义如图 9.1 所示。

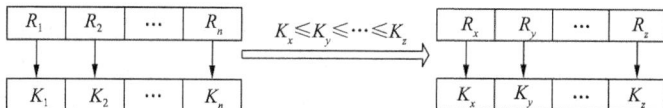

图 9.1 按关键字排序定义

从操作角度看，排序是线性结构的一种操作，待排序记录可用顺序存储结构或链式存储结构存储。

当待排序元素的关键字各不相同时，排序的结果是唯一的，否则排序的结果可能不唯一。如果待排序列中存在多个关键字相同的元素，经过排序后这些具有相同关键字的元素之间的相对次序保持不变，则称这种排序方法是**稳定的**（Stable）；若经过排序后这些具有相同关键字的元素之间的相对次序发生了变化，则称这种排序方法是**不稳定的**（Unstable）。

排序方法的稳定性概念采用形式化方法描述如下：若有一个待排序列为 $\{R_1, R_2, \cdots, R_i, \cdots, R_n\}$ $(i \neq 2)$，其对应的关键字序列为 $\{K_1, K_2, \cdots, K_i, \cdots, K_n\}$，其中 R_2 与 R_i 的关键字相同，都是 K_2，且在待排序序列中 R_2 在 R_i 之前。在经过排序方法 A 对其进行排序后，若 R_i 被排到 R_2 前，即排序后的序列变成 $\{R_x, R_y, \cdots, R_i, R_2, \cdots, R_z\}$，$1 \leq x, y, z \leq n$，则 A 是不稳定的排序方法；而如果 A 对任何序列进行排序后其序列中关键字相同的元素相对位置均不发生改变，则 A 是稳定的排序方法。需要注意的是，对于不稳定的排序方法，只要举出一个实例，即可说明它的不稳定性；而对于稳定的排序方法，必须对方法进行分析从而得到稳定性的判定。

2. 正序和逆序

若待排序序列中的记录已按关键字排好序，则称此记录序列为**正序**（Exact Order）；若待排序序列中记录的排列顺序与排序后的排列顺序正好相反，称此记录序列为**逆序**（Inverse Order）或**反序**（Anti Order）。

3. 一趟

一趟（Pass）是指在排序过程中，将待排序的记录序列扫描一遍。

4. 单关键字排序和多关键字排序

单关键字排序（Single-key Sort）是根据一个关键字进行的排序；**多关键字排序**（Mutiple-key Sort）是根据多个关键字进行的排序，多关键字排序主要针对关键字有重复的情况。设第 1 个到第 m 个（$m \leq s$，s 为待排序列记录中数据项的个数）关键字分别为 $k_1, k_2, \cdots, k_m$，则单关键字排序有以下两种方法：

（1）依次对记录进行 m 次排序，第一次按 k_1 排序，第二次按 k_2 排序，……这种方法要求各趟排序所用的方法是稳定的。

（2）先将关键字 $k_1, k_2, \cdots, k_m$ 分别视为字符串，将它们依次首尾连接在一起，形成一个新的字符串，然后，对记录序列按新形成的字符串排序。

排序方法根据在排序过程中数据元素是否完全在内存中，分为内部排序和外部排序两类。

内部排序是指在排序的整个过程中，待排序的所有记录全部被放置在内存中的排序方法，也简称为**内排序**。

外部排序是指由于待排序的记录个数太多，不能同时放置在内存，而需要将一部分记录放置在内存中，另一部分记录放置在外存中，整个排序过程需要在内外存之间多次交换数据才能得到排序结果的排序方法，也简称为**外排序**。

本章介绍的插入排序、交换排序、选择排序、归并排序和基数排序都属于内部排序方法。

按照排序的方法是否建立在关键字比较的基础上，可以将排序方法分为基于比较的排序和不基于比较的排序。

基于比较的排序方法是主要通过关键字之间的比较、记录的移动这两种操作来实现的排序；**不基于比较的排序**方法是根据待排序数据的特点所采取的其他方法，通常没有大量的关键字之间的比较和记录的移动这两种操作的排序。

本章后续介绍的插入排序、交换排序、选择排序和归并排序是基于比较的排序，而基数排序是不基于比较的排序。

为便于讲解各类排序方法，若不加说明，则本章有以下约定。

（1）待排序数据采用顺序储存结构，利用一维数组 r 存储。

（2）排序都是将待排序的数据序列排列为升序或非降序序列。

（3）为简化算法，数据的数据类型为整型。

（4）待排序的数据个数用 n 表示。

（5）本章中所涉及的序列 $\{R_1, R_2, \cdots, R_n\}$ 均以其关键字代替，即用 $\{K_1, K_2, \cdots, K_n\}$ 表示。

9.2 插入排序

插入排序（Insert Sort）是一类简单直观的排序算法。

插入排序的工作原理：每次将一个待排序的数据按其关键字的大小插入到一个已经完成排序的有序序列中，直到全部记录排序结束。根据排序的具体执行过程，又可将插入排序细分为直接插入排序、折半插入排序、表插入排序和希尔排序等，以下依次介绍。

微课视频

9.2.1 直接插入排序

直接插入排序（Straight Insertion Sort）的算法思路是：通过构建有序序列，对于未排序数据，在已排序序列中从后向前扫描，从而找到相应的位置并插入。在从后向前扫描过程中，需要反复把已排序的元素逐步向后挪位，为待插入的新元素提供插入空间。

直接插入排序的步骤如下。

Step 1：设置 $i=2$，执行 Step 2。

Step 2：将待插入记录 $r[i]$ 放入编号为 0 的结点，即 $r[0]=r[i]$；令 $j=i-1$，从第 j 个记录开始向前查找插入位置，执行 Step 3。

Step 3：若 $r[0].key \geq r[j].key$，执行 Step 5；否则执行 Step 4。

Step 4：将第 j 个记录后移，即 $r[j+1]=r[j]$；令 $j=j-1$；执行 Step 3。

Step 5：完成插入记录：$r[j+1]=r[0]$，$i=i+1$。若 $i>n$，则排序结束，否则执行 Step 2。

直接插入排序算法执行的流程如图 9.2 所示。

图 9.3 所示即为直接插入排序的一个例子。

其中第 6 趟插入的具体情况如图 9.4 所示。

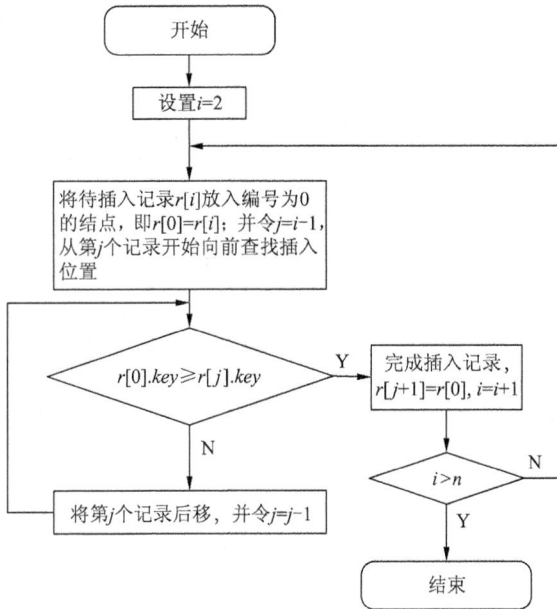

图 9.2 直接插入排序算法执行的流程图

	$r[0]$	$r[1]$	$r[2]$	$r[3]$	$r[4]$	$r[5]$	$r[6]$	$r[7]$	$r[8]$
初始关键字：		(49)	39	65	97	76	13	27	69
$i=2$	39	(39	49)	65	97	76	13	27	69
$i=3$	65	(39	49	65)	97	76	13	27	69
$i=4$	97	(39	49	65	97)	76	13	27	69
$i=5$	76	(39	49	65	76	97)	13	27	69
$i=6$	13	(13	39	49	65	76	97)	27	69
$i=7$	27	(13	27	39	49	65	76	97)	69
$i=8$	69	(13	27	39	49	65	69	76	97)

图 9.3 直接插入排序算法示例

	$r[0]$	$r[1]$	$r[2]$	$r[3]$	$r[4]$	$r[5]$	$r[6]$	$r[7]$	$r[8]$
	13	(39	49	65	76	97)	13	27	69
	13	[39	49	65	76	97	**97**]	27	69
	13	[39	49	65	76	**76**	97]	27	69
	13	[39	49	65	**65**	76	97]	27	69
	13	[39	49	**49**	65	76	97]	27	69
	13	[39	**39**	49	65	76	97]	27	69
	13	(**13**	39	49	65	76	97)	27	69

图 9.4 直接插入排序算法第 6 趟插入详细过程

直接插入排序算法的 C++语言描述如下：

```cpp
void SInsertSort(SqList &L)       //对顺序表 L 作直接插入排序
{
    for(int i=2;i<=L.length;i++)
        if(L.r[i]<L.r[i-1])        //"<"需将 L.r[i]插入有序子表
        {
            L.r[0]=L.r[i];         //复制为哨兵
            for(int j=i-1;L.r[0]<L.r[j];j--)
                L.r[j+1]=L.r[j];
            L.r[j+1]=L.r[0];
        }
}
```

算法分析：

时间复杂度：直接插入排序方法是一个两层嵌套循环结构，其外层循环执行 $n-1$ 次，而内层循环的执行次数则取决于待排序列记录初始的排列情况。

最好的情况：当待排序列为正序时，达到该算法的最好情况，此时每趟操作只需进行 1 次比较和 2 次记录的移动。因此算法总比较次数和总移动次数分别为 $n-1$ 和 $2(n-1)$。即此时算法的时间复杂度为 $O(n)$。

最坏的情况：当待排序列为逆序时，该算法的效率最低。此时第 i 个记录要与之前 $i-1$ 个记录进行比较，并且每次比较就要对记录作一次移动，所以算法的总比较次数和总移动次数分别为 $\sum_{2}^{n}(i-1)=n(n-1)/2$ 和 $\sum_{2}^{n}(i+1)=(n+4)(n-1)/2$。因此时间复杂度为 $O(n^2)$。

平均情况：假设待排序列中各种可能排列的概率相同，则第 i 个记录平均要与前 $(i-1)/2$ 个记录进行比较，记录移动的次数为 $(i+1)/2$。因此，平均情况下算法总的比较次数为 $\sum_{2}^{n}(i-1)/2=n(n-1)/4$，而记录的总移动次数为 $\sum_{2}^{n}(i+1)/2=(n+4)(n-1)/4$。所以直接插入排序算法的平均时间复杂度为 $O(n^2)$。

总体而言，当待排序列基本有序或者记录的数量较少时，直接插入排序有非常良好的时间效率，是最佳的排序方法。但是当待排序列记录数量较多或者待排序列接近倒序时，其算法时间效率将会大大降低。

空间复杂度：由于直接插入排序只需要一个作为暂存待插入记录的存储单元，因此其空间复杂度为 $O(1)$。

稳定性：该算法是稳定的排序方法。

9.2.2 折半插入排序

当待排序列的记录数量很小时，直接插入排序方法是一种效率较高的排序算法。然而若待排序列的记录数量很大时，就不宜采用直接插入排序。基于直接插入排序算法，并对插入的策略进行改进而得到的新的插入排序算法：**折半插入排序**（Binary Insertion Sort）和**表插入排序**（List Insertion Sort）。

直接插入排序的基本操作是向有序表中插入一个记录，插入位置的确定通过对有序表中记录按关键字逐个比较得到。因此既然是在有序表中确定插入位置，可以不断二分有序表来确定插入位置，即在一次比较中，通过比较待插入记录和有序表中中间记录的关键字，将有序表一分为二，而下一次比较则在其中一个有序子表中进行，将子表再次一分为二。这样继续下去，直到要比较的子表中只有一个记录时，作最后一次比较以确定插入位置。

折半插入排序的步骤如下。

Step 1：设置 $i=2$。

Step 2：顺序表中前 $i-1$ 个记录有序，将第 i 个记录插入。令 $low=1$，$high=i-1$，$r[0]=r[i]$。

Step 3：若 $low>high$，得到插入位置，执行 Step 6；否则执行 Step 4。

Step 4：取有序子表的中点 $m=\lfloor (low+high)/2 \rfloor$；执行 Step 5。

Step 5：若 $r[0].key<r[m].key$，则插入位置在低半区，令 $high=m-1$；否则插入位置在低半区，令 $low=m+1$；执行 Step 3。

Step 6：$high+1$ 即为待插入位置，从 $i-1$ 到 $high+1$ 的记录，逐个后移，$r[high+1]=r[0]$，$i=i+1$。若 $i>n$，则排序结束，否则执行 Step 2。

折半插入排序算法执行的流程如图 9.5 所示。

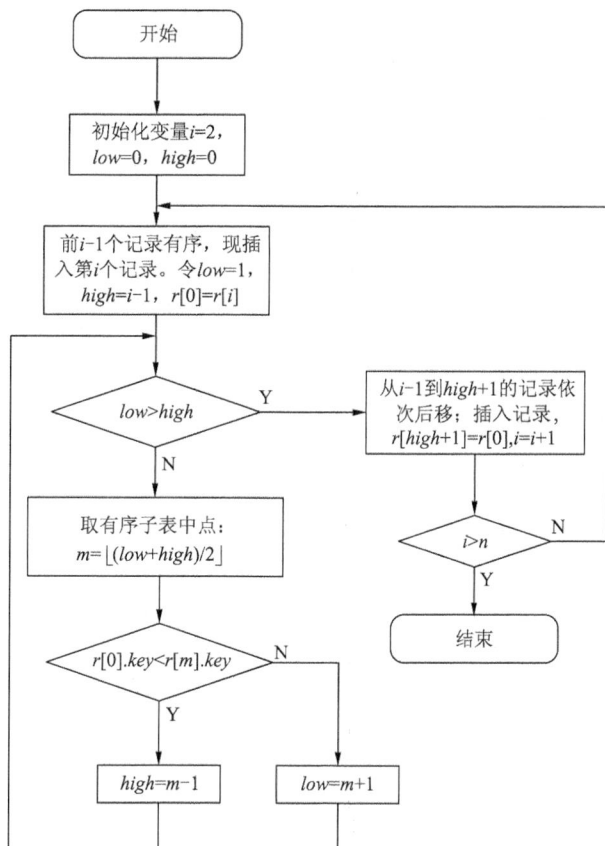

图 9.5　折半插入排序算法执行的流程图

折半插入排序的整体执行情况跟直接插入排序相同，但每一趟插入的扫描过程不同。若用折半插入排序算法对 9.2.1 节中直接插入排序的例子进行排序，其详细过程如图 9.6 所示。

折半插入排序虽然插入次数与直接插入排序相同，但其对记录的扫描次数通常比直接插入排序要少，这在一定程度上提高了排序的性能。

折半插入排序的 C++语言描述如下：

```cpp
void BInsertSort(SqList &L) //对顺序表 L 作折半插入排序
{
    int high,low,m;
    for(int i=2;i<=L.length;i++)
    {
        L.r[0]=L.r[i];//将 L.r[i]暂存到 L.r[0]
        low=1;
        high=i-1;
        while(low<=high)//在 r[low]到 r[high]中折半查
找有序插入的位置
        {
            m=(low+high)/2;//折半
            if(L.r[0]<=L.r[m])
                high=m-1;
            else
```

r[0]	r[1]	r[2]	r[3]	r[4]	r[5]	r[6]	r[7]	r[8]
13	(39	49	**65**	76	97)	13	27	69
13	(**39**	49	65	76	97)	13	27	69
13	(39	49	65	76	97)	13	27	69
13	[39	49	65	76	**97**	**97**]	27	69
13	[39	49	65	**76**	**76**	97]	27	69
13	[39	49	**65**	**65**	76	97]	27	69
13	[39	**49**	**49**	65	76	97]	27	69
13	[**39**	**39**	49	65	76	97]	27	69
13	(**13**	39	49	65	76	97)	27	69

图 9.6　折半插入排序第 6 趟插入的详细过程

```
                low=m+1;
            }
            for(int j=i-1;j>=high+1;j--)
            L.r[j+1]=L.r[j];
            L.r[high+1]=L.r[0];
        }
    }
}
```

算法分析：

时间复杂度：折半插入排序移动记录次数与直接插入排序相同，而关键字比较的次数至多为 $\lceil \log_2(n+1) \rceil$。因此其时间复杂度仍为 $O(n^2)$。

空间复杂度：折半插入排序与直接插入排序一样，需要一个作为暂存待插入记录的存储单元，因此空间复杂度为 $O(1)$。

稳定性：折半插入排序是稳定的排序方法。

9.2.3 表插入排序

前面介绍的两种插入排序算法都要大量移动记录，本小节所介绍的表插入排序则是一种不移动记录而是通过改变存储结构来进行排序的算法。所谓表插入排序就是通过链接指针、按关键字的大小实现从小到大的链接过程，为此需增设一个指针项。而具体的操作方法与直接插入排序类似，不同的是表插入排序是直接修改链接指针来完成记录的排序。以下便是所需要的结点类型定义：

```
#define SIZE 150
struct SLNode{
    int rc;                 //记录项
    int next;               //指针项
};
struct SLinkList{
    SLNode node[SIZE];      //0 号单元为表头结点
    int curlen;             //链表实际长度
};
```

现假设数据元素已经存储在链表中，且以下标为 0 的结点作为头结点，要做的是不移动记录而只是改变结点后继指针将记录按关键字建成一个有序链表。其具体思想为：首先设置空循环链表，即头结点指针置为 0，并在头结点数据中存放比所有记录的关键字都大的整数，然后把结点逐个向链表中插入即可。

表插入排序的步骤如下。

Step 1：进行初始化操作。令 L->$r[0]$.key=$MAXSIZE$；L->$r[0]$.$next$=1；j=L->$r[0]$.$next$；L->$r[1]$.$next$=0；i=2。

Step 2：若 i=L->$length$，调整结束；否则根据 j 对静态链表进行遍历：

- 当 L->$r[i]$.key≤L->$r[j+1]$.key 时停止遍历，令 L->$r[i]$.$next$=L->$r[j]$.$next$；L->$r[j]$.$next$=i；j=L->$r[0]$.$next$；i++；执行 Step 2。

- 当 L->$r[i]$.key>L->$r[j+1]$.key 时，j++，执行 Step 1。

表插入排序算法执行的流程如图 9.7 所示。

表插入排序算法具体执行如图 9.8 所示。

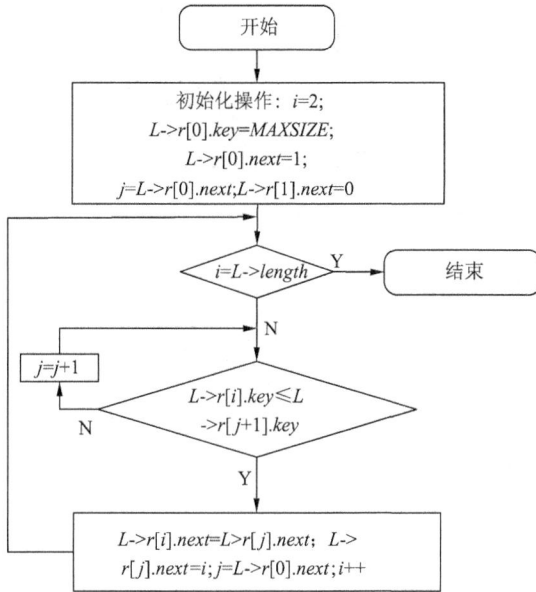

图 9.7　表插入排序算法执行的流程图

图 9.8　表插入排序示例

由于表插入排序所得到的有序表是静态链表的形式，因此只能进行顺序查找，而不能进行随机查找，因此还要对记录进行重排。重排方法如下：按静态链表顺序对结点进行扫描，将第 i 个结点的数据元素和后继指针分别与编号为 i 的结点数据元素和后继指针交换，并且为了之后能够顺利找到交换后的结点，将第 i 个结点的后继指针修改为第 i 个结点的编号。图 9.9 所示为表插入排序的重排过程。

		0	1	2	3	4	5	6	7	8	
初始关键字：		MAXSIZE	49	39	65	97	76	13	27	69	key域
		6	3	1	8	0	4	7	2	5	next域
$i=1$		MAXSIZE	13	39	65	97	76	49	27	69	
$p=6$		6	[6]	1	8	0	4	3	2	5	
$i=2$		MAXSIZE	13	27	65	97	76	49	39	69	
$p=7$		6	[6]	[7]	8	0	4	3	1	5	
$i=3$		MAXSIZE	13	27	39	97	76	49	65	69	
$p=[2],7$		6	[6]	[7]	[2]	0	4	3	8	5	
$i=4$		MAXSIZE	13	27	39	49	76	97	65	69	
$p=[1],6$		6	[6]	[7]	[2]	[1]	4	0	8	5	
$i=5$		MAXSIZE	13	27	39	49	65	97	76	69	
$p=[3],7$		6	[6]	[7]	[2]	[1]	[3]	0	4	5	
$i=6$		MAXSIZE	13	27	39	49	65	69	76	97	
$p=8$		6	[6]	[7]	[2]	[1]	[3]	[8]	4	0	
$i=7$		MAXSIZE	13	27	39	49	65	69	76	97	
$p=[5],7$		6	[6]	[7]	[2]	[1]	[3]	[8]	[5]	4	

图9.9　表插入排序重排示例

表插入排序的C++语言描述如下：

```cpp
void SLInsertSort(SlinkList &L)          //静态链表插入排序
{
    int min,max;                         //标记最小值，最大值
    L.node[0].next=1;
    L.node[1].next=0;                    //初始化形成只有头结点和首结点的循环链表
    max=min=1;
    for(int i=2;i<=L.curlen;i++)         //向有序循环链表中加入结点
    {
        if(L.node[i].rc<=L.node[min].rc)
        {
            L.node[0].next=i;
            L.node[i].next=min;
            min=i;
        }
        if(L.node[i].rc>=L.node[max].rc)
        {
            L.node[i].next=0;
            L.node[max].next=i;
            max=i;
        }
        if(L.node[i].rc<L.node[max].rc&&L.node[i].rc>L.node[min].rc)
        {
            int index1=min,index2;       //index2 用来标记 index1 的前一个下标
            while(L.node[i].rc>=L.node[index1].rc)
            {
                index2=index1;
                index1=L.node[index1].next;
            }
            L.node[i].next=index1;
            L.node[index2].next=i;
        }
    }
    cout<<"表插入排序结果如下："<<endl;
```

```
    int index=L.node[0].next;
    while(index!=0)
    {
        cout<<L.node[index].rc<<"\t";
        index=L.node[index].next;
    }
    cout<<endl;
}
```

算法分析：

时间复杂度：若待排序列中已有序的序列长度为 i，则表插入排序至多需要进行 $i+1$ 次比较以及修改两次指针，因此其总比较次数与直接插入排序相同，而修改指针的数量为 $2n$ 次，即表插入排序的时间复杂度为 $O(n^2)$。

空间复杂度：表插入排序需要一个存储单元作为头结点，因此其空间复杂度为 $O(1)$。

稳定性：表插入排序是稳定的排序方法。

9.2.4　希尔排序

希尔排序（Shell Sort）又称缩小增量排序，是 1959 年由 D.L.Shell 提出的，它是对直接插入排序的一种改进。

希尔排序的基本思想：先将整个待排序列记录分成若干个子序列，在子序列内分别进行直接插入排序；直到整个序列基本有序时，再对全体记录进行一次直接插入排序。与直接插入排序方法的区别是，希尔排序不是每次一个元素挨着一个元素比较，而是初期选用大跨步（增量较大）间隔比较，使记录跳跃式接近它的排序位置；然后增量逐步缩小，最后增量为 1。

希尔排序的操作步骤如下。

Step 1：选择一个步长序列 $t_1, t_2, \cdots, t_k$，其中 $t_k=1$ 且当 $i<j$ 时，$t_i>t_j$。

Step 2：按步长序列个数 k，对序列执行 k 次 Step 3。

Step 3：每次排序，根据对应的步长 t_i，将待排序列分成若干个子序列，分别对各子序列进行直接插入排序。当步长为 1（即 t_k）时，整个序列作为一个表来处理，表长度即为整个序列的长度。

希尔排序算法的执行流程如图 9.10 所示。

希尔排序具体执行情况如图 9.11 所示。

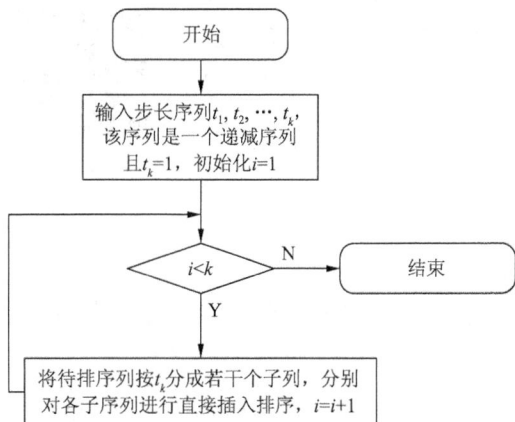

图 9.10　希尔排序算法的执行流程图

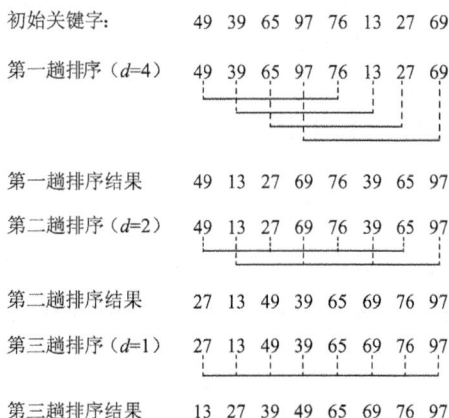

图 9.11　希尔排序示例

希尔排序的 C++语言描述如下。

子程序（一趟希尔排序）：

```
void ShellInsert(SqList &L,int dk) //对顺序表进行一趟希尔排序
{
    for(int i=dk;i<=L.length;i++)
        if(L.r[i]<L.r[i-dk])
        {
            int t[0]=L.r[i];
            int j;
            for(j=i-dk;j>=0&&L.r[0]<L.r[j];j-=dk)
                L.r[j+dk]=L.r[j];
            L.r[j+dk]=t;
        }
}
```

主程序（按增量序列 dl[0]～dl[t-1]对顺序表 L 调用子程序）：

```
void ShellSort(SqList &L,int dlta[],int t)
{
    for(int k=0;k<t;k++)
        ShellInsert(L,dlta[k]);
}
```

算法分析：

时间复杂度：希尔排序是一种复杂的排序算法，由于其记录的比较次数和移动次数取决于步长序列的选取，因此很难用一种统一的方法对其进行时间复杂度的分析。步长的选取也是多种多样的，但要注意的是步长序列中的元素应当除了 1 之外没有其他公因子，并且最后一个步长必须为 1。在大量实验的基础上指出，希尔排序的时间性能在 $O(n^2)$ 和 $O(n \log_2 n)$ 之间，当 n 在某个特定范围时，希尔排序算法的时间复杂度约为 $O(n^{1.5})$。

空间复杂度：由于希尔排序要调用直接插入排序算法作为子算法，因此也需要一个作为暂存待插入记录的存储单元，其空间复杂度为 $O(1)$。

稳定性：以{49,50,65,97,76,13,27,49}为例，该序列经过步长序列为{5,2,1}的希尔排序得到有序序列为{13,27,49,49,50,65,76,97}，因此可以看出希尔排序是不稳定的排序方法。

9.3 交换排序

交换排序是一类借助比较和交换进行排序的方法。其中交换是指对序列中两个记录的关键字进行比较，如果排序顺序不对则交换两个记录在序列中的位置。交换排序的特点是：将关键字较大的记录向序列的一端移动，而关键字较小的记录向序列的另一端移动。

9.3.1 冒泡排序

冒泡排序（Bubble Sort）也称为**起泡排序**，它是交换排序中常用的排序方法。

冒泡排序的基本思想：通过对待排序元素中相邻元素间关键字的比较和交换，使关键字最大的元素如气泡一样逐渐"上浮"。

冒泡排序的具体操作步骤如下。

Step 1：从存储 n 个待排序元素的表尾开始，并令 $j=n$。

Step 2：若 $j<2$，则排序结束。

Step 3：从第一个元素开始进行两两比较，令 $i=1$。

Step 4：若 $i>j$，则一趟冒泡排序结束，$j=j-1$；待排序表的记录数-1，转 Step 2。

Step 5：比较 $r[i].key$ 与 $r[i+1].key$，若 $r[i].key \leq r[i+1].key$，则不交换，转 Step 7。

Step 6：当 $r[i].key > r[i+1].key$ 时，将 $r[i]$ 与 $r[i+1]$ 交换。

Step 7：$i=i+1$，转 Step 4 继续比较。

冒泡排序的流程如图 9.12 所示。

例如，将序列 49、38、65、97、76、13、27、49 用冒泡排序的方法进行排序。每趟排序的具体结果如图 9.13 所示。

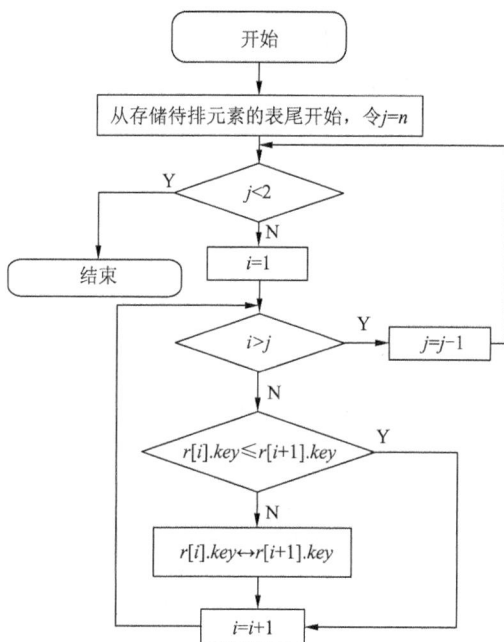

图 9.12　冒泡排序的流程图

初始关键字：　49　38　65　97　76　13　27　**49**
第一趟排序结果：38　49　65　76　13　27　**49**　97
第二趟排序结果：38　49　65　13　27　**49**　76　97
第三趟排序结果：38　49　13　27　**49**　65　76　97
第四趟排序结果：38　13　27　49　**49**　65　76　97
第五趟排序结果：13　27　38　49　**49**　65　76　97

图 9.13　冒泡排序示例

冒泡排序的 C++语言描述如下：

```cpp
void BubbleSort(SqList &L)
{
    for(int i=1;i<L.length;i++)
        for(int j=0;j<L.length-i+1;j++)
        {
            if(L.r[j]>L.r[j+1])
            {
                int t=L.r[j];
                L.r[j]=L.r[j+1];
                L.r[j+1]=t;
            }
        }
}
void main()
{
    SqList sl;
    QSort q;
    q.CreateSqList(sl);
    cout<<"冒泡排序的结果如下："<<endl;
    q.BubbleSort(sl);
```

```
    q.SqListDisplay(sl);
}//end main
```

算法分析：

时间复杂度：冒泡排序总共要进行 $n-1$ 趟冒泡，对 j 个记录的表进行一趟冒泡需要 $j-1$ 次关键字比较。则平均的总比较次数为：

$$\sum_{j=2}^{n}(j-1)=\frac{1}{2}n(n-1)$$

因此，平均时间复杂度为 $O(n^2)$。

最好的情况：待排序的记录序列为正序，算法只执行一趟，进行 $n-1$ 次关键字的比较，不需要进行移动，此时排序效率最高，时间复杂度为 $O(n)$。

最坏的情况：待排序的记录序列为反序，每趟排序在无序序列中只有数值最大的一个记录被交换到最终的正确位置，故算法要执行 $n-1$ 趟，第 $i(1\leq i<n)$ 趟排序执行了 $n-i$ 次关键字的比较和 $n-i$ 次记录的交换。这样，关键字的比较次数为：

$$\sum_{i=1}^{n-1}(n-i)=\frac{1}{2}n(n-1)$$

记录的移动次数为：

$$3\sum_{i=1}^{n-1}(n-i)=\frac{3}{2}n(n-1)$$

因此，时间复杂度为 $O(n^2)$。

算法只执行一趟，进行 $n-1$ 次关键字的比较，不需要进行移动，此时排序效率最高，时间复杂度为 $O(n)$。

空间复杂度：冒泡排序只需要一个记录的辅助空间，用来作为记录交换的暂存单元。

冒泡排序是一种稳定的排序方法。因为比较和交换是在相邻单元进行的，如果关键字值相同，则不发生交换。

9.3.2 快速排序

快速排序（Quick Sort）是1962年由Hore提出的一种排序算法，也称为**分区交换排序**。

快速排序的基本思想：通过对关键字的比较和交换，以待排序列中的某个数据为支点（或称枢轴量），将待排序列分成两个部分，其中左半部分数据小于等于支点，右半部分数据大于等于支点。然后，对左右两部分分别进行快速排序的递归处理，直到整个序列按关键字有序为止。图9.14所示为快速排序的基本思想的图示，其中将待排序列按关键字以支点分成两个部分的过程称为**一次划分**。

在冒泡排序中，元素的比较和移动是在相邻位置进行的，元素的每次交换只能前移或后移一个位置，因而总的比较次数和移动次数较多。

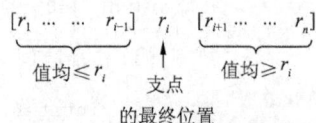

图9.14 快速排序的基本思想

而在快速排序中，元素的比较和移动是从两端向中间进行的，关键字较大的记录一次就能从前面移动到后面，关键字较小的记录一次就能从后面移动到前面，记录移动的距离较远，从而减少了总的比较次数和移动次数。因此，可将快速排序视为对冒泡排序的一种改进。

快速排序的操作步骤如下。

Step 1：如果待排子序列中元素的个数等于1，则排序结束；否则以 $r[low]$ 为支点，按如下方法进行一次划分：

（1）设置两个搜索指针：*low* 是向后搜索指针，初始指向序列第一个结点；*high* 是向前搜索指针，初始指向最后一个结点；取第一个记录为支点，*low* 位暂时取值为支点 *privotkry*=*r*[*low*].*key*。

（2）若 *low*=*high*，枢轴空位确定为 *low*，一次划分结束。

（3）若 *low*<*high* 且 *r*[*high*].*key*≥*privotkry*，则从 *high* 所指定的位置向前搜索：*high*=*high*-1，重新执行上一步操作；否则若有 *low*<*high* 并且有 *r*[*high*].*key*<*privotkry*，则设置 *high* 为新的支点位置，并交换 *r*[*high*].*key* 和 *r*[*low*].*key*，然后令 *low*=*low*+1，执行本次操作；若有 *low*≥*high*，则继续设置两个搜索指针。

（4）若 *low*<*high* 且 *r*[*low*].*key*≤*privotkry*，则从 *low* 所指的位置开始向后搜索：*low*=*low*+1，重新执行上一步操作；否则若有 *low*<*high* 并且有 *r*[*high*].*key*>*privotkry*，则设置 *low* 为新的支点位置，并交换 *r*[*high*].*key* 和 *r*[*low*].*key*，然后令 *high*=*high*-1，执行第（3）步操作；若有 *low*≥*high*，则继续设置两个搜索指针。

Step 2：对支点左半子序列重复 Step 1。

Step 3：对支点右半子序列重复 Step 1。

其中快速排序的每一趟排序的流程如图 9.15 所示。

图 9.16 所示是一个快速排序一次划分全过程的示例。

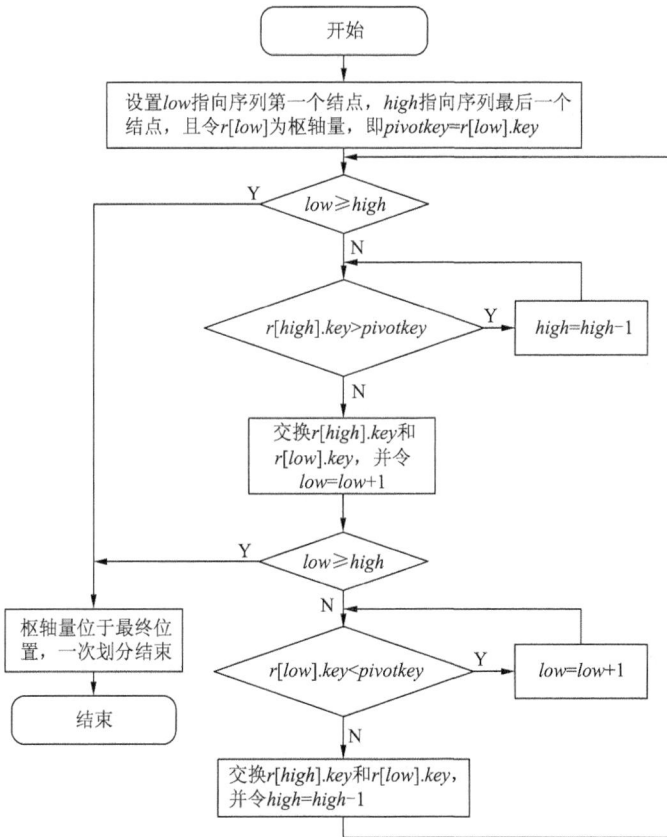

图 9.15　快速排序流程图

	49	39	65	97	76	13	27	69
初始关键字	49 (i)	39	65	97	76	13	27	69 (j)
右侧描述，49<69，j前移一位	49 (i)	39	65	97	76	13	27 (j)	69
27<49，r[j]与r[i]交换	27 (i)	39	65	97	76	13	49 (j)	69
i后移一位，准备左侧扫描	27	39 (i)	65	97	76	13	49 (j)	69
左侧扫描，39<49，i后移一位	27	39	65 (i)	97	76	13	49 (j)	69
49<65，r[j]与r[i]交换	27	39	49 (i)	97	76	13	65 (j)	69
j前移一位，准备右侧扫描	27	39	49 (i)	97	76 (j)	13	65	69
13<49，r[j]与r[i]交换	27	39	13 (i)	97	76	49 (j)	65	69
i后移一位，准备左侧扫描	27	39	13	97 (i)	76	49 (j)	65	69
左侧扫描，49<97，r[j]与r[i]交换	27	39	13	49 (i)	76	97 (j)	65	69
j前移一位，准备右侧扫描	27	39	13	49 (i)	76 (j)	97	65	69
右侧描述，49<76，j前移一位	27	39	13	49 (i)(j)	76	97	65	69
i=j，一次划分结束	[27	39	13]	49 (i)(j)	[76	97	65	69]

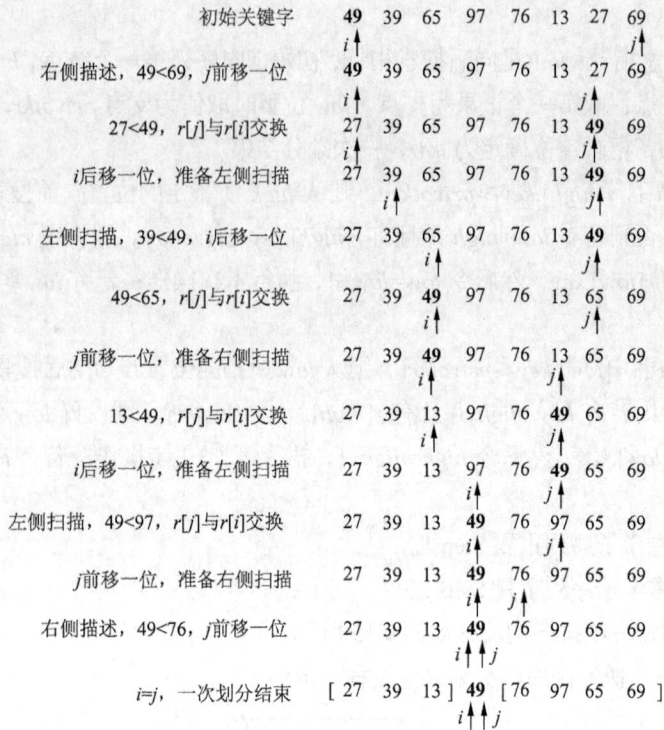

图 9.16　快速排序示例

快速排序算法的 C++语言描述如下：

子程序（对序列进行一次划分）：

```cpp
int Partition(SqList &L,int low,int high)
{
    int pivotkey;
    L.r[0]=L.r[low];                    //用子表的第一个记录作枢轴记录
    pivotkey=L.r[low];                  //关键字
    while(low<high)                     //从表的两端交替向中间扫描
    {
        while(low<high&&L.r[high]>=pivotkey) --high;
        L.r[low]=L.r[high];             //将比枢轴小的记录移至低端
        while(low<high&&L.r[low]<=pivotkey) ++low;
        L.r[high]=L.r[low];             //将比枢轴大的记录移至高端
    }
    L.r[low]=L.r[0];                    //枢轴记录到位
    return low;                         //返回枢轴位置
}
```

主程序（按分区对子程序进行调用）：

```cpp
void QuickSort1(SqList &L,int low,int high)
{
    int mid;                            //接收枢轴位置
    if(low<high)
    {
        mid=Partition(L,low,high);
        QuickSort1(L,low,mid-1);        //对低子表进行排序
        QuickSort1(L,mid+1,high);       //对高子表进行排序
    }
```

```
}
void QuickSort(SqList &L)                //对顺序表进行快速排序
{
    QuickSort1(L,1,L.length);
}
```

算法分析:

时间复杂度: 快速排序通常被认为是在同数量级($O(n\log_2 n)$)排序算法中平均性能最好的算法。设 $T(n)$ 为对含有 n 个记录的待排序列进行排序所需要的时间。

最好的情况: 当每次支点都将待排序列划分成两个长度相等的子列时, 快速排序达到最高效率, 此时,

$$T(n) \leqslant n + 2T(n/2) \leqslant n + 2(n/2 + 2T(n/4)) = 2n + 4T(n/4)$$
$$\leqslant 2n + 4(n/4 + T(n/8)) = 3n + 8T(n/8)$$
$$\leqslant \cdots \leqslant n\log_2 n + nT(1) = O(n\log_2 n)$$

最坏的情况: 当每次划分都只得到一个子列时, 快速排序的执行过程则类似于冒泡排序, 此时快速排序的效率最低, 时间复杂度为 $O(n^2)$。

为了避免出现最坏情况, 要对快速排序算法进行一定的改进。通常的改进方法是选取支点时选最左、最右和中间三个元素中取值处于中间的元素作为支点。

空间复杂度: 由于快速排序的过程是一个递归的过程, 每层递归时都需要用栈来存放指针和相应的参数, 且递归的层数与其二叉树的深度一致。因此其空间复杂度平均为 $O(\log_2 n)$。

稳定性: 以 {55,49,65,97,76,52,50,49} 为例, 该序列经过快速排序得到的有序序列为 {49,49,50, 52,55,65,76,97}, 因此可以看出快速排序是不稳定的排序方法。

9.4 选择排序

选择排序(Selection Sort)是一类借助"选择"进行排序的方法。

选择排序的基本思想: 每一趟从待排序列中选取一个关键字最小的记录, 即第一趟从 n 个记录中选取关键字最小的记录, 第二趟从剩下的 $n-1$ 个记录中选取关键字最小的记录, 直到全部元素排序完毕。由于选择排序每一趟总是从待排序序列中选取最小 (或最大) 的关键字, 所以选择排序适用于从大量的元素中选择一部分排序元素的应用。如从 50000 个元素中选择出前 10 个关键字最小的元素等。

微课视频

9.4.1 简单选择排序

简单选择排序(Simple Selection Sort)是选择排序中最简单的一种排序算法。

简单选择排序的基本思想: 第 1 趟从 n 记录中选出关键字最小的记录和第 1 个记录交换; 第 2 趟从第 2 个记录开始的 $n-1$ 个记录中再选出关键字最小的记录与第 2 个记录交换; 如此第 i 趟则从第 i 个记录开始的 $n-i+1$ 个记录中选出关键字最小的记录与第 i 个记录交换, 直到整个序列按关键字有序。

简单排序的操作步骤如下。

Step 1: 创建一个辅助变量 j 用于存放每次遍历关键字最小的记录的下标。设置变量 $i=1$。

Step 2: 遍历第 i 个记录到第 $L.Length$ 个记录。选择一个关键字最小的记录, 将其下标保存至 j 中。

Step 3：若第 i 个记录的关键字小于 j 中保存的记录的关键字，则交换这两个记录。

Step 4：$i=i+1$，若 $i<L.Length$，则执行 Step 2；否则排序结束。

简单选择排序算法的执行流程如图 9.17 所示。

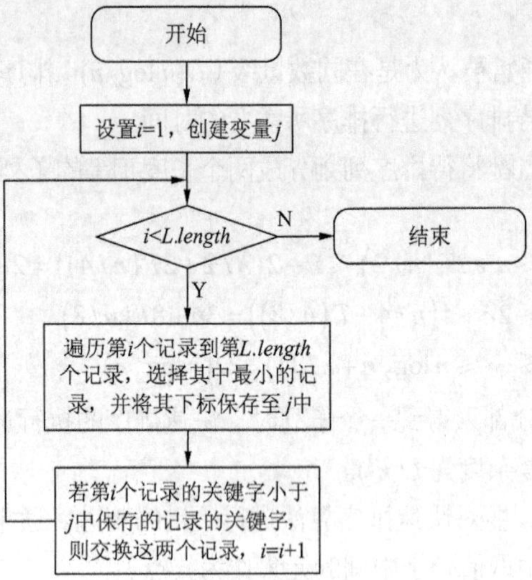

图 9.17　简单选择排序算法的执行流程

简单选择排序的执行情况如图 9.18 所示。

其中第 1 趟排序详细过程如图 9.19 所示。

图 9.18　简单选择排序全过程示例

图 9.19　简单选择排序第 1 趟详细过程

简单选择排序算法的 C++语言描述如下：

子程序（选择 key 最小记录）：

```cpp
int SelectMinKey(SqList &L,int n)
{
    int min=n;
    int minkey;//最小值
    minkey=L.key[n];
    for(int i=n+1;i<=L.length;i++)
        if(L.key[i]<minkey)
```

```
        {
            minkey=L.key[i];
            min=i;
        }
    return min;
}
```

主程序（调用子程序对顺序表 L 作简单选择排序）：

```
void SelectSort(SqList &L)        //对顺序表 L 作简单选择排序
{
    int j;
    int t;
    for(int i=1;i<=L.length;i++)
    {
        j=SelectMinKey(L,i);      //在 L.key[i]--L.key[L.length]中选择最小的记录
                                  //并将其地址赋给 j
        if(i!=j)                  //交换记录
        {
            t=L.key[i];
            L.key[i]=L.key[j];
            L.key[j]=t;
        }
    }
}
```

算法分析：

时间复杂度：简单选择排序的过程中，记录移动的次数较少，且分别在待排序序列为正序和逆序时取到记录移动次数的最小值和最大值。但是无论待排序列初始状态如何，其关键字的比较次数都相同，总比较次数为：$n(n-1)/2$，算法的时间复杂度仍然为 $O(n^2)$。

空间复杂度：简单选择排序算法只需要一个作为暂存待插入记录的存储单元，其空间复杂度为 $O(1)$。

稳定性：简单选择排序是不稳定的排序方法。

9.4.2　树形选择排序

树形选择排序（Tree Selection Sort）又称为**锦标赛排序**（Tournament Sort），它是一种按照锦标赛的思想设计的选择排序算法。

树形选择排序的基本思想：将 n 个参赛选手视为完全二叉树的叶子结点，则该完全二叉树有 2n 或 2n-1 个结点。首先，叶子结点进行两两比较，胜出（在本节示例中，关键字较小者胜出）的结点在兄弟结点之间再两两比较，直至产生第一名；接下来将作为第一名的结点视为最差的，并从该结点开始，沿该结点到根路径上，依次进行各分支结点孩子之间的比较，胜出的就是第二名（因为和它比赛的均是刚刚输给第一名的结点）。这样继续下去，直到所有选手的名次排定。

树形选择排序的操作步骤如下：

Step 1：从最底层的叶子结点开始，逐层进行兄弟间的比赛，关键字较小者上升为双亲结点，直到树根为止。

Step 2：将树的根结点输出，并将底层叶子结点中的一个值与输出结点值相同的结点设为 0。

Step 3：如果输出的结点总数小于初始树的叶子结点数，则重复 Step 1；否则结束排序。

树形选择排序算法的执行流程如图 9.20 所示。

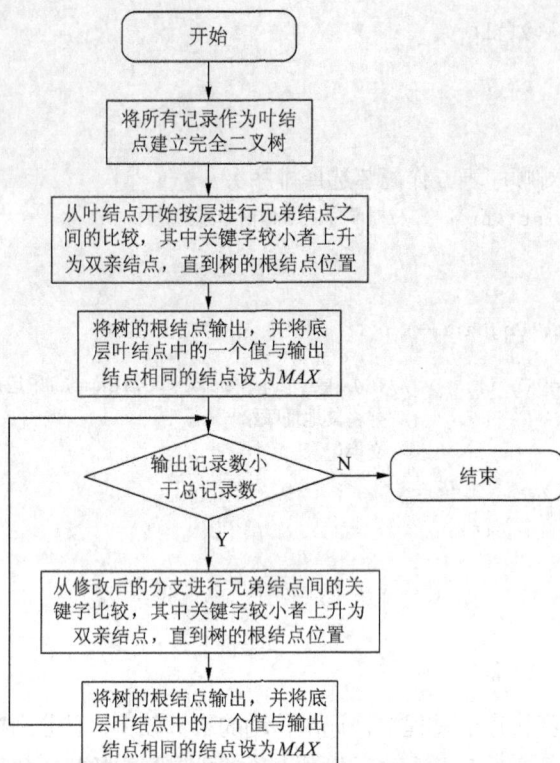

图 9.20　树形选择排序算法的执行流程

　　例如要用树形选择排序对含 8 个记录的序列进行排序。可以将这 8 个记录看作 8 名选手。每个选手作为一个叶子结点，从叶子结点开始进行兄弟间的两两比较。胜者上升到双亲结点；胜者再进行兄弟间两两比较，直到根结点，产生第 1 名为 13，如图 9.21 所示。

　　然后将第 1 名的结点设置为 M（即最差的）。再对该修改过的分支进行一次比赛过程，直到根结点，本次比赛最终胜者便是第 2 名（为 27），如图 9.22 所示。由于每次需要对获胜的结点关键字进行输出，因此该算法需用 n 个单位的辅助空间。

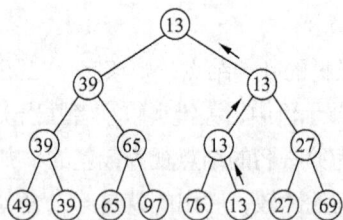

图 9.21　树形选择排序示例（产生第 1 名）

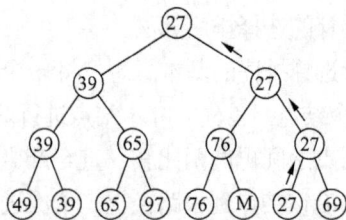

图 9.22　树形选择排序示例（产生第 2 名）

算法分析：

　　时间复杂度：树形选择排序用到了一个含有 n 个叶子结点的完全二叉树，其深度为 $\lceil \log_2 n \rceil +1$，因此除了最大的关键字，每次选择一个次大的关键字需要进行 $\log_2 n$ 次比较，其时间复杂度为 $O(n\log_2 n)$。

　　空间复杂度：对一个含 n 个叶子结点的序列进行树形选择排序时，需要对根结点进行 n 次输出来保存排序的结果，因此它的空间复杂度为 $O(n)$。

稳定性：树形选择排序是稳定的排序方法。

9.4.3 堆排序

堆排序（Heap Sort）是利用堆的特性进行排序的方法。与 6.5 节堆的定义相同，n 个元素的序列 $\{k_1, k_2, \cdots, k_n\}$，当且仅当任一 k_i 满足以下关系时，称为堆：

$$\begin{cases} k_i \leqslant k_{2i} \\ k_i \leqslant k_{2i+1} \end{cases} \quad \text{或} \quad \begin{cases} k_i \geqslant k_{2i} \\ k_i \geqslant k_{2i+1} \end{cases}$$

其中 $i = 1, 2, \cdots, \lfloor n/2 \rfloor$，分别称为小顶堆或大顶堆。

根据堆的定义，它也是完全二叉树，且具有下列性质之一。

（1）每个结点的值都小于或等于其左右孩子结点的值，称为**小顶堆**。

（2）每个结点的值都大于或等于其左右孩子结点的值，称为**大顶堆**。

堆的示例如图 9.23 所示。

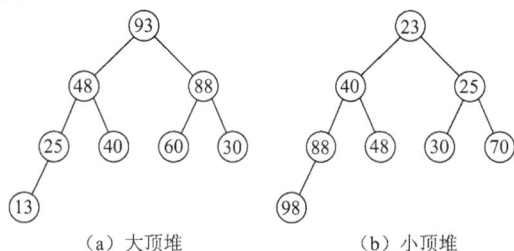

（a）大顶堆　　　　（b）小顶堆

图 9.23　堆的示例

堆排序的基本思想：首先用待排序的记录序列构造出一个堆，此时选出了堆中所有记录的最小者为堆顶，随后将它从堆中移走（通常是将堆顶记录和堆中最后一个记录交换），并将剩余的记录再调整成堆，这样又找出了次小的记录，依次类推，直到堆中只有一个记录为止。

堆排序的操作步骤如下。

Step 1：$i=1$，基于顺序表 $L[1,2,\cdots L.length-i+1]$ 中的元素先建一个小顶堆。

Step 2：将堆顶元素和 $L[L.length-i+1]$ 交换。

Step 3：$i=i+1$，若 $i<L.length$，则再对 $L[1,2,\cdots L.length-i+1]$ 进行调整，形成新的小顶堆，执行 Step 2；若 $i \geqslant L.length$，则排序结束。

堆排序算法的执行流程图如图 9.24 所示。

基于 n 个元素建立堆的方法如下：对于一个含有 n 个结点的完全二叉树，其最后一个结点是第 $\lfloor n/2 \rfloor$ 个结点的孩子结点。对第 $\lfloor n/2 \rfloor$ 个结点及其孩子结点进行调整（交换结点关键字），使之满足堆的定义，之后再向前依次对各个结点为根的子树进行调整，最终整个完全二叉树为一个堆。若 n 个建堆元素序列为 $\{49,39,65,97,76,13,27,69\}$，则其建堆过程如图 9.25 所示。

在完成建堆之后，只需将根结点的值输出，再用最后一个结点代替根结点，从根结点开始对不满足堆定义的分支进行调整即可再次获得一个堆。依次类推，直到所有结点都输出，这时得到的输出序列就是所求的有序序列。若 n 个建堆元素

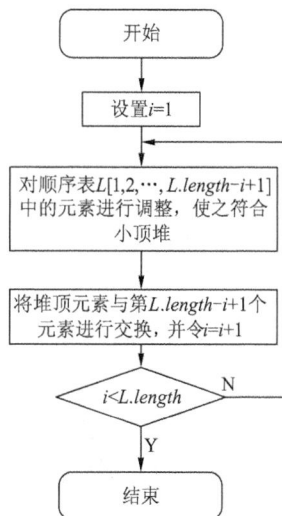

图 9.24　堆排序流程图

263

序列为{49,39,65,97,76,13,27,69}，则建堆后，第 1 个元素的筛选输出与堆的重新调整过程如图 9.26 所示。

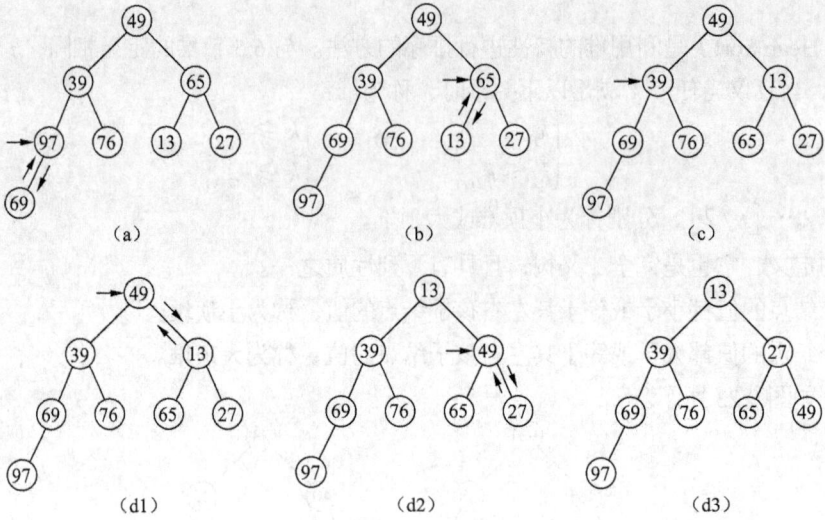

图 9.25　建堆过程

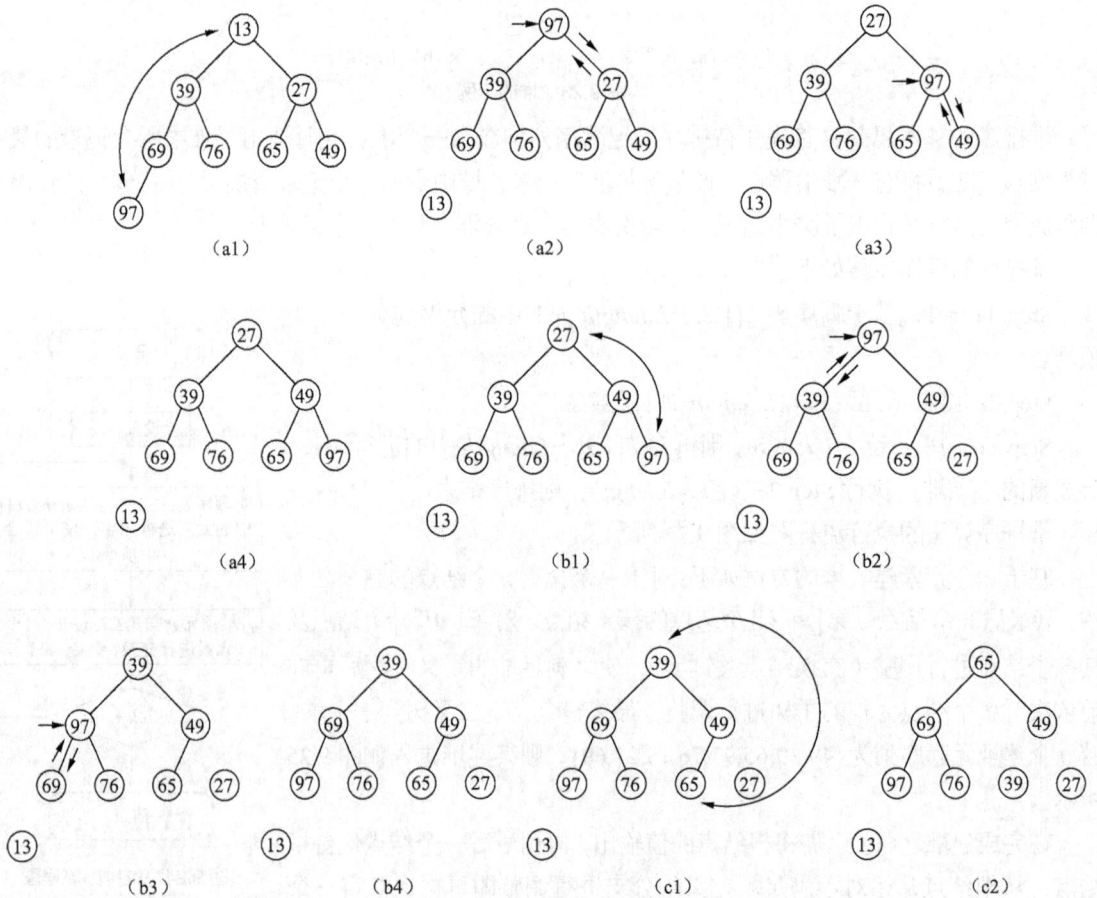

图 9.26　堆的筛选与调整

堆排序算法的 C++语言描述如下：

子程序（堆的建立）：

```
void HeapAdjust(SqList &L,int s,int m)   //对顺序表作查找，从值最小的孩子结点向下筛选，找到最小值
{
    int rc=L.key[s];
    for(int j=2*s;j<=m;j*=2)
    {
        if(j<m&&L.key[j]>=L.key[j+1])     //找到值相对较小的孩子结点，并依次向下筛选
            j++;
        if(rc<L.key[j]) break;           //如果 rc 最小则退出 while 循环
        L.key[s]=L.key[j];
        s=j;                             //交换位置
    }
    L.key[s]=rc;
}
```

主程序（调用子程序，进行完整的堆排序）：

```
void HeapSort(SqList &L)                 //对顺序表 L 进行堆排序
{
    int value;
    int i;
    for(i=L.length/2;i>0;i--)            //把 L.key[1...L.length]调整为小顶堆
        HeapAdjust(L,i,L.length);
    for(i=L.length;i>1;i--)
    {
        value=L.key[1];
        L.key[1]=L.key[i];
        L.key[i]=value;
        HeapAdjust(L,1,i-1);
    }
}
```

算法分析：

时间复杂度：对于堆排序，其运行的主要时间是用在建堆和对堆的不断筛选与调整上。建堆需要 $O(n)$ 时间，而每次取完堆顶后进行调整所需的时间为 $O(\log_2 n)$，且该过程需要进行 $n-1$ 次，因此堆排序总的时间复杂度为 $O(n \log_2 n)$。

空间复杂度：堆排序只需要用到一个用来交换的存储单元，因此其空间复杂度为 $O(1)$。

稳定性：以 {55,65,49,97,76,13,27,<u>49</u>} 为例，该序列经过堆排序得到有序序列为 {13,27,<u>49</u>,49, 55,65,76,97}，因此可以看出堆排序是不稳定的排序方法。

9.5　归并排序

归并排序（Merge Sort）是一类借助"归并"进行排序的方法。归并的含义是将两个或两个以上的有序序列归并成一个有序序列的过程。归并排序按所合并的表的个数可分为二路归并排序和多路归并排序。本节主要讨论二路归并排序。

二路归并排序（2-way Merge Sort）的基本思想是：将待排序的 n 个元素看成 n 个有序的子序列，每个子序列的长度为 1，然后两两归并，得到 $\left\lceil \dfrac{n}{2} \right\rceil$ 个长度为 2 或 1（最后一个有序序列的长度可能为 1）的有序子序列；再两两归并，得到 $\left\lceil \dfrac{n}{4} \right\rceil$ 个长度为 4 或小于 4（最后一个有序序列的长度可能小于

4）的有序子序列；再两两归并，……，直至得到一个长度为 n 的有序序列。

二路归并排序的操作步骤如下。

Step 1：将待排序列划分为两个长度相当的子序列。

Step 2：若子序列长度大于 1，则对子序列执行一次归并排序。

Step 3：执行下列步骤对子序列两两合并成有序序列：

（1）创建一个辅助数组 $temp[]$。假设两个子列的长度分别为 u、v，两个子列的下标为 $0 \sim u$，$u+1 \sim v+u+1$。设置两个子表的起始下标和辅助数组的起始下标：$i=0$; $j=u+1$; $k=0$。

（2）若 $i>u$ 或 $j>v+u+1$，说明其中一个子表已经合并完毕，直接执行第（4）步操作。

（3）选取 $r[i]$ 和 $r[j]$ 中关键字较小的存入辅助数组 $temp[]$：若 $r[i].key < r[j].key$，则 $temp[k]=r[i]$；$i++$; $k++$；否则 $temp[k]=r[j]$; $j++$; $k++$，返回执行第（2）步操作。

（4）将尚未处理完的子表元素依次存入 $temp[]$，结束合并，并将结果返回。

一趟二路归并排序操作流程如图 9.27 所示。

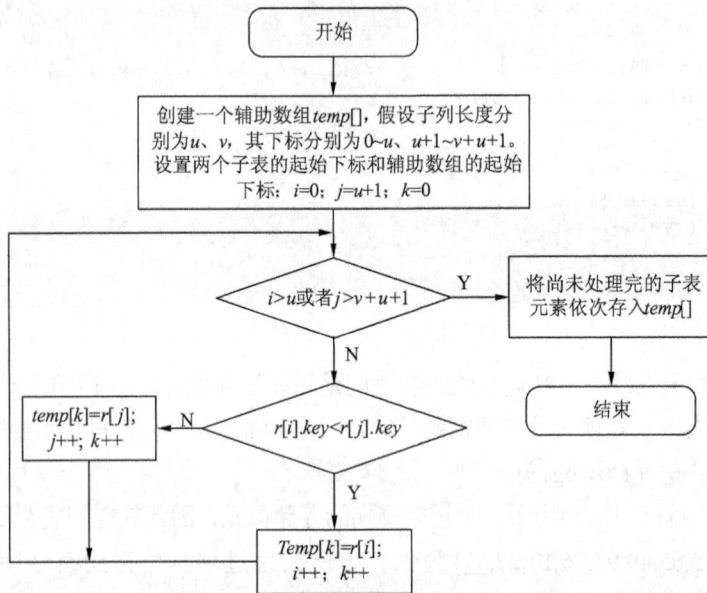

图 9.27　二路归并排序操作流程图

图 9.28 所示是一个二路归并排序示例。

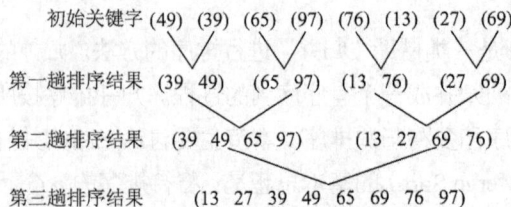

图 9.28　二路归并排序示例

两个子序列归并的过程如图 9.29 所示。

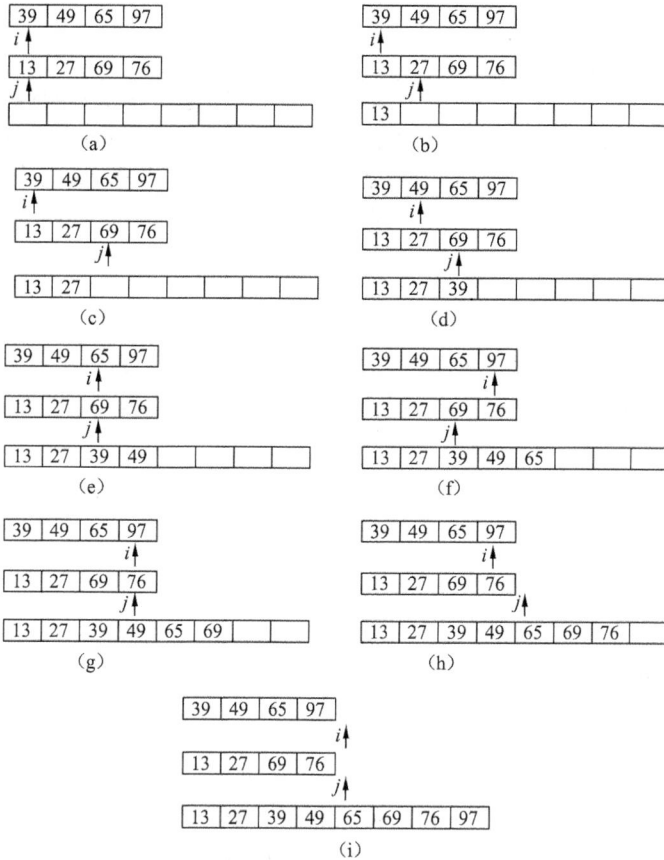

图 9.29 两个子序列归并过程示例

归并排序算法的 C++语言描述如下：

子程序（一趟归并排序算法）：

```cpp
void Merge(int *SR,int *TR,int i,int m,int n)
{
    int j,k;
    for(j=m+1,k=i;i<=m&&j<=n;k++)      //将 SR 中的记录由大到小并入 TR
    {
        if(SR[i]<=SR[j])
            TR[k]=SR[i++];
        else
            TR[k]=SR[j++];
    }
    if(i<=m)                           //将剩余的 SR[i...m]赋值到 TR
        for(int a=i;a<=m;a++)
            TR[k++]=SR[a];
    else if(j<=n)                      //将剩余的 SR[j...n]复制到 TR
        for(int b=j;b<=n;b++)
            TR[k++]=SR[b];
}
```

主程序（归并排序递归算法）：

```cpp
void MergeSort1(int *SR,int *TR1,int s,int t)
{
    int TR2[100];
    int m;
    if(s==t)
```

```
            TR1[s]=SR[s];
        else
        {
            m=(s+t)/2;                 //将 SR[s...t]平分为 SR[s...m]和 SR[m+1...t]
            MergeSort1(SR,TR2,s,m);    //递归地将 SR[s...m]归并为有序的 TR2[s...m]
            MergeSort1(SR,TR2,m+1,t);  //递归地将 SR[m+1...t]归并为 TR2[m+1...t]
            Merge(TR2,TR1,s,m,t);      //将 TR2[s...m]和 TR2[m+1...t]归并到 TR1[s...t]
        }
    }
```

算法分析：

时间复杂度：对于二路归并排序，设有 n 个元素的表 $r[]$，若 h 为归并子序列的长度，则每趟操作需要进行 $\lceil n/(2h) \rceil$ 次归并，并把结果存放到新的表 $r1[]$ 中，这需要 $O(n)$ 的时间。因此整个二路归并排序的时间复杂度为 $O(n\log_2 n)$。

空间复杂度：由于二路归并排序需要一个新的表 $r1[]$ 存储一趟归并后的记录，因此其空间复杂度为 $O(n)$。

稳定性：归并排序是稳定的排序方法。

9.6 基数排序

基数排序（Radix Sort）算法与本章之前所讨论的排序算法不同，它并不利用关键字之间的比较和移动操作来进行排序，而是通过多关键字排序的思想，根据关键字每个位上的有效数字的取值，借助分配和收集两种操作对单关键字进行排序。

9.6.1 多关键字的排序

多关键字排序是应用在多关键字的序列上的排序方法，最常见的多关键字序列的排序方法是**最低优先法**。

最低优先法的基本思想：首先按照最低位 k^d 进行排序，再对高一位关键字 k^{d-1} 进行排序，依次类推，直到所有关键字都排序完毕。

这种排序方法不通过比较关键字大小，而是通过分配和收集来实现。其最有代表性的例子便是扑克牌的排序。其中可以将扑克牌的 52 张牌按花色和值分成两个关键字，其关系大小为：

花色：梅花<方块<红桃<黑桃。

值：2<3<4<5<6<7<8<9<10<J<Q<K<A。

且花色关键字等级高于值关键字。如果按扑克牌的花色和值进行升序排序，则可得以下序列：梅花 2<梅花 3<…<梅花 A<方块 2<方块 3<…<方块 A<红桃 2<红桃 3<…<红桃 A<黑桃 2<黑桃 3<…<黑桃 A。即对于两张牌，不论值多少，花色高的牌大于花色低的牌，而只有当花色相同时，才由值来确定大小。

9.6.2 链式基数排序

对于单关键字的序列，也可以通过将关键字拆分成若干项，每一项都看作一个新的关键字，则可以用上述多关键字排序方法对单关键字的序列进行排序。比如对于一个两位的整数，可以将其按照位数拆分成两项。这样拆分后，每个关键字的范围都相同（均为 0～9），这样的关键字可能出现的符号个数称为"基"，例如，二进制数的基为 2，十进制数的基为 10。基于这样的设定，可以通过多关键字排序的方法方便地进行单关键字序列排序。本节所介绍的基数排序用到了单链表作为分配的"容器"，所以称为**链式基数排序**。

链式基数排序的操作步骤如下：

Step 1：建立待排序列的静态链表 SL 和分配记录用的若干个单链表。

Step 2：从最低位关键字开始，按关键字将 SL 中记录分配到各个单链表中。

Step 3：按照关键字的值从小到大从各个单链表中收集记录到静态链表 SL 中，重复 Step 2 直至排序完成。

链式基数排序算法的流程如图 9.30 所示。

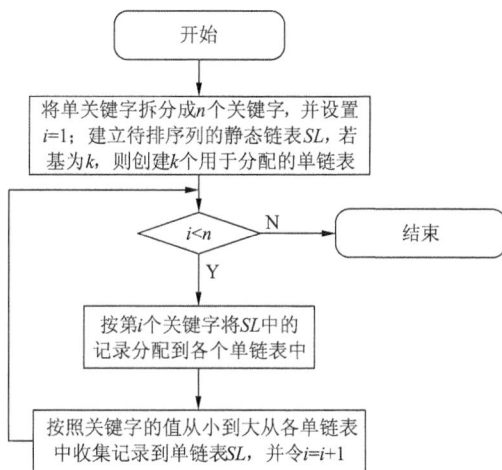

图 9.30　链式基数排序算法的流程图

链式基数排序的具体执行情况见如下示例。

例如，给定 8 个 2 位的十进制数序列：49、39、65、97、76、13、27、69，采用链式基数排序的过程如下。

方法：设置若干桶，因十进制数分别有数字：0,1,2,…,9，因此其基为 10。设置十个桶，分别用 $B_0, B_1, \cdots, B_9$ 进行标识。排序分两步，位数字相同的数放入同一桶。

（1）分配：将右起第 j 位数字相同的数放入同一桶。比如数字为 1 者（若位数不同则左边补 0），将其看成 01，放入桶 B_1。其余类推。

（2）收集：按 $B_0, B_1, \cdots, B_9$ 的顺序进行收集。

重复（1）（2）从最右位直到最左位共 2 次。具体执行情况如图 9.31 所示。

B_0
B_1
B_2
B_3 13
B_4
B_5 65
B_6 76
B_7 97 27
B_8
B_9 49 39 69

B_0
B_1
B_2
B_3 13
B_4
B_5 65
B_6 76
B_7 97 27
B_8
B_9 49 39 69

（a）第一次分配的结果

| 13 | → | 65 | → | 76 | → | 97 | → | 27 | → | 49 | → | 39 | → | 69 |

（b）第一次收集的结果

B_1 13
B_2 27
B_3 39
B_4 49
B_5
B_6 65 69
B_7 76
B_8
B_9 97

B_1 13
B_2 27
B_3 39
B_4 49
B_5
B_6 65 69
B_7 76
B_8
B_9 97

（c）第二次分配的结果

| 13 | → | 27 | → | 39 | → | 49 | → | 65 | → | 69 | → | 76 | → | 97 |

（d）第二次收集的结果

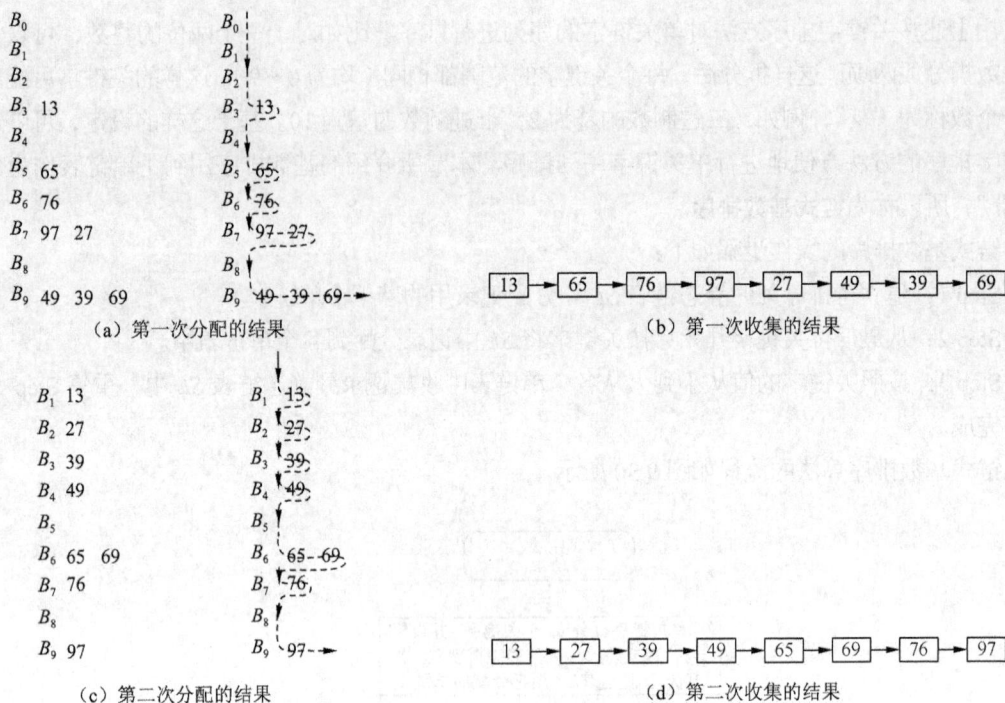

图 9.31　链式基数排序算法的执行情况

链式基数排序算法的 C++语言描述如下：

```cpp
#define RADIX 10
typedef int ArrType[RADIX];
ArrType f,e;
struct SLCell{
    int *keys;                   //关键字
    int next;
};

struct SLList{
    SLCell *SList;
    int keynum;                  //记录当前关键字个数
    int recnum;                  //当前静态链表的长度
};
```

子程序 1（分配）：
```cpp
void Distrbute(SLCell *r,int i,ArrType &f,ArrType &e)
{
    int j;
    for(j=0;j<RADIX;j++)         //各子表初始化为空
        f[j]=0;
    for(int a=r[0].next;a;a=r[a].next)
    {
        j=r[a].keys[i];
        if(!f[j])
            f[j]=a;
        else
            r[e[j]].next=a;
        e[j]=a;
    }
}
```

子程序 2（收集）：
```cpp
void Collect(SLCell *r,int i,ArrType &f,ArrType &e)
```

```
{
    int j;
    for(j=0;!f[j];j++);                      //找第一个非空子表
    r[0].next=f[j];                          //r[0].next 指向第一个非空子表中第一个结点
    int t=e[j];
    while(j<RADIX)
    {
        for(j++;j<RADIX-1&&!f[j];j++);        //找下一个非空子表
        if(f[j])
            {r[t].next=f[j];t=e[j];}          //链接两个非空子表
    }
    r[t].next=0;                             //t 指向最后一个非空子表中的左后一个结点
}
```

主程序（依次调用子程序 1 和 2 实现排序）：

```
void RadixSort(SLList&SL)
{
    for(int i=SL.keynum;i>=1;i--)            //按最高位优先依次对各关键字进行分配和收集
    {
        Distrbute(SL.SList,i,f,e);           //第 i 趟分配
        Collect(SL.SList,i,f,e);             //第 i 趟收集
    }
}
```

算法分析：

时间复杂度：设待排序列有 n 个记录，d 个关键字，每个关键字的取值范围（基）为 r，进行一趟分配的时间复杂度为 $O(n)$，一趟收集的时间复杂度为 $O(r)$，总共要进行 d 趟分配和收集，因此链式基数排序的时间复杂度为 $O(d(n+r))$。

空间复杂度：链式基数排序需要 $2r$ 个指向队列的辅助空间，且需要 n 个用于静态链表的指针，因此其空间复杂度为 $O(r+n)$。

稳定性：链式基数排序是稳定的排序方法。

9.7　各种内部排序方法的比较讨论

本章讨论了许多排序算法，然而现有的排序算法远不止这些。难以对一种算法做出最好或最坏的结论，因为每种排序算法都各有优缺点。在实际应用中，应当结合具体情况，针对所要处理的问题来选择该问题上的最优排序算法进行排序。本节将列举出一些关于常见算法特点的结论。

（1）快速排序、堆排序、归并排序的平均时间复杂度最好。其中快速排序在平均时间性能上被认为是最优的一种排序算法，然而在最坏情况下，快速排序的时间性能比不上堆排序和归并排序。并且当待排序列的记录个数较多时，归并排序比快速排序要更快，但其所需要的辅助空间更多。

（2）直接插入排序思路明了、算法简单，是一种很常用的排序算法。并且当待排序列基本有序或者待排序列的记录数量较小时，它是最优的排序算法。因此直接插入排序经常会与快速排序、归并排序这类平均时间性能优良的排序算法结合起来使用。

（3）链式基数排序的时间复杂度为 $O(d(n+r))$，因此当待排序列的记录数量 n 很大而关键字长度较小时，其时间性能较好。

（4）从空间复杂度上看，大多数的排序算法所需要的辅助空间为 $O(1)$。但快速排序和归并排序例外，分别为 $O(\log_2 n)$ 和 $O(n)$。而链式基数排序的空间复杂度则与记录数量 n 以及基数 r 有关。

（5）从稳定性上看，属于稳定排序算法的有直接插入排序、冒泡排序、归并排序和链式基数排序，属于不稳定排序算法的有希尔排序、简单选择排序、快速排序和堆排序。

（6）从算法本身的复杂度上看，直接插入排序、简单选择排序和冒泡排序较容易理解，属于简单算法，其时间性能理论上较差；而另一类像希尔排序、快速排序、堆排序和归并排序这样较为复杂的算法，属于改进算法，其时间性能理论上较好。

（7）从待排记录个数 n 的角度看，当 n 越小时，采用简单排序算法更为合适；而当 n 很大时，采用改进算法更加合适。这是因为当 n 较小时，$O(n^2)$ 与 $O(n\log_2 n)$ 的差距不是很大，此时使用简单算法在程序设计上将更为方便。表 9.2 给出了本章所讨论的几种算法的时间复杂度和空间复杂度。

表 9.2　　　　　　　　　　　几种内部排序算法性能的比较

排序算法	最好的情况	最坏的情况	平均情况	空间复杂度
直接插入排序	$O(n)$	$O(n^2)$	$O(n^2)$	$O(1)$
希尔排序	$O(n\log_2 n)$	$O(n^2)$	$O(n^{1.5})$	$O(1)$
冒泡排序	$O(n^2)$	$O(n)$	$O(n^2)$	$O(1)$
快速排序	$O(n\log_2 n)$	$O(n^2)$	$O(n\log_2 n)$	$O(n\log_2 n)$
简单选择排序	$O(n^2)$	$O(n^2)$	$O(n^2)$	$O(1)$
堆排序	$O(n\log_2 n)$	$O(n\log_2 n)$	$O(n\log_2 n)$	$O(1)$
归并排序	$O(n\log_2 n)$	$O(n\log_2 n)$	$O(n\log_2 n)$	$O(n)$
链式基数排序	$O(d(r+n))$	$O(d(r+n))$	$O(d(r+n))$	$O(r+n)$

其中，在基数排序中，待排序列有 n 个记录，d 个关键字，每个关键字的取值范围为 r。

习题九

一、选择题

1. 在基于关键字比较的排序算法中，_____算法在最坏情况下的时间复杂度为 $O(n\log_2 n)$。

　　A. 冒泡排序　　　　　　B. 归并排序　　　　　C. 希尔排序　　　　　D. 快速排序

2. 经第一趟排序后，不能确定任何一个元素最终位置的排序算法是_____。

　　A. 冒泡排序　　　　　　　B. 二路归并排序　　　C. 简单选择排序　　　D. 快速排序

3. 设有 n 个元素的序列，分别使用冒泡排序和二路合并排序对其进行排序，则所需的除元素序列以外的辅助空间复杂度分别为_____。

　　A. $O(1)$，$O(n)$　　　　B. $O(1)$，$O(n\log_2 n)$　　C. $O(n)$，$O(1)$　　　　D. $O(n)$，$O(n)$

4. 分别采用直接插入和快速排序算法对下列进行排序（由小到大）。使得直接插入排序时间最长的序列是_____，使得快速排序时间最长的序列是_____。

　　A. 10,20,30,40,50,60,70　　　　　　　　　　B.70,60,50,40,30,20,10

　　C. 40,10,30,20,60,50,70　　　　　　　　　　D.40,20,10,30,50,70,60

5. 下列排序算法中，_____排序算法不能保证在每趟排序中将一个元素放到其最终的位置上。

　　A. 直接插入　　　　　B. 冒泡　　　　　　C. 简单选择　　　　D. 快速

6. 若要求排序是稳定的，且关键字为实数，则下列排序方法中应选_____排序为宜。

　　A. 直接插入　　　　　B. 简单选择　　　　C. 堆　　　　　　D. 链式基数

7. 在下列排序算法中，_____排序算法的时间复杂度与初始序列的状态无关。

    A. 直接插入 　　　　　　　B. 冒泡 　　　　　　　C. 快速 　　　　　　　D. 简单选择

8. 设有关键字值序列为（25,48,16,35,79,82,23,40,36,72），其中含有 5 个长度为 2 的有序子序列，按二路归并排序的方法对该序列进行一趟合并后的结果为_____。

    A. 16,25,35,48,23,40,79,82,36,72 　　　　　　B. 16,25,35,48,79,82,23,36,40,72

    C. 16,25,48,35,79,82,23,36,40,72 　　　　　　D. 16,25,35,48,79,23,36,40,72,82

9. 设有规模较大的各不相同的正整数组成的无序序列，顺序存储在一维数组中，采用_____算法，能够最快地找出其中最大的正整数。

    A. 二路归并排序 　　　　　　　　　　B. 希尔排序

    C. 简单选择排序 　　　　　　　　　　D. 快速排序

10. 用直接插入排序方法对下述四个序列进行排序（由小到大），元素间的比较次数最少的是_____。

    A. 94,32,40,90,80,46,21,69 　　　　　　B. 32,40,21,46,69,94,90,80

    C. 21,32,46,40,80,69,90,94 　　　　　　D. 90,69,80,46,21,32,94,40

二、填空题

1. 设关键字序列为（512,275,908,677,503,765,612,897,512,154,170）。以第一个元素为支点，进行快速排序（按关键字值非递减顺序），第一趟排序完成后的序列为_____（请标注清楚两个 512）。

2. 在堆排序和快速排序中，若原始记录接近正序或反序，则选用_____。若原始记录无序，则选用_____。

3. 在对 n 个元素的序列进行冒泡排序时，最少的比较次数是_____。

4. 堆排序算法的时间复杂度为_____。

5. 在直接插入排序、希尔排序、选择排序、快速排序、堆排序、归并排序和链式基数排序中，排序是不稳定的有_____。

6. 设对无序序列（15,142,51,68,121,46,57,575,60,89,185）按最低位优先法进行基数排序，则在进行一次分配和收集后，得到的序列为_____。

7. 对有 n 个记录的表进行直接插入排序，在最坏的情况下需比较_____次关键字。

8. 对数据序列 {15,9,7,8,20,-1,4} 进行直接插入排序，进行一趟排序之后的数据序列变为_____。

9. 在排序算法中，每次从未排序的元素中通过关键字的比较直接选取最小关键字的元素，加入到已排序元素的末尾，该排序算法是_____。

10. 对 8 个元素的线性表进行快速排序，在最坏的情况下，元素之间的总比较次数为_____次。

三、判断题

1. 简单选择算法的最好和最坏情况的时间复杂度分别为 $O(n)$ 和 $O(n^2)$。

2. 二路归并排序是稳定的排序算法。

3. 快速排序的最坏情况下时间复杂度优于二路归并排序。

4. 在初始数据表已经有序时，堆排序算法在执行过程中不会改变数据表的内容。

5. 归并排序在任何情况下都比所有简单排序速度快。

6. 快速排序的速度在所有排序方法中为最快，而且所需附加空间也最少。

7. 在使用非递归方法实现快速排序时，只能使用栈来保存待排序的子序列的上下界，而不能使用队列。

8. 所谓稳定的排序算法是指在排序过程中，每个元素总是向着它的正确位置逼近，而不来回移动。

9. 折半插入排序所需的比较次数与待排序记录的初始排列状态有关。

10. 快速排序是一种交换排序。

四、简答题

1. 使用快速排序算法对元素序列（23,43,36,30,20,54,76,28）进行排序。

（1）写出对上述序列进行第一趟排序后的结果。

（2）待排序的元素序列处于什么状态时，快速排序所需时间最长？

（3）采用什么措施尽量避免快速排序出现最坏情况？

2. 设有关键字序列（10,30,40,70,50,90,80），对其进行二路归并排序。

（1）写出最坏情况、平均情况下的渐近时间复杂度。

（2）写出除元素空间外，算法所需的辅助空间复杂度。

（3）指出算法的稳定性。

（4）写出算法的排序过程。

3. 将元素序列（61,87,12,03,08,70,97,75,53,26）按下列算法排序，分别写出各趟排序的结果。

（1）简单选择排序。

（2）冒泡排序。

（3）直接插入排序。

（4）希尔排序。

（5）快速排序。

（6）二路归并排序。

（7）堆排序。

（8）链式基数排序（包括分配和收集）。

4. 设有排序算法：直接插入排序、简单选择排序、冒泡排序、堆排序、希尔排序、折半插入排序、快速排序和二路归并排序。请回答下列问题。

（1）列出最坏情况时间复杂度为$O(n^2)$的排序算法。

（2）列出平均情况时间复杂度为$O(n \log_2 n)$。

（3）列出附加空间时间复杂度为$O(1)$排序算法。

（4）列出不稳定的排序算法。

5. 设待排序的关键字值序列为（22,12,26,40,18,20,26,30,16,38），请写出其链式基数排序的过程。讨论链式基数排序的时间复杂度和空间复杂度。

五、算法设计

1. 编写一个双向冒泡排序算法，即一趟排序后最大元素"沉底"或最小元素"冒"到最前面。应避免已经到位的元素重复比较。

2. 折半插入排序算法是插入排序的另一种版本。为了在有序序列中插入一个元素，必须搜索元素的插入位置。与直接插入法不同的是，它使用折半搜索方法查找插入位置，然后将插入位置后面的元素后移，空出位置来存放待插入元素。请在顺序表上实现之。

3. 假设待排序的序列中各元素互不相同，并要求按关键字递增排序。计数排序也称枚举排序。该算法的基本思想是对序列中的每个元素，统计小于它的所有元素的个数，从而得到该元素最终在序列中的位置。请实现这一算法，分析算法的执行时间，并将其与简单选择排序相比，评述哪个算法更好。

4. 设计在带头结点的单链表上，实现稳定的直接插入排序的算法。

（1）编写程序实现这一算法。

（2）设有序列（30,10,70,50,70,60）（相同元素用下画线以示区别），写出以这一序列为输入执行（1）中所实现的算法时，每趟排序的结果。

（3）分析（1）中所实现的算法最好情况的时间复杂度。

10 第10章　算法设计与分析

10.1　分治法

任何一个可以用计算机求解的问题所需的时间都与其规模有关。问题的规模越小，越容易直接求解，解题所需时间也越少。对于一个规模为 n 的问题，若该问题可以容易地解决（比如规模 n 较小），则直接解决，否则将其分解为 k 个规模较小的子问题，这些子问题互相独立且与原问题形式相同，递归地解决这些子问题，然后将各个子问题的解合并到原问题的解，这种算法设计策略叫作**分治法**（Divide and Conquer）。

分治法的设计思想："分治"的字面解释就是"分而治之"，即将一个难以解决的大问题分割成若干个规模较小的子问题，以便各个击破，分而治之。分治法是很多高效算法的基础，如快速排序、归并排序等排序算法，以及傅里叶变换等。

如果原问题可以分割成 k 个子问题，且这些子问题都可解并可以根据这些子问题的解求出原问题的解，那么应用分治法就是可行的。

根据分治法的分割原则，把原问题分为多少个子问题才比较合适？每个子问题规模是否相同或者怎样分才适当？这些问题很难给予肯定的回答，但大量实践发现，在用分治法设计算法时，最好使子问题的规模大致相同，即将一个问题分成大小相等的 k 个子问题的处理方法是行之有效的。许多问题可以取 $k=2$，其中二分搜索算法就是运用分治策略的典型例子。

分治法产生的子问题往往是原问题的较小模式，一般采用递归算法进行解决。采用分治技术使子问题与原问题类型一致而问题规模不断缩小，最终使子问题缩小到很容易求出解来，由此产生递归算法。

例 10.1 矩阵乘法问题。

矩阵乘法是矩阵计算中的基本问题之一，它在科学与工程计算领域有着广泛的应用。设 **A** 和 **B** 是两个 $n \times n$ 的矩阵，它们的乘积 **AB** 同样是一个 $n \times n$ 的矩阵。乘积矩阵 **C=AB** 中的元素 $C[i][j]=\sum_{k=1}^{n}A[i][k]B[k][j]$。容易知道，按此公式计算两个 $n \times n$ 矩阵的乘积，需要 $O(n^3)$ 次的计算时间。

20 世纪 60 年代末期，Strassen 采用了类似于在大整数乘法中用过的分治技术，将计算 2 个 n 阶矩阵乘积所需的计算时间改进到 $O(n^{\log_2 7})= O(n^{2.81})$，其基本思想是采用了分治技术。

设 n 是 2 的幂，将矩阵 **A**、**B** 和 **C** 中每一个矩阵都分成 4 个大小相等的子矩阵，每个子矩阵都是 $(n/2) \times (n/2)$ 的方阵。矩阵分块后的子矩阵如下：

$$\begin{bmatrix} C_{11} & C_{12} \\ C_{21} & C_{22} \end{bmatrix} = \begin{bmatrix} A_{11} & A_{12} \\ A_{21} & A_{22} \end{bmatrix} \begin{bmatrix} B_{11} & B_{12} \\ B_{21} & B_{22} \end{bmatrix}$$

由矩阵乘法性质得：

$$C_{11} = A_{11}B_{11} + A_{12}B_{21}$$
$$C_{12} = A_{11}B_{12} + A_{12}B_{22}$$
$$C_{21} = A_{21}B_{11} + A_{22}B_{21}$$
$$C_{22} = A_{21}B_{12} + A_{22}B_{22}$$

当 $n=2$ 时，计算 2 个 2 阶方阵的乘积时需 8 次乘法和 4 次加法。当子矩阵的阶大于 2 时，为求两个子矩阵的乘积，可以继续将子矩阵分块，直到子矩阵的阶降为 2 为止。由此产生分治降阶的递归算法。可以推算，计算 2 和 n 阶方阵的乘积转化为计算 8 个 $(n/2)$ 阶方阵的乘积和 4 个 $(n/2)$ 阶方阵的加法，2 个 $(n/2) \times (n/2)$ 矩阵的加法显然可在 $O(n^2)$ 的时间完成。因此上述分治法的计算时间耗费 $T(n)$ 应满足：

$$T(n) = \begin{cases} O(1), & n = 2 \\ 8T(n/2) + O(n^2), & n > 2 \end{cases}$$

这个递归方程的解 $T(n) = O(n^3)$。此结果表明该方法并不比原始按矩阵乘法的定义直接计算更有效。原因是该方法并没有减少矩阵相乘的次数，而矩阵乘法耗费的时间要比加减法耗费的时间多得多。因此，减少矩阵乘法的计算时间复杂度的关键必须减少乘法的运算次数。

减少乘法的运算次数的关键是计算 2 个 2 阶方阵的乘积时，能否用少于 8 次的乘法运算。Strassen 提出了一种新的算法计算 2 个 2 阶方阵的乘积。他的算法仅用了 7 次乘法运算，但增加了加减法的运算次数。Strassen 的 7 次乘法运算是：

$$M_1 = A_{11}(B_{12} - B_{22})$$
$$M_2 = (A_{11} + A_{12})B_{22}$$
$$M_3 = (A_{21} + A_{22})B_{11}$$
$$M_4 = A_{22}(B_{21} - B_{11})$$
$$M_5 = (A_{11} + A_{22})(B_{11} + B_{22})$$
$$M_6 = (A_{12} - A_{22})(B_{21} + B_{22})$$
$$M_7 = (A_{11} - A_{21})(B_{11} + B_{12})$$

容易验证，在 7 次乘法运算之后，进行若干次加减法得：

$$C_{11} = M_5 + M_4 - M_2 + M_6$$
$$C_{12} = M_1 + M_2$$
$$C_{21} = M_3 + M_4$$
$$C_{22} = M_5 + M_1 - M_3 + M_7$$

Strassen 矩阵乘法中，用了 7 次对于 $(n/2)$ 阶矩阵相乘的递归调用和 18 次 $(n/2)$ 阶矩阵的加减运算。由此可知，该算法所需的计算时间 $T(n)$ 满足以下递推关系：

$$T(n)=\begin{cases}O(1), & n=2 \\ 7T(n/2)+O(n^2), & n>2\end{cases}$$

解此递推方程得 $T(n)=O(n^{\log_2 7})=O(n^{2.81})$。由此可见，Strassen 矩阵乘法的计算时间复杂度比普通矩阵乘法有较大改进。

10.2　回溯法

回溯法（Back Tracking Method）可以系统地搜索问题的所有解，是一个具有系统性和跳跃性的算法。有些问题，如搜索问题和优化问题，它们的解分布在一个**解空间**里，求解这些问题的算法就是一种遍历搜索空间的系统方法，所以解空间又称**搜索空间**。回溯法将搜索空间看成树形结构，一个问题的解对应于树中的一个叶子结点。

基本思想：回溯法在问题的解空间树中，按照深度优先策略，从根结点出发搜索解空间树。算法搜索至解空间树的任一结点时，先判断该结点是否包含问题的解。如果不包含，则跳过对以该结点为根的子树的搜索，逐层向其祖先结点回溯；否则，进入该子树，继续进行深度优先策略搜索。回溯法求解问题的所有解时，要回溯到根结点，且根结点所有子树都被搜索完才算结束。

回溯法对任一解的生成，一般都采用逐步扩大解的方式。每前进一步，都试图在当前部分解的基础上扩大该部分解。每次扩大当前部分解时，都面临一个可选的状态集合，新的部分解就通过在该集合中进行选择构造而成。这样的状态集合，结构上是一棵多叉树，每个树结点代表一个可能的部分解，它的儿子是在它的基础上生成的其他部分解，树根为初始状态。这样的状态集合称为**状态空间树**。

回溯法在问题的状态空间树中，从开始结点（根结点）出发，深度优先搜索整个状态空间。这个开始结点成为活结点，同时也成为当前的扩展结点。在当前扩展结点处，搜索向纵深方向移至一个新结点。这个新结点成为新的活结点，并成为当前扩展结点。如果在当前扩展结点处不能再向纵深方向移动，则当前扩展结点就成为**死结点**。此时，应往回移动（回溯）至最近的活结点处，并使这个活结点成为当前的扩展结点。回溯法以这种工作方式递归地在状态空间中搜索，直到找到所要求的解或者解空间中已无活结点时为止。

回溯法与穷举法有某些联系，它们都基于试探。穷举法要将一个解的各个部分全部生成后，才检查是否满足条件，若不满足，则直接放弃该完整解，然后尝试另一种可能的完整解，而没有沿着一个可能的完整解的各个部分逐步回退生成解的过程。但对于回溯法来说，一个解的各个部分是逐步生成的，当发现当前生成解的某部分不满足约束条件，就放弃该步所做的工作，退回到上一步并进行新的尝试，而不是放弃整个生成解重来。一般来说，回溯法要比穷举法效率更高些。

例 10.2　迷宫问题。

老鼠走迷宫是心理学中的一个经典实验，用来测试老鼠的记忆力强弱。如果它的记忆力强，那么在迷宫中对已经尝试过的失败路径就不会再去尝试。

问题描述：设有一只无盖大箱，箱中设置一些隔离板，形成弯弯曲曲的通道作为迷宫。箱子中设有一个入口和出口。实验时，在出口处放一些奶酪之类的东西吸引老鼠，然后将一只老鼠放到入口处，老鼠受到美味的吸引，向出口走去。心理学家需要观察老鼠是如何从入口到达出口的。

要求：假设老鼠具有很强的记忆力（A 级假设智能），编写一个程序，模拟老鼠走迷宫的过程。

实际测验时，可以用运行的程序得到模拟老鼠走迷宫的过程与老鼠实际走迷宫的过程进行对比，依次衡量老鼠记忆力的强弱。

求解方法：采用回溯法。老鼠走迷宫的方式为：试探-回溯，尝试-纠错。

数据结构设计：

（1）迷宫。

用二维数组 $A_{n×m}$ 表示迷宫，用0和1分别表示迷宫中的路"通"与"不通"。当 $A[i,j]$=0 时，表示迷宫中(i,j)处是通路；而当 $A[i,j]$=1 时，表示迷宫中(i, j)处是隔板。图 10.1 所示是用 0-1 矩阵表示的迷宫，矩阵四边的 1 表示迷宫的边界，迷宫的入口设在左上角的 0 位置，出口设在右下角的 0 位置。

```
1 1 1 1 1 1 1 1 1 1
1 0 0 0 1 1 0 1 1 1
1 1 0 1 0 1 0 0 0 1
1 0 1 1 0 0 1 0 1 1
1 0 0 0 1 0 1 1 0 1
1 1 0 1 1 1 1 0 1 1
1 0 0 1 0 1 0 1 1 1
1 0 1 1 0 1 0 1 1 1
1 1 0 1 1 1 1 0 0 1
1 1 1 1 1 1 1 1 1 1
```

（2）路径记录。

对于路径中的任一点有 8 个可行走的方向，可用整数 0~7 表示。显然，可用三元组(i, j, k)（这里的 i、j、k 分别表示行号、列号和方向）表示。这样的三元组可用来记录在迷宫中行走的路径。

图 10.1　用 0-1 矩阵表示的迷宫

（3）方向与方向增量。

对于矩阵中每个非边界点都存在 8 个可移动的方向，把东、东南、南、西南、西、西北、北、东北 8 个方向依次定义为方向 0~7。若沿矩阵中的非边界位置(i, j)到达矩阵这 8 个方向的下一个位置时，都可以通过位置增量计算得到下一个位置$(i+\Delta x, j+\Delta y)$，这里的 Δx、Δy 分别为行、列坐标的增量。增量的取值如表 10.1 所示。

表 10.1　　　　　　　　　　　　方向—增量数组

方向号	行增量	列增量
0	0	1
1	1	1
2	1	0
3	1	−1
4	0	−1
5	−1	−1
6	−1	0
7	−1	1

迷宫问题算法实现：

```
typedef struct
{
    int row,col,dire;
}MousePosition;
int Mousetravel(int maze[][10],int n,int m,MousePosition path[])
{
    int top,i,j,k,h,dire;
    int way[8][2]={ -1,-1,
                    -1,0,
                    0,-1,
                    -1,1,
                    0,1,
                    1,0,
                    1,1,
                    1,-1};
```

```
            top=0;
            i=1;j=1;dire=0;
            path[top].row=i;
            path[top].col=j;
            path[top].dire=dire;
            maze[i][j]=-1;
            while(top>=0||dire<8)
            {
                if(dire<8)
                {
                    k=i+way[dire][0];
                    h=j+way[dire][1];
                    if(maze[k][h]==0)
                    {
                        maze[k][h]=-1;
                        top++;
                        path[top].row=k;
                        path[top].col=h;
                        path[top].dire=dire;
                        i=k;j=h;dire=0;
                        if(i==n-2&&j==m-2) return top;
                    }//end if
                    else dire++;
                }//end if
                else
                {
                    dire=path[top].dire+1;
                    top--;
                    if(top>=0)
                    {
                        i=path[top].row;
                        j=path[top].col;
                    }//end if
                }//end else
            }//end while
            return 0;
}
void main()
{
    int maze[10][10]={
    1,1,1,1,1,1,1,1,1,1,
    1,0,0,0,1,1,1,1,1,1,
    1,1,0,1,0,1,0,0,1,1,
    1,1,1,1,0,0,1,0,1,1,
    1,1,1,0,1,0,1,1,0,1,
    1,1,1,1,0,1,1,0,1,1,
    1,1,1,1,1,0,1,0,1,1,
    1,1,1,1,1,1,1,0,0,1,
    1,1,1,1,1,1,1,0,0,1,
    1,1,1,1,1,1,1,1,1,1};
    MousePosition path[20];
    int p,k=Mousetravel(maze,10,10,path);
    if(k==0)
        cout<<"没有到达终点的有效路径"<<endl;
    else
        for(p=0;p<=k;p++)
            cout<<"路径"<<p+1<<": "<<path[p].row<<','<<path[p].col<<endl;
}
```

上述程序的运行结果如下:

路径 1: 1,1

路径 2: 1,2

路径 3: 1,3

路径 4：2,4
路径 5：3,4
路径 6：3,5
路径 7：2,6
路径 8：2,7
路径 9：3,7
路径 10：4,8
路径 11：5,7
路径 12：6,7
路径 13：7,7
路径 14：7,8
路径 15：8,8

显然，上述算法可求得单个解，可通过 path 数组将路径输出。若要求全部解，则需要修改上述算法，修改方法如下：

（1）求得单个解后算法不终止，而是先输出路径，再沿着 path[top].dire 的下一个方向继续搜索；

（2）修改试探标志，仅当位置 (x, j) 的 8 个方向都已搜索，才置 maze[i][j]=-1。

例 10.3 n 皇后问题。

问题描述：在 $n \times n$ 格的棋盘上放置彼此不受攻击的 n 个皇后。按照国际象棋的规则，皇后可攻击与之处在同一行或同一列或同一斜线的棋子。n 皇后问题等价于在 $n \times n$ 格的棋盘上放置 n 个皇后，任何两个皇后不放在同一行或同一列或同一斜线上。

求解方法：回溯法。易知，1 皇后问题有 1 个解，2 皇后和 3 皇后问题无解。可以计算 8 皇后问题有 98 个解。

数据结构设计：用 n 元组 $x[1{:}n]$ 表示 n 皇后问题的解，其中 $x[i]$ 表示皇后 i 放在棋盘的第 i 行的第 $x[i]$ 列。显然每个 $x[i]$ 中的值互不一样。要保留多个解时，需要设立多个这样的一维数组或二维数组。将 $n \times n$ 格的棋盘看作二维方阵，行、列编号依次为 1，2，$\cdots$，n。

算法设计：设目前在第 i 行第 j 列放置皇后，考虑如何判断是否和其他皇后位于同一行或同一列或同一斜线的条件。由于不允许将两个皇后放在同一列，所以解向量 $x[i]$ 中的值互不一样。两个皇后不能放在同一斜线上是问题的隐约束条件。对于 n 皇后问题这一隐约束条件可以化成显约束的形式。设两个皇后放置的位置分别是 (i, j) 和 (k, l)，且 $i-k=j-l$ 或 $i-k=l-j$，则这两个皇后位于同一斜线上，上述两条件等价于 $|i-k|=|j-l|$。

n 皇后问题算法实现：

```
//求n皇后问题的解的个数
#include<iostream>
#include<fstream>
#include<iomanip>
#include<stdlib.h>
using namespace std;
bool Check(int rowCurrent,int *&NQueen);               //判断函数
void Print(ofstream &os,int n,int *&NQueen);           //打印函数
void Solve(int rowCurrent,int *&NQueen,int n,int &count, ofstream &os); //n皇后问题处理
函数，index一般初值为0

bool Check(int rowCurrent,int *&NQueen)
{
    int i=0;
    while(i<rowCurrent)
    {
```

```
        if(NQueen[i]==NQueen[rowCurrent]||(abs(NQueen[i]-NQueen[rowCurrent])==abs(i-rowCurrent)))
        {
            return false;
        }
        i++;
    }
    return true;
}

void Print(ofstream &os,int n,int *&NQueen)
{
    os<<"一次调用\n";
    for (int i=0;i<n;i++) {
        for(int j=0;j<n;j++)
        {
            os<<(NQueen[i]==j?1:0);
            os<<setw(2);
        }
        os<<"\n";
    }
    os<<"\n";
}

void Solve(int rowCurrent,int *&NQueen,int n,int &count, ofstream &os)
{
    if(rowCurrent==n)
    {
        Print(os,n,NQueen);
        count++;
    }
    for(int i=0;i<n;i++)
    {
        NQueen[rowCurrent]=i;
        if(Check(rowCurrent,NQueen))
        {
            Solve(rowCurrent+1,NQueen,n,count,os);   //移向下一行
        }
    }
}

void main()
{
    int n;                    //问题规模
    int count=0;              //解的计数
    cout<<"请输入问题的规模 N"<<endl;
    cin>>n;
    if(n<4)
    {
        cerr<<"问题规模必须大于 4"<<endl;
        return;
    }
    int *NQueen=new int[n];
    ofstream os;
    os.open("result.txt");
    Solve(0,NQueen,n,count,os);
    cout<<"问题的解有"<<count<<"种方法"<<endl;
    os.close();
}
```

此算法运行结果如下：

请输入问题的规模 N

8

问题的解有 92 种方法

10.3 贪心算法

微课视频

贪心算法（Greedy Method）是一种通用的算法设计方法，在许多最优化问题求解中得到了广泛应用，例如求图的最小生成树的 Prim 算法和 Kruskal 算法，求单源最短路径的 Dijkstra 算法，数据压缩的 Huffman 算法，特别是对于许多 NP 难得组合优化问题，目前仍未找到有效解决的算法，于是只能选用相对比较好的近似算法，而贪心算法则常用于这些近似算法的设计。

贪心算法和动态规划算法一样，常用于求解最优化问题，即量的最大化或最小化。然而贪心算法与动态规划又有所不同。动态规划通常包含一个用来寻找局部最优解的迭代过程。在一些实例中，这些局部最优解就变成了全局最优解，而在另一些实例中，则无法找到问题的最优解。贪心算法的求解则是一个多步决策的过程，每步决策的时候不考虑自问题的计算结果，而是经过少量的计算，根据当前情况做出取舍，这样一步步地来构筑解，每一步均建立在局部最优解的基础上，同时又扩大了局部解的规模。显然这种算法的计算工作量比起动态规划来说要少得多，这也是贪心算法效率高的原因。它所做出的每一个选择都是当前状态下局部的最好选择，即**贪心选择**。这种启发式的策略并不总能获得最优解，然而在许多情况下的确能够得到最优解。可以用贪心算法求解的问题，一般具有两个重要的性质：贪心选择性质和最优子结构性质。

（1）贪心选择性质：贪心选择性质是指所求问题的整体最优解可以通过一系列局部最优的选择（贪心选择）来达到，它采用自顶向下的方式将所求问题简化为规模更小的子问题。

（2）最优子结构性质：当一个问题的最优解包含其子问题的最优解时，称此问题具有最优子结构性质。

第 6 章中介绍的 Huffman 算法就是一种贪心算法，下面证明 Huffman 算法的正确性。

① 贪心选择性质。

设 C 是编码字符集，C 中字符 c 的频率为 $f(c)$，m_1，m_2 是 C 中具有最小频率的两个字符，则存在 C 的最优前缀编码使 m_1 和 m_2 具有相同最长码长，且码字的最后一位不同。

证明：设二叉树 T 是与 C 的最优前缀编码对应的任意一棵编码树。证明对 T 进行适当修改后得到一棵新的二叉树 T_1，使得 T_1 中 m_1 和 m_2 是最深的叶子结点且互为兄弟结点，T_1 也是与 C 的最优前缀编码对应的一棵编码树。

不失一般性，考虑图 10.2（a）中所示形状的二叉树 T，不妨设 $f(m_1) \leqslant f(a)$，$f(m_2) \leqslant f(b)$，树 T 和图 10.2（b）所示的 T_0 表示的前缀码的平均码长分别为 $B(T)$、$B(T_0)$、$d_T(c)$ 代表树 T 中字符 c 的码长，则

$$B(T)-B(T_0)=\sum_{c\in C} f(c)d_T(c) - \sum_{c\in C} f(c)d_{T_0}(c)$$

$$=f(m_1)d_T(m_1)+f(a)d_T(a)-f(m_1)d_{T_0}(m_1)-f(a)d_{T_0}(a)$$

$$=(f(m_1)-f(a))d_T(m_1)+(f(a)-f(m_1))d_T(a)$$

$$=(f(a)-f(m_1))(d_T(a)-d_T(m_1))\geqslant 0$$

同理，若将 T_0 变换成图 10.2（c）所示的树 T_1 的形状，可得到 $B(T_1)\leqslant B(T_0)$。

由此可知 $B(T_1)\leqslant B(T)$，但因为 T 是对应的最优编码树，故 $B(T_1)\geqslant B(T)$，从而可以得到 $B(T_1)=B(T)$，命题得证。

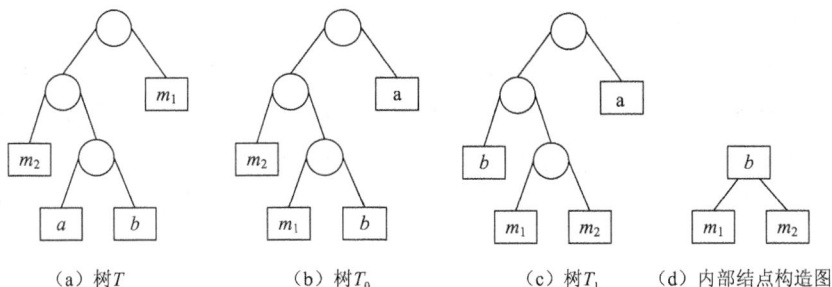

（a）树 T （b）树 T_0 （c）树 T_1 （d）内部结点构造图

图 10.2　编码树

② 最优子结构性质。

设 $C=\{m_1,m_2,a_1,a_2,\cdots,a_n\}$，$m_1$，$m_2$ 是 C 中具有最小频率的两个字符，则可由对应于 $C_1=\{m_3=m_1+m_2,a_1,a_2,\cdots,a_n\}$ 的最优编码树生成对应于 C 的最优编码树，如图 10.3（c）和图 10.3（d）所示。

证明：设 T 表示一棵对应于字符集 C 的编码树，由贪心选择性质可知，m_1 和 m_2 是 T 中互为兄弟的两个叶子结点，m_3 是 m_1 和 m_2 的父结点($m_3=m_1+m_2$)，设 T_1 是 T 中去掉 m_1 和 m_2 的一棵树，容易验证：

$$B(T)-B(T_1)=f(m_1)d_T(m_1)+f(m_2)d_T(m_2)-(f(m_1)+f(m_2))d_{T_1}(m_3)$$

$$=(f(m_1)+f(m_2))d_T(m_1)-(f(m_1)+f(m_2))(d_{T_1}(m_1)-1)$$

$$=f(m_1)+f(m_2)$$

由上式不难完成最优子结构的证明。

10.4　动态规划法

动态规划法（Dynamic Programming）与分治法都有些类似，其基本思想也是将待求解问题分解成若干个子问题，先求解子问题，然后根据这些子问题的解得到原问题的解。与分治法不同的是，适用于动态规划求解的问题，经分割得到的子问题往往不是互相独立的。若用分治法解决这类问题，分割得到的子问题数目太多，以致最后解决原问题需要耗费指数时间，因此使用这种方法解决此类问题并不会变得简单。在使用分治法求解时，有些子问题被重复计算多次。若能保存

微课视频

已解决的子问题的答案，在需要时找出已求得的答案，就可以避免大量重复计算，从而得到多项式时间算法。这就是动态规划的基本思想。

动态规划是一种将问题实例分解为更小的、相似的子问题，并存储子问题的解而避免计算重复的子问题，以解决最优化问题的算法策略。但在递增生成子解的过程中，力图朝最优方向进行，而且也不回溯。因此，动态规划效率最高，且常用来求最优解，而不像回溯法那样可直接求完整解。通常可按照以下步骤来设计动态规划算法。

（1）找出最优解的性质，并刻画其结构特征。

（2）递归地定义最优值。

（3）以自底向上的方式计算得出最优值。

（4）根据计算最优值时得到的信息构造最优解。

步骤（1）~（3）是动态规划算法基本步骤。若只需要求出最优值，则步骤（4）可以省略。若需要求出问题的最优解，则必须执行步骤（4）。此时，在步骤（3）中计算最优值时，通常需要记录更多的信息，以便在步骤（4）中，能够根据所记录的信息快速构造出最优解。

使用动态规划解决的问题必须满足一定条件：最优化原理（最优子结构性质）和子问题的重叠性。

1. 最优化原理（最优子结构性质）

最优化原理可以这样阐述：一个最优化策略具有这样的性质，不论过去状态和决策如何，对前面的决策所形成的状态而言，余下的诸决策必须构成最优策略。简而言之，一个最优化策略的子策略总是最优的。一个问题满足最优化原理又称其具有最优子结构性质。

2. 子问题的重叠性

对于重复出现的子问题，只在第一次遇到时加以求解，并把答案保存起来，让以后再遇到时直接引用，不必重新求解。

动态规划技术已经广泛应用于许多组合优化问题的算法设计，例如最长公共子序列问题、图的多起点与多终点的最短路径问题、矩阵链相乘问题、最大效益投资问题、0-1 背包问题、流水作业调度问题、图像压缩问题、最优二分检索树问题、最优二叉搜索树问题等。

下面用求两个字符序列的最长公共字符子序列来说明动态规划算法求解问题的过程。

例 10.4　求两个字符序列的最长公共字符子序列。

问题描述：字符序列的子序列是指从给定的字符序列中随意地（不一定连续）去掉若干个字符（也可能不一定去掉）后所形成的字符序列。令给定的字符序列 $X="x_0x_1\cdots x_{n-1}"$，序列 $Y="y_0y_1\cdots y_{k-1}"$ 是 X 的子序列，存在 X 的一个严格递增下标序列 $<i_0, i_1, \cdots, i_{k-1}>$，使得对于所有的 $j=0,1\cdots,k-1$，有 $x_{i_j}=y_j$。例如，$X="ABCBDAB"$，则 $Y="BCDB"$ 是 X 的一个子序列。

给定两个序列 A 和 B，称序列 Z 是 A 和 B 的公共子序列，是指 Z 同时是 A 和 B 的子序列。问题要求已知两个序列 A 和 B 的最长公共子序列。

如采用列举 A 的所有子序列，并一一检查其是否又是 B 的子序列，并随时记录所发现的子序列，最终求出最长公共子序列。这种方法因耗时太多而不可取。显然长为 n 的字符串的子序列的个数为 2^n，故使用穷举法的时间复杂度是指数级的。但是，用动态规划法可以获得时间复杂度为 $O(mn)$ 的算法（m, n 分别是两个输入字符串的长度）。

考虑最长公共子序列问题如何分解成子问题，设 $A="a_0a_1\cdots a_{m-1}"$，$B="b_0b_1\cdots b_{n-1}"$，并且设 $Z="z_0z_1\cdots z_{k-1}"$ 为它们的最长公共子序列。不难证明有以下性质：

（1）如果 $a_{m-1}=b_{n-1}$，则 $z_{k-1}=a_{m-1}=b_{n-1}$，且 $"z_0z_1\cdots z_{k-2}"$ 是 $"a_0a_1\cdots a_{m-2}"$ 和 $"b_0b_1\cdots b_{n-2}"$ 的一个最长公共子序列；

（2）如果 $a_{m-1}\neq b_{n-1}$，则 $z_{k-1}\neq a_{m-1}$，且 $"z_0z_1\cdots z_{k-1}"$ 是 $"a_0a_1\cdots a_{m-2}"$ 和 $"b_0b_1\cdots b_{n-1}"$ 的一个最长公共子序列；

（3）如果 $a_{m-1}\neq b_{n-1}$，则 $z_{k-1}\neq b_{n-1}$，且 $"z_0z_1\cdots z_{k-1}"$ 是 $"a_0a_1\cdots a_{m-1}"$ 和 $"b_0b_1\cdots b_{n-2}"$ 的一个最长公共子序列。

这样，在找 A 和 B 的公共子序列时，如有 $a_{m-1}=b_{n-1}$，则进一步解决一个子问题，即找 $"a_0a_1\cdots a_{m-2}"$

和"$b_0b_1\cdots b_{n-2}$"的一个最长公共子序列；如果 $a_{m-1}\neq b_{n-1}$，则要解决两个子问题，即找出"$a_0a_1\cdots a_{m-2}$"和"$b_0b_1\cdots b_{n-1}$"的一个最长公共子序列和找出"$a_0a_1\cdots a_{m-1}$"和"$b_0b_1\cdots b_{n-2}$"的一个最长公共子序列，再取两者中较长者作为 A 和 B 的最长公共子序列。

定义 $c[i][j]$ 为序列"$a_0a_1\cdots a_{i-1}$"和"$b_0b_1\cdots b_{j-1}$"的最长公共子序列的长度，计算 $c[i][j]$ 可递归地表述如下：

（1）$c[i][j]=0$ 　　　　　　　　　　如果 $i=0$ 或 $j=0$；

（2）$c[i][j]=c[i-1][j-1]+1$ 　　　　如果 $i, j >0$，且 $a[i-1]=b[j-1]$；

（3）$c[i][j]=\max(c[i-1][j],c[i][j-1]$ 　　如果 $i, j >0$，且 $a[i-1]\neq b[j-1]$。

按此算式可写出计算两个序列的最长公共子序列的长度函数。由于 $c[i][j]$ 的产生仅依赖于 $c[i-1][j-1]$、$c[i-1][j]$ 和 $c[i][j-1]$，故可以从 $c[m][n]$ 开始，跟踪 $c[i][j]$ 的产生过程，逆向构造出最长公共子序列。下面是相应的实现代码。

求两个字符串的最长公共子序列算法实现：

```cpp
#include<iostream>
#define N 1000
using namespace std;
char str1[N],str2[N];
char lcs[N];
int c[N][N];
int flag[N][N];
int getLCSlength(const char *s1, const char *s2)
{
    int i;
    int len1=strlen(s1);
    int len2=strlen(s2);
    for(i=1;i<=len1;i++)
        c[i][0]=0;
    for(i=0;i<=len2;i++)
        c[0][i]=0;
    int j;
    for(i=1;i<=len1;i++)
    for(j=1;j<=len2;j++)
    {
        if(s1[i-1]==s2[j-1])
        {
            c[i][j]=c[i-1][j-1] +1;
            flag[i][j]=0;
        }
        else if(c[i-1][j]>=c[i][j-1])
        {
            c[i][j]=c[i-1][j];
            flag[i][j]=1;
        }
        else
        {
            c[i][j]=c[i][j-1];
            flag[i][j]=-1;
        }
    }
    return c[len1][len2];
}
char* getLCS(const char *s1, const char *s2,int len,char *lcs)
{
    int i=strlen(s1);
    int j=strlen(s2);
    while(i&&j)
    {
        if(flag[i][j]==0)
```

```
            {
                lcs[--len]=s1[i-1];
                i--;
                j--;
            }
            else if(flag[i][j]==1)
                i--;
            else
                j--;
        }
        return lcs;
    }
    void main()
    {
        int cases;
        cout<<"请输入测试次数: "<<endl;
        cin>>cases;
        while(cases--)
        {
            int i;
            cout<<"请输入字符串 1: "<<endl;
            cin>>str1;
            cout<<"请输入字符串 2: "<<endl;
            cin>>str2;
            int lcsLen = getLCSlength(str1,str2);
            cout<<"最长公共子序列长度: "<<lcsLen<<endl;
            char *p = getLCS(str1,str2,lcsLen,lcs);
            cout<<"最长公共子序列为: "<<endl;
            for(i=0;i<lcsLen;i++)
                cout<<lcs[i];
            cout<<endl;
        }
        return;
    }
```

上述程序的一个运行实例如下：

请输入测试次数：

1

请输入字符串 1：

abcd

请输入字符串 2：

bcde

最长公共子序列长度：3

最长公共子序列为：

bcd

10.5 分支限界法

分支限界法（Branch and Bound）类似于回溯法，它们都是在解空间树上搜索问题的解，也可以看作是回溯法的改进。在回溯法中，是在整个状态空间树中搜索解，并用约束条件判断搜索过程，一旦发现不可能产生问题的部分解，就终止对相应子树的搜索，从而避免不必要的工作。分支限界与回溯在两个方面存在差异：控制条件和搜索方式。

（1）控制条件：回溯法一般使用约束条件产生部分解，若满足约束条件，则继续扩大该解；否则丢弃，重新搜索。而在分支限界法中，除了使用约束函数之外，还使用更有效的评判函数——目标函数控制搜索进程，从而能够尽快得到最优解。

（2）搜索方式：回溯法中的搜索一般是以深度优先方式进行的，而在分支限界法中一般是以广度优先方式进行搜索的。

下面以优化问题中的极大化问题为例来说明分支限界的设计思想。

为加快裁剪分支（回溯）的速度，需要更多的约束条件。约束条件越多，不满足条件的可能性越大，回溯的机会就越多，裁剪的分支数就越多，算法也就更快。为建立新的约束条件，特定义两个新函数：代价函数和界函数。

代价函数的定义域是搜索树中所有结点构成的集合，函数值的含义是：当搜索进行到此结点时，之后不论如何选择此结点的后代，目标函数所能达到的最大值都不会超过代价函数的值。即代价函数在某个结点的函数值是在以该结点为根的子树中，所有叶子结点对应的可行解的目标函数值的一个上界。因而对于极大化组合优化问题，代价函数在双亲结点的值大于或等于在孩子结点的值。

界函数的定义域也是搜索树中所有结点构成的集合，其函数值是搜索到此结点时已经得到的可行解的目标函数的最大值。

当回溯算法搜索到某结点时，如果代价函数的函数值小于界函数的函数值，则在搜索该结点的子孙时，所找到的可行解的目标函数值不可能比界函数值更大，即不可能找到更优的解。因而可以增加代价函数值大于界函数值这一约束条件来加快回溯，由此得到以下分支限界算法的基本思想：

（1）设立代价函数，具有以下性质：函数值是以该结点为根结点的搜索树中所有可行解的目标函数值的上界；可以看出双亲结点的代价大于等于孩子结点的代价。

（2）设立界，其值是当时已经得到的可行解的目标函数的最大值。

（3）搜索中停止分支的依据：如果某个结点不满足约束条件或者其代价函数小于当时的界函数，则不再分支，向上回溯到双亲结点。

（4）界的更新：如果目标函数值为正数，初值可设置为 0。在搜索中如果得到一个可行解，计算可行解的目标函数值，如果这个值大于当时的界，就将这个值作为新的界。

对于极小化问题，将上述内容进行对偶即可，即在上述基本思想中将"上界"改成"下界"，"大于"改成"小于"，"最大值"改成"最小值"。

从活结点表中选择下一个扩展结点的不同方式导致不同的分支限界法。常用的有以下两种方式：

① 队列式（FIFO）分支限界法：将活结点表组织成一个队列，并按队列的先进先出原则选取下一个结点作为当前的扩展结点。

② 优先队列式分支限界法：将活结点表组织成一个优先队列，并按优先队列中规定的结点优先级选取优先级最高的下一个结点作为当前的扩展结点。

例 10.5 0-1 背包问题。

给定 n 种物品和一个背包。物品 i 的重量是 w_i，其价值为 p，背包容量为 C，对于每种物品 i 只有两种选择：装入背包或不装入背包，不能多次将物品装入背包。问：应该如何选择装入背包的物品，使得装入背包中物品的总价值最大？

设 $C > 0, w_i > 0, p_i > 0, 1 \leqslant i \leqslant n$，问题的解对应于一组 n 元 0-1 向量 $(x_1, x_2 \cdots, x_n)$，$x_i \in \{0,1\}$，$1 \leqslant i \leqslant n$，它是下面的整数规划问题的解：

$$\max \sum_{i=1}^{n} p_i x_i = \begin{cases} \sum_{i=1}^{n} w_i x_i \leqslant C \\ x_i \in \{0,1\} \leqslant i \leqslant n \end{cases}$$

例如，考虑 $n=3$ 的 0-1 背包问题的一个实例如下：$w=[16,15,15]$，$p=[45,25,25]$，$c=30$。队列式分支限界法用一个队列存储活结点表，其解空间是图 10.3 所示的二叉树。

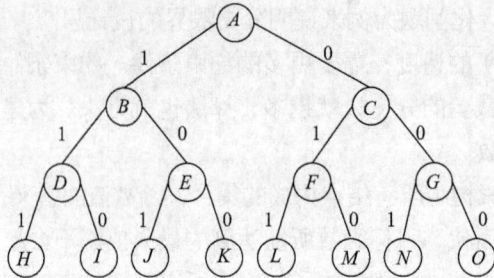

图 10.3　0-1 背包问题的解空间树

用队列式分支限界法解此问题，算法从根结点 A 开始。

Step 1：初始时活动结点队列为空，结点 A 是当前扩展结点，结点 A 的子女结点 B、C 均为可行结点，依次按从左至右的顺序将 B、C 加入到活结点队列，并舍弃当前扩展结点 A。

Step 2：队头结点 B 成为当前扩展结点，扩展结点 B 得到结点 D、E，由于 D 是不可行结点，舍去结点 D，结点 E 加入活结点队列。

Step 3：取活结点队列队头结点 C，扩展结点 C 得结点 F、G，结点 F、G 均为可行结点，加入到活结点队列。扩展下一结点 E 得到结点 J、K，结点 J 是不可行结点，舍去；结点 K 是一个可行结点，加入到活结点队列。

Step 4：再次扩展队头结点 F，得到结点 L、M。结点 L 表示获得价值为 50 的可行解，结点 M 表示获得价值为 25 的可行解。

Step 5：G 是最后一个扩展结点，其儿子结点 N、O 均为可行结点。此时活结点队列为空，算法结束。

算法搜索得到最优值为 50，相应的最优解时从根结点 A 到结点 L 的路径。

优先队列式分支限界法从根结点 A 开始搜索解空间。用一个大顶堆表示活结点表的优先队列。

Step 1：初始时堆为空，扩展结点 A 得到它的两个子女结点 B、C，这两个结点均为可行结点，加入到堆中，结点 A 被舍弃。

Step 2：结点 B 获得的当前价值为 45，而结点 C 获得的当前价值为 0。由于结点 B 的价值大于结点 C 的价值，所以结点 B 是堆中的堆顶元素，成为下一个扩展结点。扩展结点 B 得到结点 D 和 E，因为 D 是不可行结点，故舍弃。

Step 3：E 是可行结点，加入到堆中，E 的价值为 45，是当前堆中的堆顶元素，亦成为下一个扩展结点。扩展结点 E 得到叶子结点 J、K，因结点 J 是不可行结点，故舍弃，叶结点 K 表示一个可行解，其价值为 45。此时，堆中仅剩下一个活结点，它成为当前的扩展结点，扩展得到两个结点 F、G，其价值分别为 25、0，将 F、G 加入大顶堆，取堆顶元素 F 作为下一个扩展结点，扩展得到两个叶结点 L、M，结点 L 对应于价值为 50 的可行解，结点 M 对应于价值为 25 的可行解。

Step 4：最后剩下结点 G 成为扩展结点，扩展得到两个叶子结点 N、O，其价值分别为 25 和 0。此时，存储活结点的堆已空，算法结束。

算法搜索得到最优解为 50。相应的最优解时从根结点 A 到结点 L 的路径。

背包问题的分支限界算法实现：

```cpp
#include<iostream>
#include <algorithm>
using namespace std;

struct bbnode
{
    bbnode *parent;
    bool LChild;
};

struct HeapNode
{
    bbnode *ptr;          //指向活结点在子集树中相应结点的指针
    double weight;        //结点所相应的重量
    double uprofit,       //结点的价值上限
          profit;         //结点所相应的价值
    int level;            //活结点在子集树中所处的层序号
};

typedef HeapNode ElemType;
#define MaxData 32767

typedef struct Heap
{
    int capacity;
    int size;
    HeapNode *Elem;

}Heap,*HeapQueue;

HeapQueue init(int maxElem)
{
    HeapQueue H=new Heap;
    H->capacity=maxElem;
    H->size=0;
    H->Elem=new HeapNode[maxElem+1];
    H->Elem[0].uprofit=MaxData;
    return H;
}

void InsertMax(ElemType x,HeapQueue H)
{
    int i;
    for(i=++H->size;H->Elem[i/2].uprofit<x.uprofit;i/=2)
        H->Elem[i]=H->Elem[i/2];
    H->Elem[i]=x;
}

ElemType DeleteMax(HeapQueue H)
{
    int i,child;
    ElemType MaxElem,LastElem;              //存储最大元素和最后一个元素
    MaxElem=H->Elem[1];                     //堆从第 1 号元素开始
    LastElem=H->Elem[H->size--];
    for(i=1;i*2<=H->size;i=child)
    {
        child=i*2;
        if(child!=H->size&&H->Elem[child+1].uprofit>H->Elem[child].uprofit)
            child++;//找最大的子树
        if(LastElem.uprofit<H->Elem[child].uprofit)
            H->Elem[i]=H->Elem[child];
```

```
        }
        H->Elem[i]=LastElem;
        return MaxElem;
    }

    class Knap
    {
    private:
        double c;                    //背包容量
        int n;                       //物品总数
        double *w;                   //物品重量数组
        double *p;                   //物品价值数组
        double cw;                   //当前背包重量
        double cp;                   //当前背包价值
        bbnode *E;                   //指向扩展结点的指针
        int *bestx;                  //最优解结构
        HeapQueue H;
    public:
        Knap(double *pp,double *ww,double cc,int nn)//构造函数
        {
            p=pp;
            w=ww;
            c=cc;
            n=nn;
            cw=0;
            cp=0;
            E=0;
            bestx=new int[n+1];
            H=init(100);
        }

        double knapsack();           //找最优值的函数
        double Bound(int i);         //边界函数
        void AddLiveNode(double up,double cp,double cw,bool ch,int lev);
        int MaxKnapsack();

        void output()                //输出最佳路径
        {
            for(int i=1;i<=n;i++)
                cout<<bestx[i]<<" ";
            cout<<endl;
        }
    };

    class Object
    {
    public:
        int ID;
        double d;
    };

    int cmp(Object a,Object b)
    {
        return a.d>b.d;            //降序
    }

    double Knap::Bound(int i)
    {

        Object *Q=new Object[n+1];
        int j;
```

```
        for(j=1;j<=n;j++)
        {
            Q[j].ID=j;
            Q[j].d=1.0*p[j]/w[j];
        }
        sort(Q+1,Q+n+1,cmp);

        double cleft=c-cw;
        double b=cp;
        while(i<=n&&w[Q[i].ID]<=cleft)
        {
            cleft-=w[Q[i].ID];
            b+=p[Q[i].ID];
            i++;
        }
        if(i<=n)
            b+=1.0*p[Q[i].ID]*cleft/w[Q[i].ID];   //如果不能完整装入一个物品，则可以装入部分
        return b;
    }

    double Knap::knapsack()
    {
        int i;
        double W=0;
        double P=0;
        for(i=1;i<=n;i++)
        {
            W+=w[i];
            P+=p[i];
        }
        if(W<=c)
        {
            for(int j=1;j<=n;j++)
                bestx[j]=1;
            return P;
        }

        return MaxKnapsack();
    }

    void Knap::AddLiveNode(double up,double cp,double cw,bool ch,int lev)
    {
        bbnode *b=new bbnode;
        b->parent=E;
        b->LChild=ch;
        HeapNode N;
        N.uprofit=up;
        N.profit=cp;
        N.weight=cw;
        N.level=lev;
        N.ptr=b;
        InsertMax(N,H);
    }

    int Knap::MaxKnapsack()
    {
        double bestp=0;           //当前最优值
        double up=Bound(1);       //价值上界
        int i=1;
        while(i!=n+1)
        {
            if(cw+w[i]<=c)
            {
                if(cp+p[i]>bestp)
```

```
                bestp=cp+p[i];
            AddLiveNode(up,cp+p[i],cw+w[i],true,i+1);
        }
        up=Bound(i+1);
        if(up>=bestp)
            AddLiveNode(up,cp,cw,false,i+1);
        HeapNode N;
        N=DeleteMax(H);
        E=N.ptr;
        cw=N.weight;
        cp=N.profit;
        up=N.uprofit;
        i=N.level;
    }

    for(int j=n;j>0;j--)
    {
        bestx[j]=E->LChild;
        E=E->parent;
    }
    return cp;
}

void main()
{
    int n=4;
    double c=7;                        //背包容量
    double p[]={-100,9,10,7,4};        //物品价值
    double w[]={-100,3,5,2,1};         //物品重量
    Knap k=Knap(p,w,c,n);
    cout<<"总价值:"<<k.knapsack()<<endl;
    cout<<"选择:";
    k.output();
    return;
}
```

上述程序的运行结果如下：

总价值:20

选择:1 0 1 1

习题十

算法设计

1. 考虑国际象棋上某个位置的一匹马，它是否可能只走 63 步，正好走过除起始点之外的其他 63 个位置各一次？如果有一种这样的走法，则称所走的路线为一条马的周游路线。试设计一个分治算法，找出一条马的周游路线。

2. 在用分治算法求两个 n 位大整数 u 和 v 的乘积时，将 u 和 v 都分割成长度为 $n/3$ 位的 3 段。证明可以用 5 次 $n/3$ 位整数的乘法求得 uv 的值。按此思想设计一个求两个大整数乘积的分治算法，并分析计算算法的时间复杂度。

3. 对任何非零偶数 n，总能找到奇数 m 和正整数 k，使得 $n=m\times 2^k$。为了求出两个 n 阶矩阵的乘积，可以把一个 n 阶矩阵分成 m 个子矩阵，每个子矩阵有 $2^k\times 2^k$ 个元素。当需要求 $2^k\times 2^k$ 的子矩阵的乘积时，使用 Strassen 算法。设计一个传统方法与 Strassen 算法相结合的矩阵相乘算法，对任何偶数 n 都可以求出两个 n 阶矩阵的乘积，并分析计算算法的时间复杂度。

4. 设计算法，用回溯法求解 0-1 背包问题，并输出最优解。

5. 最小长度电路板排列问题。在电路板排列问题中，连接块的长度是指该连接块中第 1 块电路板到最后一块电路板之间的距离。例如图 10.4 所示的电路板排列中，连接块 N_4 的第一块电路板在插槽 3 中，它的最后一块电路板在插槽 6 中，因此 N_4 的长度为 3，同理 N_2 的长度为 2。图 10.4 中连接块最大长度为 3。试设计一个回溯法找出所给 n 个电路板的最佳排列，使得 m 个连接块中最大长度达到最小。

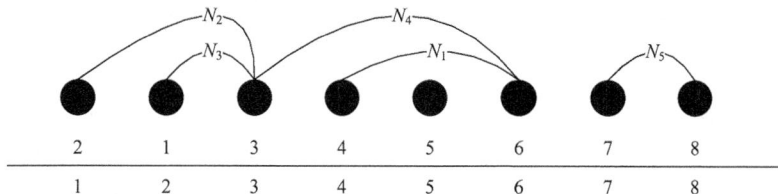

图 10.4　电路板连接块排列问题

6. 栈式分支限界法将活结点表以后进先出（LIFO）的方式存储于栈中，试设计一个解决 0-1 背包问题的栈式分支限界算法。

7. 设计一个解最小长度电路板排列问题（见上述第 5 题）的队列式分支限界算法。

8. 设有 n 个顾客同时等待一项服务，顾客 i 需要服务的时间为 $t_i, 1 \leqslant i \leqslant n,$，应如何安排 n 个顾客的服务次序才能使的等待时间达到最小？（总的等待时间是每个顾客等待服务时间的总和）

9. 考虑下面的整数线性规划问题：

$$\max \sum_{i=1}^{n} c_i x_i$$

$$\sum_{i=1}^{n} a_i x_i \leqslant b \quad x_i \text{ 为非负整数，} 1 \leqslant i \leqslant n$$

试设计一个解决此问题的动态规划算法，并分析计算该算法的时间复杂度。

10. 用两台处理机 A 和 B 处理 n 个作业。设第 i 个作业交给机器 A 处理时需要时间为 a_i，若由机器 B 处理则需要时间 b_i。由于各作业的特点和机器的性能关系，很可能对于某些 i，有 $a_i \geqslant b_i$，而对于某些 $j, j \neq i$，有 $a_j < b_j$。既不能将一个作业分开由两台机器处理，也没有一个机器能同时处理两个作业。试设计一个动态规划算法，使得这两台机器处理完这 n 个作业的时间最短（从任何一台机器开工到最后一台机器停工的总时间）。用下面的实例验证结果。

$$(a_1, a_2, a_3, a_4, a_5, a_6) = (2,5,7,10,5,2)$$

$$(b_1, b_2, b_3, b_4, b_5, b_6) = (3,8,4,11,3,4)$$

附录 词汇索引

第1章

数据（Data）

数据元素（Data Element）

数据项（Data Item）

数据对象（Data Object）

数据结构（Data Structure）

结构（Structure）

逻辑结构（Logical Structure）

物理结构（Physical Structure）

存储结构（Storage Structure）

位（Bit）

结点（Node）

数据域（Data Field）

指针域（Linked Field）

元素（Element）

结点（Node）

顺序映像（Sequential Mapping）

非顺序映像（Non-Sequential Mapping）

指针（Pointer）

类型（Type）

布尔（Boolean）

数据类型（Data Type）

抽象数据类型（Abstract Data Type，ADT）

抽象（Abstract）

数据抽象（Data Abstraction）

数据封装（Data Encapsulation）

算法（Algorithm）

程序（Program）

正确性（Correctness）

可读性（Readability）

健壮性（Robustness）

时间复杂度（Time Complexity）

渐近时间复杂度（Asymptotic Time Complexity）

频度（Frequency Count）

空间复杂度（Space Complexity）

第2章

线性表（Linear List）

数据项（Item）

记录（Record）

文件（File）

顺序表（Sequential List）

随机存取（Random Access）

单链表（Singly Linked List）

头指针（Head Pointer）

头结点（Head Node）

静态链表（Static Linked List）

循环链表（Circular Linked List）

单循环链表（Single Circular Linked List）

多重链的循环链表（Multiple Circular Linked List）

双向链表（Double Linked List）

第3章

先入后出（First In Last Out，FILO）

后入先出（Last In First Out，LIFO）

栈（Stack）

栈顶（Top）

栈底（Bottom）

进栈或入栈（Push）

出栈或弹出（Pop）

顺序栈（Sequential Stack）

链栈（Linked Stack）

先进先出（First In First Out，FIFO）

后进后出（Last In Last Out，LILO）

队列（Queue）

队尾（Rear）

队首（Front）

顺序队列（Sequential Queue）

循环队列（Circular Queue）

链队列（Linked Queue）

第 4 章

串（String）

空串（Null String）

链串（Linked String）

模式匹配（Pattern Matching）

第 5 章

数组（Array）

下标（Index）

矩阵（Matrix）

特殊矩阵（Special Matrix）

稀疏矩阵（Sparse Matrix）

广义表（Generalized Lists）

表头（Head）

表尾（Tail）

头尾表示法（Head Tail Express）

第 6 章

树（Tree）

根（Root）

子树（SubTree）

结点（Node）

结点的度（Degree）

树的度（Degree）

叶子结点（Leaf）

分支结点（Branch）

孩子结点（Child）

双亲结点（Parent）

兄弟结点（Sibling）

堂兄弟结点（Cousin）

结点的层次（Level）

祖先结点（Ancestor）

子孙结点（Descendant）

树的深度（Depth）

树的高度（Height）

路径（Path）

路径长度（Path Length）

有序树（Ordered Tree）

无序树（Unordered Tree）

森林（Forest）

双亲表示法（Parent Express）

遍历（Traverse）

试探和回溯（Backtracking）

二叉树（Binary Tree）

满二叉树（Full Binary Tree）

完全二叉树（Complete Binary Tree）

二叉链表（Binary Linked List）

先序遍历（Preorder Traversal）

中序遍历（Inorder Traversal）

后序遍历（Postorder Traversal）

层次遍历（Levelorder Traversal）

线索（Thread）

线索二叉树（Thread Binary Tree）

线索链表（Thread Linked List）

堆（Heap）

哈夫曼树（Huffman Tree）

权值（Weight）

第 7 章

图（Graph）

顶点（Vertex）

弧（Arc）

弧尾（Tail）

初始点（Initial Node）

弧头（Head）

终端点（Terminal Node）

有向图（Digraph）

边（Edge）

无向图（Undigraph）

自环（Self Loop）

多重图（Multigraph）

完全图（Complete Graph）

权（Weight）

网络（Network）

邻接顶点（Adjacent Vertex）

子图（Subgraph）

度（Degree）

出度（Outdegree）

入度（Indegree）

路径（Path）

路径长度（Path Length）

简单路径与回路（Simple Path & Cycle）

连通图与连通分量（Connected Graph & Connected Component）

强连通图与强连通分量（Strongly Connected Digraph &Strongly Connected Component）

生成树（Spanning Tree）

生成森林（Spanning Forest）

稀疏图（Sparse Graph）

稠密图（Dense Graph）

邻接矩阵（Adjacency Matrix）

邻接表（Adjacency List）

数据域（Data）

十字链表（Orthogonal List）

邻接多重表（Adjacency Multilist）

图的遍历（Graph Traversal）

深度优先搜索（Depth_First Search，DFS）

深度优先搜索树（DFS Tree）

广度优先搜索（Breadth_First Search，BFS）

广度优先搜索树（BFS Tree）

连通分量（Connected Component）

关节点（Articulation Point）

重连通图（Biconnected Graph）

回边（Back Edge）

代价（Cost）

最小代价生成树（Minimum Cost Spanning Tree）

有向无环图（Directed Acycline Graph，DAG）

活动（Activity）

AOV 网（Activity On Vertex Network）

拓扑排序（Topological Sort）

偏序（Partial Order）

AOE 网（Activity On Edge Network）

事件（Event）

源点（Source）

称之为汇点（Sink）

关键路径（Critical Path）

第 8 章

记录（Record）

查找表（Search Table）

关键字（Key）

键值（Keyword）

主关键字（Primary Key）

次关键字（Secondary Key）

查找(Search)

静态查找表（Static Search Table）

动态查找表（Dynamic Search Table）

查找结构（Search Structure）

平均查找长度（Average Search Length，ASL）

顺序查找（Sequential Search）

折半查找（Binary Search）

二叉排序树（Binary Sort Tree）

平衡二叉树（Balance Binary Tree）

平衡因子（Balance Factor）

最小不平衡子树（Minimal Unbalance Subtree）

哈希（Hash）

哈希表（Hash Table）

哈希地址（Hash Address）

冲突（Collision）

同义词（Synonym）

第 9 章

排序（Sort）

稳定（Stable）

不稳定（Unstable）

正序（Exact Order）

逆序（Inverse Order）

反序（Anti Order）

一趟（Pass）

单关键字排序（Single-key Sort）

多关键字排序（Mutiple-key Sort）

插入排序（Insert Sort）

直接插入排序（Straight Insertion Sort）

折半插入排序（Binary Insertion Sort）

表插入排序（List Insertion Sort）

希尔排序（Shell Sort）

冒泡排序（Bubble Sort）

快速排序（Quick Sort）

选择排序（Selection Sort）

简单选择排序（Simple Selection Sort）

树形选择排序（Tree Selection Sort）

堆排序（Heap Sort）

归并排序（Merge Sort）

链式基数排序（Radix Sort）

第 10 章

分治法（Divide and Conquer）

回溯法（Back Tracking Method）

贪心算法（Greedy Method）

动态规划法（Dynamic Programming）

分支限界法（Branch and Bound）